큐브 개념 동영상 강의

학습 효과를 높이는 개념 설명 강의

1초 만에 바로 강의 시청

QR코드를 스캔하여 개념 이해 강의를 바로 볼 수 있습니다. 개념별로 제공되는 강의를 보면 빈틈없는 개념을 완성할 수 있습니다.

친절한 개념 동영상 강의

수학 전문 선생님의 친절한 개념 강의를 보면서 교과서 개념을 쉽고 빠르게 이해할 수 있습니다.

나의 목표와 다짐을 적어 주세요.

큐브 개념
초등 수학 4·1

2주	1회차	2회차	3회차	4회차	5회차	이번 주 스스로 평가
	개념책 036~039쪽	개념책 040~043쪽	개념책 044~049쪽	개념책 050~053쪽	개념책 054~058쪽	매우 잘함 보통 노력 요함
	월 일	월 일	월 일	월 일	월 일	

3단원

3주	1회차	2회차	3회차	4회차	5회차	이번 주 스스로 평가
	개념책 062~067쪽	개념책 068~071쪽	개념책 072~075쪽	개념책 076~079쪽	개념책 080~083쪽	매우 잘함 보통 노력 요함
	월 일	월 일	월 일	월 일	월 일	

총정리

6주	1회차	2회차	3회차	4회차	5회차	이번 주 스스로 평가
	개념책 136~139쪽	개념책 140~143쪽	개념책 144~147쪽	개념책 148~152쪽	개념책 154~157쪽	매우 잘함 보통 노력 요함
	월 일	월 일	월 일	월 일	월 일	

학습 진도표

사용 설명서

1. 공부할 날짜를 빈칸에 적습니다.
2. 한 주가 끝나면 스스로 평가합니다.

1주

	1회차 (1단원)	2회차	3회차	4회차	5회차 (2단원)
교재	개념책 008~013쪽	개념책 014~019쪽	개념책 020~023쪽	개념책 024~028쪽	개념책 032~035쪽
날짜	월 일	월 일	월 일	월 일	월 일

이번 주 스스로 평가: 매우 잘함 □ 보통 □ 노력 요함 □

4주

	1회차	2회차 (4단원)	3회차	4회차	5회차
교재	개념책 084~088쪽	개념책 092~095쪽	개념책 096~099쪽	개념책 100~103쪽	개념책 104~108쪽
날짜	월 일	월 일	월 일	월 일	월 일

이번 주 스스로 평가: 매우 잘함 □ 보통 □ 노력 요함 □

5주

	1회차 (5단원)	2회차	3회차	4회차	5회차 (6단원)
교재	개념책 112~115쪽	개념책 116~119쪽	개념책 120~123쪽	개념책 124~128쪽	개념책 132~135쪽
날짜	월 일	월 일	월 일	월 일	월 일

이번 주 스스로 평가: 매우 잘함 □ 보통 □ 노력 요함 □

수학의 기본

큐브 시리즈

큐브 연산 | 1~6학년 1, 2학기(전 12권)

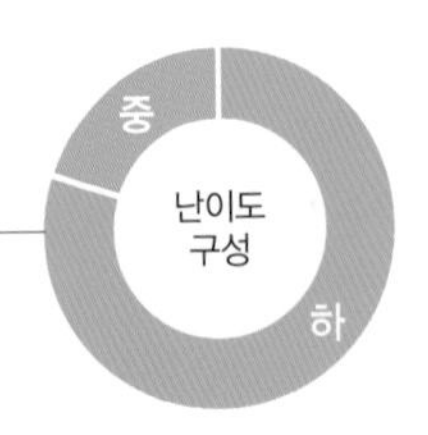

전 단원 연산을 다잡는 기본서

- 교과서 전 단원 구성
- 개념–연습–적용–완성 4단계 유형 학습
- 실수 방지 팁과 문제 제공

큐브 개념 | 1~6학년 1, 2학기(전 12권)

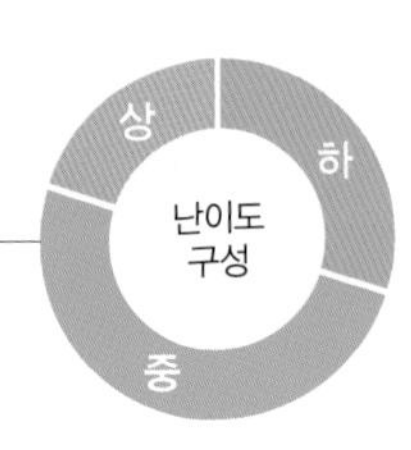

교과서 개념을 다잡는 기본서

- 교과서 개념을 시각화 구성
- 수학익힘 교과서 완벽 학습
- 기본 강화책 제공

큐브 유형 | 1~6학년 1, 2학기(전 12권)

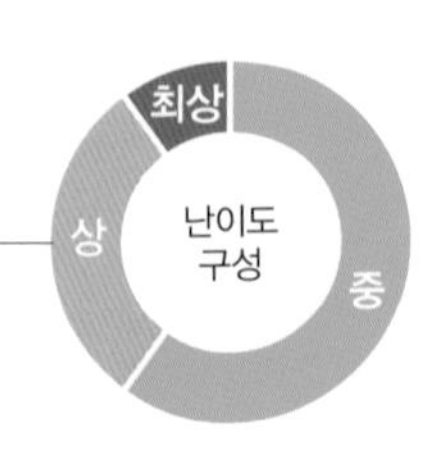

모든 유형을 다잡는 기본서

- 기본부터 응용까지 모든 유형 구성
- 대표 예제로 유형 해결 방법 학습
- 서술형 강화책 제공

큐브 개념

개념책

초등 수학

4·1

큐브 개념

구성과 특징

큐브 개념은 교과서 개념과 수학익힘 문제를 한 권에 담은 기본 개념서입니다.

개념책

1STEP 교과서 개념 잡기

꼭 알아야 할 교과서 개념을 시각화하여 쉽게 이해

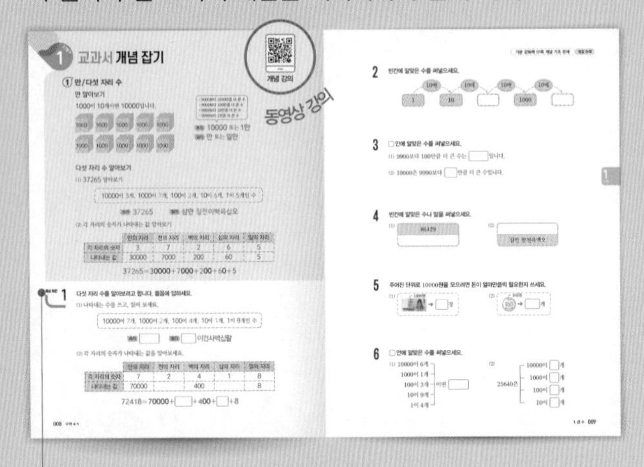

개념 확인 문제
배운 개념의 내용을 같은 형태의 문제로 한 번 더 확인

2STEP 수학익힘 문제 잡기

수학익힘의 교과서 문제 유형 제공

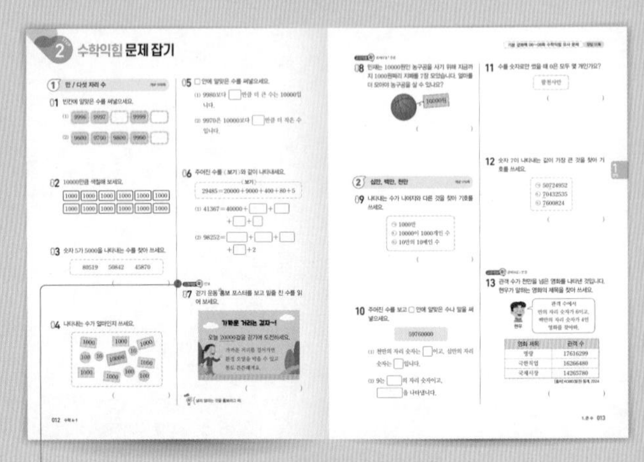

교과 역량 문제
생각하는 힘을 키우는 문제로 5가지 수학 교과 역량이 반영된 문제

개념 기초 문제를 한 번 더!

수학익힘 유사 문제를 한 번 더!

기본 강화책

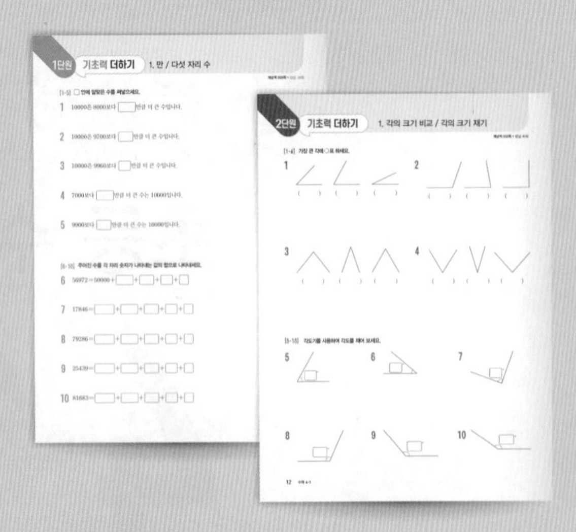

기초력 더하기
개념책의 〈교과서 개념 잡기〉 학습 후 개념별 기초 문제로 기본기 완성

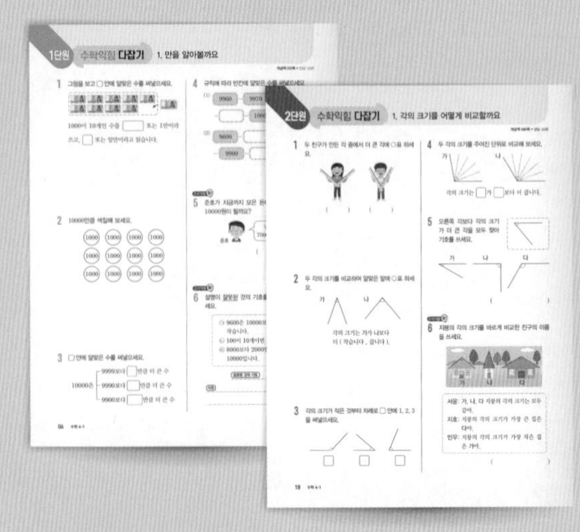

수학익힘 다잡기
개념책의 〈수학익힘 문제 잡기〉 학습 후 수학익힘 유사 문제를 반복 학습하여 수학 실력 완성

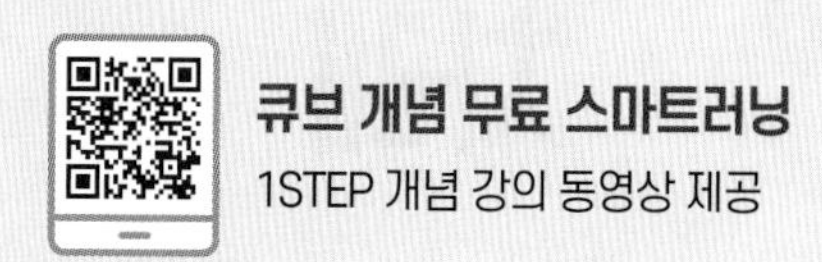

3STEP 서술형 문제 잡기

풀이 과정을 따라 쓰며 익히는 연습 문제와 유사 문제로 구성

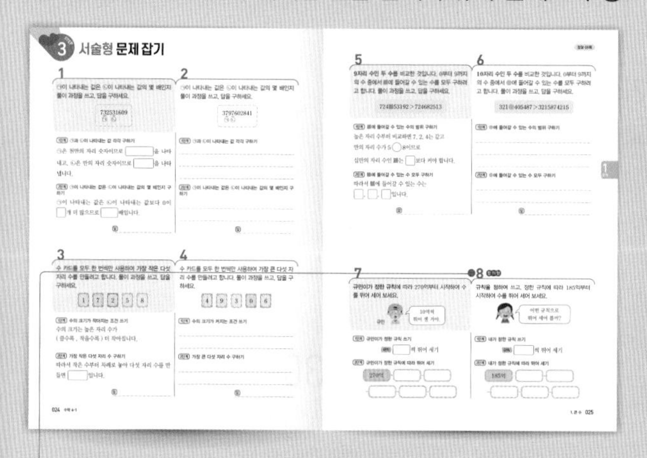

창의형 문제
다양한 형태의 답으로 창의력을 키울 수 있는 문제

평가 단원 마무리 + 1~6단원 총정리

마무리 문제로 단원별 실력 확인

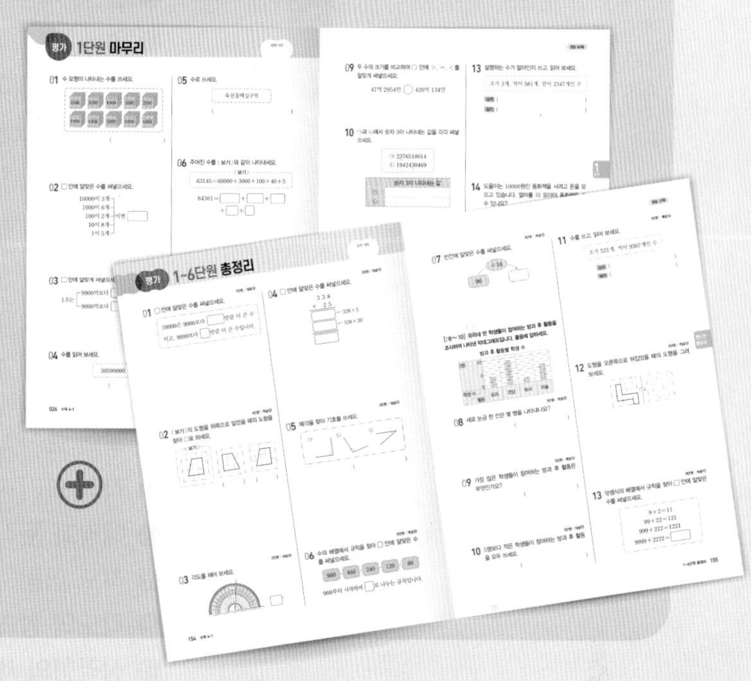

큐브 개념은 이렇게 활용하세요.

❶ 코너별 반복 학습으로 기본을 다지는 방법

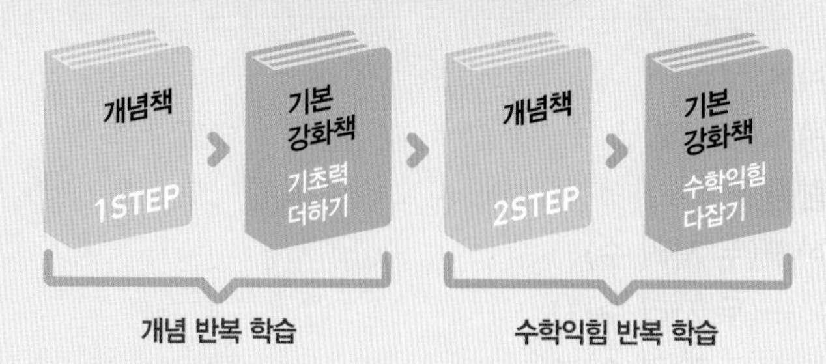

❷ 예습과 복습으로 개념을 쉽고 빠르게 이해하는 방법

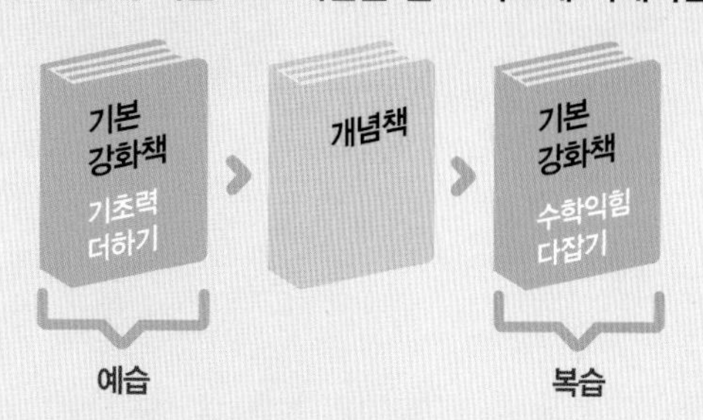

큐브 개념

차례

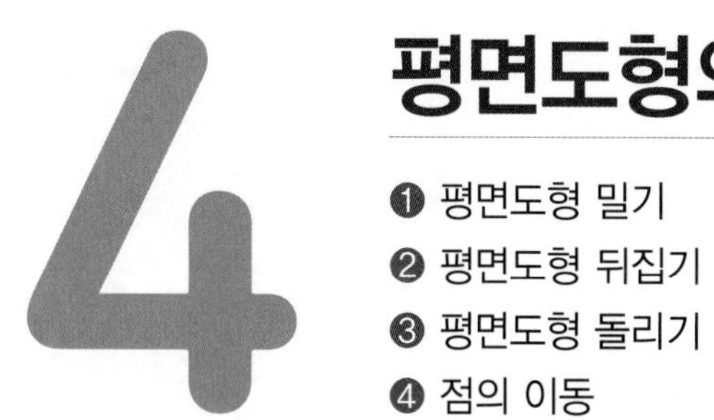

1

큰 수

학습을 끝낸 후
색칠하세요.

❶ 만 / 다섯 자리 수
❷ 십만, 백만, 천만

이전에 배운 내용

[2-2] 네 자리 수

네 자리 수 알아보기
네 자리 수의 크기 비교

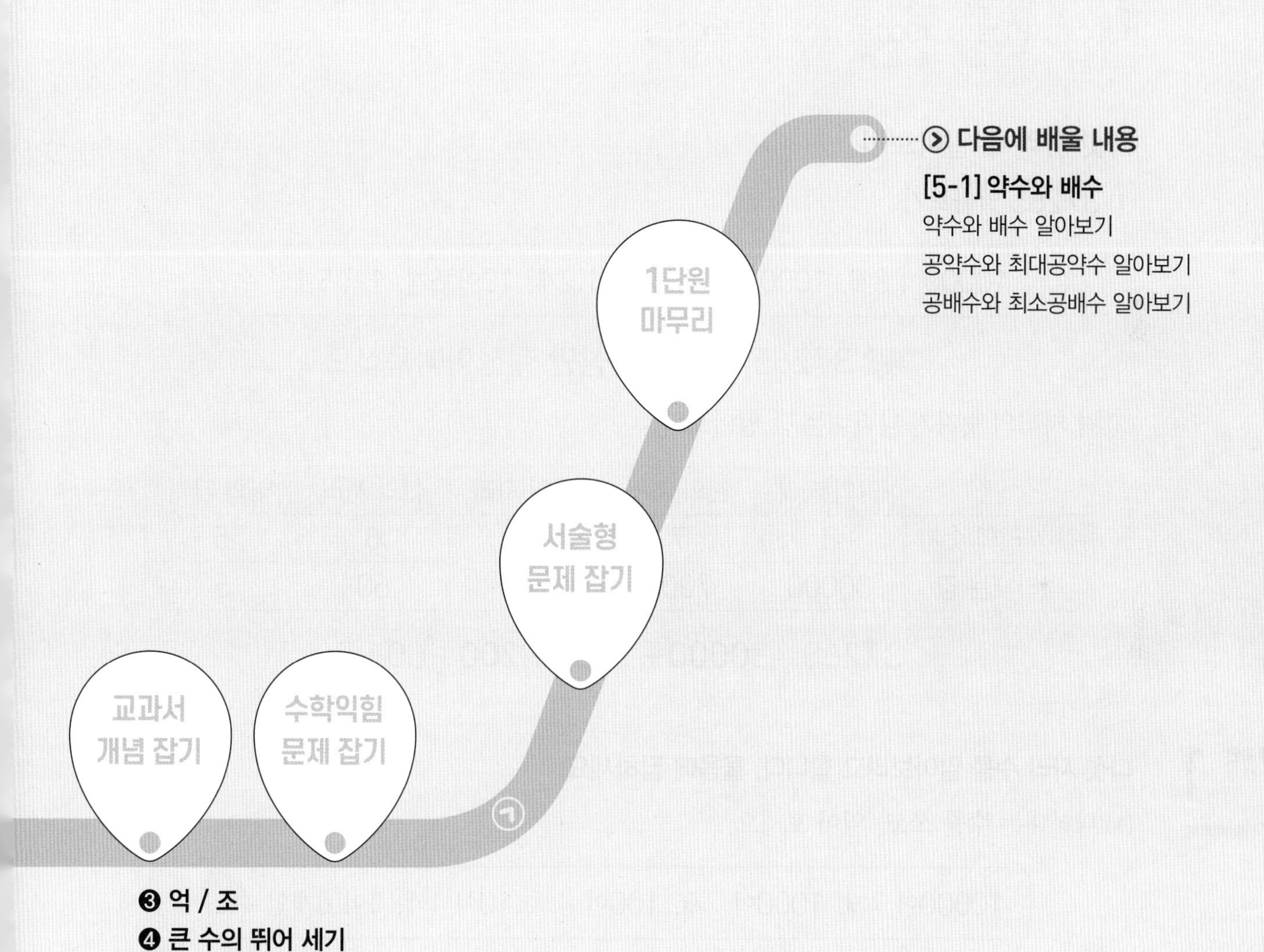

❸ 억 / 조
❹ 큰 수의 뛰어 세기
❺ 큰 수의 크기 비교

STEP 1

교과서 개념 잡기

1 만/다섯 자리 수

만 알아보기

1000이 10개이면 10000입니다.

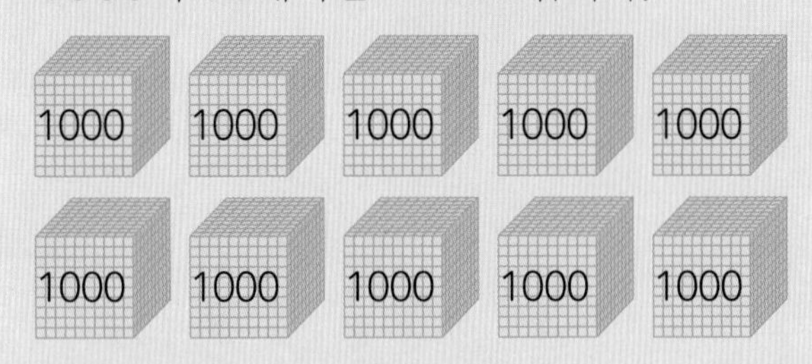

- 9000보다 1000만큼 더 큰 수
- 9900보다 100만큼 더 큰 수
- 9990보다 10만큼 더 큰 수
- 9999보다 1만큼 더 큰 수

쓰기 **10000** 또는 **1만**

읽기 **만** 또는 **일만**

다섯 자리 수 알아보기

(1) 37265 알아보기

10000이 3개, 1000이 7개, 100이 2개, 10이 6개, 1이 5개인 수

쓰기 **37265** 읽기 **삼만 칠천이백육십오**

(2) 각 자리의 숫자가 나타내는 값 알아보기

	만의 자리	천의 자리	백의 자리	십의 자리	일의 자리
각 자리의 숫자	3	7	2	6	5
나타내는 값	30000	7000	200	60	5

$$37265 = 30000 + 7000 + 200 + 60 + 5$$

개념 확인 **1** **다섯 자리 수를 알아보려고 합니다. 물음에 답하세요.**

(1) 나타내는 수를 쓰고, 읽어 보세요.

10000이 7개, 1000이 2개, 100이 4개, 10이 1개, 1이 8개인 수

쓰기 [ ] 읽기 [ ] 이천사백십팔

(2) 각 자리의 숫자가 나타내는 값을 알아보세요.

	만의 자리	천의 자리	백의 자리	십의 자리	일의 자리
각 자리의 숫자	7	2	4	1	8
나타내는 값	70000		400		8

$$72418 = 70000 + \square + 400 + \square + 8$$

2 빈칸에 알맞은 수를 써넣으세요.

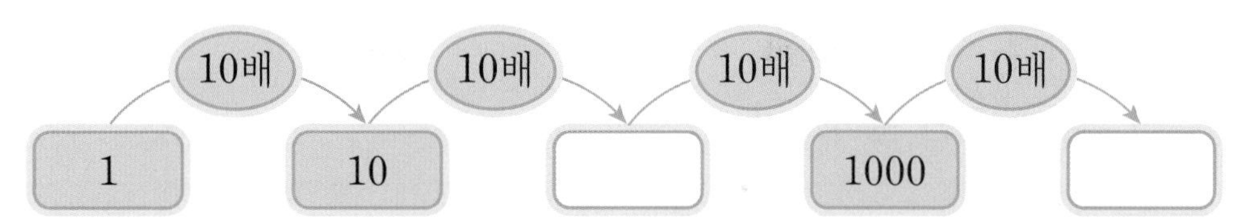

3 □ 안에 알맞은 수를 써넣으세요.

(1) 9900보다 100만큼 더 큰 수는 □입니다.

(2) 10000은 9990보다 □만큼 더 큰 수입니다.

4 빈칸에 알맞은 수나 말을 써넣으세요.

(1)

86429

(2)

삼만 팔천육백오

5 주어진 단위로 10000원을 모으려면 돈이 얼마만큼씩 필요한지 쓰세요.

(1) 

→ □장

(2) 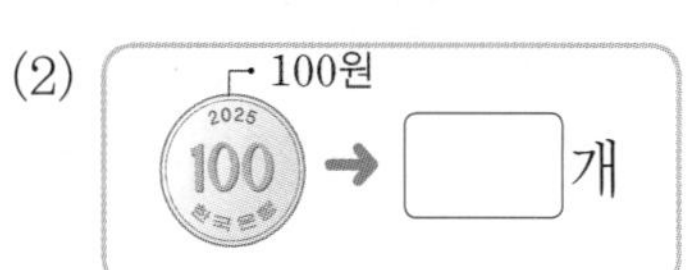

→ □개

6 □ 안에 알맞은 수를 써넣으세요.

(1) 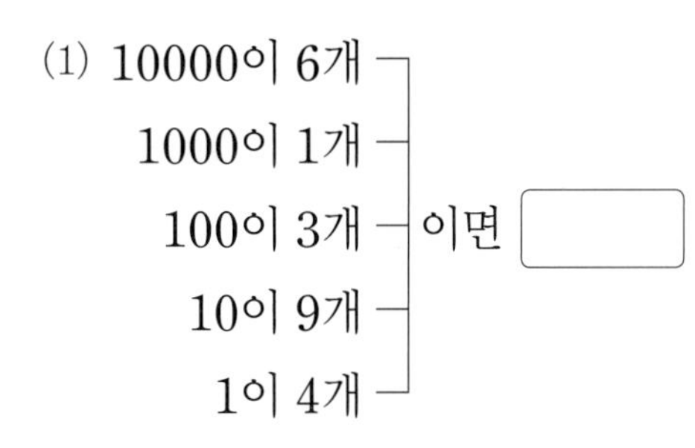

(2) 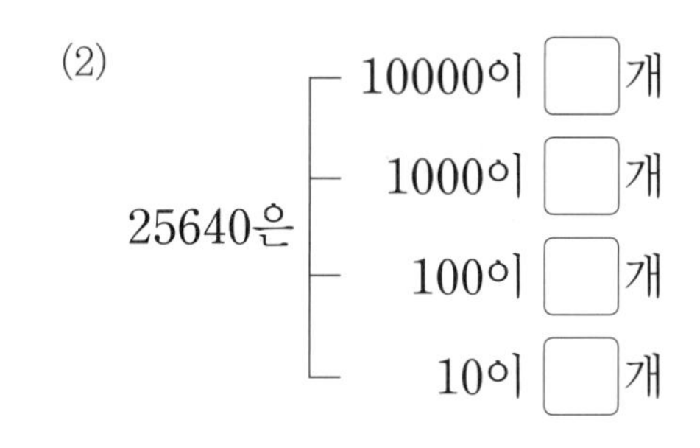

STEP 1 교과서 개념 잡기

② 십만, 백만, 천만

십만, 백만, 천만 알아보기

수		쓰기	읽기
10000이	10개인 수	100000 또는 10만	십만
	100개인 수	1000000 또는 100만	백만
	1000개인 수	10000000 또는 1000만	천만

(십만 → 백만: 10배, 백만 → 천만: 10배)

천만 단위의 수 알아보기

(1) 8325만 알아보기

10000이 8325개인 수

쓰기 83250000 또는 8325만

읽기 팔천삼백이십오만

(2) 각 자리의 숫자가 나타내는 값 알아보기

8	3	2	5	0	0	0	0
천	백	십	일	천	백	십	일
			만				일

83250000=80000000+3000000+200000+50000

(8000만, 300만, 20만, 5만)

개념 확인 1

천만 단위의 수를 알아보려고 합니다. □ 안에 알맞은 수나 말을 써넣으세요.

(1) 나타내는 수를 쓰고, 읽어 보세요.

10000이 6523개인 수

쓰기 65230000 또는 □

읽기 □

(2) 각 자리의 숫자가 나타내는 값을 알아보세요.

6	5	2	3	0	0	0	0
천	백	십	일	천	백	십	일
			만				일

65230000=□+5000000+□+30000

2 같은 수끼리 이어 보세요.

(1) 10000이 10개인 수 • • 10000000

(2) 10000이 100개인 수 • • 1000000

(3) 10000이 1000개인 수 • • 100000

3 수를 바르게 읽은 사람을 찾아 ○표 하세요.

( ) ( ) ( )

4 수로 쓰세요.

(1) 십사만

(2) 칠천이백육만

5 밑줄 친 숫자가 나타내는 값을 □ 안에 써넣으세요.

(1) 4<u>2</u>130000 → □

(2) 95<u>8</u>70000 → □

STEP 2 수학익힘 문제 잡기

1 만 / 다섯 자리 수

개념 008쪽

01 빈칸에 알맞은 수를 써넣으세요.

(1) 9996 - 9997 - [ ] - 9999 - [ ]

(2) 9600 - 9700 - 9800 - 9900 - [ ]

02 10000만큼 색칠해 보세요.

1000	1000	1000	1000	1000	1000
1000	1000	1000	1000	1000	1000

03 숫자 5가 5000을 나타내는 수를 찾아 쓰세요.

80519 50842 45870

(   )

04 나타내는 수가 얼마인지 쓰세요.

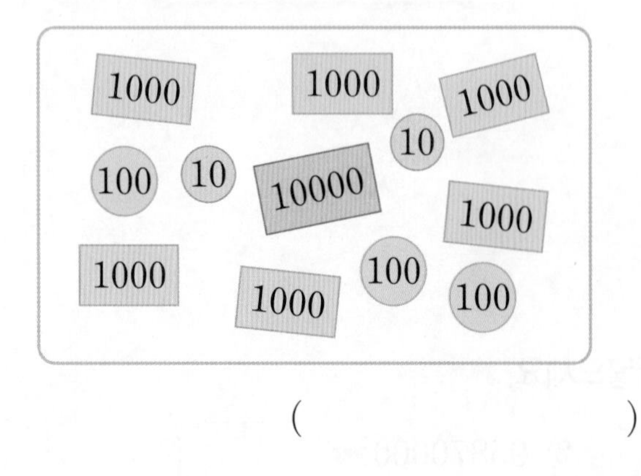

(   )

05 □ 안에 알맞은 수를 써넣으세요.

(1) 9980보다 □만큼 더 큰 수는 10000입니다.

(2) 9970은 10000보다 □만큼 더 작은 수입니다.

06 주어진 수를 〈보기〉와 같이 나타내세요.

〈보기〉
$29485=20000+9000+400+80+5$

(1) $41367=40000+\square+\square+\square+\square$

(2) $98252=\square+\square+\square+\square+2$

교과역량 콕! 연결

07 걷기 운동 홍보 포스터를 보고 밑줄 친 수를 읽어 보세요.

가까운 거리는 걷자~!
오늘 20000걸음 걷기에 도전하세요.
가까운 거리를 걸어가면
환경 오염을 막을 수 있고
몸도 튼튼해져요.

(   )

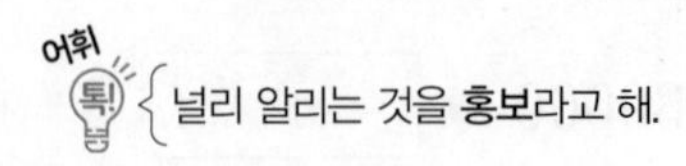

어휘 톡! 널리 알리는 것을 **홍보**라고 해.

교과역량 콕! 문제해결 | 추론

08 민재는 10000원인 농구공을 사기 위해 지금까지 1000원짜리 지폐를 7장 모았습니다. 얼마를 더 모아야 농구공을 살 수 있나요?

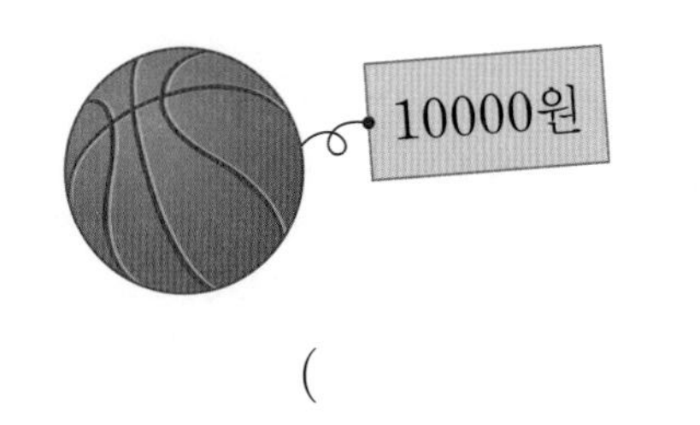

( )

2 십만, 백만, 천만

개념 010쪽

09 나타내는 수가 나머지와 다른 것을 찾아 기호를 쓰세요.

㉠ 1000만
㉡ 10000이 1000개인 수
㉢ 10만의 10배인 수

( )

10 주어진 수를 보고 □ 안에 알맞은 수나 말을 써넣으세요.

59760000

(1) 천만의 자리 숫자는 □이고, 십만의 자리 숫자는 □입니다.

(2) 9는 □의 자리 숫자이고, □을 나타냅니다.

11 수를 숫자로만 썼을 때 0은 모두 몇 개인가요?

팔천사만

( )

12 숫자 7이 나타내는 값이 가장 큰 것을 찾아 기호를 쓰세요.

㉠ 50724952
㉡ 70432535
㉢ 7600824

( )

교과역량 콕! 문제해결 | 연결

13 관객 수가 천만을 넘은 영화를 나타낸 것입니다. 현우가 말하는 영화의 제목을 찾아 쓰세요.

현우

관객 수에서 만의 자리 숫자가 6이고, 백만의 자리 숫자가 4인 영화를 찾아봐.

영화 제목	관객 수
명량	17616299
극한직업	16266480
국제시장	14265780

[출처] KOBIS(발권) 통계, 2024

( )

STEP 1

교과서 개념 잡기

③ 억 / 조

억과 조 알아보기

1000만이 10개인 수	쓰기 1 0000 0000 또는 1억 (0이 8개) 읽기 억 또는 일억
1000억이 10개인 수	쓰기 1 0000 0000 0000 또는 1조 (0이 12개) 읽기 조 또는 일조

억 단위, 조 단위의 수 알아보기

(1) 1억이 6858개인 수 알아보기

쓰기 6858 0000 0000 또는 6858억
읽기 육천팔백오십팔억

6858 0000 0000 = 6000 0000 0000 + 800 0000 0000
+ 50 0000 0000 + 8 0000 0000

(2) 1조가 3947개인 수 알아보기

쓰기 3947 0000 0000 0000 또는 3947조
읽기 삼천구백사십칠조

3947 0000 0000 0000 = 3000 0000 0000 0000 + 900 0000 0000 0000
+ 40 0000 0000 0000 + 7 0000 0000 0000

개념 확인 1

1조가 2459개인 수를 알아보려고 합니다. □ 안에 알맞은 수나 말을 써넣으세요.

쓰기 2459 0000 0000 0000 또는 □조
읽기 □

2459 0000 0000 0000 = □ + 400 0000 0000 0000
+ 50 0000 0000 0000 + □

2 〈보기〉에서 알맞은 수를 찾아 □ 안에 써넣으세요.

〈보기〉

1만 10만 100만 1000만 1억 1조

(1) 1000만이 10개인 수는 □ 입니다.

(2) 1000억이 10개인 수는 □ 입니다.

3 □ 안에 알맞은 수를 써넣고, 7183254900000000을 읽어 보세요.

7183254900000000															
7	□	8	□	□	5	□	9	0	0	0	0	0	0	0	0
천	백	십	일	천	백	십	일	천	백	십	일	천	백	십	일
			조				억				만				일

읽기 (   )

4 빈칸에 알맞게 써넣으세요.

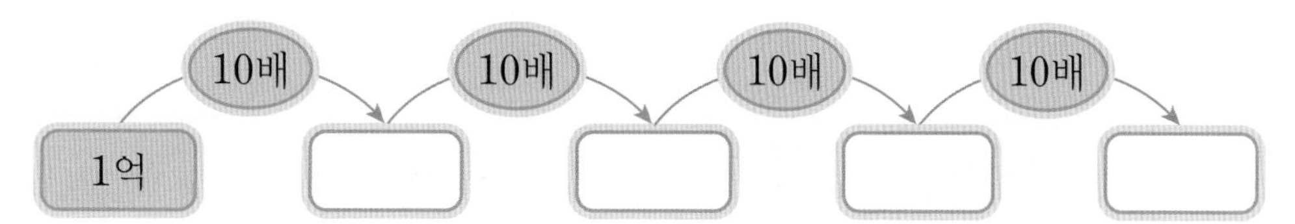

5 주어진 수를 보고 각 자리의 숫자와 그 숫자가 나타내는 값을 알아보세요.

5204168300000000

	숫자	나타내는 값
백조의 자리		200000000000000
십억의 자리	8	

STEP 1 교과서 개념 잡기

④ 큰 수의 뛰어 세기

10000씩, 10억씩, 100조씩 뛰어 세기

(1) 10000씩 뛰어 세기

16000 — 26000 — 36000 — 46000 — 56000

만의 자리 수가 1씩 커집니다.

(2) 10억씩 뛰어 세기

3451억 — 3461억 — 3471억 — 3481억 — 3491억

십억의 자리 수가 1씩 커집니다.

(3) 100조씩 뛰어 세기

7286조 — 7386조 — 7486조 — 7586조 — 7686조

백조의 자리 수가 1씩 커집니다.

개념 확인 **1** 뛰어 세어 보세요.

(1) 10000씩 뛰어 세기

57000 — 67000 — ☐ — 87000 — ☐

(2) 10억씩 뛰어 세기

2238억 — 2248억 — 2258억 — ☐ — ☐

(3) 100조씩 뛰어 세기

1489조 — 1589조 — ☐ — ☐ — 1889조

2 10만씩 뛰어 세어 보세요.

645만 — 655만 — 665만 — ☐ — ☐

3 뛰어 세기를 하여 빈칸에 알맞은 수를 써넣으세요.

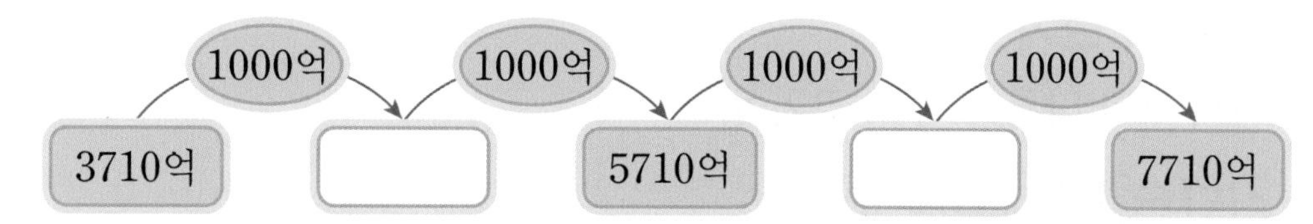

4 얼마씩 뛰어 센 것인지 ☐ 안에 알맞은 수를 써넣으세요.

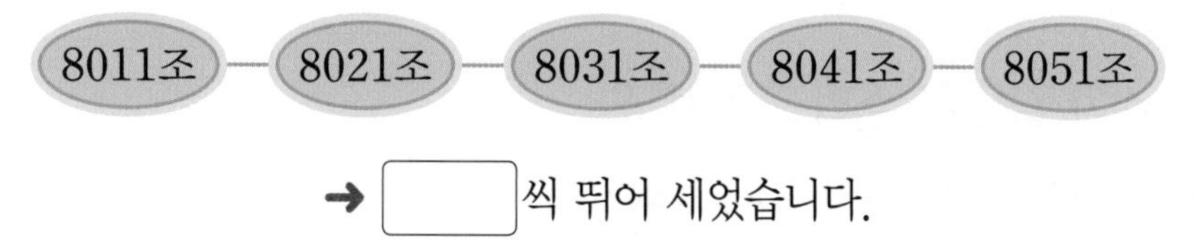

➜ ☐씩 뛰어 세었습니다.

5 2억씩 뛰어 세어 보세요.

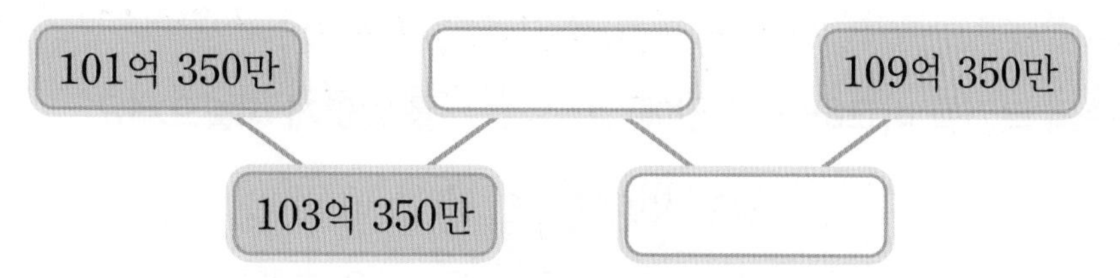

6 규칙에 맞게 빈칸에 알맞은 수를 써넣으세요.

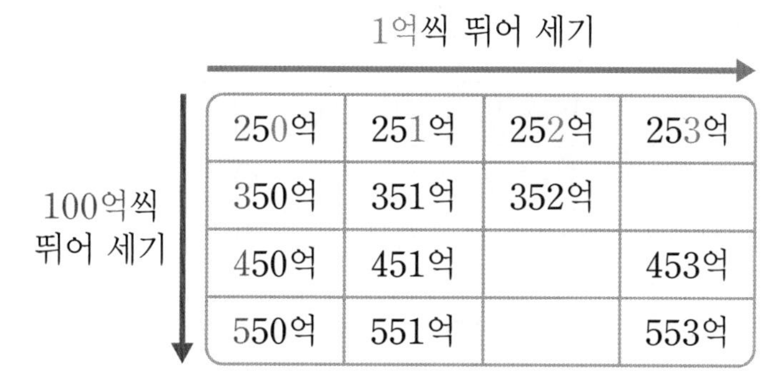

250억	251억	252억	253억
350억	351억	352억	
450억	451억		453억
550억	551억		553억

STEP 1 교과서 개념 잡기

⑤ 큰 수의 크기 비교

자리 수가 다른 두 수의 크기 비교

자리 수가 많은 쪽이 더 큽니다.

	억	천만	백만	십만	만	천	백	십	일
151520000 →	1	5	1	5	2	0	0	0	0
97630000 →		9	7	6	3	0	0	0	0

151520000 ⃝> 97630000

(9자리 수) (8자리 수)

자리 수가 같은 두 수의 크기 비교

높은 자리의 수부터 차례로 비교하여 수가 큰 쪽이 더 큽니다.

	천만	백만	십만	만	천	백	십	일
27630000 →	2	7	6	3	0	0	0	0
27810000 →	2	7	8	1	0	0	0	0

27630000 ⃝< 27810000

$6<8$

개념 확인 **1** 두 수의 크기를 비교하여 ◯ 안에 >, =, <를 알맞게 써넣으세요.

	천만	백만	십만	만	천	백	십	일
51720000 →	5	1	7	2	0	0	0	0
6850000 →		6	8	5	0	0	0	0

51720000 ◯ 6850000

개념 확인 **2** 두 수의 크기를 비교하여 ◯ 안에 >, =, <를 알맞게 써넣으세요.

	백만	십만	만	천	백	십	일
4170000 →	4	1	7	0	0	0	0
4290000 →	4	2	9	0	0	0	0

4170000 ◯ 4290000

3 두 수의 크기를 비교하여 ○ 안에 >, =, <를 알맞게 써넣으세요.

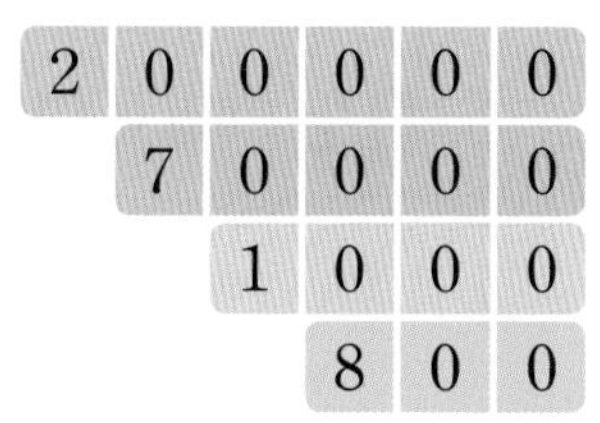

3	0	0	0	0	0
	2	0	0	0	0
		9	0	0	0
			3	0	0

271800 ◯ 329300

4 두 수의 크기를 비교하려고 합니다. 물음에 답하세요.

(1) 5230000과 5270000을 각각 수직선에 나타내어 보세요.

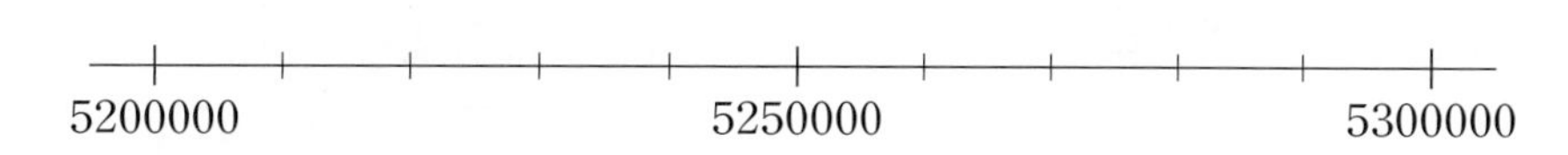

(2) 두 수의 크기를 비교하여 ○ 안에 >, <를 알맞게 써넣으세요.

5230000 ◯ 5270000

5 두 수의 크기를 비교하여 ○ 안에 >, =, <를 알맞게 써넣으세요.

(1) 493038 ◯ 2368012

(2) 28765439 ◯ 27867234

(3) 13450000 ◯ 13290000

(4) 315억 5892만 ◯ 316억 83만

6 두 수 중 더 큰 수에 ○표 하세요.

(1)

71243245	9656423

(2)

26억 7039만	203억 1834만

STEP 2 수학익힘 문제 잡기

3 억 / 조

개념 014쪽

01 □ 안에 알맞은 수를 써넣으세요.

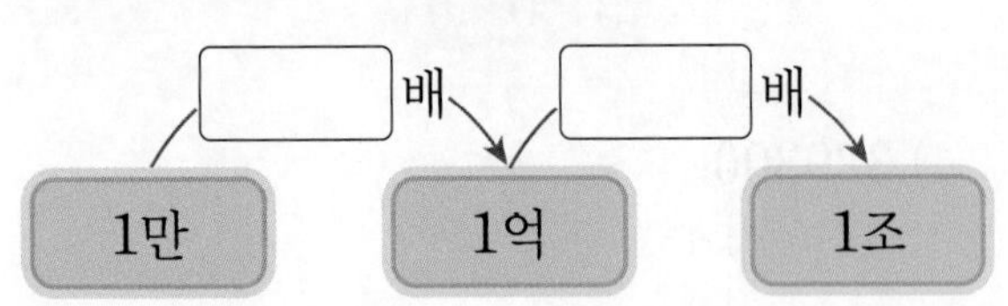

02 〈보기〉와 같이 나타내세요.

〈보기〉

820000009700000
➜ 820조 970만
➜ 팔백이십조 구백칠십만

940000050000000

➜ ______

➜ ______

03 잘못 설명한 사람의 이름을 쓰세요.

혜수: 1억이 230개인 수는 230억이야.
민재: 15조는 1500000000000라고 쓸 수 있어.

(　　　　)

04 ㉠과 ㉡이 나타내는 값을 각각 쓰세요.

450613500000000
(㉠: 첫 번째 5, ㉡: 두 번째 5)

㉠ (　　　　)
㉡ (　　　　)

교과역량 콕! 정보처리

05 바르게 설명한 것을 모두 찾아 기호를 쓰세요.

㉠ 1조는 9000억보다 1000만큼 더 큰 수입니다.
㉡ 1억은 1000만의 10배입니다.
㉢ 1000억이 10개인 수는 1조입니다.
㉣ 1만의 100배는 1억입니다.

(　　　　)

06 나타내는 수를 쓰세요.

조가 6043개, 억이 902개, 만이 78개인 수

(　　　　)

교과역량 콕! 의사소통

07 수를 보고 바르게 설명한 사람을 찾아 이름을 쓰세요.

4702958300000000

선우: 숫자 4는 백조의 자리 숫자야.
기현: 백억의 자리 숫자는 9야.
주원: 숫자 8은 8000000000을 나타내.

( )

4 큰 수의 뛰어 세기

개념 016쪽

08 ⟶를 따라 10억씩 뛰어 세어 보세요.

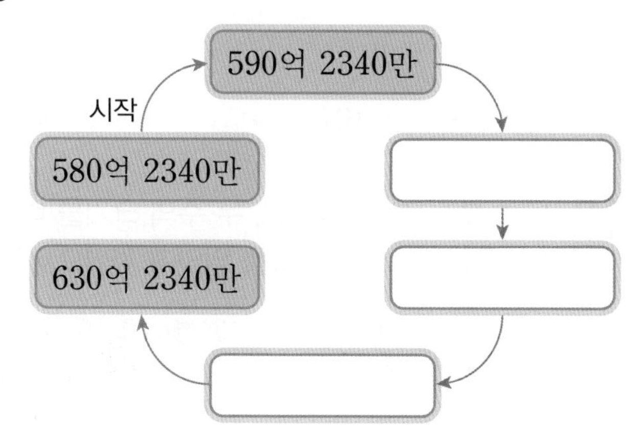

09 100000씩 뛰어 센 것을 찾아 기호를 쓰세요.

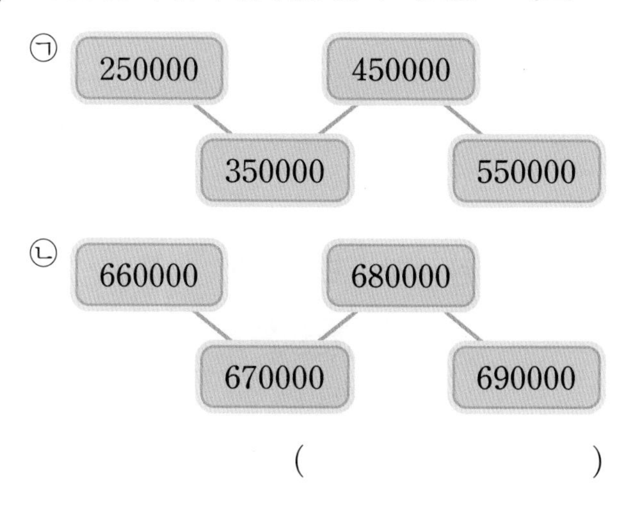

( )

10 위에서 아래로 뛰어 센 규칙을 찾아 □ 안에 알맞은 수나 말을 써넣으세요.

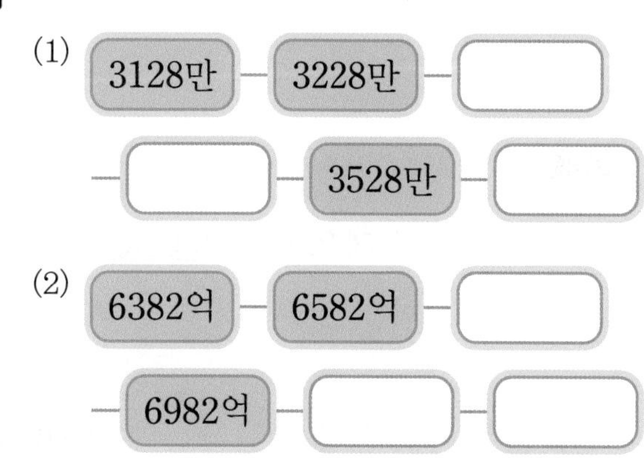

11 규칙을 찾아 빈칸에 알맞은 수를 써넣으세요.

(1) 3128만 — 3228만 — □ — □ — 3528만 — □

(2) 6382억 — 6582억 — □ — 6982억 — □ — □

교과역량 콕! 문제해결 | 추론

12 매년 식목일에 나무를 250만 그루씩 심었습니다. 빈칸에 알맞게 써넣고, 4년 동안 심은 나무는 모두 몇 그루인지 구하세요.

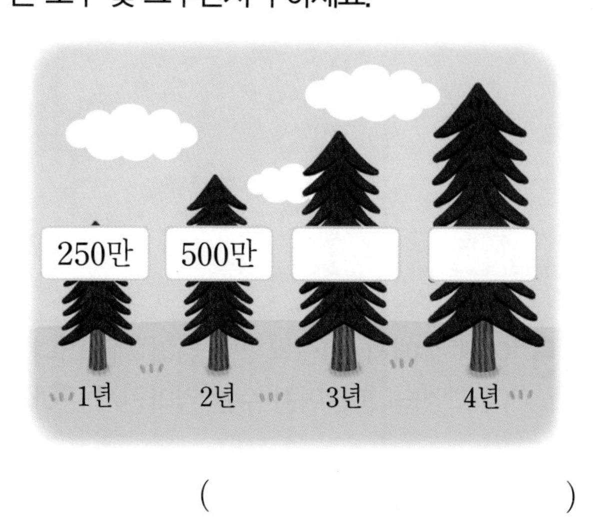

( )

1 단원

13 10조씩 거꾸로 뛰어 센 것입니다. ㉠에 알맞은 수를 구하세요.

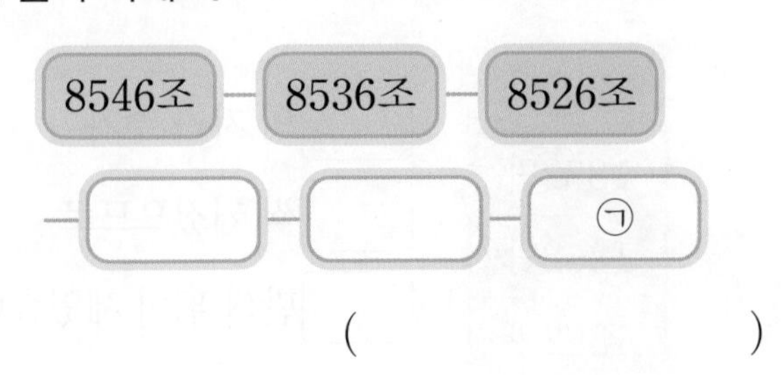

( )

14 규칙에 따라 빈칸에 알맞게 써넣으세요.

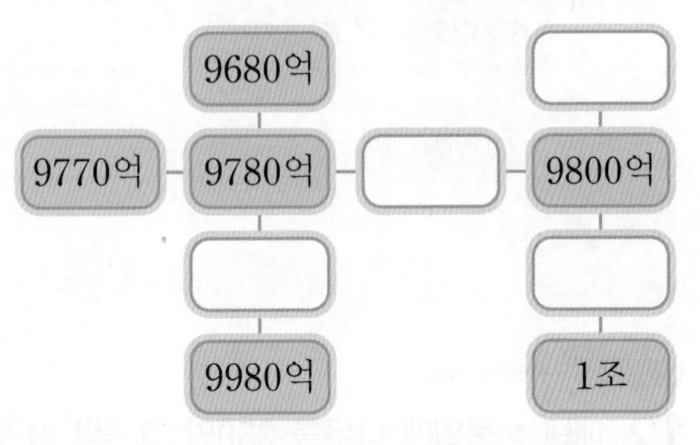

15 어떤 수에서 10만씩 2번 뛰어 세었더니 253만이 되었습니다. 어떤 수는 얼마인지 구하세요.

( )

힌트 톡! 253만에서 10만씩 거꾸로 뛰어 세기를 해 봐.

교과역량 콕! 추론 | 연결

16 미주네 가족은 매월 1일에 4만 원씩 기부를 하여 3월 1일까지 28만 원을 **기부**하였습니다. 기부한 전체 금액이 40만 원이 되려면 몇 개월이 더 걸릴까요?

(1) 28만에서 4만씩 뛰어 세어 보세요.

28만 – 32만 – [ ] – [ ]

(2) 미주네 가족이 기부한 전체 금액이 40만 원이 되려면 몇 개월이 더 걸릴까요?

( )

어휘 톡! 남을 돕기 위해 돈이나 물건을 내놓는 것을 **기부**라고 해.

5 큰 수의 크기 비교

개념 018쪽

17 두 수를 □ 안에 써넣고, 두 수의 크기를 비교하여 ○ 안에 >, =, <를 알맞게 써넣으세요.

9	0	0	0	0
	3	0	0	0
		7	0	0
			5	0
				4

7	0	0	0	0	0
	1	0	0	0	0
		7	0	0	0
			8	0	0
				6	0

[ ] ○ [ ]

18 가장 큰 수에 ○표 하세요.

851659	
3762495	
901247	

19 두 수의 크기를 바르게 비교한 것의 기호를 쓰세요.

㉠ 374862459 < 373826546
㉡ 46억 705만 < 49억 600만

(　　　　　　)

20 어느 상점에서 가구를 다음과 같은 가격으로 팔고 있습니다. 책상과 옷장 중 더 비싼 가구를 쓰세요.

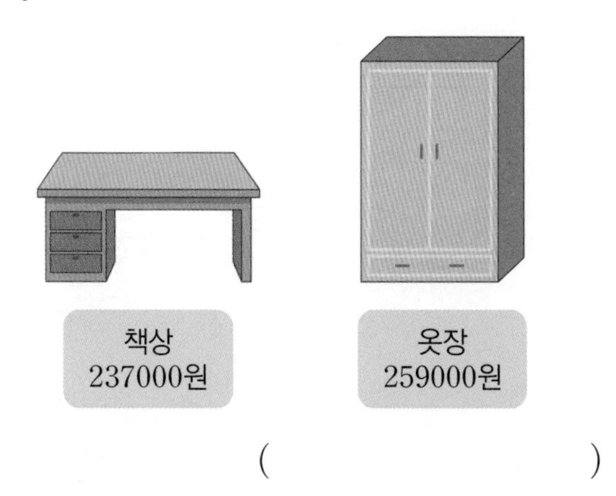

(　　　　　　)

21 가장 작은 수를 말한 사람의 이름을 쓰세요.

(　　　　　　)

22 72억 1540만보다 큰 수에 ○표 하세요.

70145890000 (　　)

7200836247 (　　)

교과역량 콕! 연결 | 정보처리

23 다음은 어느 해 베이징, 도쿄, 서울의 인구입니다. 인구가 적은 도시부터 차례로 쓰세요.

도시	인구
베이징	이천백팔십구만 명
도쿄	1413만 명
서울	9386705명

(　　　　　　)

24 수 카드를 모두 한 번씩만 사용하여 〈조건〉을 모두 만족하는 다섯 자리 수를 만들어 보세요.

1 2 3 4 5

〈조건〉
- 51000보다 크고 51400보다 작습니다.
- 백의 자리 숫자는 홀수이고, 일의 자리 숫자는 2입니다.

(　　　　　　)

1 단원

STEP 3 서술형 문제 잡기

1

㉠이 나타내는 값은 ㉡이 나타내는 값의 몇 배인지 풀이 과정을 쓰고, 답을 구하세요.

732531609 (㉠: 천만의 자리 3, ㉡: 만의 자리 3)

1단계 ㉠과 ㉡이 나타내는 값 각각 구하기

㉠은 천만의 자리 숫자이므로 ☐을 나타내고, ㉡은 만의 자리 숫자이므로 ☐을 나타냅니다.

2단계 ㉠이 나타내는 값은 ㉡이 나타내는 값의 몇 배인지 구하기

㉠이 나타내는 값은 ㉡이 나타내는 값보다 0이 ☐개 더 많으므로 ☐배입니다.

답 ______

2

㉠이 나타내는 값은 ㉡이 나타내는 값의 몇 배인지 풀이 과정을 쓰고, 답을 구하세요.

3797602841 (㉠: 7, ㉡: 7)

1단계 ㉠과 ㉡이 나타내는 값 각각 구하기

2단계 ㉠이 나타내는 값은 ㉡이 나타내는 값의 몇 배인지 구하기

답 ______

3

수 카드를 모두 한 번씩만 사용하여 **가장 작은** 다섯 자리 수를 만들려고 합니다. 풀이 과정을 쓰고, 답을 구하세요.

1 7 2 5 8

1단계 수의 크기가 작아지는 조건 쓰기

수의 크기는 높은 자리 수가 (클수록 , 작을수록) 더 작아집니다.

2단계 가장 작은 다섯 자리 수 구하기

따라서 작은 수부터 차례로 놓아 다섯 자리 수를 만들면 ☐입니다.

답 ______

4

수 카드를 모두 한 번씩만 사용하여 **가장 큰** 다섯 자리 수를 만들려고 합니다. 풀이 과정을 쓰고, 답을 구하세요.

4 9 3 0 6

1단계 수의 크기가 커지는 조건 쓰기

2단계 가장 큰 다섯 자리 수 구하기

답 ______

5

9자리 수인 두 수를 비교한 것입니다. 0부터 9까지의 수 중에서 ■에 들어갈 수 있는 수를 모두 구하려고 합니다. 풀이 과정을 쓰고, 답을 구하세요.

724■53192 > 724682513

(1단계) ■에 들어갈 수 있는 수의 범위 구하기

높은 자리 수부터 비교하면 7, 2, 4는 같고

만의 자리 수가 5 ◯ 8이므로

십만의 자리 수인 ■는 □보다 커야 합니다.

(2단계) ■에 들어갈 수 있는 수 모두 구하기

따라서 ■에 들어갈 수 있는 수는

□, □, □입니다.

답

6

10자리 수인 두 수를 비교한 것입니다. 0부터 9까지의 수 중에서 ●에 들어갈 수 있는 수를 모두 구하려고 합니다. 풀이 과정을 쓰고, 답을 구하세요.

321●405487 > 3215874215

(1단계) ●에 들어갈 수 있는 수의 범위 구하기

(2단계) ●에 들어갈 수 있는 수 모두 구하기

답

1 단원

7

규민이가 정한 규칙에 따라 270억부터 시작하여 수를 뛰어 세어 보세요.

(1단계) 규민이가 정한 규칙 쓰기

규칙 □씩 뛰어 세기

(2단계) 규민이가 정한 규칙에 따라 뛰어 세기

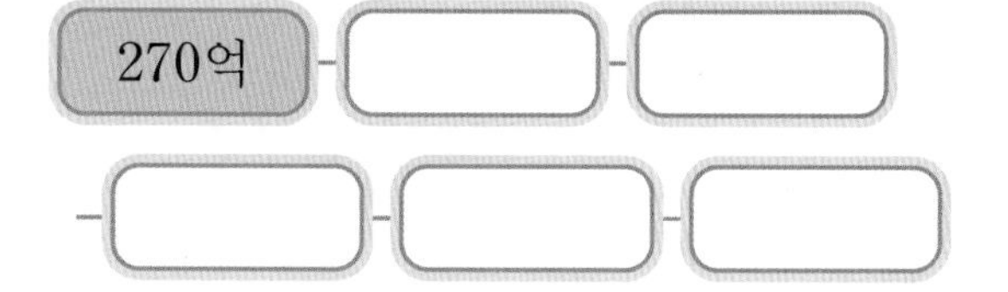

8 창의형

규칙을 정하여 쓰고, 정한 규칙에 따라 185억부터 시작하여 수를 뛰어 세어 보세요.

어떤 규칙으로
뛰어 세어 볼까?

(1단계) 내가 정한 규칙 쓰기

규칙 □씩 뛰어 세기

(2단계) 내가 정한 규칙에 따라 뛰어 세기

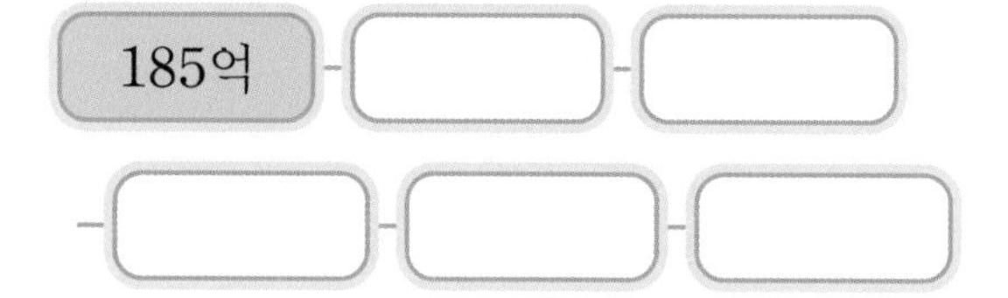

평가 1단원 마무리

맞힌 개수

01 수 모형이 나타내는 수를 쓰세요.

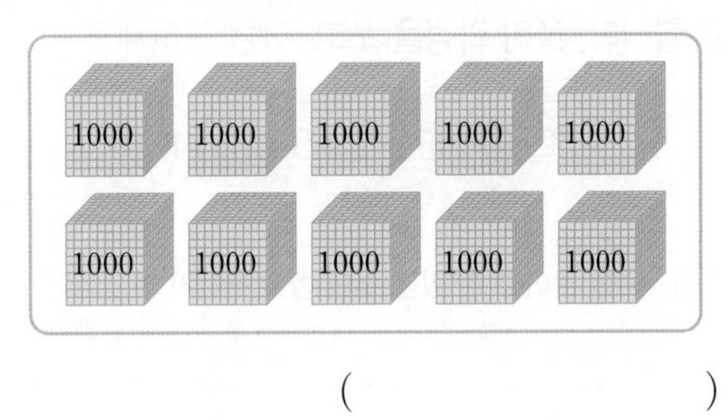

(　　　　　　　　)

02 □ 안에 알맞은 수를 써넣으세요.

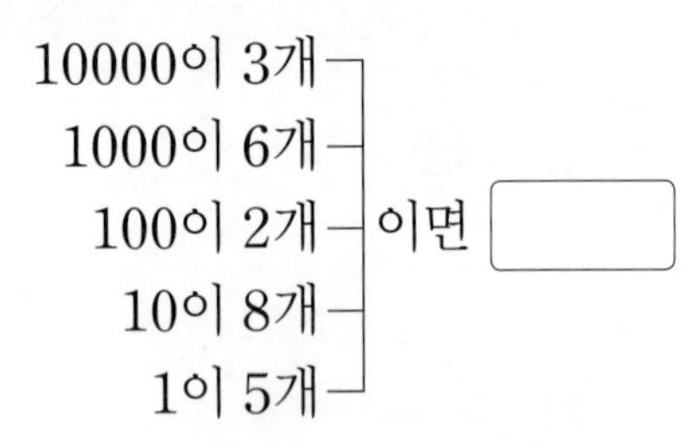

03 □ 안에 알맞게 써넣으세요.

1조는 ┌ 9900억보다 □ 만큼 더 큰 수
　　　└ 9000억보다 □ 만큼 더 큰 수

04 수를 읽어 보세요.

30590000

(　　　　　　　　)

05 수로 쓰세요.

육천칠백십구억

(　　　　　　　　)

06 주어진 수를 〈보기〉와 같이 나타내세요.

〈보기〉

63145=60000+3000+100+40+5

84361=□+□+□+□+□

07 수를 보고 □ 안에 알맞은 수를 써넣으세요.

48925410

십만의 자리 숫자는 □입니다.

08 10000씩 뛰어 세어 보세요.

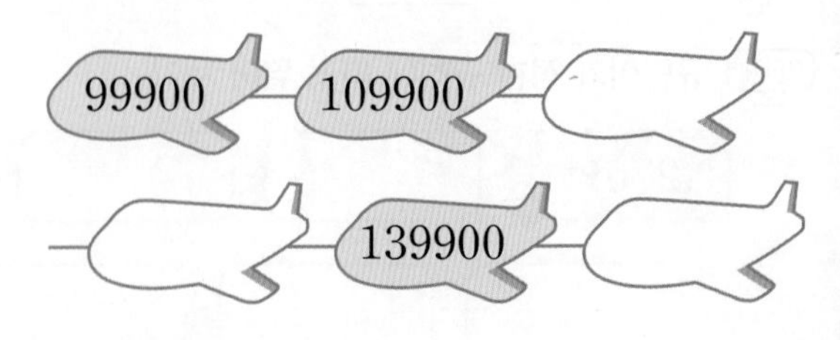

09 두 수의 크기를 비교하여 ○ 안에 >, =, <를 알맞게 써넣으세요.

47억 2954만 ◯ 420억 134만

10 ㉠과 ㉡에서 숫자 3이 나타내는 값을 각각 써넣으세요.

㉠ 2376518014
㉡ 1942430469

	숫자 3이 나타내는 값
㉠	
㉡	

11 얼마씩 뛰어 세었는지 쓰세요.

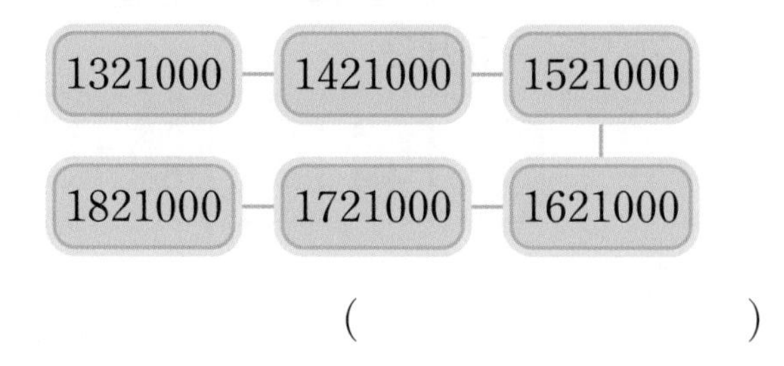

( )

12 수에 대하여 잘못 설명한 것은 어느 것인가요? ( )

① 1000이 10개이면 1만입니다.
② 1만의 10000배는 1억입니다.
③ 1억이 1000개이면 1000억입니다.
④ 1억의 1000배는 1조입니다.
⑤ 1조의 100배는 100조입니다.

13 설명하는 수가 얼마인지 쓰고, 읽어 보세요.

조가 3개, 억이 581개, 만이 2347개인 수

쓰기 ( )

읽기 ( )

14 도율이는 10000원인 동화책을 사려고 돈을 모으고 있습니다. 얼마를 더 모아야 동화책을 살 수 있나요?

지금까지 1000원짜리 지폐를 8장 모았어.
도율

( )

15 민우네 학교에서 가정의 달을 맞이하여 어려운 사람들을 돕기 위해 성금을 모았습니다. 4학년과 5학년 중 어느 학년이 성금을 더 많이 모았나요?

4학년	5학년
527250원	591690원

( )

정답 06쪽

16 수를 숫자로만 썼을 때 0은 모두 몇 개인가요?

칠천이백조 팔천만

(　　　　　　　)

17 나타내는 수의 크기를 비교하여 큰 수부터 차례로 기호를 쓰세요.

㉠ 5320948512
㉡ 억이 5개, 만이 1429개인 수
㉢ 오억 천구백삼십만 칠백오

(　　　　　　　)

18 준서네 가족은 여행을 가기 위해 매월 20만 원씩 모으기로 했습니다. 5월까지 120만 원을 모았다면 모은 돈이 200만 원이 되는 때는 몇 월일까요?

(　　　　　　　)

서술형

19 ㉠이 나타내는 값은 ㉡이 나타내는 값의 몇 배인지 풀이 과정을 쓰고, 답을 구하세요.

3423748621
(㉠: 첫 번째 4, ㉡: 두 번째 4)

풀이

답

20 수 카드를 모두 한 번씩만 사용하여 가장 큰 다섯 자리 수를 만들려고 합니다. 풀이 과정을 쓰고, 답을 구하세요.

7　4　1　8　5

풀이

답

창의력 쑥쑥

같은 그림 속에 다른 그림이 숨어 있어요.
주어진 시간 안에 숨어 있는 다른 그림 하나를 찾아보세요.
시간 안에 찾았다면 당신은 집중력 대장~!

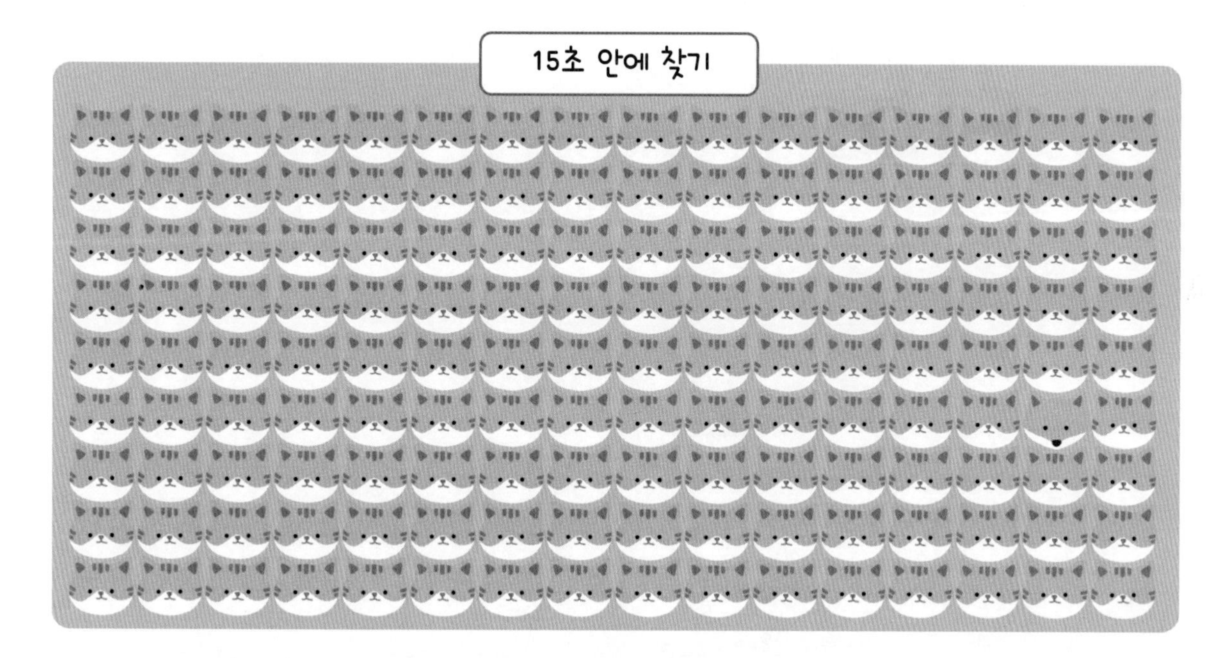

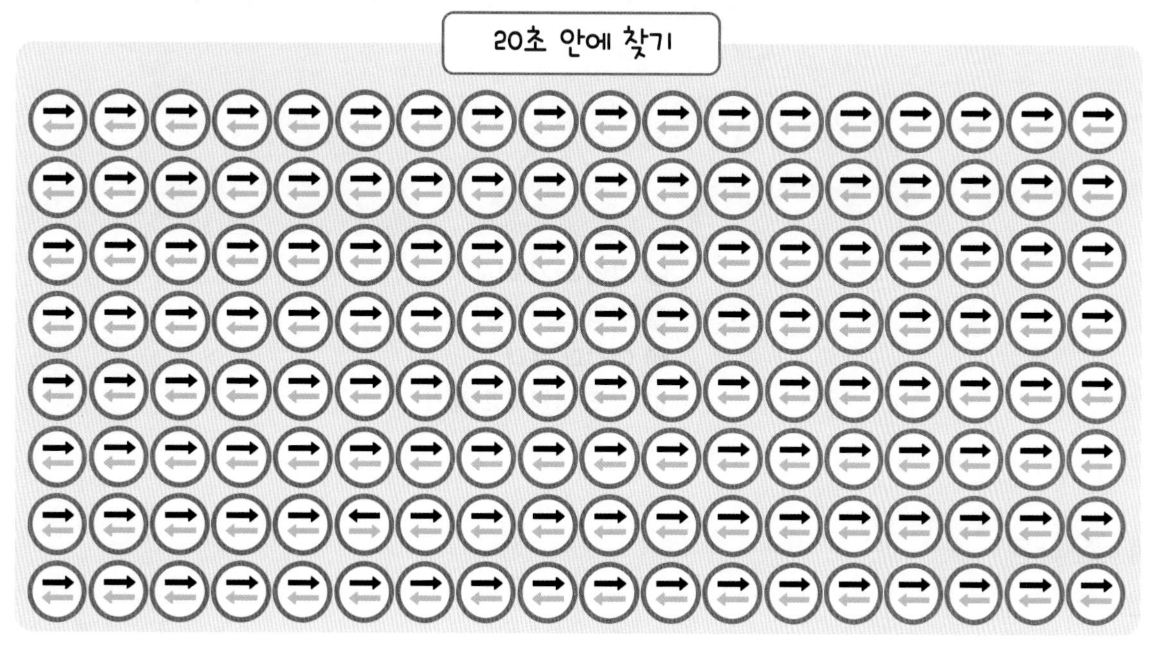

정답은 개념책 158쪽에서 확인하세요.

2

각도

학습을 끝낸 후
색칠하세요.

❶ 각의 크기 비교
❷ 각의 크기 재기
❸ 예각과 둔각
❹ 각도 어림하고 재기

이전에 배운 내용

[3-1] 평면도형

각, 직각 알아보기
직각삼각형 알아보기
직사각형, 정사각형 알아보기

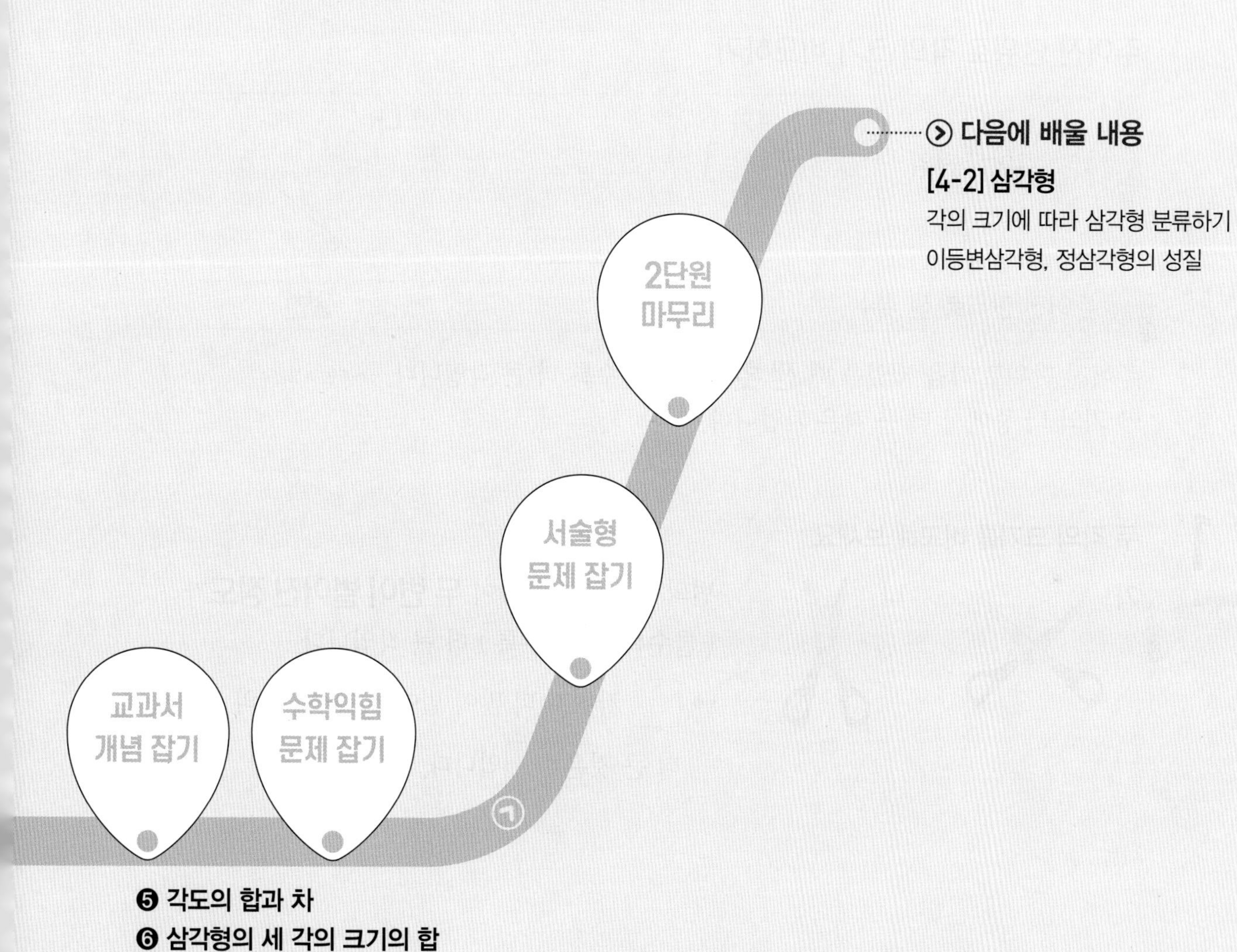

다음에 배울 내용

[4-2] 삼각형

각의 크기에 따라 삼각형 분류하기

이등변삼각형, 정삼각형의 성질

❺ 각도의 합과 차
❻ 삼각형의 세 각의 크기의 합
❼ 사각형의 네 각의 크기의 합

STEP 1 # 교과서 개념 잡기

① 각의 크기 비교

두 각의 크기 비교하기

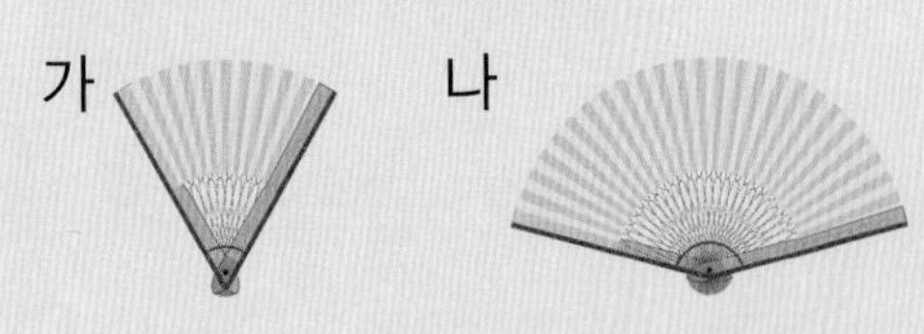

변의 길이와 관계없이 **두 변이 벌어진 정도**가 클수록 더 큰 각입니다.
➜ 나 부채가 더 많이 벌어졌으므로 각의 크기가 더 큰 것은 나입니다.

주어진 단위로 각의 크기 비교하기

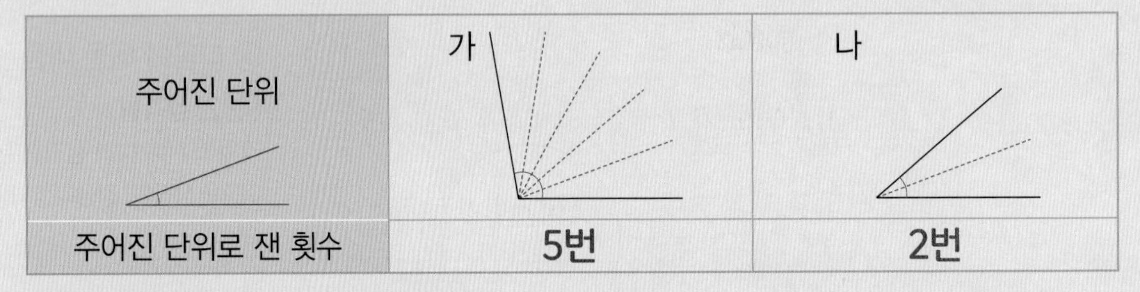

주어진 단위	가	나
주어진 단위로 잰 횟수	5번	2번

주어진 단위로 각을 재었을 때 **잰 횟수**가 많을수록 더 큰 각입니다. ─ 5번>2번
➜ 가와 나 중에서 더 큰 각은 가입니다.

개념 확인 **1** 두 각의 크기를 비교해 보세요.

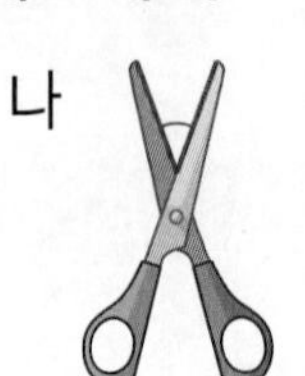

변의 길이와 관계없이 **두 변이 벌어진 정도**가 (클수록 , 작을수록) 더 큰 각입니다.
➜ ☐ 가위가 더 많이 벌어졌으므로 각의 크기가 더 큰 것은 ☐입니다.

개념 확인 **2** 주어진 단위를 이용하여 두 각의 크기를 비교해 보세요.

주어진 단위	가	나
주어진 단위로 잰 횟수	☐번	☐번

➜ 가와 나 중에서 더 큰 각은 ☐입니다.

3 두 각 중에서 더 큰 각에 ○표 하세요.

(1)

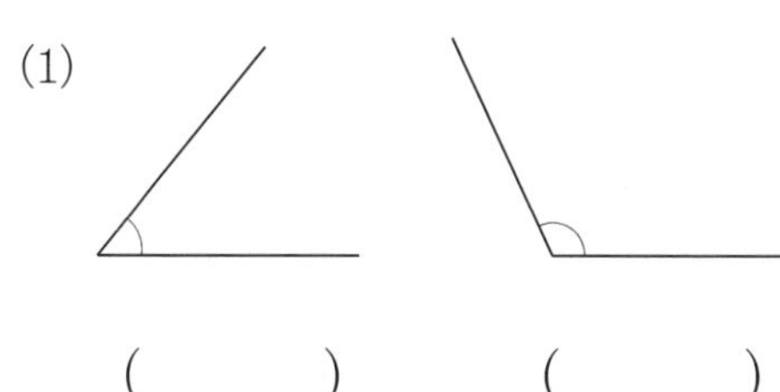

( ) ( )

(2)

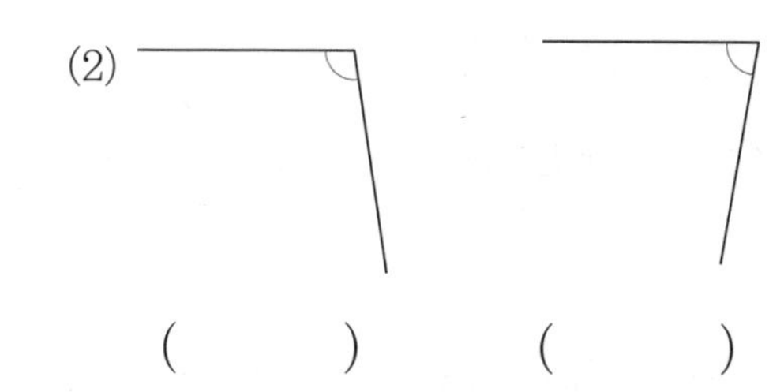

( ) ( )

4 가장 많이 벌어진 입을 찾아 ○표 하세요.

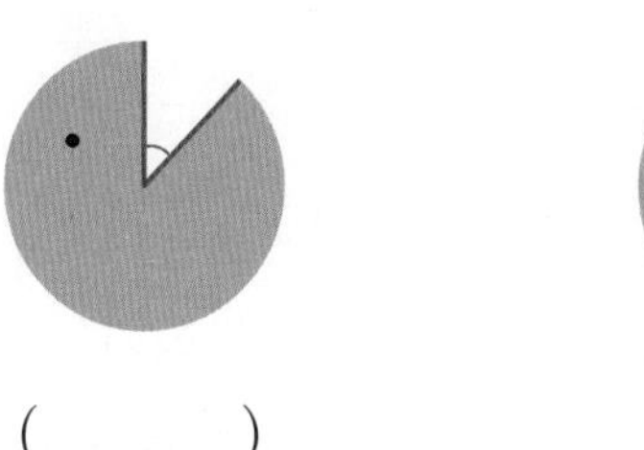
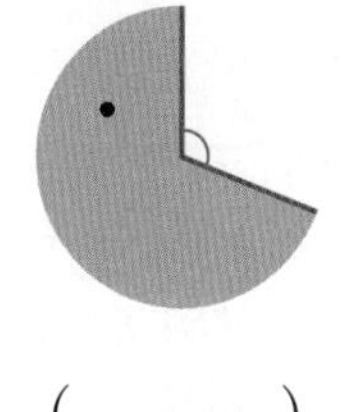
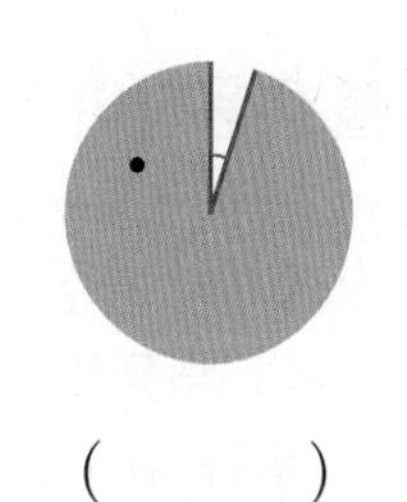

( ) ( ) ( )

5 각의 크기를 바르게 비교한 사람의 이름을 쓰세요.

가
나
각의 크기가 더 작은 각은 가야.
각의 크기가 더 작은 각은 나야.
미나
현우

( )

6 세 각의 크기를 비교하여 □ 안에 알맞은 기호를 써넣으세요.

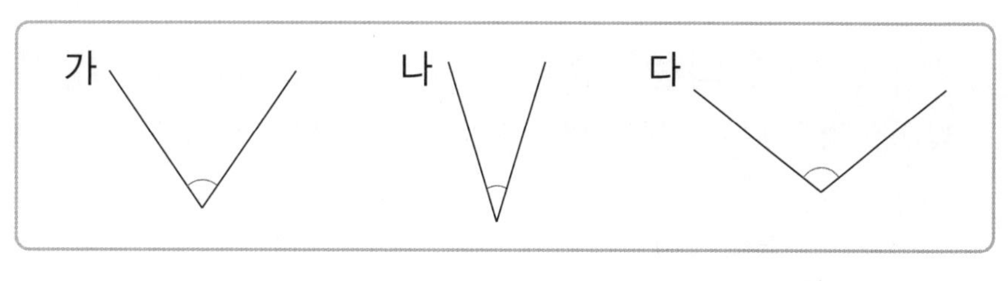

각의 크기가 가장 큰 각은 □, 가장 작은 각은 □입니다.

STEP 1 교과서 개념 잡기

② 각의 크기 재기

각도 알아보기

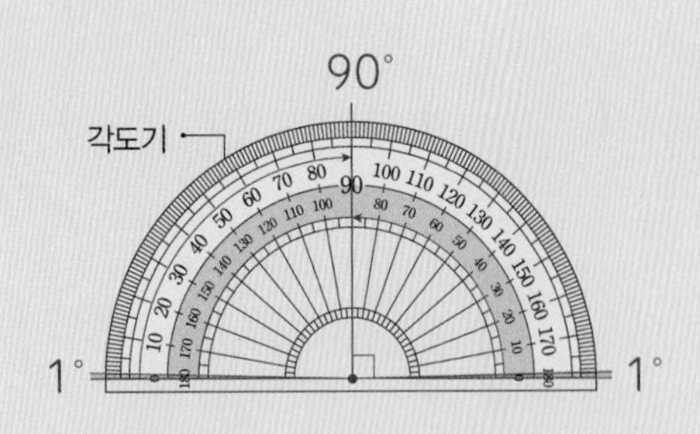

(1) **각도**: 각의 크기

(2) **1°**: 직각의 크기를 똑같이 90으로 나눈 것 중 하나

쓰기 1°	읽기 1도

(3) **90°**: 직각의 크기

각도기를 이용하여 각도 재기

각도기의 중심을 각의 꼭짓점에 맞춥니다. → 각도기의 밑금을 각의 한 변에 맞춥니다. → 각의 나머지 변이 가리키는 각도기의 눈금을 읽습니다.

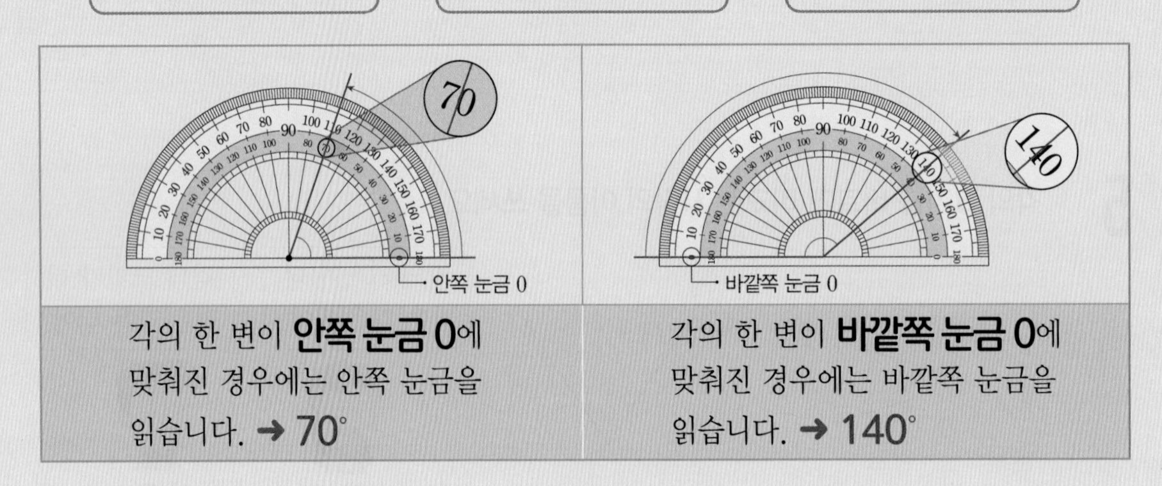

각의 한 변이 **안쪽 눈금 0**에 맞춰진 경우에는 안쪽 눈금을 읽습니다. → 70°	각의 한 변이 **바깥쪽 눈금 0**에 맞춰진 경우에는 바깥쪽 눈금을 읽습니다. → 140°

개념 확인 **1** 각도기를 이용하여 각도를 재는 방법을 알아보세요.

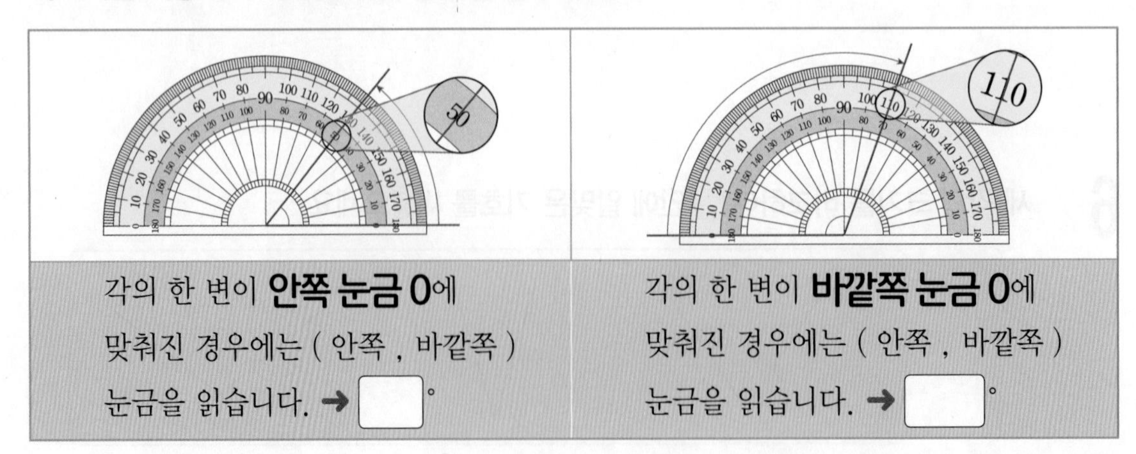

각의 한 변이 **안쪽 눈금 0**에 맞춰진 경우에는 (안쪽 , 바깥쪽) 눈금을 읽습니다. → □°	각의 한 변이 **바깥쪽 눈금 0**에 맞춰진 경우에는 (안쪽 , 바깥쪽) 눈금을 읽습니다. → □°

2 **각도기를 보고 ☐ 안에 알맞은 수를 써넣으세요.**

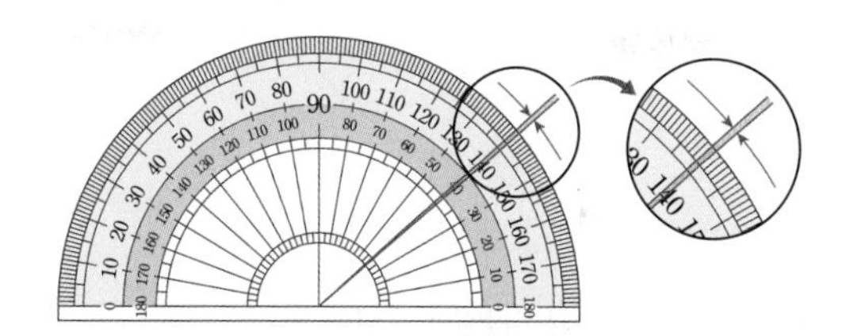

각도기에서 작은 눈금 한 칸은 ☐°를 나타냅니다.

3 **각도기의 중심과 밑금을 바르게 맞춘 것을 찾아 ○표 하세요.**

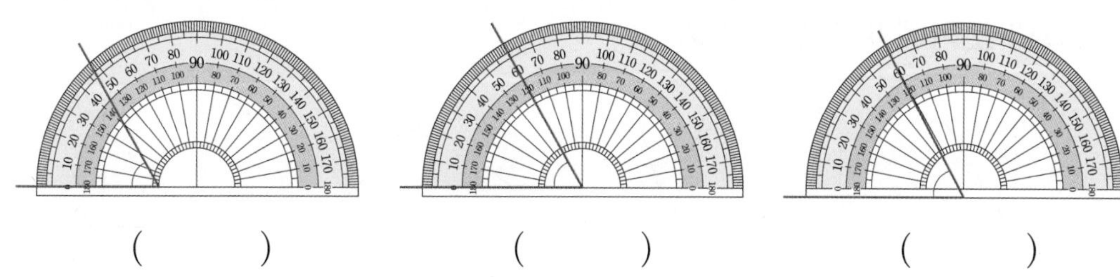

( ) ( ) ( )

4 **각도를 재어 보세요.**

(1)

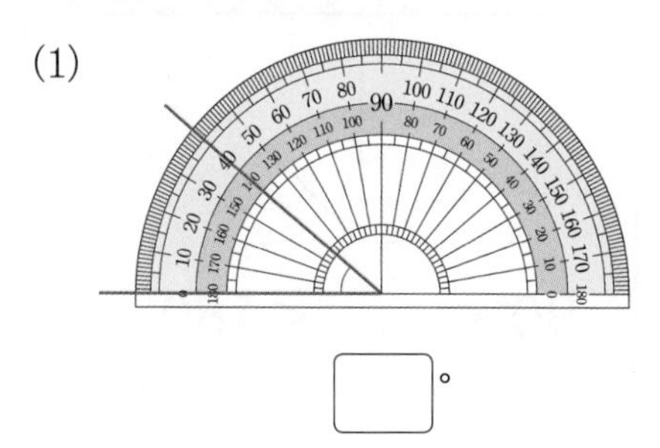

☐°

(2)

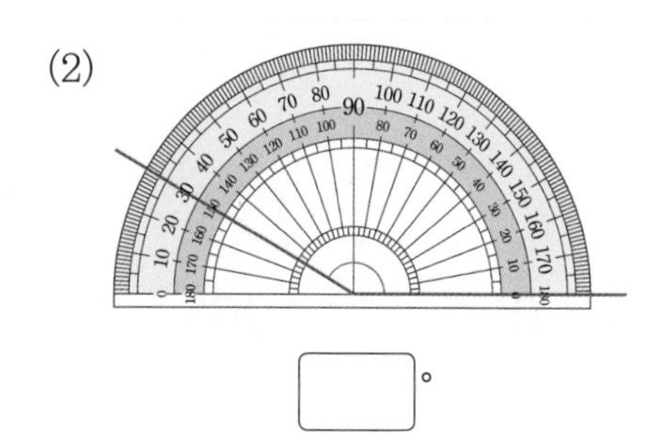

☐°

5 **각도기를 이용하여 각도를 재어 보세요.**

(1)

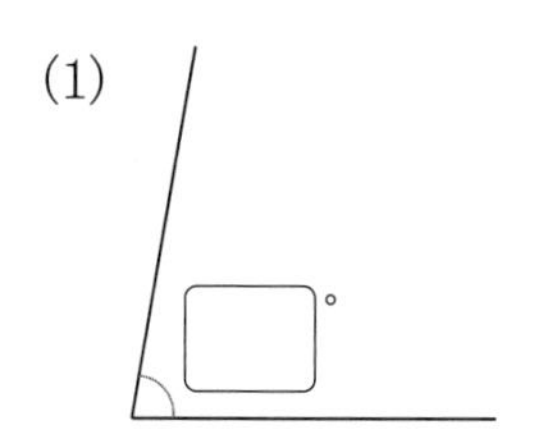

☐°

(2)

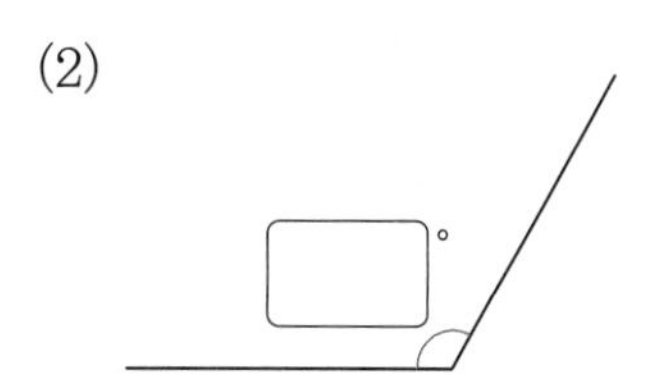

☐°

STEP 1 교과서 개념 잡기

③ 예각과 둔각

예각과 둔각 알아보기

(1) **예각**: 각도가 0°보다 크고 직각보다 작은 각

(2) **둔각**: 각도가 직각보다 크고 180°보다 작은 각

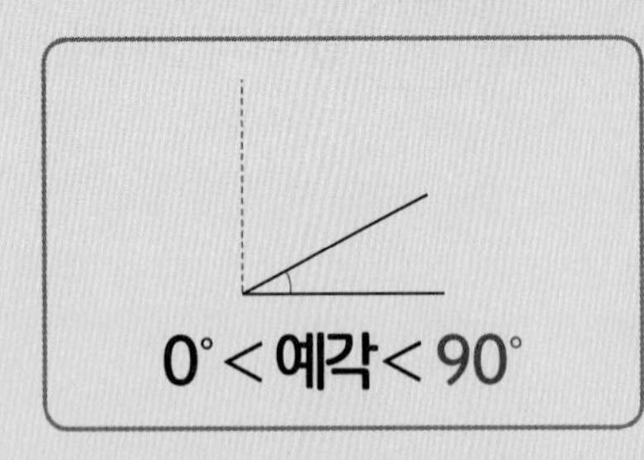

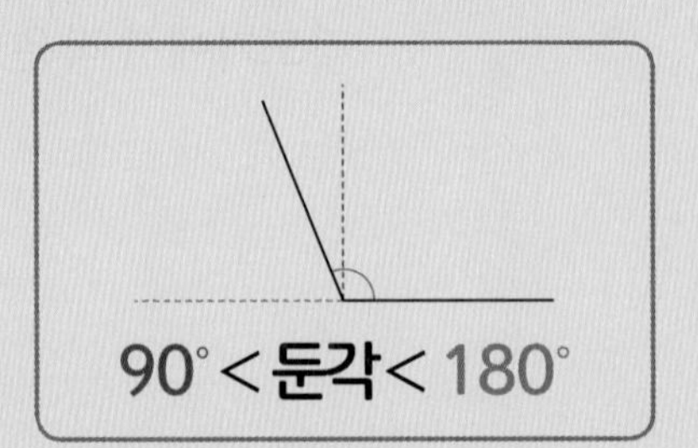

각의 크기에 따라 분류하기

가 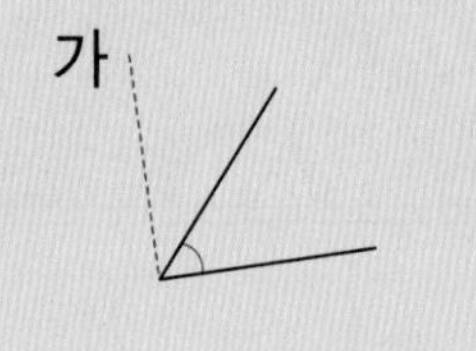 나 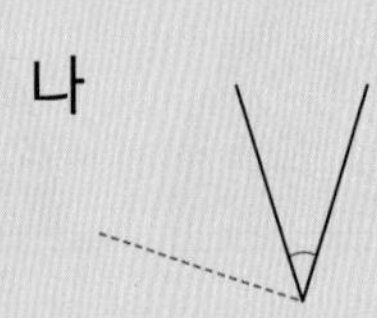 다 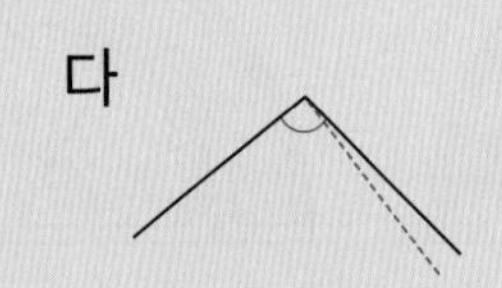 라 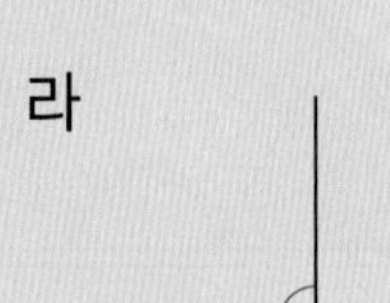 마 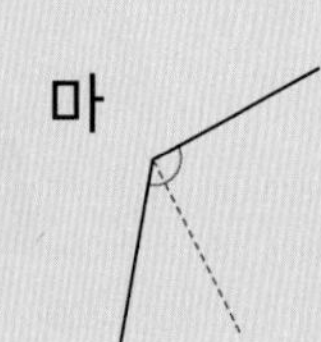

예각	직각	둔각
가, 나	라	다, 마

개념 확인 1

□ 안에 알맞은 말을 써넣으세요.

(1)

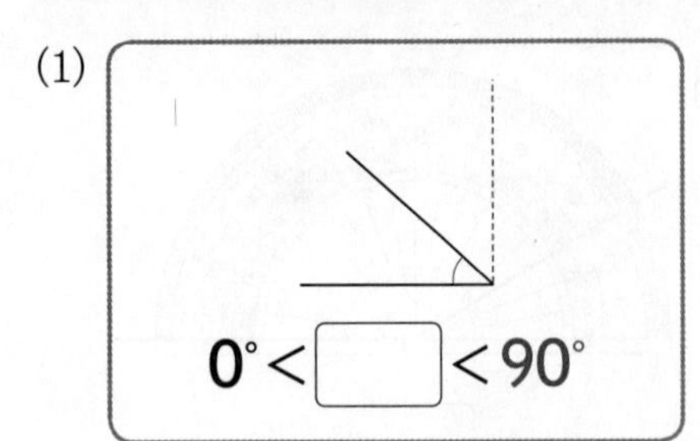

(2)

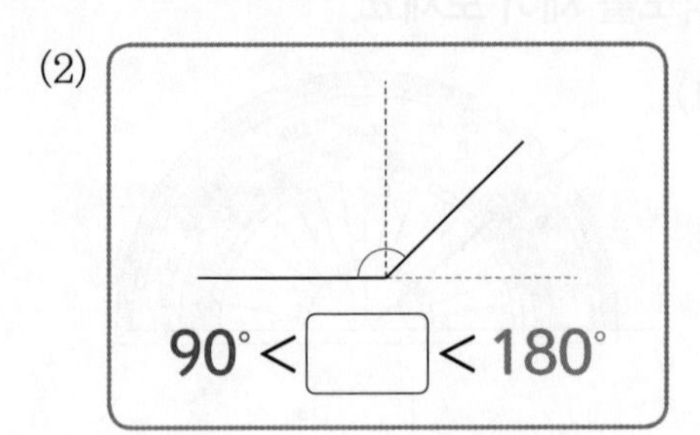

개념 확인 2

각의 크기에 따라 분류해 보세요.

가 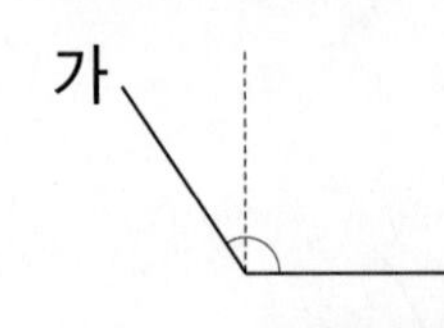 나  다 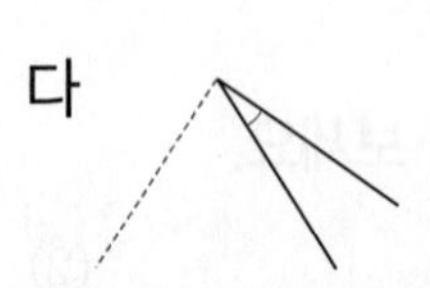 라 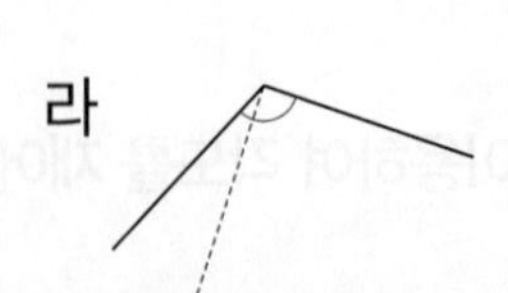 마 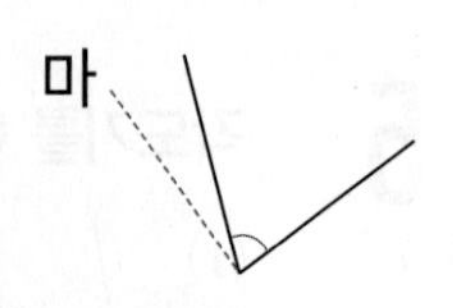

예각	직각	둔각
□, □	□	□, □

3 알맞은 것에 ○표 하세요.

(1)

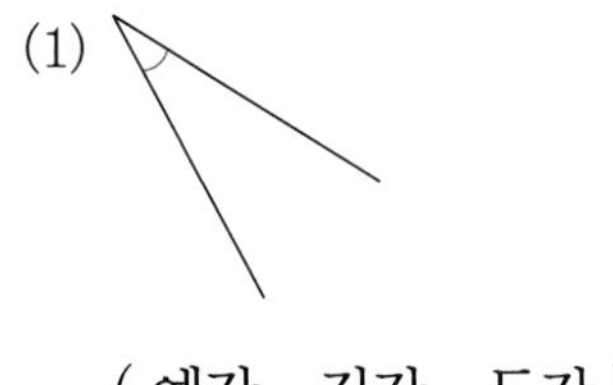

(예각 , 직각 , 둔각)

(2)

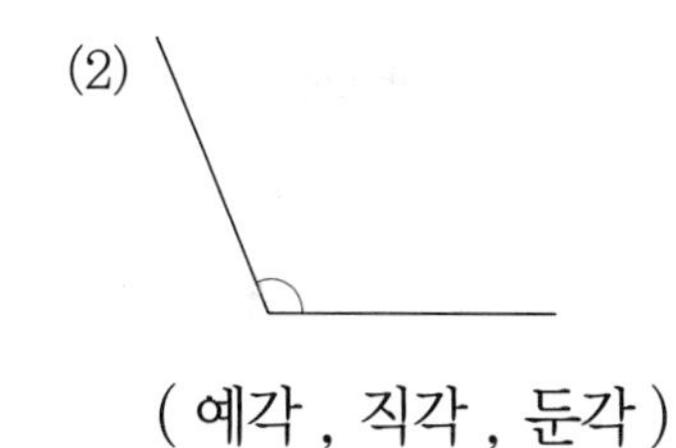

(예각 , 직각 , 둔각)

4 예각인지 둔각인지 알맞게 선으로 이어 보세요.

(1)

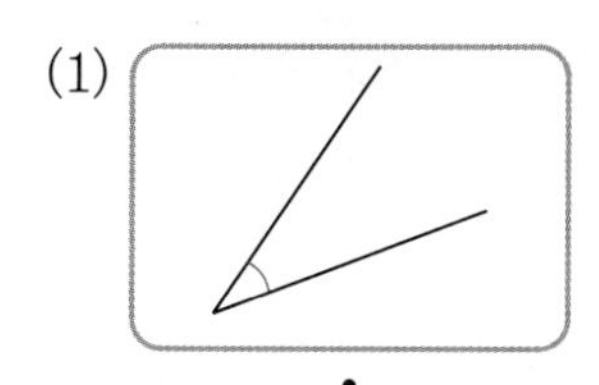

(2)

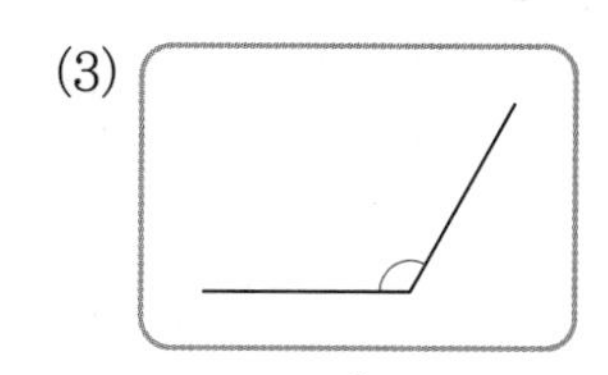

(3)

예각 둔각

5 □ 안에 예각은 '예', 둔각은 '둔'을 써넣으세요.

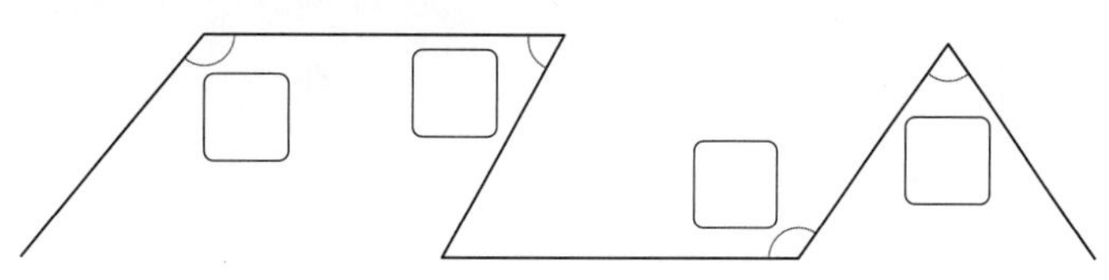

6 준호가 각을 그린 것입니다. 준호가 그린 각은 예각, 직각, 둔각 중 어느 것일까요?

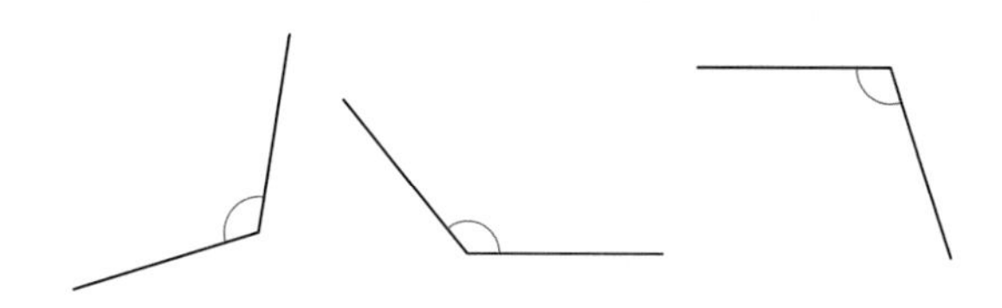

내가 그린 각은 모두 □ 이야.

교과서 개념 잡기

개념 강의

④ 각도 어림하고 재기

삼각자의 각과 비교하여 각도를 어림할 수 있습니다.
각도를 어림하여 말할 때는 **약** □°라고 합니다.

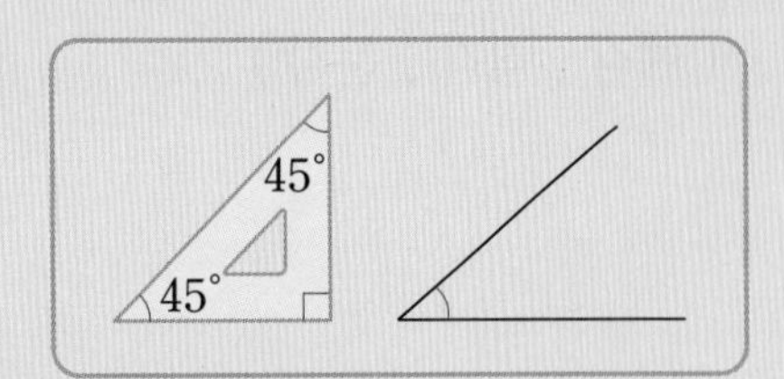

삼각자의 45°보다 조금 작아 보입니다.

어림한 각도	약 40°
잰 각도	40°

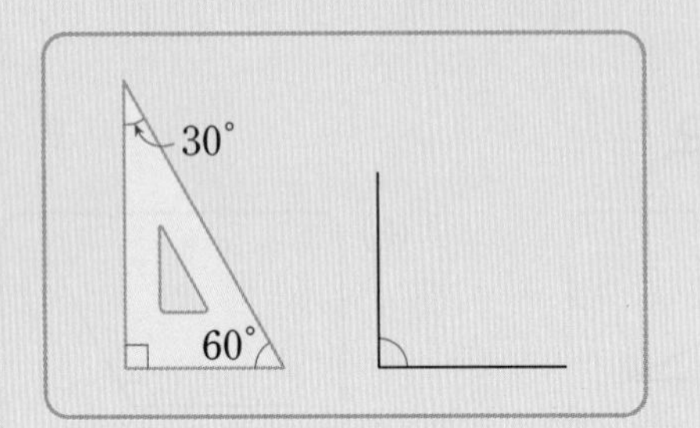

삼각자의 90°와 비슷해 보입니다.

어림한 각도	약 90°
잰 각도	90°

개념 확인 **1** **각도를 어림하고 각도기로 재어 보세요.**

(1)

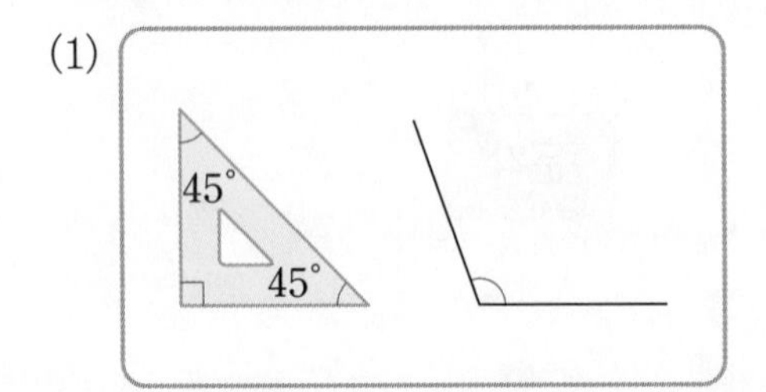

삼각자의 90°보다 조금 커 보입니다.

어림한 각도	약 □°
잰 각도	□°

(2)

삼각자의 60°보다 조금 작아 보입니다.

어림한 각도	약 □°
잰 각도	□°

2 **두 팔을 벌린 각도가 90°에 가장 가까운 것을 찾아 ○표 하세요.**

(　　　)　(　　　)　(　　　)

3 120°인 각과 160°인 각을 보고 ㉠의 각도를 어림해 보세요.

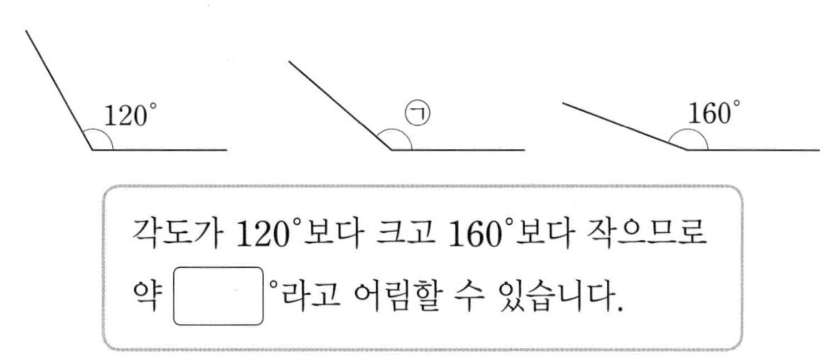

각도가 120°보다 크고 160°보다 작으므로 약 □°라고 어림할 수 있습니다.

4 삼각자의 각과 비교하여 각도를 어림해 보세요.

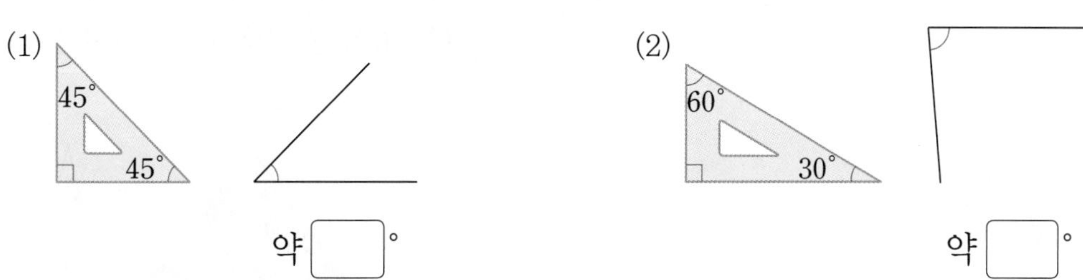

(1) 약 □°

(2) 약 □°

5 미나가 말한 각도를 어림하여 그려 보세요.

주어진 선분을 이용하여 약 100°인 각을 그려 봐.
미나

6 각도를 어림하고 각도기로 재어 보세요.

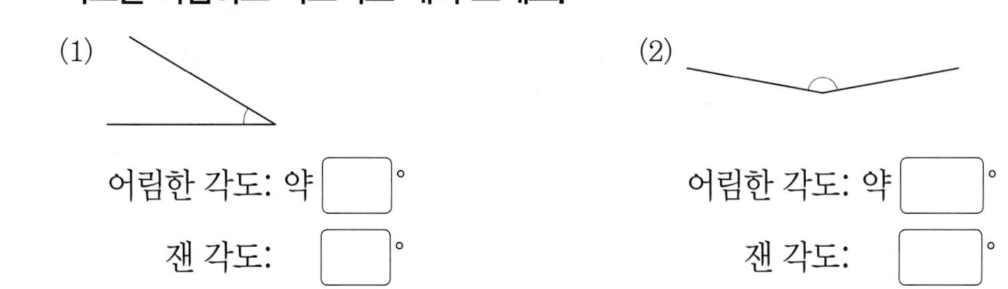

(1) 어림한 각도: 약 □°
잰 각도: □°

(2) 어림한 각도: 약 □°
잰 각도: □°

STEP 2 수학익힘 문제 잡기

1 각의 크기 비교

개념 032쪽

01 각의 크기를 비교하는 방법을 잘못 말한 사람의 이름을 쓰세요.

연서
각의 두 변이 벌어진 정도를 비교해.
규민
각의 두 변의 길이를 비교하면 돼.

(　　　　　)

02 두 각 중에서 더 큰 각의 기호를 쓰세요.

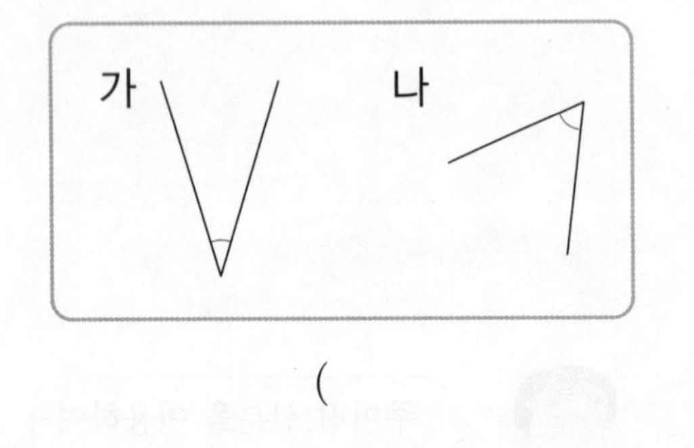

(　　　　　)

03 오른쪽 각을 여러 개 이어 붙여서 가와 나 두 각을 만들었습니다. 만들어진 두 각 중에서 더 작은 각의 기호를 쓰세요.

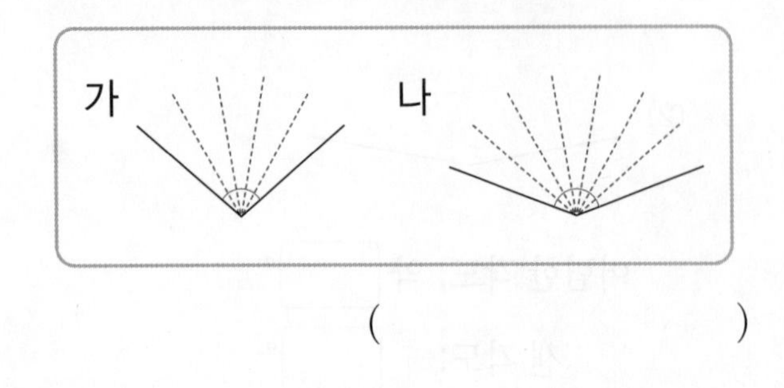

(　　　　　)

04 각의 크기가 작은 것부터 (　　) 안에 차례로 1, 2, 3을 쓰세요.

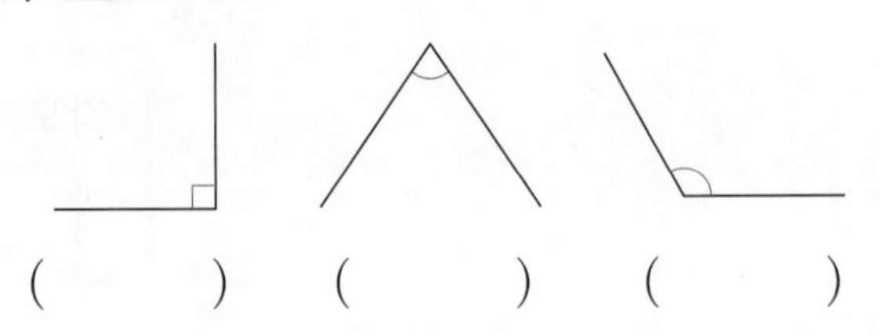

(　　　) (　　　) (　　　)

05 피자 조각을 보고 각의 크기를 바르게 비교한 것의 기호를 쓰세요.

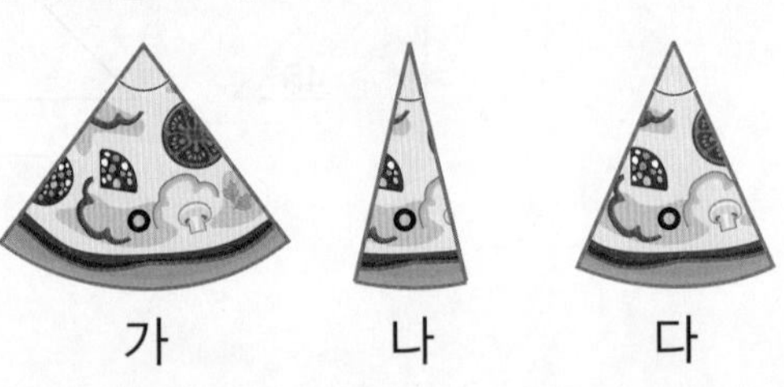

㉠ 각의 크기가 가장 작은 것은 다입니다.
㉡ 각의 크기가 가장 큰 것은 가입니다.

(　　　　　)

교과역량 콕! 추론 | 정보처리

06 가, 나, 다 세 각의 크기를 주어진 단위로 재었더니 잰 횟수가 다음과 같았습니다. 알맞은 말에 ○표 하세요.

단위 \ 각	가	나	다
	5번	2번	4번

가는 나보다 (큽니다 , 작습니다).
나는 다보다 (큽니다 , 작습니다).

힌트 톡! 잰 횟수를 보고 주어진 단위를 몇 개 이어 붙인 크기인지 알 수 있어.

2 각의 크기 재기

개념 034쪽

07 각도에 대한 설명이 옳으면 ○표, 틀리면 ×표 하세요.

(1) 각도기의 작은 눈금 한 칸의 크기는 1°입니다. (　　　)

(2) 각도기로 각도를 잴 때에는 항상 각도기의 바깥쪽 눈금을 읽습니다. (　　　)

08 각도를 잘못 잰 것의 기호를 쓰세요.

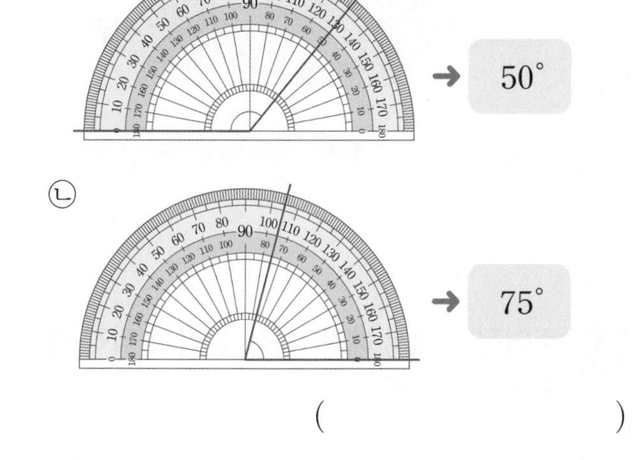

(　　　　　　　　)

09 각도기를 이용하여 부채가 벌어진 각도를 재어 보세요.

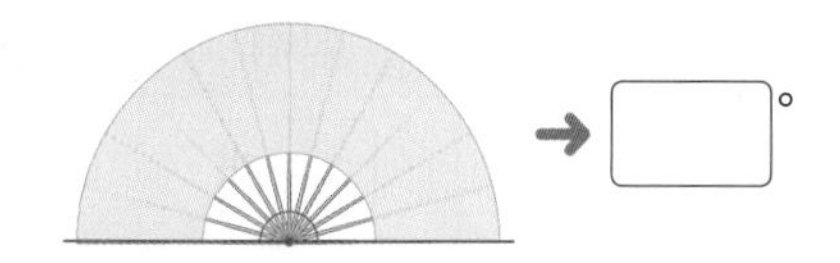

10 각도기를 이용하여 각도를 재어 □ 안에 알맞은 수를 써넣고, 더 큰 각의 기호를 쓰세요.

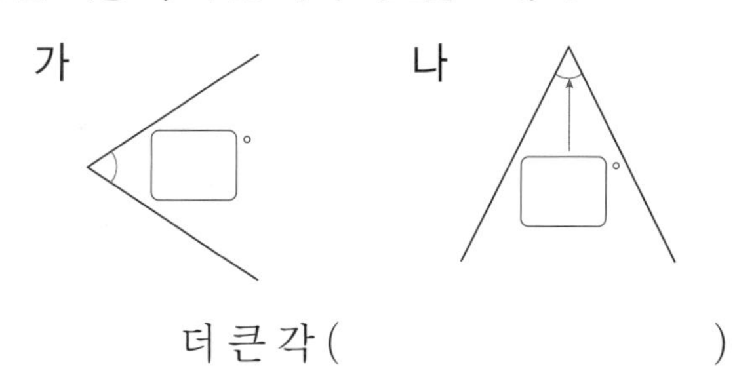

더 큰 각 (　　　　　　　　)

11 각도기를 이용하여 각도를 재어 보세요.

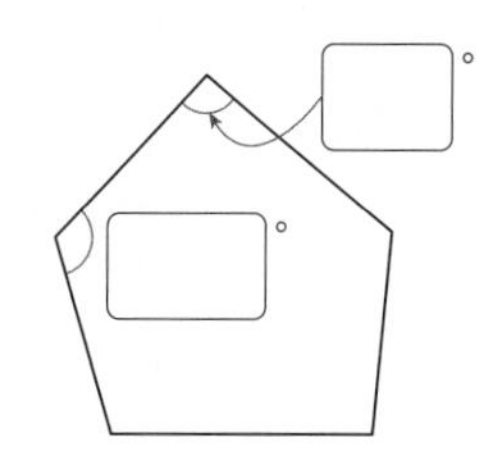

교과역량 콕! 연결

12 각도기를 이용하여 우리 주변에서 볼 수 있는 것의 각도를 재어 보세요.

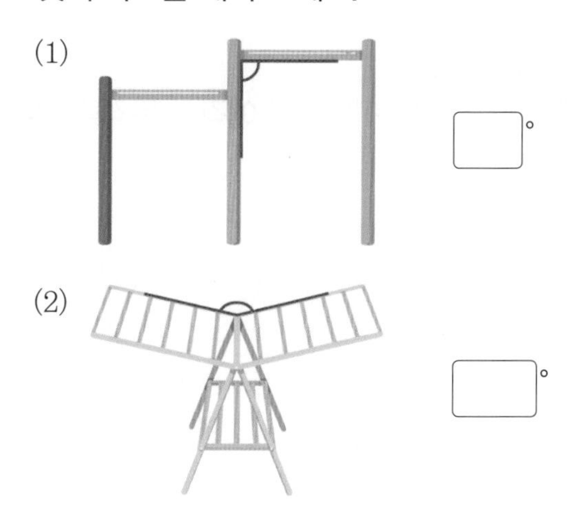

3 예각과 둔각

개념 036쪽

13 주어진 시계의 긴바늘과 짧은바늘이 이루는 작은 쪽의 각은 예각, 직각, 둔각 중 어느 것인가요?

(　　　　　　　　　　)

14 ㉠과 ㉡ 중 둔각의 기호를 쓰세요.

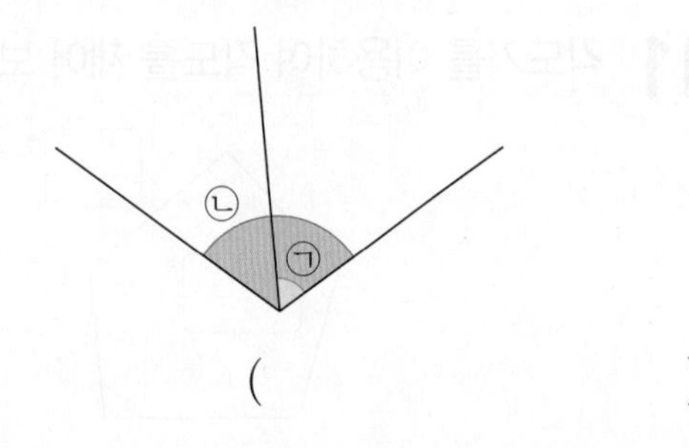

(　　　　　　　　　　)

15 예각을 모두 찾아 쓰세요.

130°　50°　90°　35°　175°

(　　　　　　　　　　)

16 주어진 선분을 이용하여 예각과 둔각을 그려 보세요.

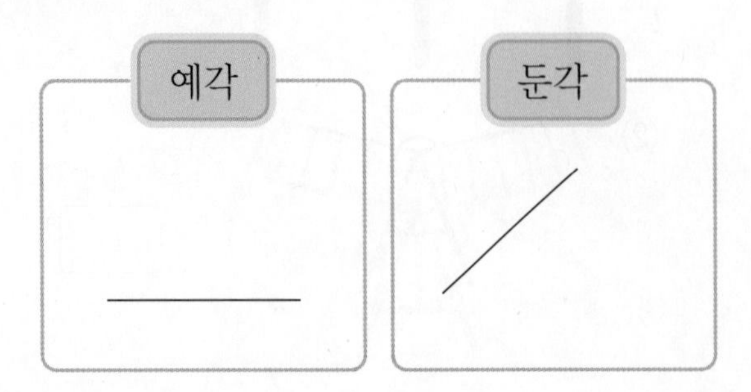

17 사각형에서 둔각은 몇 개일까요?

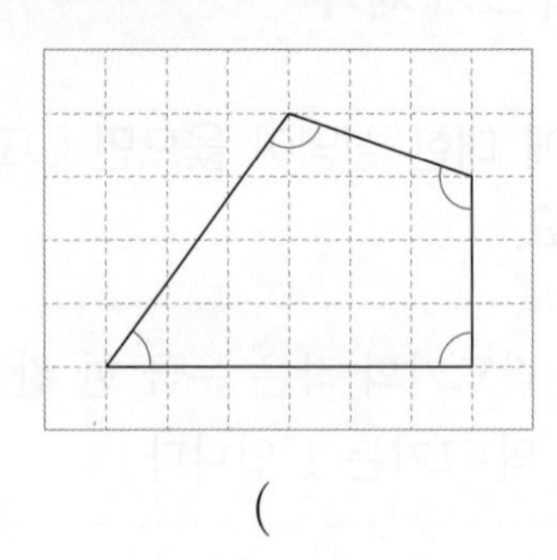

(　　　　　　　　　　)

교과역량 콕! 문제해결

18 모양 조각으로 배를 만들었습니다. 표시된 부분의 각이 예각이면 '예', 직각이면 '직', 둔각이면 '둔'이라고 □ 안에 써넣으세요.

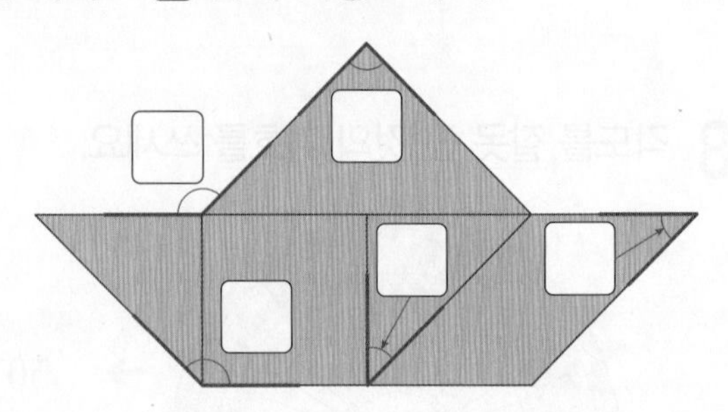

19 주어진 각에서 예각, 직각, 둔각이 각각 몇 개인지 세어 보세요.

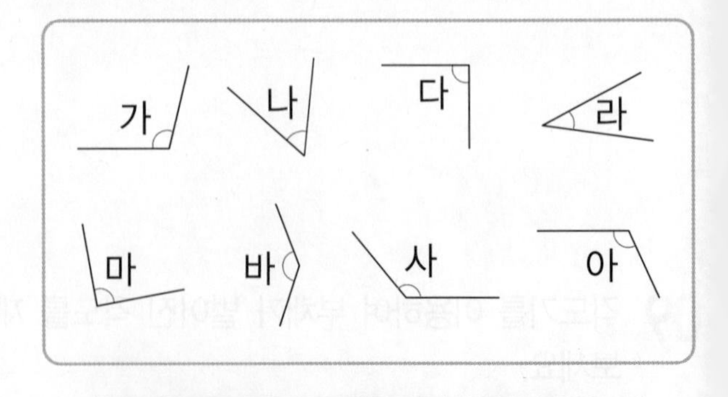

예각	직각	둔각
□개	□개	□개

4 각도 어림하고 재기

개념 038쪽

20 각도가 직각에 가장 가까운 것에 ○표 하세요.

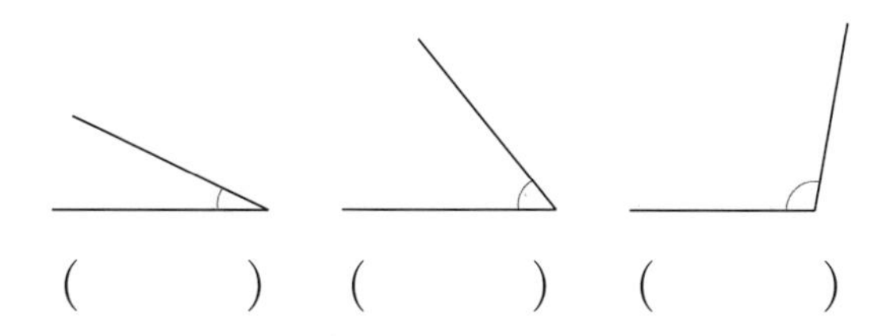

(　　　) (　　　) (　　　)

21 막대가 벌어진 각도를 어림하고, 각도기로 재어 보세요.

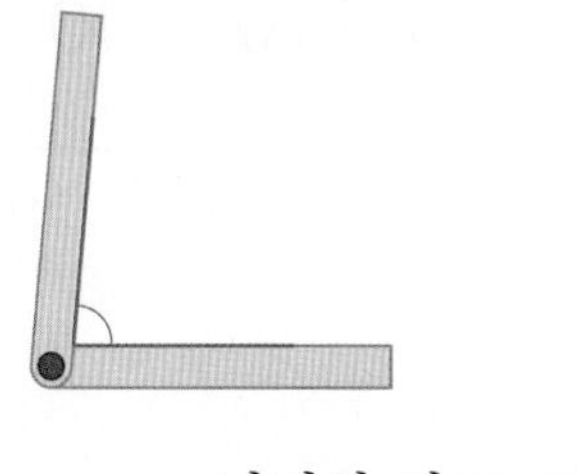

어림한 각도: 약 □°

잰 각도: □°

22 주어진 선분을 한 변으로 하는 각을 그리고, 그린 각의 크기를 어림한 후 각도기로 재어 보세요.

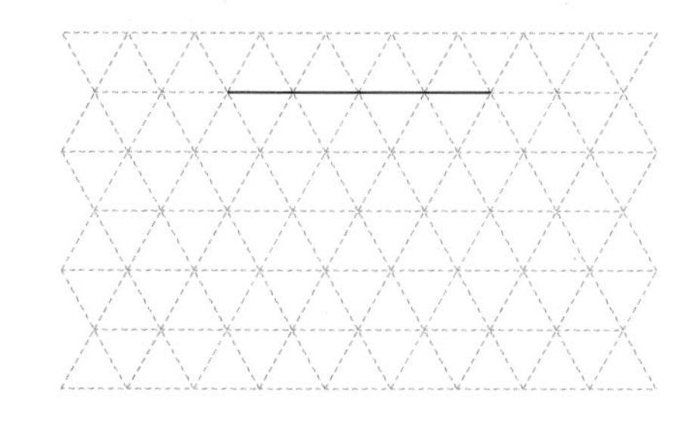

어림한 각도: 약 □°

잰 각도: □°

23 책의 펼쳐진 각도를 어림하고, 각도기로 재어 확인해 보세요.

가
나

	가	나
어림한 각도	약 □°	약 □°
잰 각도	□°	□°

24 세 각 중에서 가장 큰 각에 ○표 하고, 그 각의 크기를 어림한 후 각도기로 재어 보세요.

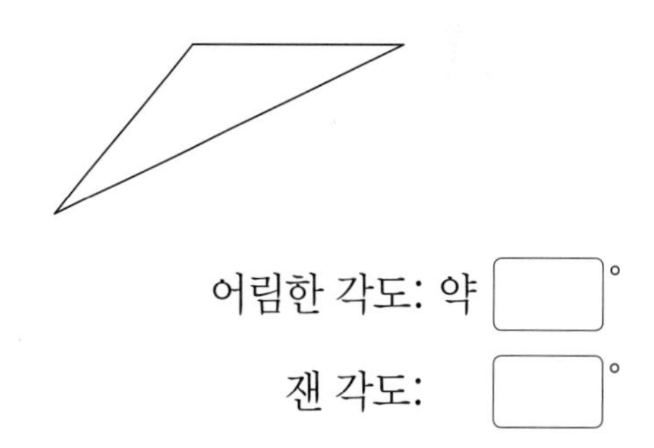

어림한 각도: 약 □°

잰 각도: □°

교과역량 콕! 추론

25 도율이와 주경이가 주어진 각도를 어림했습니다. 각도기로 각의 크기를 재어 □ 안에 써넣고, 더 정확하게 어림한 사람의 이름을 쓰세요.

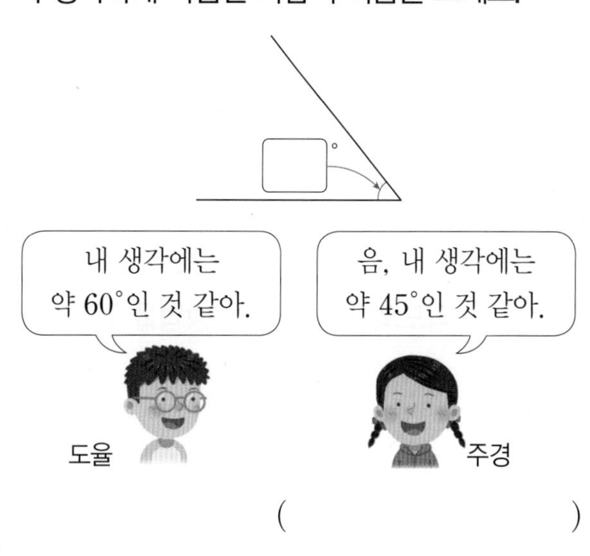
내 생각에는
약 60°인 것 같아.
음, 내 생각에는
약 45°인 것 같아.
도율
주경

(　　　　　　　　)

2 단원

1 STEP

교과서 개념 잡기

⑤ 각도의 합과 차

각도의 합 구하기

자연수의 덧셈과 같은 방법으로 계산하고 단위(°)를 붙입니다.

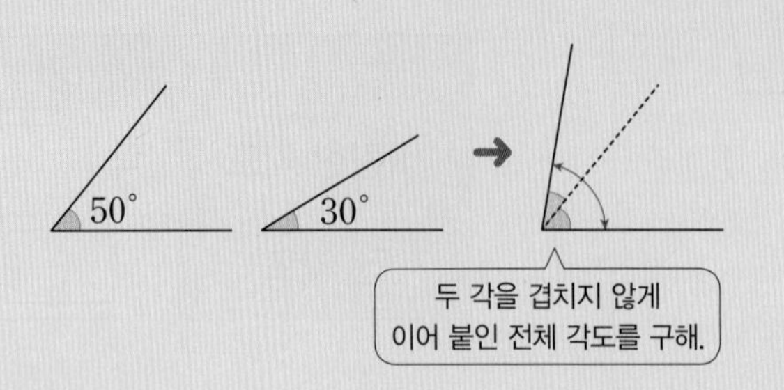

$50° + 30° = \mathbf{80°}$

$50+30=80$

각도의 차 구하기

자연수의 뺄셈과 같은 방법으로 계산하고 단위(°)를 붙입니다.

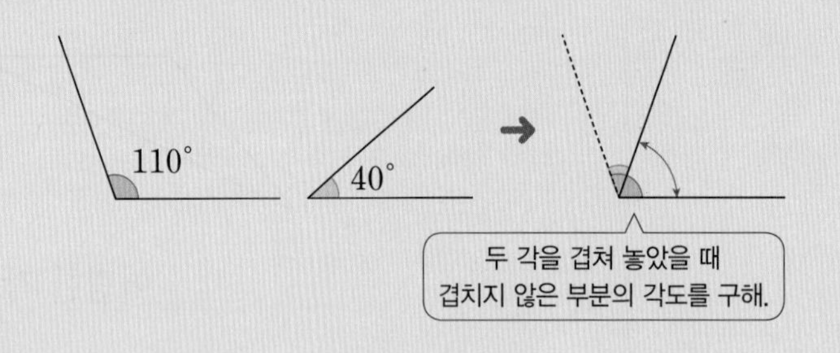

110°
40°
두 각을 겹쳐 놓았을 때
겹치지 않은 부분의 각도를 구해.

$110° - 40° = \mathbf{70°}$

$110-40=70$

개념 확인 **1** 각도의 합을 구하는 방법을 알아보세요.

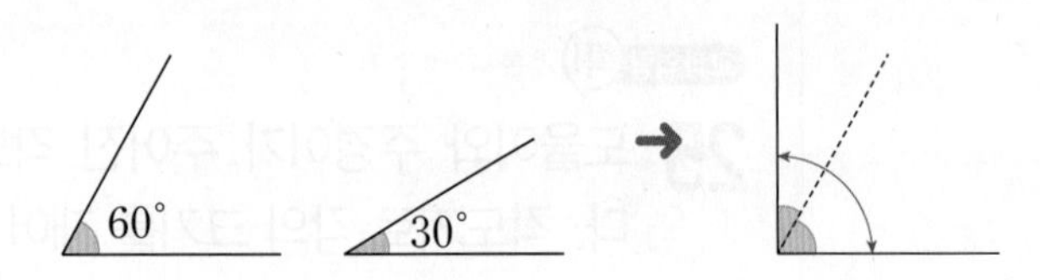

$60° + 30° = \square°$

$60+30=\square$

개념 확인 **2** 각도의 차를 구하는 방법을 알아보세요.

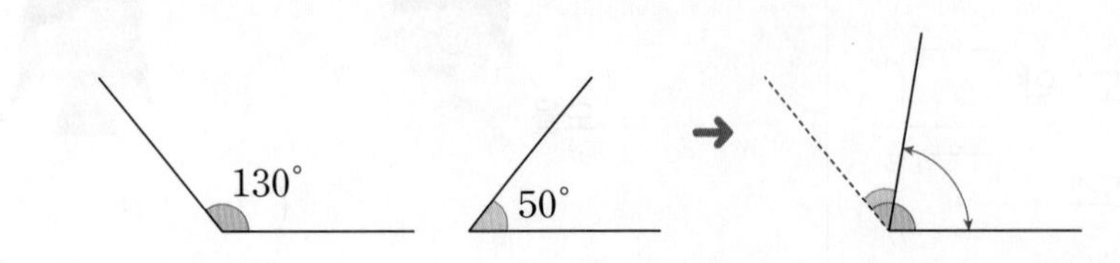

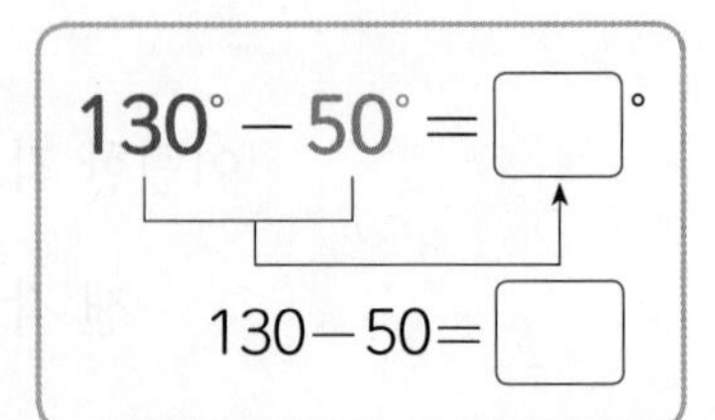

3 그림을 보고 각도의 합과 차를 구하세요.

(1)

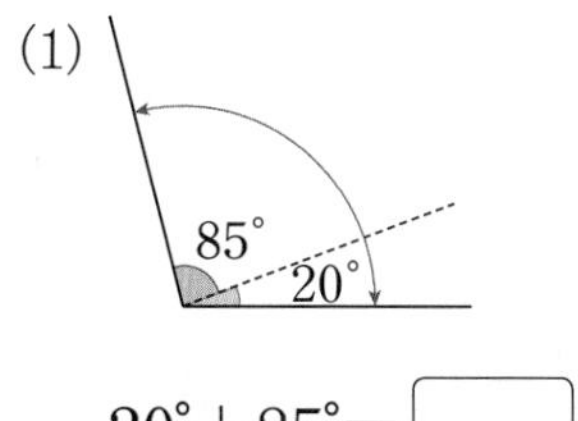

$20° + 85° = \square °$

(2)

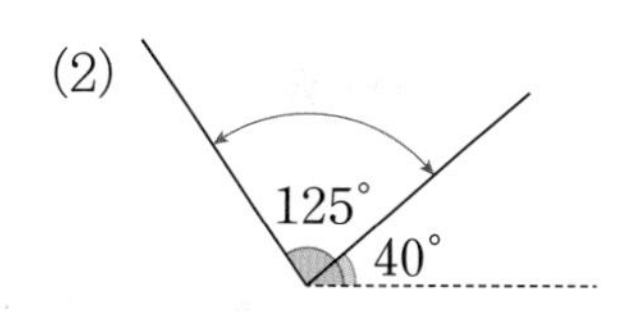

$125° - 40° = \square °$

4 각도의 합과 차를 구하세요.

(1) $40° + 35° = \square °$

(2) $110° + 60° = \square °$

(3) $95° - 40° = \square °$

(4) $145° - 15° = \square °$

5 각도를 구하세요.

(1)

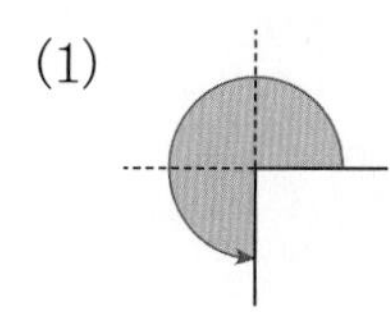

직각 3개를 이어 붙이면 □°입니다.

(2)

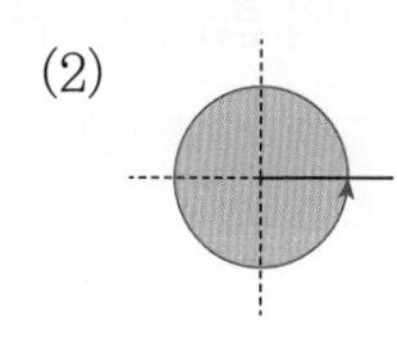

직각 4개를 이어 붙이면 □°입니다.

6 가장 큰 각도와 가장 작은 각도의 차를 구하세요.

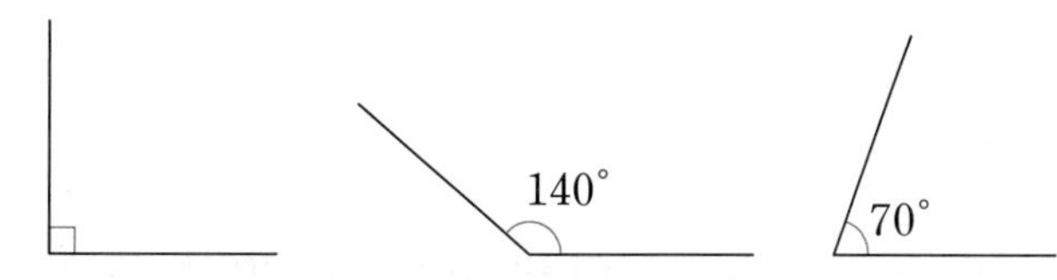

(1) 가장 큰 각도와 가장 작은 각도는 각각 몇 도인가요?

가장 큰 각도: □°, 가장 작은 각도: □°

(2) 가장 큰 각도와 가장 작은 각도의 차를 구하세요.

$\square ° - \square ° = \square °$

교과서 개념 잡기

⑥ 삼각형의 세 각의 크기의 합

각도를 재어 삼각형의 세 각의 크기의 합 알아보기

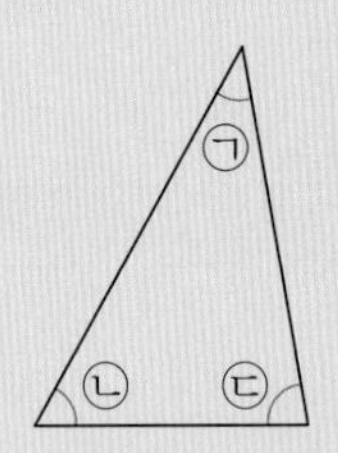

	㉠	㉡	㉢
각도기로 잰 각의 크기	40°	60°	80°

(삼각형의 세 각의 크기의 합)$=40°+60°+80°=180°$

삼각형을 잘라 붙여 세 각의 크기의 합 알아보기

삼각형을 잘라 세 각을 붙이면 한 직선 위에 놓이므로 180° 입니다.

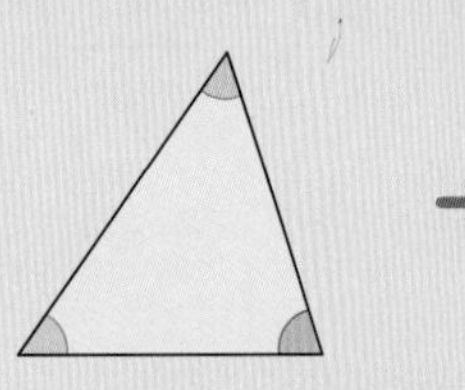

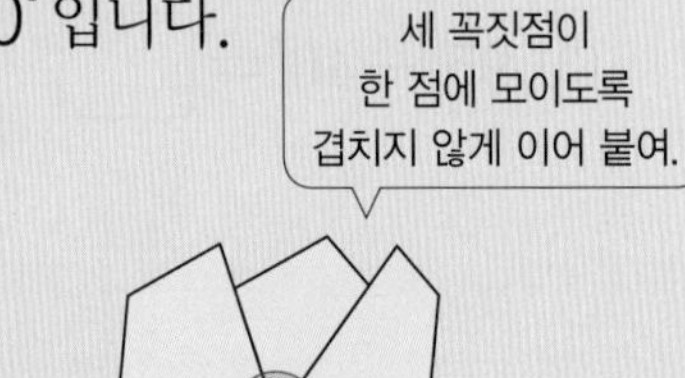

세 꼭짓점이
한 점에 모이도록
겹치지 않게 이어 붙여.

삼각형의 세 각의 크기의 합은 180° 입니다.

개념 확인 **1** 각도기로 ㉢의 각도를 재어 표의 빈칸에 써넣고, 삼각형의 세 각의 크기의 합을 구하세요.

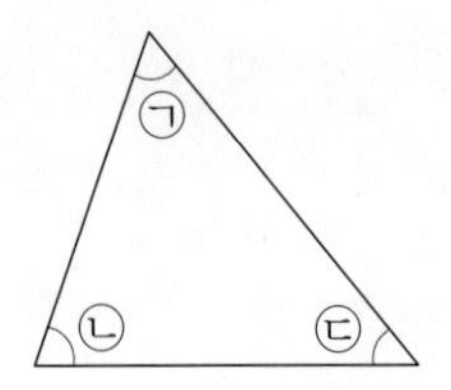

	㉠	㉡	㉢
각도기로 잰 각의 크기	60°	70°	

(삼각형의 세 각의 크기의 합)$=60°+70°+$ ☐ $°=$ ☐ $°$

개념 확인 **2** 삼각형을 잘라 붙여 삼각형의 세 각의 크기의 합을 알아보세요.

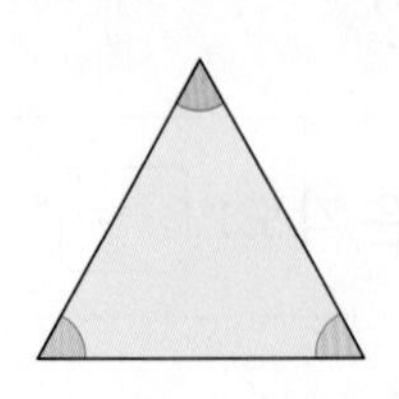

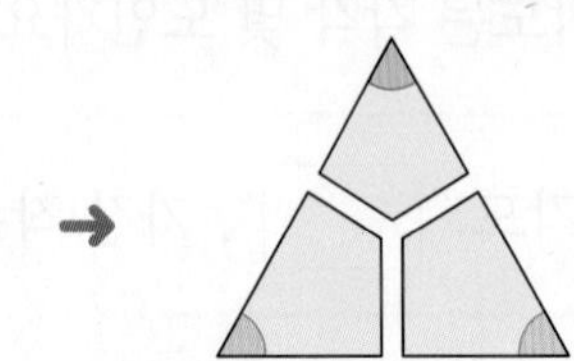

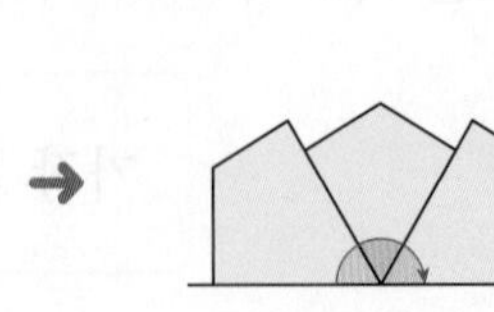

삼각형의 세 각의 크기의 합은 ☐ °입니다.

3 삼각형의 세 각의 크기의 합을 구하세요.

(1)

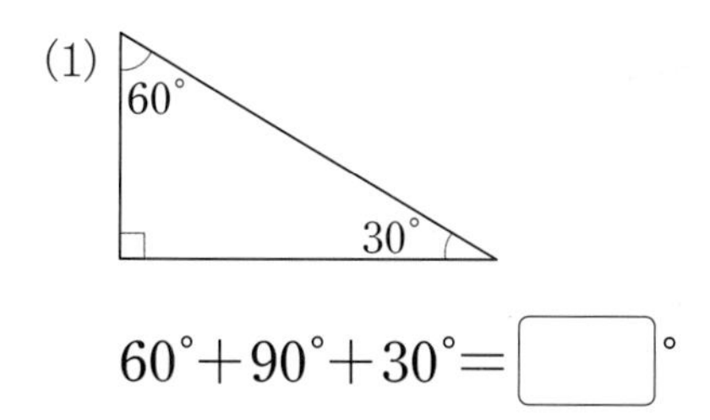

$60° + 90° + 30° = \square°$

(2)

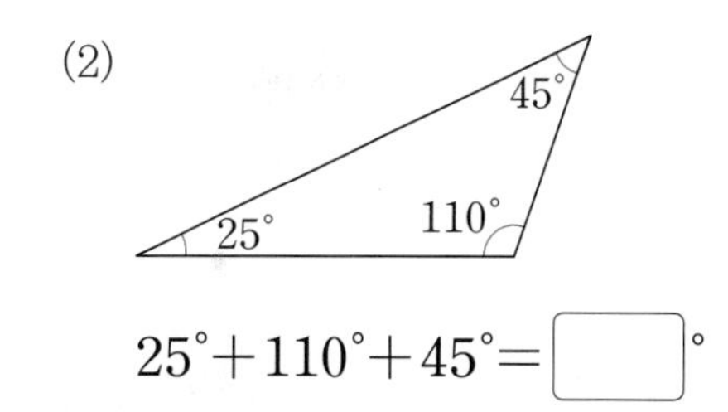

$25° + 110° + 45° = \square°$

4 삼각형의 세 각의 크기의 합을 비교하여 ○ 안에 >, =, <를 알맞게 써넣으세요.

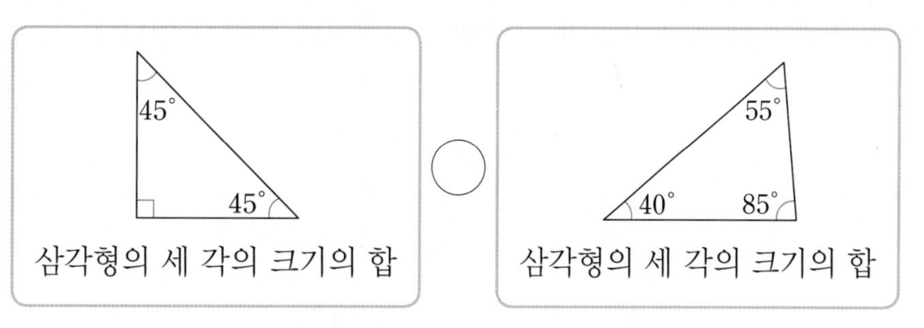

5 ㉠의 각도를 구하세요.

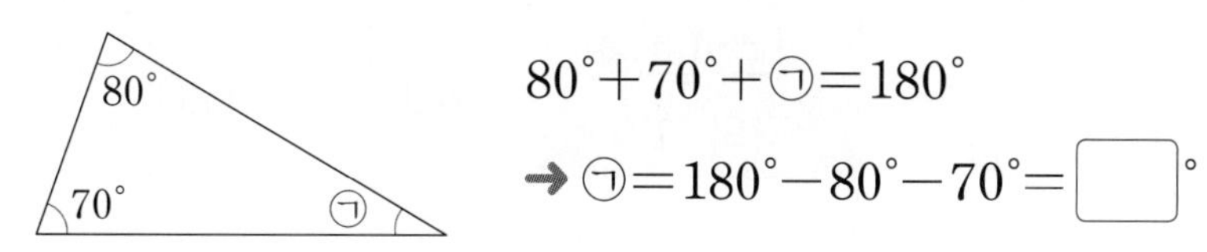

$80° + 70° + ㉠ = 180°$

➜ $㉠ = 180° - 80° - 70° = \square°$

6 리아가 다음과 같은 삼각형을 그리려고 합니다. 리아가 삼각형을 그릴 수 있는지 없는지 알맞은 말에 ○표 하세요.

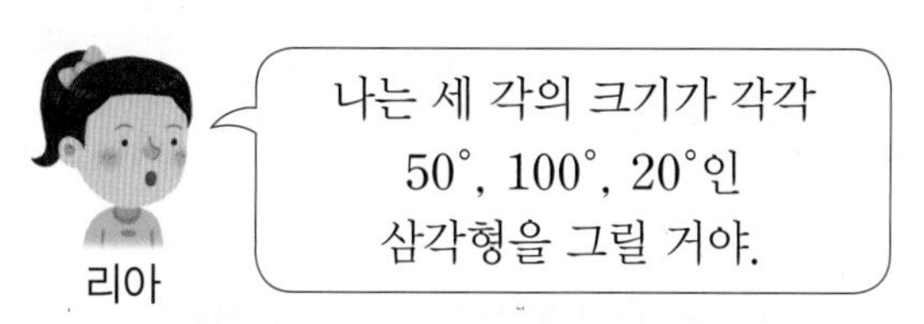

리아는 삼각형을 그릴 수 (있습니다 , 없습니다).

STEP 1 교과서 개념 잡기

⑦ 사각형의 네 각의 크기의 합

각도를 재어 사각형의 네 각의 크기의 합 알아보기

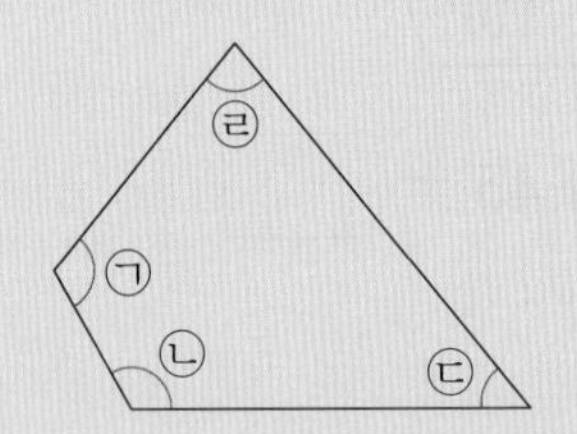

	㉠	㉡	㉢	㉣
각도기로 잰 각의 크기	110°	120°	50°	80°

(사각형의 네 각의 크기의 합)$=$**110°**$+$**120°**$+$**50°**$+$**80°**$=$**360°**

사각형을 잘라 붙여 네 각의 크기의 합 알아보기

사각형을 잘라 네 각을 붙이면 한 바퀴가 채워지므로 360° 입니다.

네 꼭짓점이 한 점에 모이도록 겹치지 않게 이어 붙여.

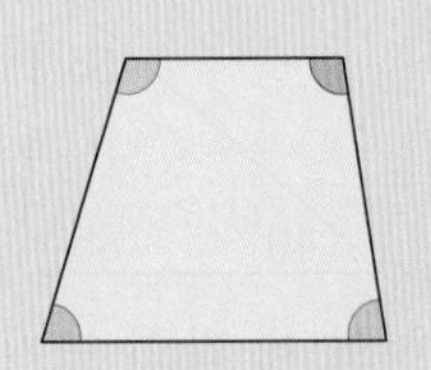

➜

➜

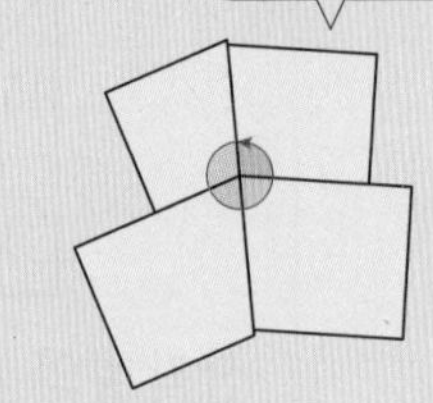

사각형의 네 각의 크기의 합은 360°입니다.

개념 확인 **1** 각도기로 ㉢의 각도를 재어 표의 빈칸에 써넣고, 사각형의 네 각의 크기의 합을 구하세요.

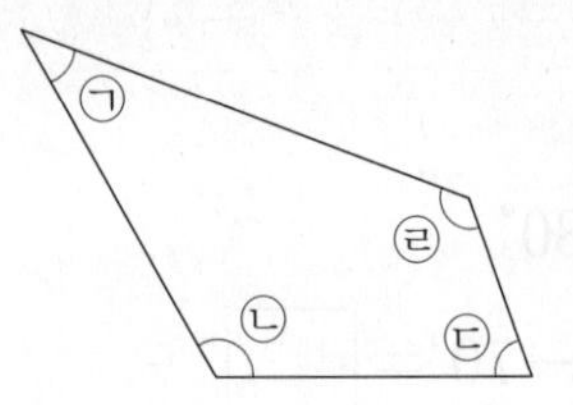

	㉠	㉡	㉢	㉣
각도기로 잰 각의 크기	40°	120°		130°

(사각형의 네 각의 크기의 합)$=$**40°**$+$**120°**$+$□°$+$□°$=$□°

개념 확인 **2** 사각형을 잘라 붙여 사각형의 네 각의 크기의 합을 알아보세요.

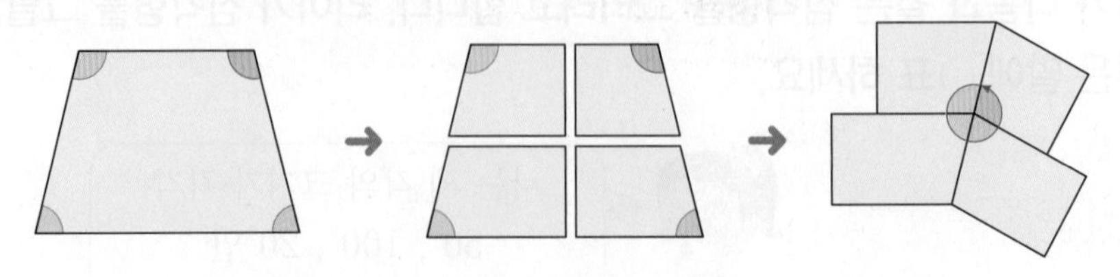

사각형의 네 각의 크기의 합은 □°입니다.

3 사각형의 네 각의 크기의 합을 구하세요.

(1)

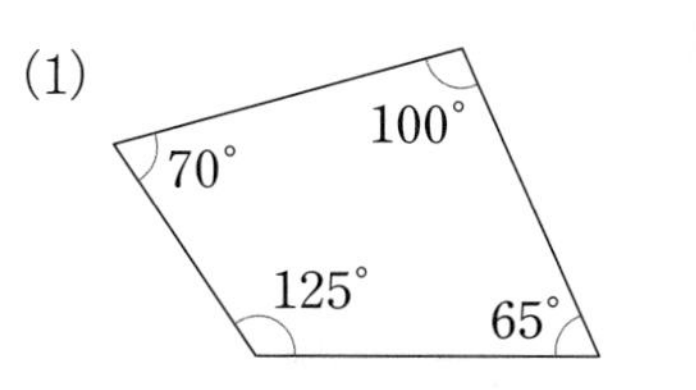

$70° + 125° + 65° + 100° = \square °$

(2)

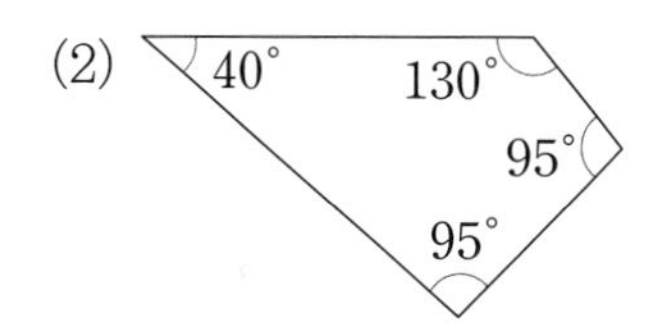

$40° + 95° + 95° + 130° = \square °$

4 손수건의 네 각의 크기의 합을 구하세요.

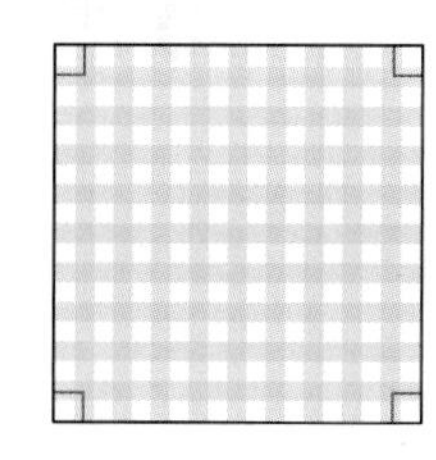

$90° \times 4 = \square °$

5 준호의 설명이 맞으면 ○표, 틀리면 ×표 하세요.

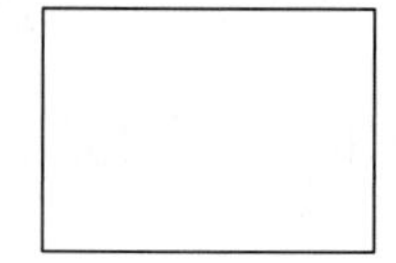

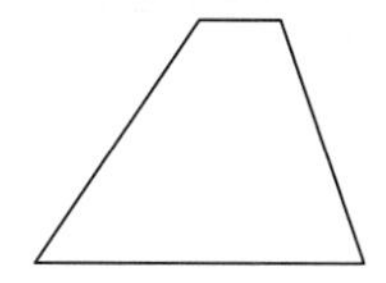

준호

두 사각형은 모양과 크기가 다르므로 네 각의 크기의 합이 서로 달라.

(　　　)

6 ㉠의 각도를 구하세요.

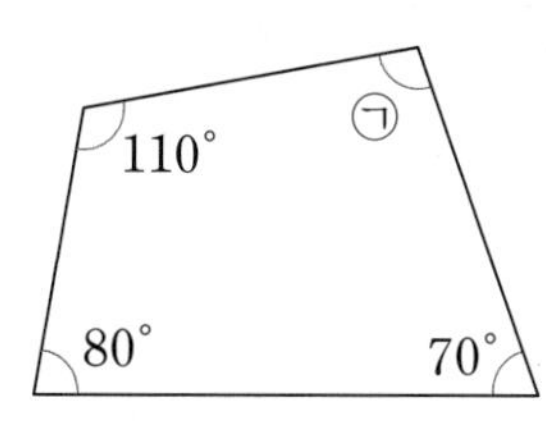

$110° + 80° + 70° + ㉠ = 360°$

➜ $㉠ = 360° - 110° - 80° - 70° = \square °$

STEP 2 수학익힘 문제 잡기

5 각도의 합과 차

개념 044쪽

01 ㉠의 각도를 구하세요.

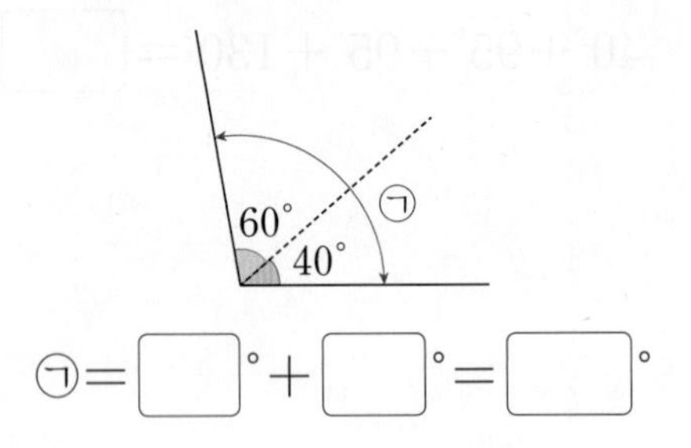

㉠=□°+□°=□°

02 두 각도를 각각 재어 □ 안에 알맞은 수를 써넣고, 두 각도의 차를 구하세요.

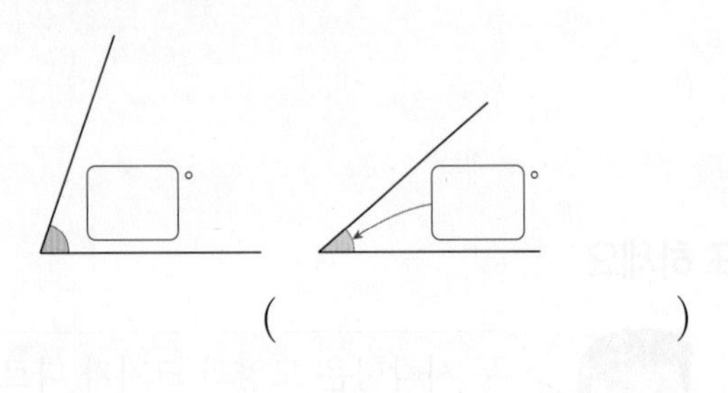

(　　　　　　)

03 현우가 말하는 각도를 구하세요.

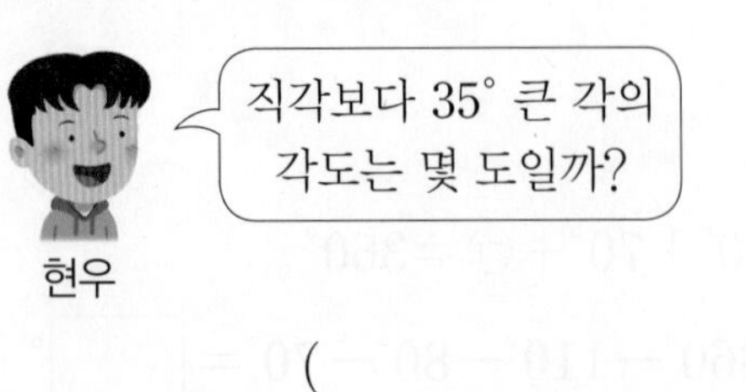

(　　　　　　)

교과역량 콕! 연결 | 정보처리

04 각도기로 바퀴에 표시된 각도를 재어 두 각도의 합을 구하세요.

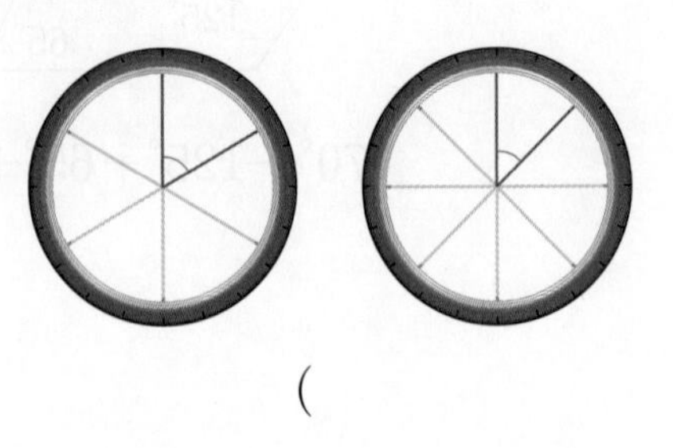

(　　　　　　)

05 두 각도의 합과 차를 각각 구하세요.

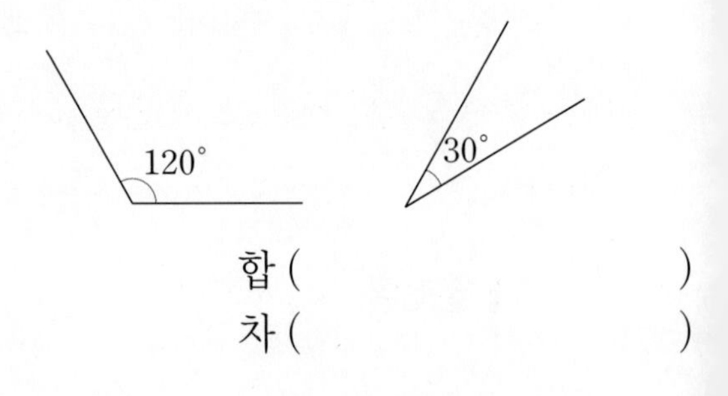

합 (　　　　　　)

차 (　　　　　　)

06 각도가 가장 큰 각과 가장 작은 각을 찾아 각도의 합을 구하세요.

30°　125°　70°

(　　　　　　)

07 관계있는 것끼리 이어 보세요.

(1) 20°+70° •　　• 예각

(2) 55°+45° •　　• 직각

(3) 120°−65° •　　• 둔각

08 계산 결과가 가장 큰 것을 찾아 기호를 쓰세요.

㉠ $90^\circ+40^\circ$ ㉡ $150^\circ-30^\circ$
㉢ $39^\circ+74^\circ$ ㉣ $162^\circ-18^\circ$

( )

09 □ 안에 알맞은 수를 써넣으세요.

(1) $75^\circ+\square^\circ=140^\circ$

(2) $\square^\circ-55^\circ=95^\circ$

10 □ 안에 알맞은 수를 써넣으세요.

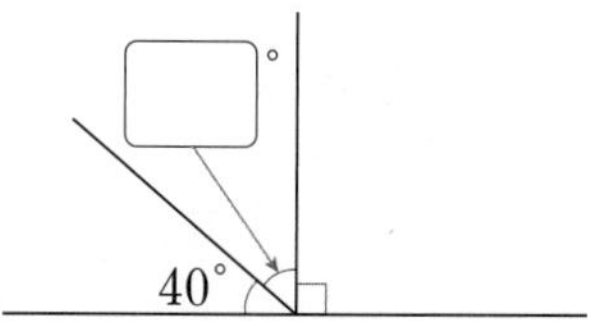

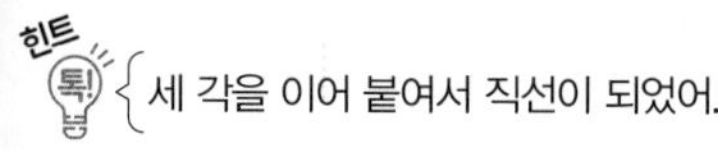

세 각을 이어 붙여서 직선이 되었어.

6 삼각형의 세 각의 크기의 합 개념 046쪽

11 각도기를 사용하여 삼각형의 세 각의 크기를 각각 재고, 각도의 합을 써넣으세요.

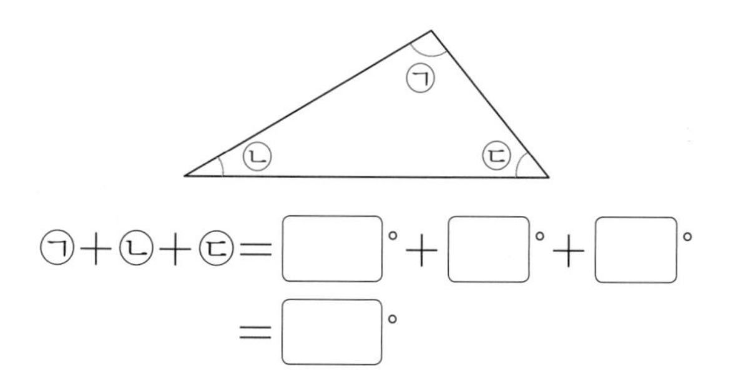

㉠+㉡+㉢= □° + □° + □°
= □°

교과역량 콕! 의사소통

12 삼각형의 세 각의 크기의 합에 대해 바르게 말한 사람의 이름을 쓰세요.

미나: 삼각형의 크기가 클수록 세 각의 크기의 합도 커져.

준호: 삼각형의 모양과 크기가 달라도 세 각의 크기의 합은 변하지 않아.

( )

13 삼각형 모양의 종이를 그림과 같이 접었습니다. ㉠의 각도를 구하세요.

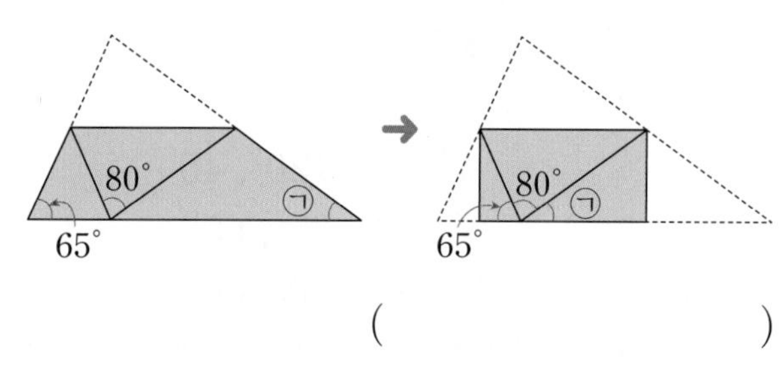

( )

힌트 톡! 삼각형의 세 꼭짓점이 맞닿게 접었어.

14 □ 안에 알맞은 수를 써넣으세요.

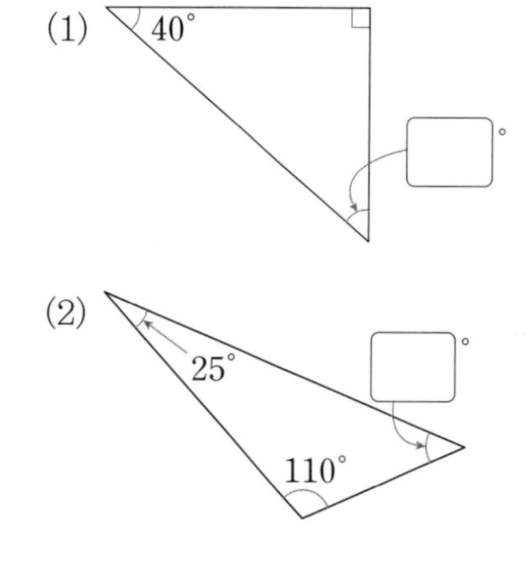

2 단원

15 ㉠과 ㉡의 각도의 합을 구하세요.

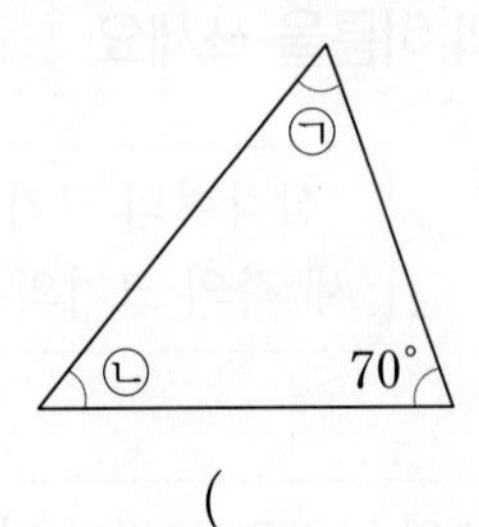

(　　　　　　　　)

힌트 톡! ㉠과 ㉡의 각도를 각각 알지 못해도 ㉠+㉡을 구할 수 있어.

16 삼각형의 세 각의 크기를 잘못 나타낸 것을 찾아 기호를 쓰세요.

㉠ 15°, 120°, 45°
㉡ 90°, 35°, 65°
㉢ 50°, 70°, 60°

(　　　　　　　　)

17 삼각형의 세 각의 크기가 되도록 나머지 한 각의 크기를 구하세요.

(1) 60°　75°　□°

(2) 15°　105°　□°

교과역량 콕! 문제해결

18 다음 삼각형은 세 각의 크기가 모두 같습니다. ㉠의 각도를 구하세요.

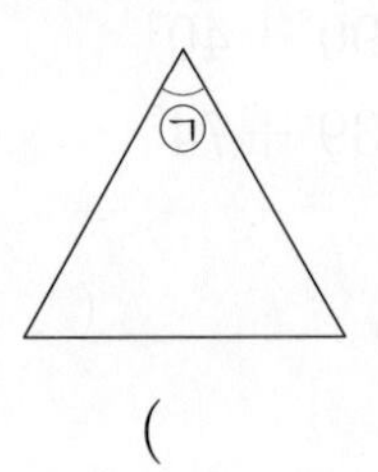

(　　　　　　　　)

7 사각형의 네 각의 크기의 합

개념 048쪽

19 각도기를 사용하여 사각형의 네 각의 크기를 각각 재어 □ 안에 알맞은 수를 써넣으세요.

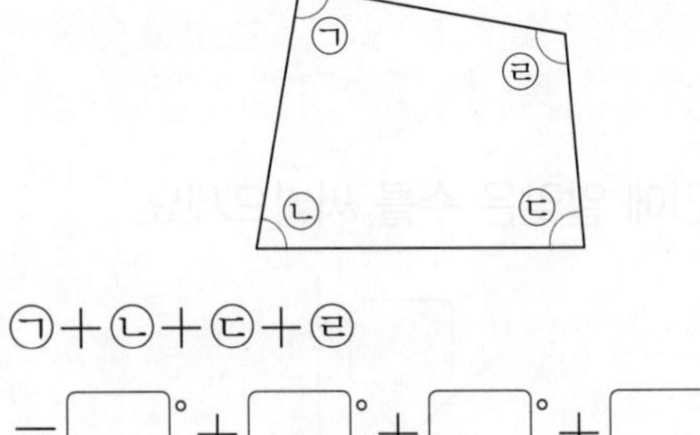

㉠+㉡+㉢+㉣
=□°+□°+□°+□°
=□°

20 삼각형을 이용하여 사각형의 네 각의 크기의 합을 구하려고 합니다. □ 안에 알맞은 수를 써넣으세요.

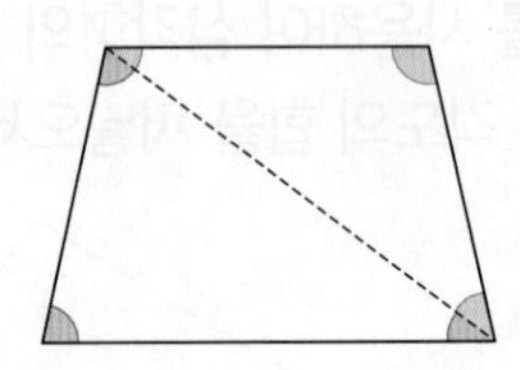

(사각형의 네 각의 크기의 합)
=(삼각형의 세 각의 크기의 합)×□
=□°

21 □ 안에 알맞은 수를 써넣으세요.

(1)

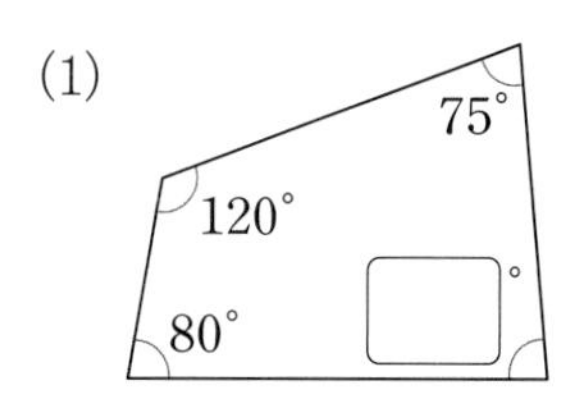

(2)

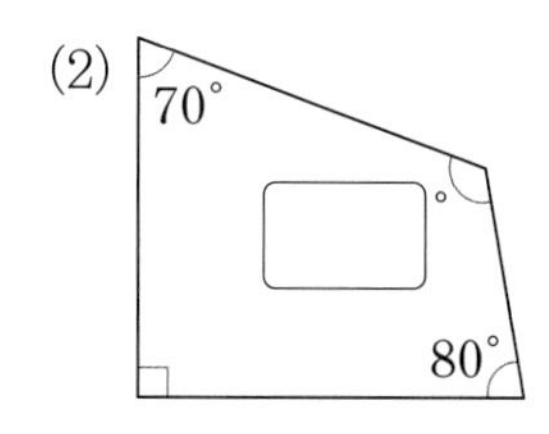

22 ㉠과 ㉡의 각도의 합을 구하세요.

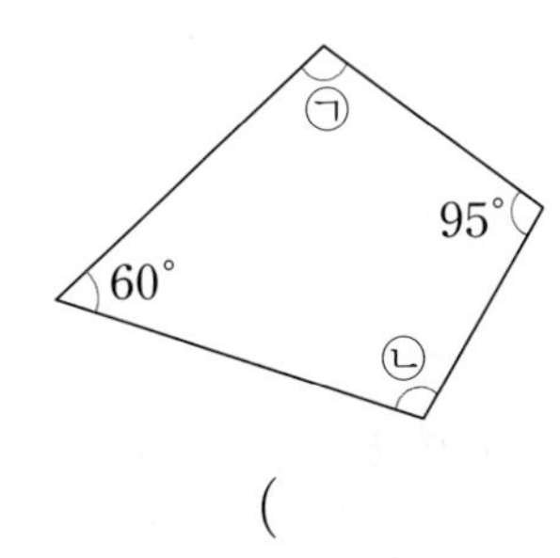

(　　　　　　　　)

23 사각형의 네 각의 크기를 잘못 잰 사람의 이름을 쓰세요.

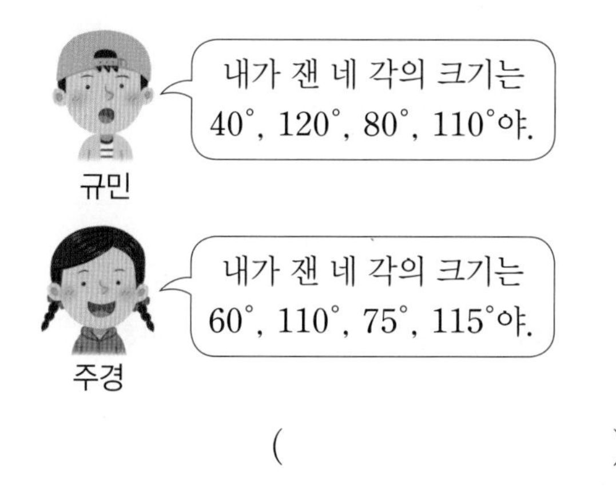

(　　　　　　　　)

교과역량 콕! 문제해결

24 색종이를 잘라서 집 모양을 만들었습니다. 표시된 각의 크기의 합을 구하세요.

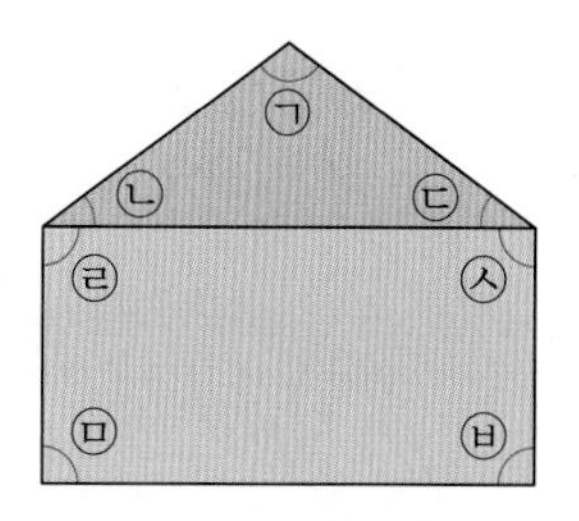

㉠+㉡+㉢+㉣+㉤+㉥+㉦=□°

삼각형의 세 각의 크기의 합과 사각형의 네 각의 크기의 합을 더해 봐.

25 ㉠과 ㉡의 각도의 차를 구하세요.

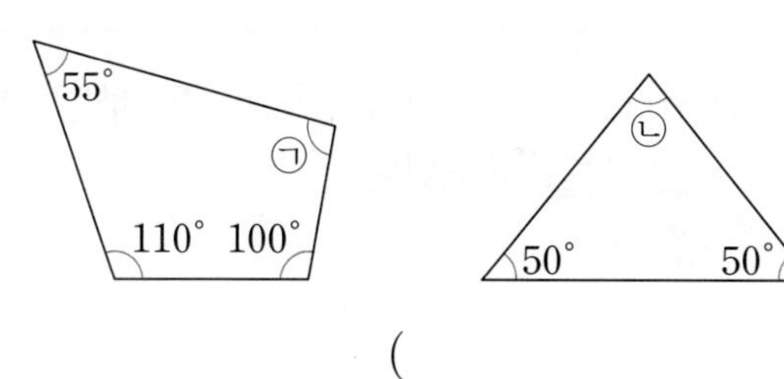

(　　　　　　　　)

26 □ 안에 알맞은 수를 써넣으세요.

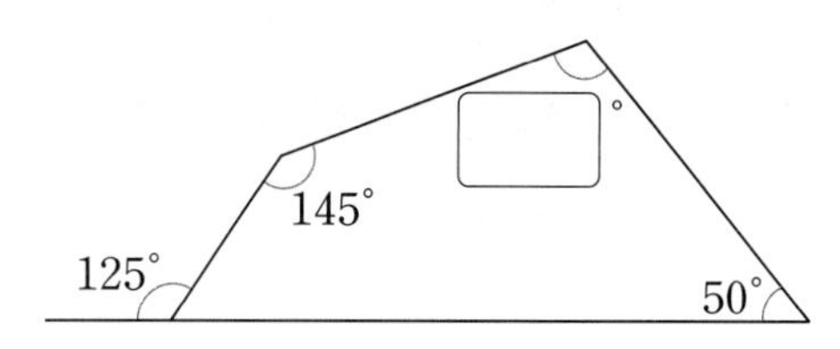

STEP 3 서술형 문제 잡기

1

다음 각도를 **120°라고** 읽었습니다. 각도를 잘못 읽은 이유를 쓰고, 바르게 재어 보세요.

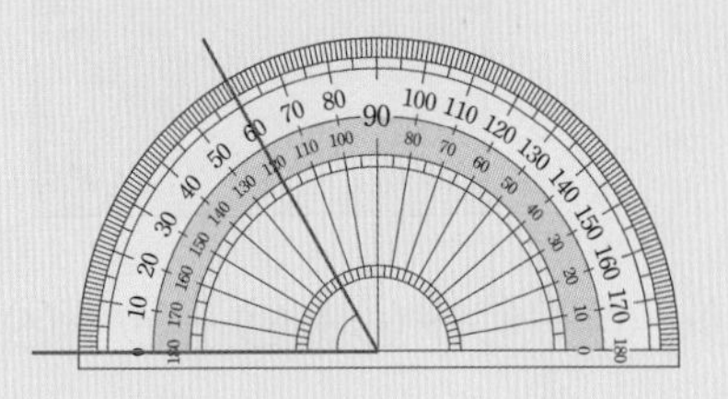

이유 각도를 잘못 읽은 이유 쓰기

각도기의 (안쪽 , 바깥쪽) 눈금을 읽어야 하는데 (안쪽 , 바깥쪽) 눈금을 읽었습니다.

바르게 잰 각 ______

2

다음 각도를 **40°라고** 읽었습니다. 각도를 잘못 읽은 이유를 쓰고, 바르게 재어 보세요.

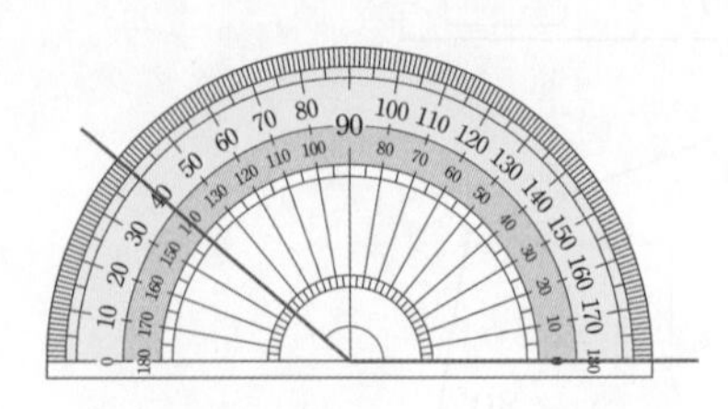

이유 각도를 잘못 읽은 이유 쓰기

______

______

바르게 잰 각 ______

3

그림에서 크고 작은 **예각**은 모두 몇 개인지 풀이 과정을 쓰고, 답을 구하세요.

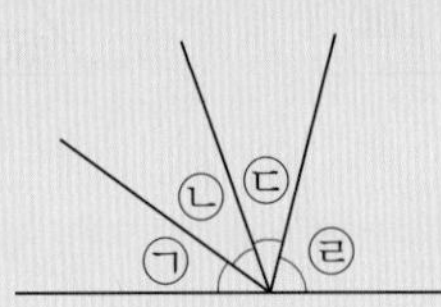

1단계 작은 각 1개로 이루어진 예각 찾기

작은 각 1개로 이루어진 예각은

㉠, ㉡, ☐, ☐ 입니다.

2단계 작은 각 2개로 이루어진 예각 찾기

작은 각 2개로 이루어진 예각은

㉠+㉡, ☐+☐ 입니다.

3단계 크고 작은 예각은 모두 몇 개인지 구하기

따라서 크고 작은 예각은 모두 ☐ 개입니다.

답 ______

4

그림에서 크고 작은 **둔각**은 모두 몇 개인지 풀이 과정을 쓰고, 답을 구하세요.

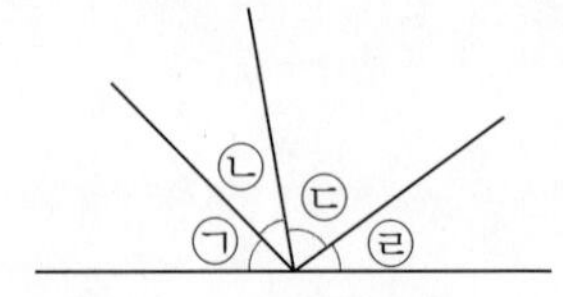

1단계 작은 각 2개로 이루어진 둔각 찾기

______

______

2단계 작은 각 3개로 이루어진 둔각 찾기

______

______

3단계 크고 작은 둔각은 모두 몇 개인지 구하기

______

답 ______

5

㉠의 각도를 구하려고 합니다. 풀이 과정을 쓰고, 답을 구하세요.

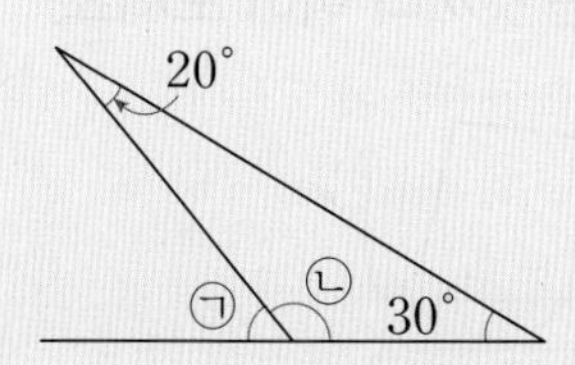

(1단계) ㉡의 각도 구하기

삼각형의 세 각의 크기의 합은 180°이므로

㉡$=180°-20°-30°=$□°입니다.

(2단계) ㉠의 각도 구하기

㉠과 ㉡이 직선을 이루고 있으므로

㉠$=180°-$□°$=$□°입니다.

답 ______

6

㉠의 각도를 구하려고 합니다. 풀이 과정을 쓰고, 답을 구하세요.

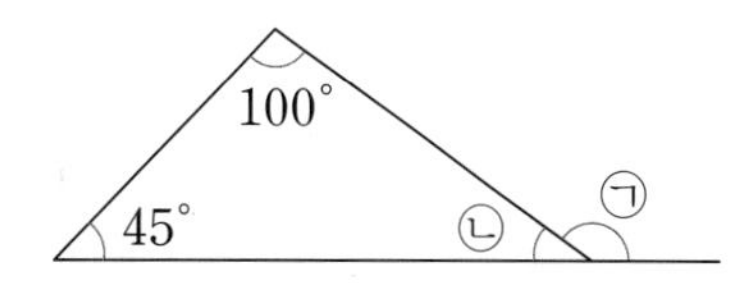

(1단계) ㉡의 각도 구하기

______

______

(2단계) ㉠의 각도 구하기

______

______

답 ______

7

리아가 삼각자 2개를 이어 붙여 새로운 각을 만들었습니다. **리아가 만든 각도**를 구하세요.

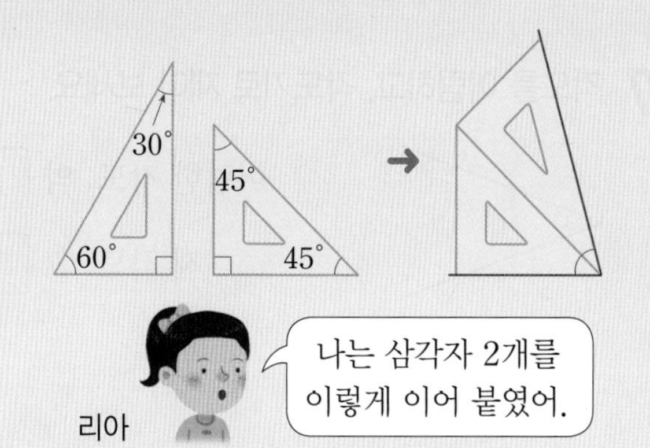

(1단계) 리아가 이어 붙인 두 각도 알아보기

□°와 □°를 이어 붙였습니다.

(2단계) 만든 각도 구하기

(리아가 만든 각도)

$=$□°$+$□°$=$□°

답 ______

8 창의형

리아와 다른 방법으로 삼각자 2개를 이어 붙여 새로운 **각을 만들고, 만든 각도**를 구하세요.

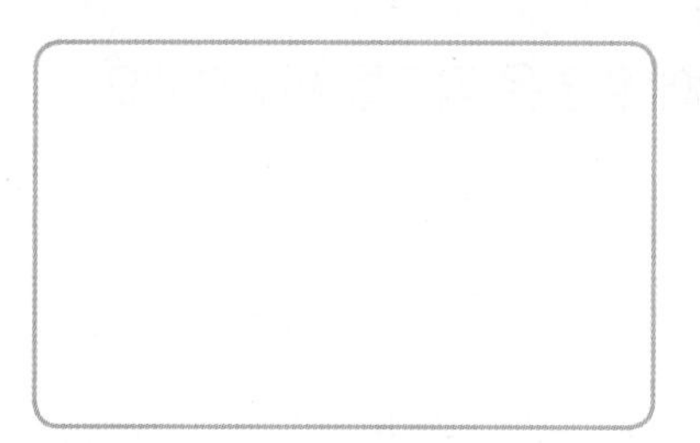

삼각자 2개를 겹치지 않게 이어 붙여 봐.

(1단계) 내가 이어 붙인 두 각도 쓰기

□°와 □°를 이어 붙였습니다.

(2단계) 만든 각도 구하기

(내가 만든 각도)

$=$□°$+$□°$=$□°

답 ______

평가 2단원 마무리

맞힌 개수

01 지붕의 각의 크기가 더 큰 쪽에 ○표 하세요.

(　　　)　　　(　　　)

02 각도를 재어 보세요.

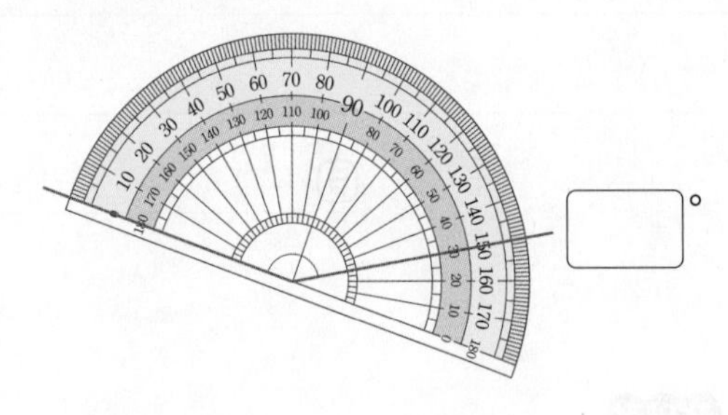

□°

03 □ 안에 알맞은 각도를 써넣으세요.

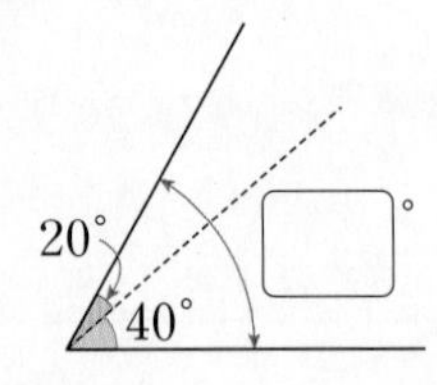

□°

04 삼각형의 세 각의 크기의 합을 구하세요.

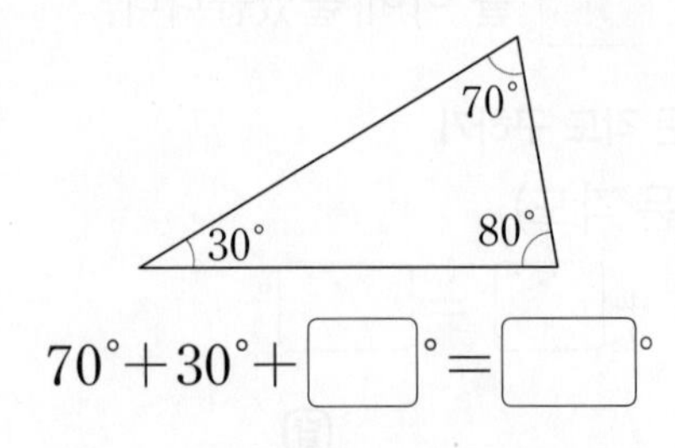

$70° + 30° + \square° = \square°$

05 관계있는 것끼리 이어 보세요.

(1) 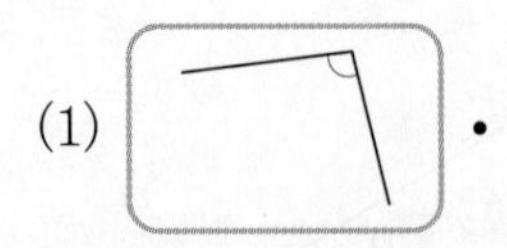 •　　　• 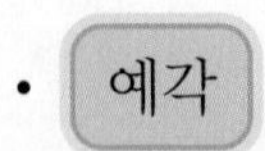

(2) 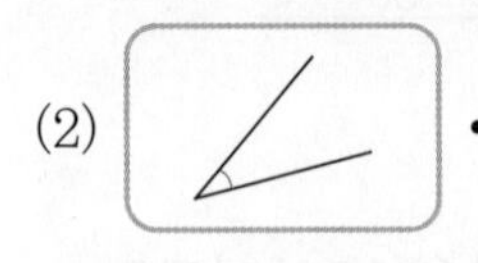 •　　　• 

(3) 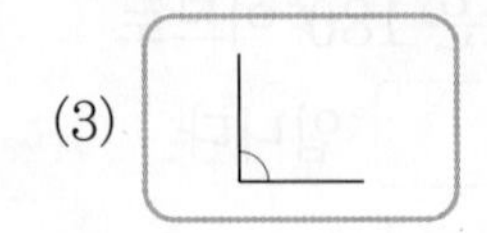 •　　　• 둔각

06 각도기를 이용하여 각도를 재어 보세요.

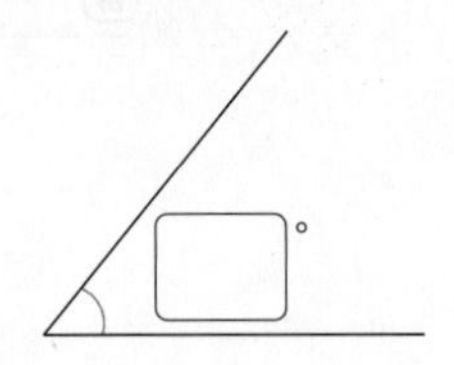

□°

07 각도를 어림하고, 각도기로 재어 보세요.

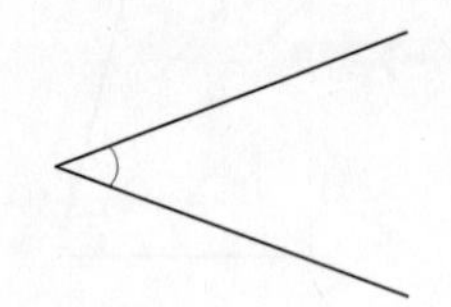

어림한 각도: 약 □°

잰 각도: □°

08 각의 크기가 가장 큰 각의 기호를 쓰세요.

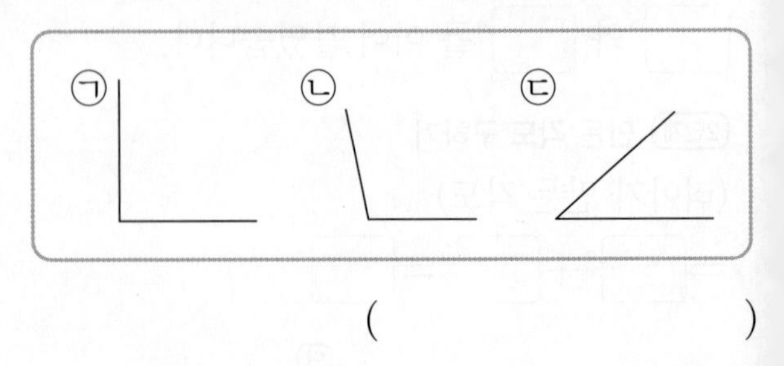

(　　　　　　　　　　)

09 모양과 크기가 다른 사각형을 보고 ☐ 안에 알맞은 수를 써넣으세요.

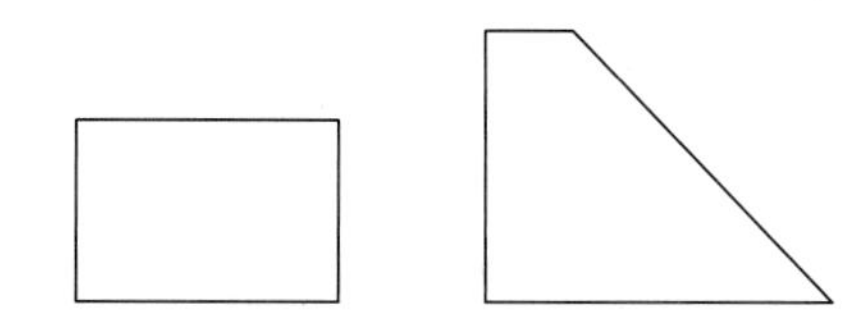

두 사각형 모두 네 각의 크기의 합이 ☐°로 같습니다.

10 시계의 긴바늘과 짧은바늘이 이루는 작은 쪽의 각이 예각인 것을 모두 찾아 기호를 쓰세요.

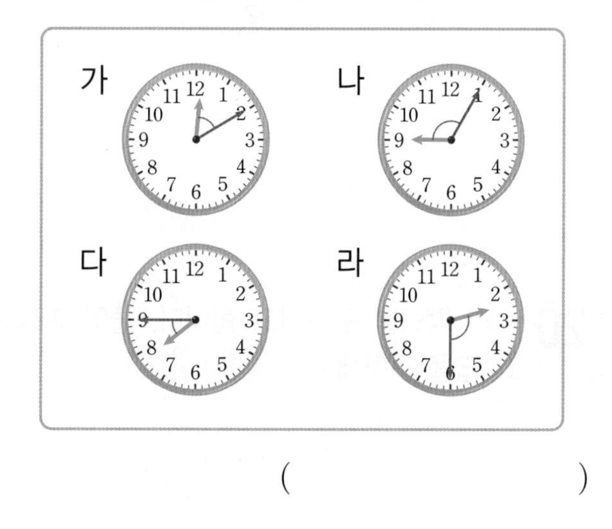

(　　　　　　　)

11 두 각도의 합과 차를 각각 구하세요.

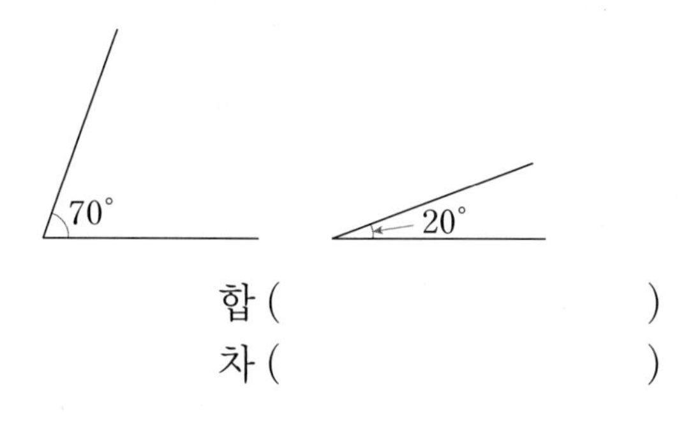

합 (　　　　　　　)
차 (　　　　　　　)

12 주어진 선분을 이용하여 둔각을 그려 보세요.

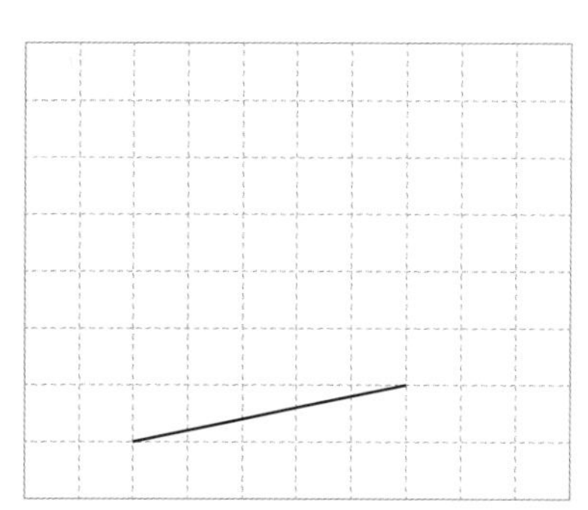

13 민주와 선우가 삼각형의 세 각의 크기를 각각 재었습니다. 잘못 잰 사람의 이름을 쓰세요.

민주	110°, 15°, 45°
선우	55°, 100°, 25°

(　　　　　　　)

14 계산 결과가 가장 큰 것을 찾아 기호를 쓰세요.

㉠ 90°+35°
㉡ 140°−45°
㉢ 72°+43°

(　　　　　　　)

15 ☐ 안에 알맞은 수를 써넣으세요.

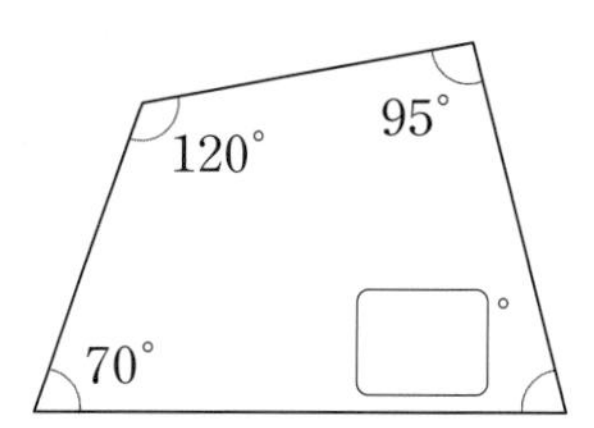

2 단원

정답 13쪽

16 ㉠과 ㉡의 각도의 합을 구하세요.

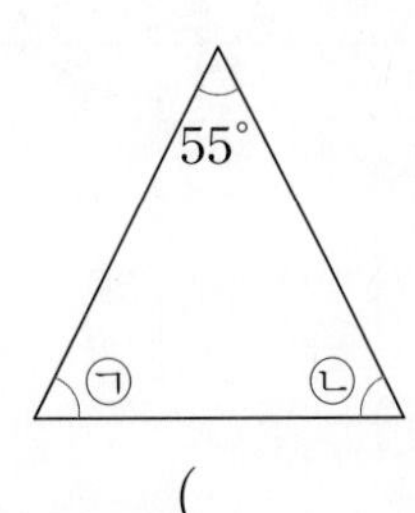

(　　　　　　　　)

17 현아와 민수가 각도를 어림한 것입니다. 각도기로 각의 크기를 재어 □ 안에 알맞은 수를 써넣고, 어림을 더 잘한 사람의 이름을 쓰세요.

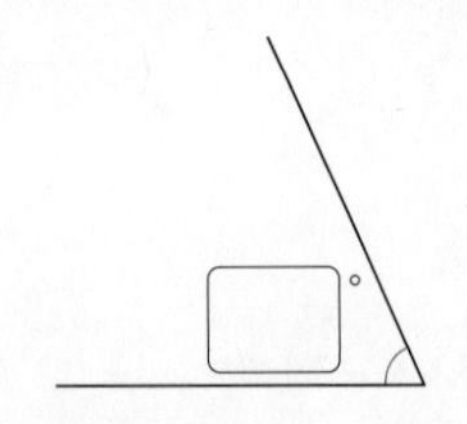

현아	민수
약 85°	약 80°

(　　　　　　　　)

18 도형에서 ㉠의 각도를 구하세요.

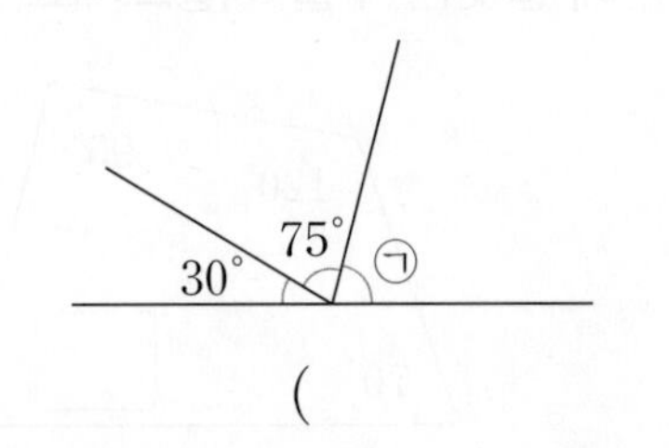

(　　　　　　　　)

서술형

19 그림에서 크고 작은 예각은 모두 몇 개인지 풀이 과정을 쓰고, 답을 구하세요.

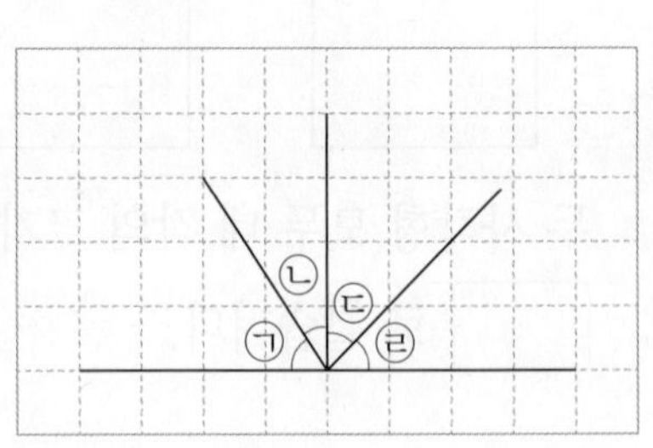

풀이

답

20 ㉠의 각도를 구하려고 합니다. 풀이 과정을 쓰고, 답을 구하세요.

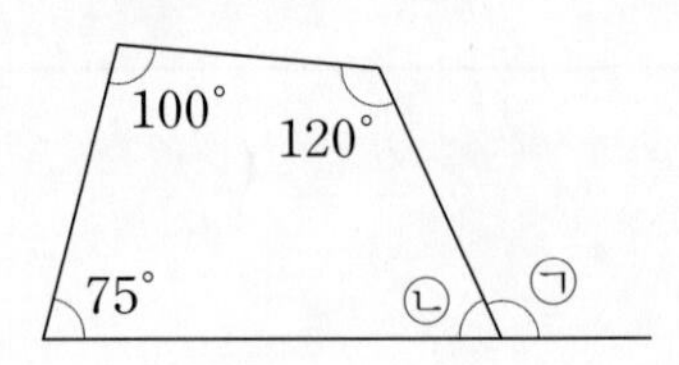

풀이

답

창의력 쑥쑥

투명한 그림 카드 ①과 ②를 겹쳐서 멋진 댄스 파티 장면을 만들었어요.
②에 알맞은 그림 카드는 무엇인지 찾아보세요.
그림이 모두 비슷비슷하니 눈을 열심히 굴려야 할 거예요~!

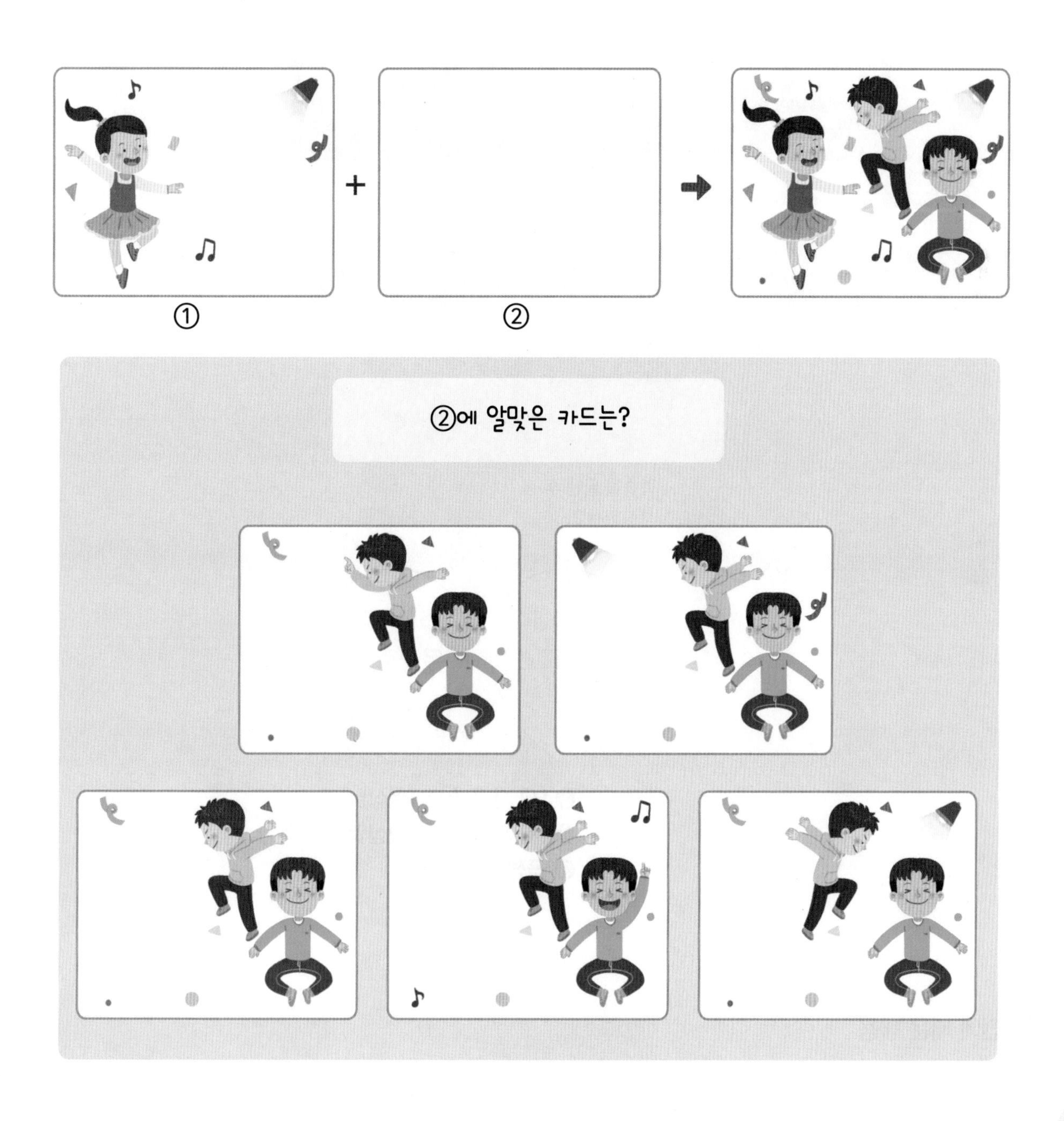

정답은 개념책 158쪽에서 확인하세요.

3

곱셈과 나눗셈

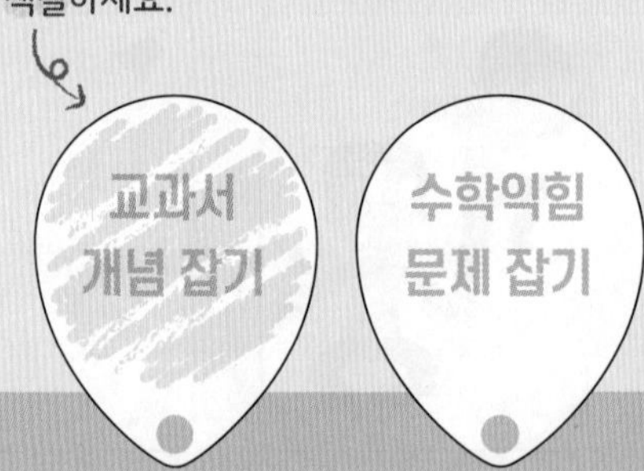

❶ (세 자리 수)×(몇십)
❷ (세 자리 수)×(몇십몇)
❸ 곱셈의 어림셈

이전에 배운 내용

[3-2] 곱셈

(세 자리 수)×(한 자리 수)
(두 자리 수)×(두 자리 수)

[3-2] 나눗셈

(두 자리 수)÷(한 자리 수)
(세 자리 수)÷(한 자리 수)

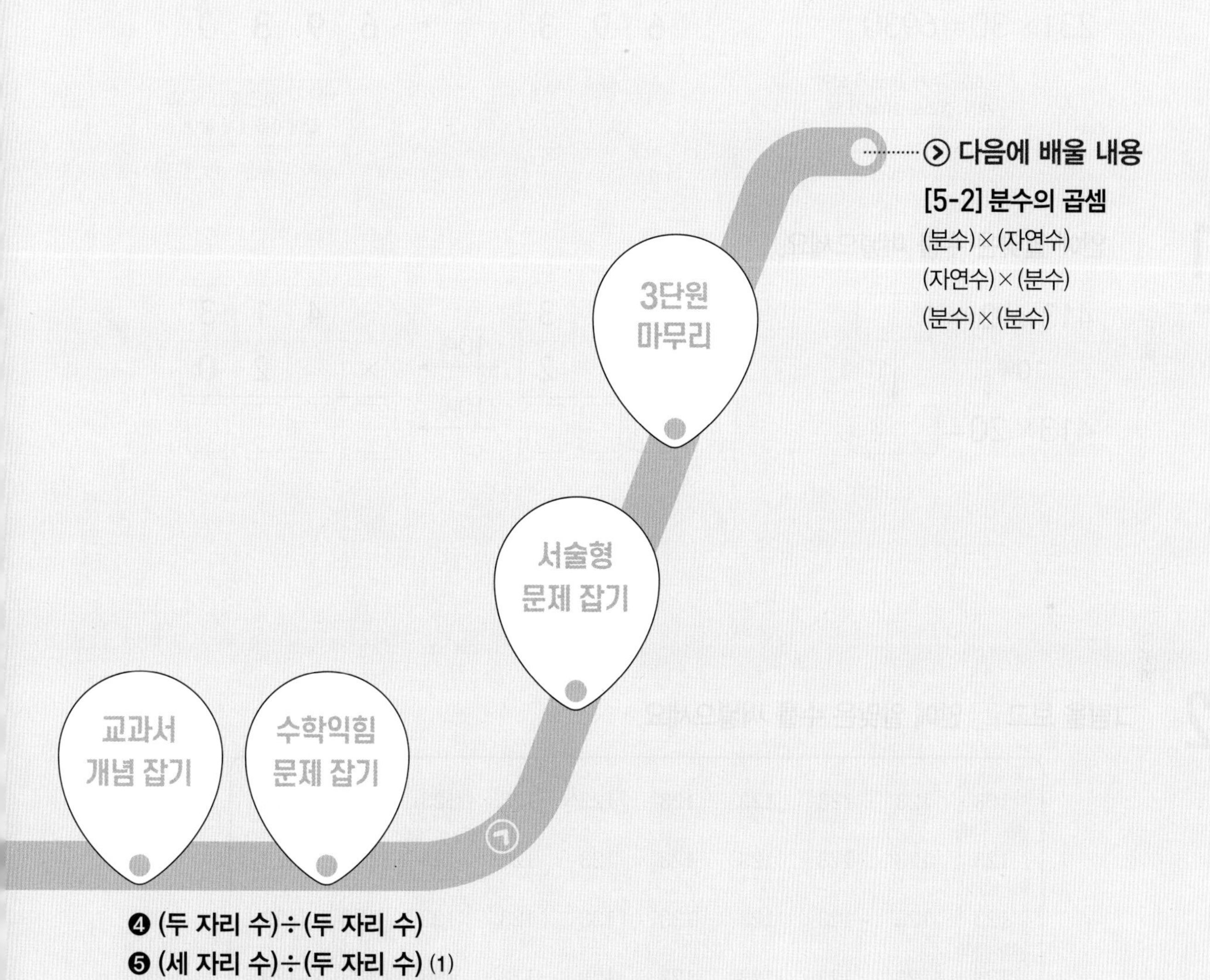

❹ (두 자리 수)÷(두 자리 수)
❺ (세 자리 수)÷(두 자리 수) (1)
❻ (세 자리 수)÷(두 자리 수) (2)
❼ 나눗셈의 어림셈

STEP 1 교과서 개념 잡기

① (세 자리 수)×(몇십)

231×30 계산하기

(세 자리 수)×(몇십)은 (세 자리 수)×(몇)의 값에 0을 1개 붙입니다.

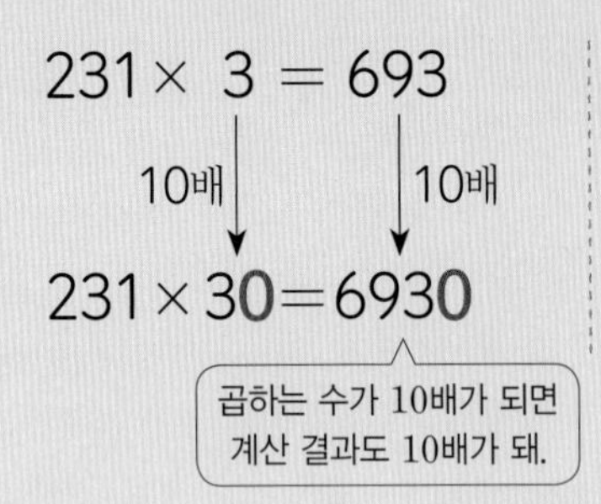

	2	3	1
×			3
	6	9	3

10배 →

10배 →

	2	3	1
×		3	0
6	9	3	0

231×30은 231×3의 값에 0을 1개 붙여.

개념 확인 **1** ▢ 안에 알맞은 수를 써넣으세요.

$413\times 2=$ ▢

10배 ↓ ↓ 10배

$413\times 20=$ ▢

	4	1	3
×			2
	▢	▢	▢

10배 →

10배 →

	4	1	3
×		2	0
▢	▢	▢	▢

2 그림을 보고 ▢ 안에 알맞은 수를 써넣으세요.

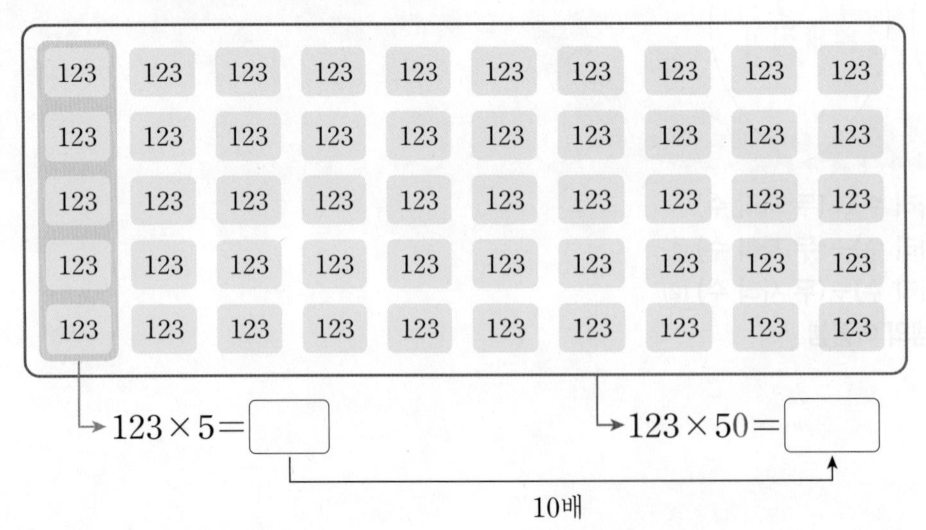

3 다음 표를 채워 426×20의 값을 구하세요.

	천의 자리	백의 자리	십의 자리	일의 자리
426		4	2	6
426×2				
426×2의 10배				

$\times 2$, $\times 10$

$426 \times 20 = \square$

4 □ 안에 알맞은 수를 써넣으세요.

(1) $169 \times 3 = \square$
$169 \times 30 = \square$ (10배)

(2) $412 \times 2 = \square$
$412 \times 20 = \square$ (10배)

5 계산해 보세요.

(1) 352×70

(2) 400×90

(3) 614×50

6 □ 안에 알맞은 수를 써넣으세요.

(1) 175

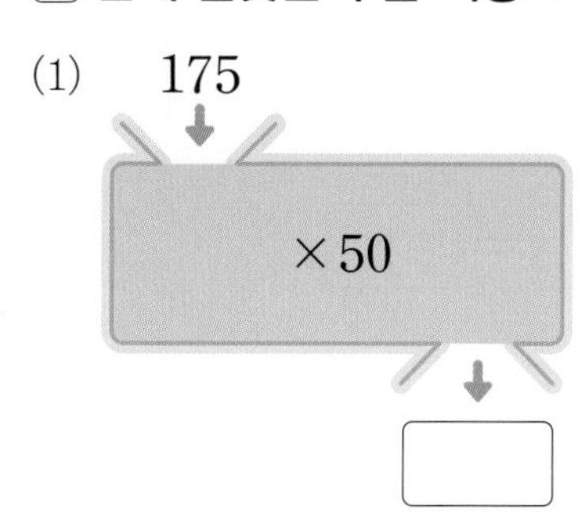

(2) 820

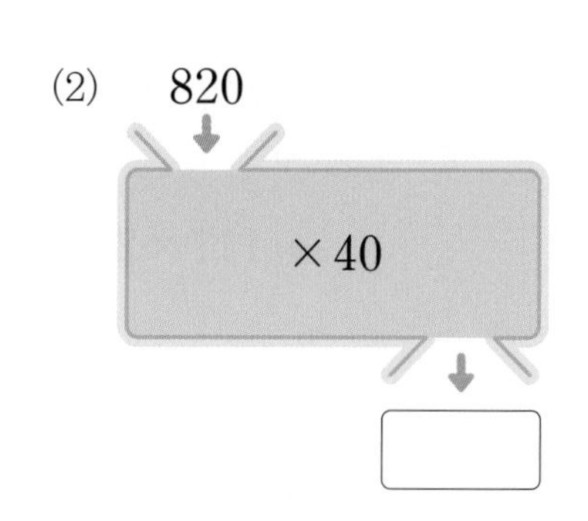

STEP 1 교과서 개념 잡기

② (세 자리 수)×(몇십몇)

376×24 계산하기

곱하는 수 24를 4와 20으로 나누어 곱해지는 수 376과 각각 곱하고 그 결과를 더합니다.

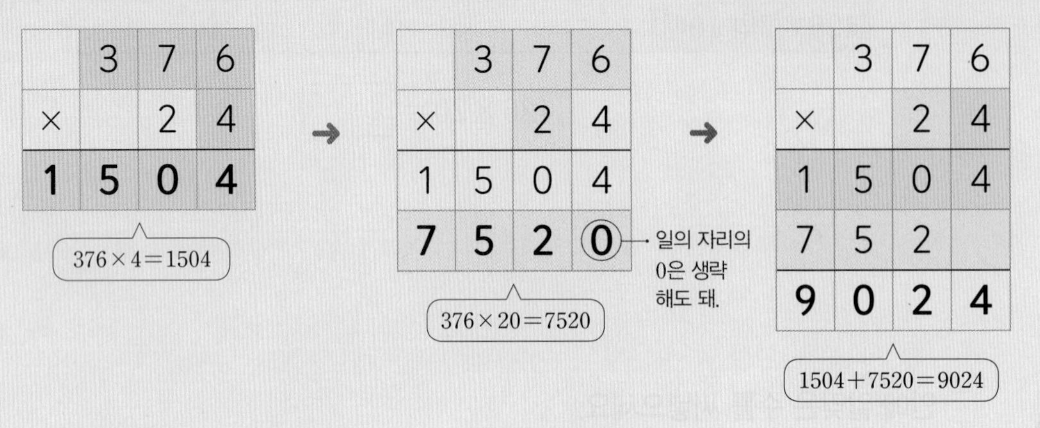

	3	7	6
×		2	4
1	5	0	4

→

	3	7	6
×		2	4
1	5	0	4
7	5	2	0

→

	3	7	6
×		2	4
1	5	0	4
7	5	2	
9	0	2	4

개념 확인 **1** □ 안에 알맞은 수를 써넣으세요.

	2	4	7
×		3	5
□	□	□	□

→

	2	4	7
×		3	5
□	□	□	□
□	□	□	□

→

	2	4	7
×		3	5
□	□	□	□
□	□	□	
□	□	□	□

2 그림을 보고 □ 안에 알맞은 수를 써넣으세요.

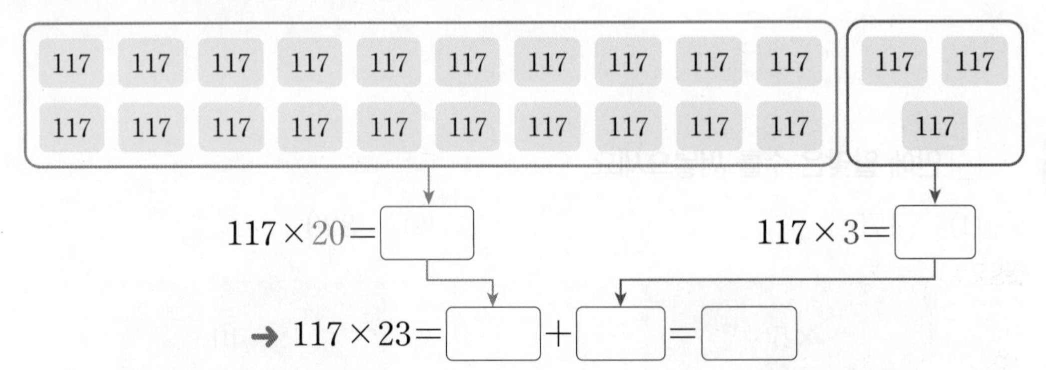

3 □ 안에 알맞은 수를 써넣으세요.

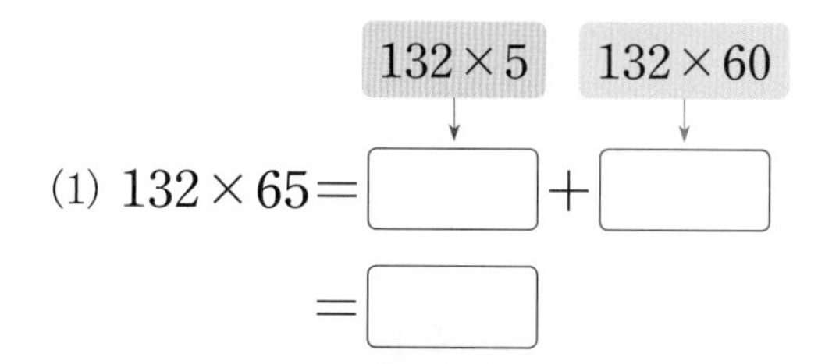

(2) 238×57=□+□ (238×7, 238×50)

=□

4 □ 안에 알맞은 수를 써넣으세요.

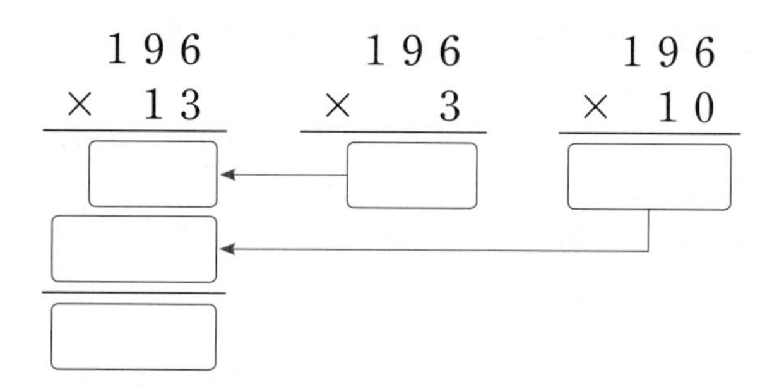

5 계산해 보세요.

(1) $\begin{array}{r} 374 \\ \times\ 52 \\ \hline \end{array}$

(2) $\begin{array}{r} 819 \\ \times\ 46 \\ \hline \end{array}$

(3) $\begin{array}{r} 562 \\ \times\ 23 \\ \hline \end{array}$

6 빈칸에 알맞은 수를 써넣으세요.

(1)

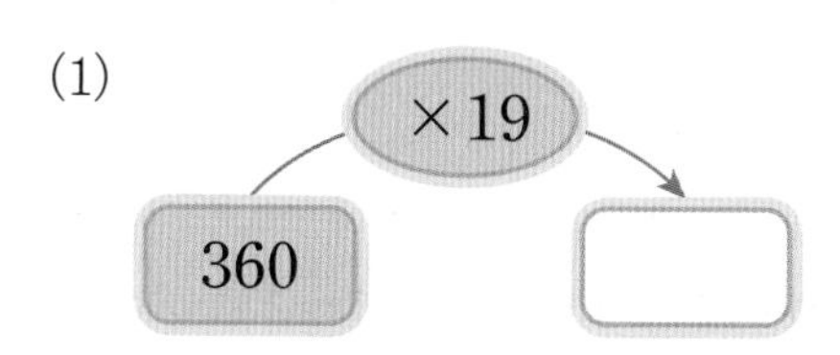

(2)

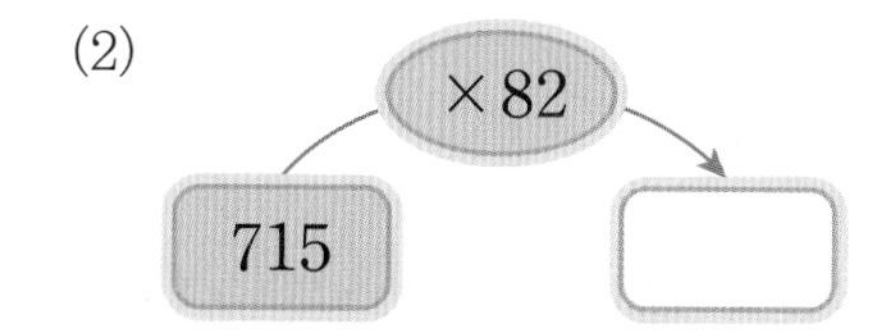

3 단원

교과서 개념 잡기

③ 곱셈의 어림셈

어림셈을 이용하여 계산하기

한 개에 398원인 사탕을 21개 사려고 합니다.
사탕값은 약 얼마인지 어림셈을 이용하여 알아봅니다.

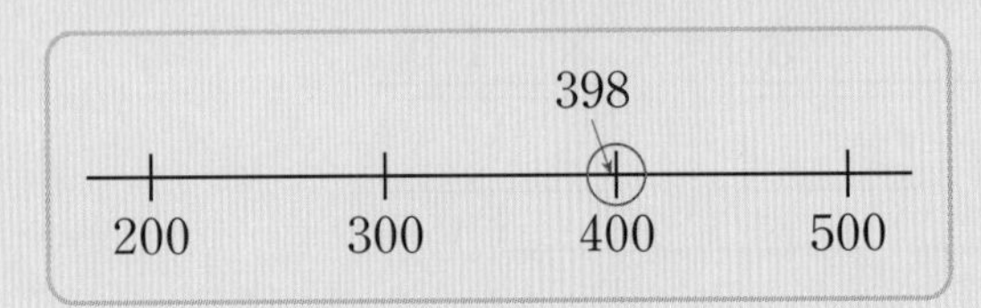

398을 몇백으로 어림하면 **약 400**입니다.

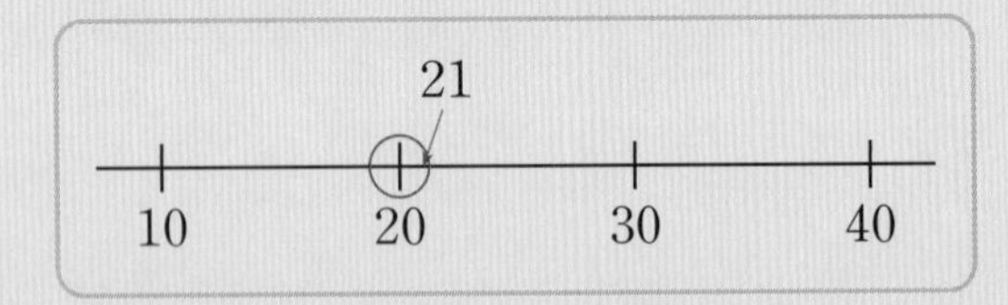

21을 몇십으로 어림하면 **약 20**입니다.

어림셈 $400 \times 20 = 8000$ → 사탕값은 **약 8000원**입니다.

개념 확인 **1**

한 개에 599원인 초콜릿을 32개 사려고 합니다. 599와 32를 각각 어림하여 그림에 ○표 하고, 초콜릿값은 약 얼마인지 어림셈을 이용하여 알아보세요.

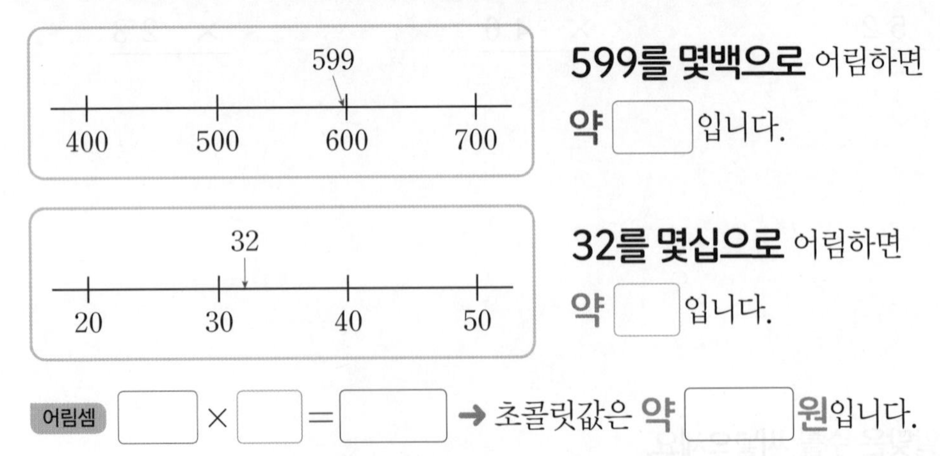

599를 몇백으로 어림하면 **약** ☐ 입니다.

32를 몇십으로 어림하면 **약** ☐ 입니다.

어림셈 ☐ × ☐ = ☐ → 초콜릿값은 **약** ☐ **원**입니다.

2

(몇백)×(몇십)의 어림셈으로 구한 값을 찾아 ○표 하세요.

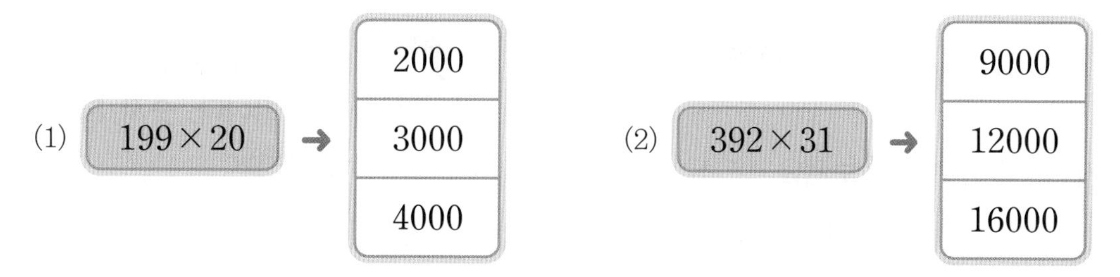

3

〈보기〉와 같이 어림해 보세요.

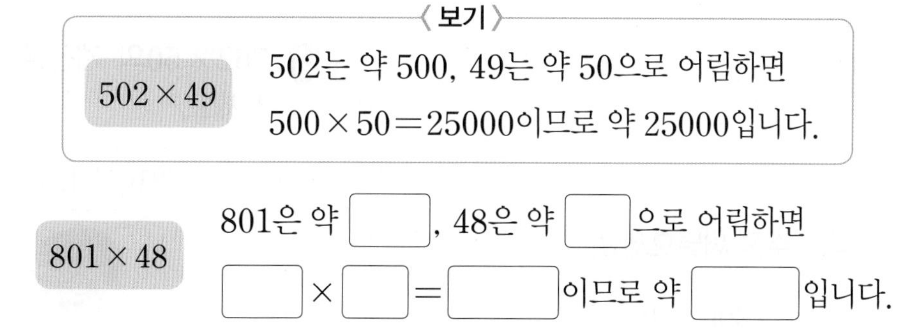

〈보기〉
502×49
502는 약 500, 49는 약 50으로 어림하면
500×50=25000이므로 약 25000입니다.
801×48
801은 약 ☐, 48은 약 ☐으로 어림하면
☐×☐=☐이므로 약 ☐입니다.

4

한 개의 무게가 198 g인 비누 30개의 무게를 어림해 보려고 합니다. 물음에 답하세요.

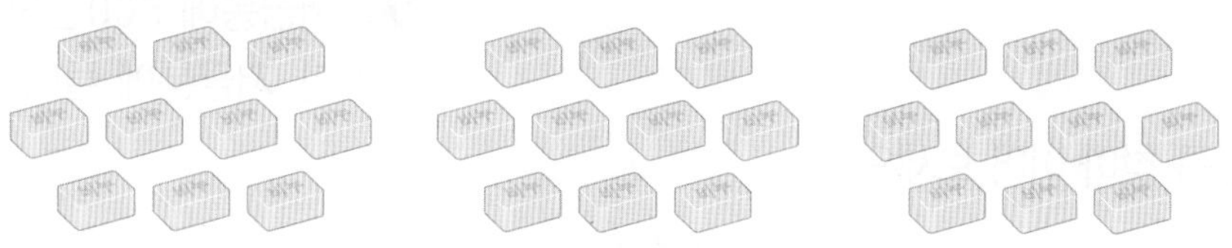

(1) 비누 한 개의 무게를 몇백으로 어림해 보세요.

198 g ➜ 약 ☐ g

(2) 비누 30개의 무게는 약 몇 g인지 어림셈을 해 보세요.

1 (세 자리 수)×(몇십)

개념 062쪽

01 〈보기〉와 같이 계산해 보세요.

〈보기〉

$128 \times 90 = 128 \times 9 \times 10$
$= 1152 \times 10$
$= 11520$

$373 \times 40 = 373 \times 4 \times \square$
$= \square \times \square$
$= \square$

02 □ 안에 알맞은 수를 써넣으세요.

687×40
- $600 \times 40 = \square$
- $80 \times 40 = \square$
- $7 \times 40 = \square$

$\square$

03 계산 결과를 찾아 이어 보세요.

(1)	509×70 •	• 25560
(2)	426×60 •	• 32520
(3)	813×40 •	• 35630

04 $537 \times 4 = 2148$임을 이용하여 537×40을 계산하려고 합니다. 숫자 8을 써야 할 곳을 찾아 기호를 쓰세요.

	5	3	7
×		4	0
㉠㉡	㉢	㉣	㉤

(　　　　　)

05 762×50의 계산을 바르게 한 사람의 이름을 쓰세요.

(　　　　　)

06 저금통에 500원짜리 동전이 30개 들어 있습니다. 저금통에 들어 있는 돈은 모두 얼마인가요?

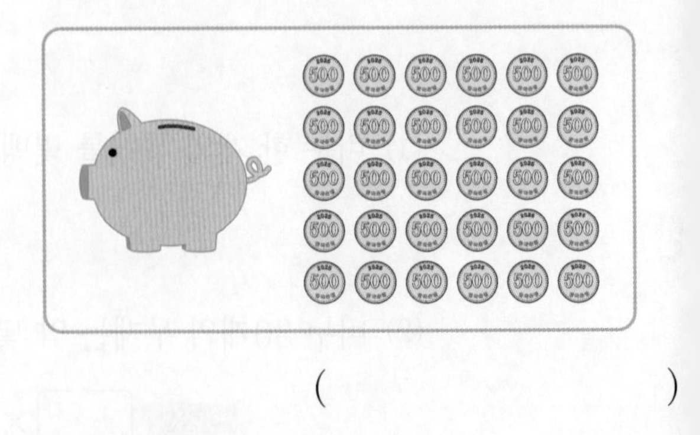

(　　　　　)

07 계산 결과를 찾아 색칠해 보세요.

820×30
911×20
435×70

19000	18220	20640
22330	23900	24600
30450	31000	33420

교과역량 콕! 추론

08 □ 안에 알맞은 수를 써넣으세요.

$$\begin{array}{r} 1\ 6\ 3 \\ \times \quad \square\ 0 \\ \hline 8\ 1\ 5\ 0 \end{array}$$

힌트 톡! $163 \times \square 0 = 8150$이므로 $163 \times \square = 815$야.

2 (세 자리 수)×(몇십몇) 개념 064쪽

09 계산해 보세요.

(1) 150×35

(2) 287×78

10 빈칸에 알맞은 수를 써넣으세요.

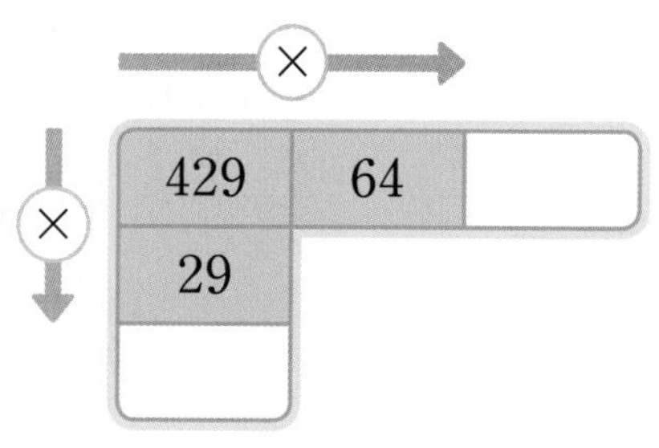

11 가장 큰 수와 가장 작은 수의 곱을 구하세요.

194 351 44

( )

12 곱의 크기를 비교하여 더 큰 쪽에 ○표 하세요.

742×17 ( ) 583×25 ( )

13 잘못 계산한 곳을 찾아 바르게 계산해 보세요.

$$\begin{array}{r} 6\ 1\ 9 \\ \times \quad 3\ 4 \\ \hline 2\ 4\ 7\ 6 \\ 1\ 8\ 5\ 7 \\ \hline 4\ 3\ 3\ 3 \end{array} \rightarrow \begin{array}{r} 6\ 1\ 9 \\ \times \quad 3\ 4 \\ \hline \end{array}$$

14 계산 결과가 다른 하나를 찾아 ×표 하세요.

$$\begin{array}{r} 512 \\ \times\ 16 \\ \hline \end{array} \qquad \begin{array}{r} 446 \\ \times\ 21 \\ \hline \end{array} \qquad \begin{array}{r} 128 \\ \times\ 64 \\ \hline \end{array}$$

(　　) (　　) (　　)

15 곱이 큰 것부터 차례로 ○ 안에 1, 2, 3을 써넣으세요.

16 한 병에 335 mL씩 들어 있는 주스가 14병 있습니다. 주스의 양은 모두 몇 mL인가요?

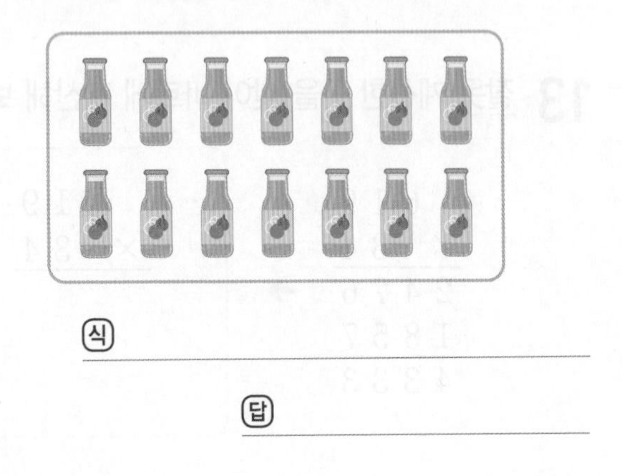

식 ____________

답 ____________

17 우진이는 매일 줄넘기를 228번씩 했습니다. 우진이가 2주일 동안 줄넘기를 모두 몇 번 했는지 구하세요.

(　　　　　　　)

18 선주와 은호가 다음과 같이 책을 읽었습니다. 두 사람이 읽은 책은 모두 몇 쪽인가요?

> 선주: 14일 동안 매일 130쪽씩
> 은호: 매일 150쪽씩 20일 동안

(　　　　　　　)

교과역량 콕! 문제해결 | 추론

19 은지는 5장의 수 카드를 모두 한 번씩만 사용하여 가장 큰 세 자리 수와 가장 작은 두 자리 수를 만들었습니다. 은지가 만든 두 수의 곱을 구하세요.

(1) 은지가 만든 두 수를 구하세요.

가장 큰 세 자리 수: □□□

가장 작은 두 자리 수: □□

(2) 은지가 만든 두 수의 곱을 구하세요.

(　　　　　　　)

힌트 톡! 높은 자리의 수가 클수록 더 큰 수이고, 높은 자리의 수가 작을수록 더 작은 수야.

3 곱셈의 어림셈

개념 066쪽

20 299×88을 (몇백)×(몇십)으로 어림셈하고, 실제 값으로 계산해 보세요.

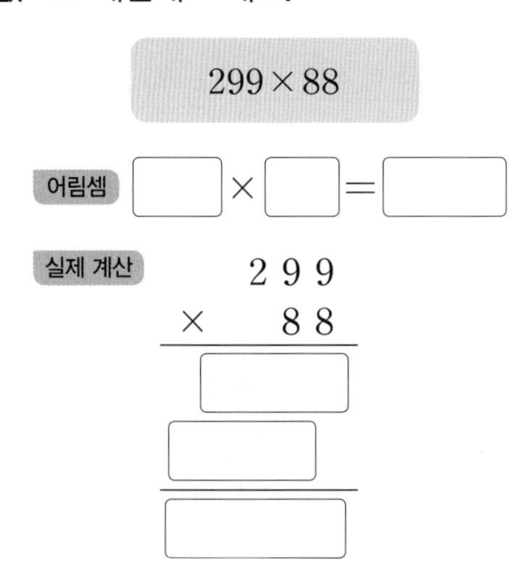

299×88
어림셈 □×□=□
실제 계산
$\begin{array}{r} 2\,9\,9 \\ \times \quad 8\,8 \\ \hline \end{array}$

21 하루에 과자를 402개씩 만드는 제과점이 있습니다. 이 제과점에서 71일 동안 만든 과자는 약 몇 개인지 어림해 보세요.

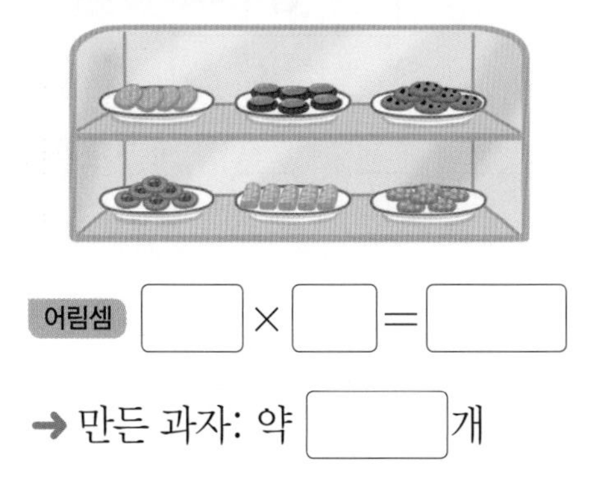

22 한 통에 296개씩 들어 있는 콩이 32통 있습니다. 전체 콩은 약 몇 개인지 어림해 보세요.

(　　　　　　　　　　)

23 규민이가 498×59를 계산한 것입니다. 바르게 계산했는지 어림셈을 이용하여 알아보세요.

498×59를 계산했더니 30382가 나왔어.

498은 500보다 작고, 59는 60보다 작으므로 어림셈으로 구한 값은
$500 \times 60 =$ □보다
(작아야 , 커야) 합니다.
따라서 규민이는 (바르게 , 잘못) 계산했습니다.

교과역량 콕! 추론

24 어림셈으로 구한 값의 크기를 비교하여 ○ 안에 >, =, <를 알맞게 써넣으세요.

504×31 ○ 597×19

25 한 개에 310 g인 통조림 22개의 무게를 실제 무게에 더 가깝게 어림한 사람의 이름을 쓰세요.

이름	어림한 무게
성아	약 6000 g
주원	약 8000 g

(　　　　　　　　　　)

교과서 개념 잡기

④ (두 자리 수)÷(두 자리 수)

49÷12 계산하기

12와 몫을 곱한 값이 49보다 작고, 나머지가 12보다 작아야 합니다.

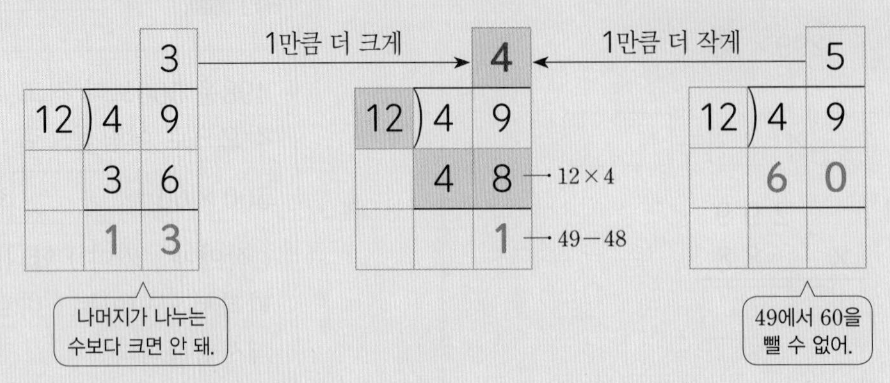

계산한 결과가 맞는지 확인할 때에는 나누는 수와 몫의 곱에 나머지를 더한 값이 나누어지는 수와 같아야 합니다.

$49 \div 12 = 4 \cdots 1$ → 확인 $12 \times 4 = 48,\ 48 + 1 = 49$

개념 확인 **1** □ 안에 알맞은 수를 써넣으세요.

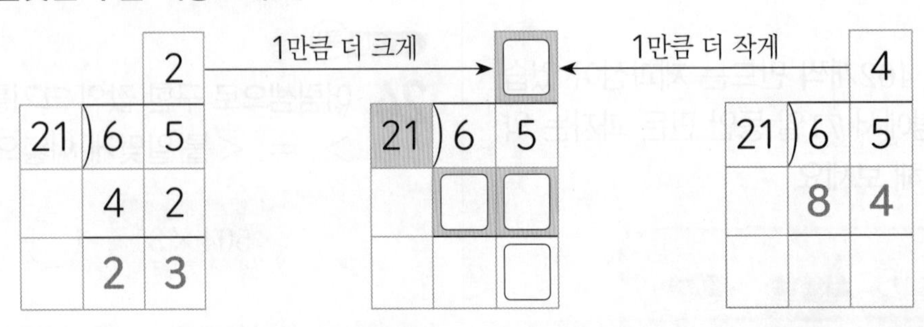

$65 \div 21 = \square \cdots \square$ → 확인 $21 \times \square = \square,\ \square + \square = 65$

2 그림을 보고 □ 안에 알맞은 수를 써넣으세요.

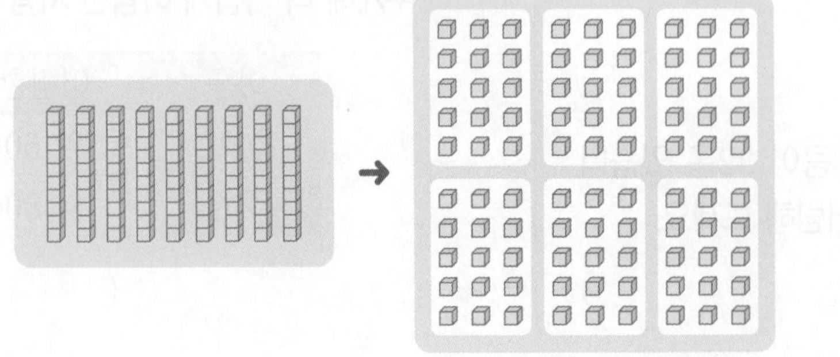

$90 \div 15 = \square$

3 곱셈식을 이용하여 나눗셈의 몫과 나머지를 구하려고 합니다. □ 안에 알맞은 수를 써넣으세요.

(1)

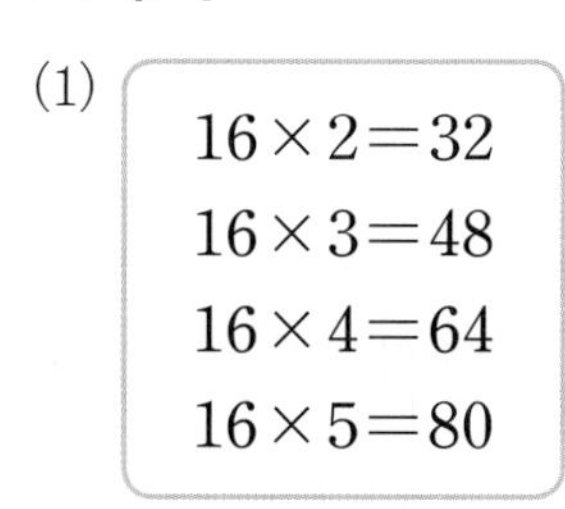

$16\times2=32$
$16\times3=48$
$16\times4=64$
$16\times5=80$

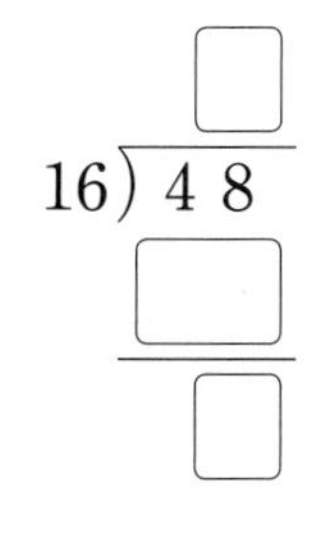

16)4 8

➜ 몫: □, 나머지: □

(2)

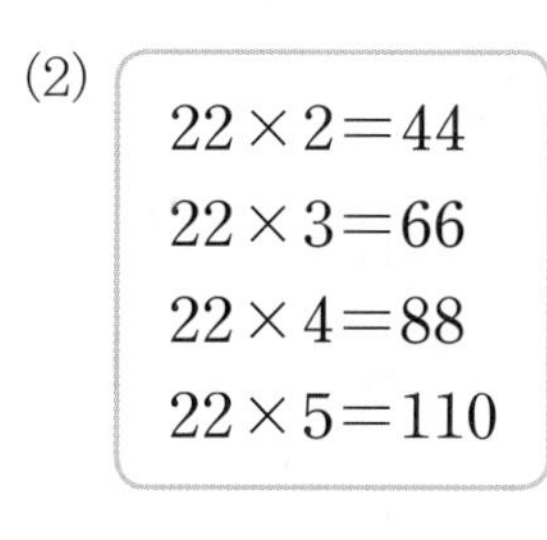

$22\times2=44$
$22\times3=66$
$22\times4=88$
$22\times5=110$

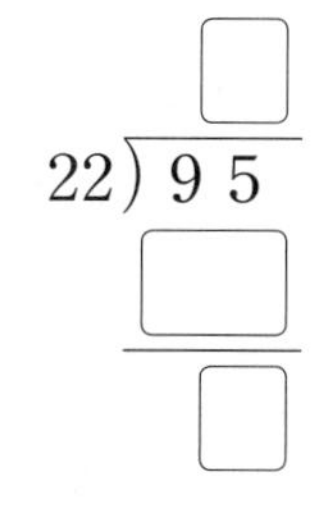

22)9 5

➜ 몫: □, 나머지: □

4 계산해 보세요.

(1) 32)9 6

(2) 11)3 7

(3) 15)8 1

5 $75\div14$를 계산하고, 계산 결과가 맞는지 확인해 보세요.

14)7 5

확인

6 □ 안에 몫을 써넣고, ○ 안에 나머지를 써넣으세요.

(1)

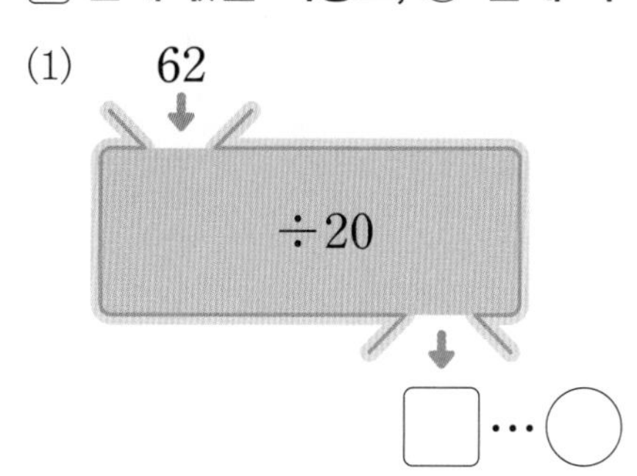

(2)

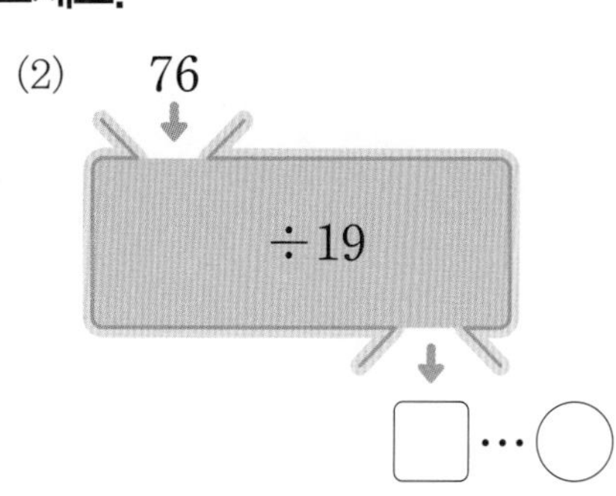

교과서 개념 잡기

5 (세 자리 수)÷(두 자리 수) (1) ▶몫이 한 자리 수인 경우

152÷31 계산하기

나눗셈의 몫과 나머지를 구한 후 계산한 결과가 맞는지 확인합니다.

			3
31	1	5	2
		9	3
		5	9

나머지가 나누는 수보다 크면 안 돼.

1만큼 더 크게 →

			4
31	1	5	2
	1	2	4
		2	8

← 1만큼 더 작게

(124 → 31×4, 28 → 152−124)

			5
31	1	5	2
	1	5	5

152에서 155를 뺄 수 없어.

$152 \div 31 = 4 \cdots 28$ → 확인 $31 \times 4 = 124$, $124 + 28 = 152$

개념 확인 **1** □ 안에 알맞은 수를 써넣으세요.

			4
23	1	2	1
		9	2
		2	9

1만큼 더 크게 →

			□
23	1	2	1
	□	□	□
			□

← 1만큼 더 작게

			6
23	1	2	1
	1	3	8

$121 \div 23 = □ \cdots □$ → 확인 $23 \times □ = □$, $□ + □ = 121$

2 그림을 보고 □ 안에 알맞은 수를 써넣으세요.

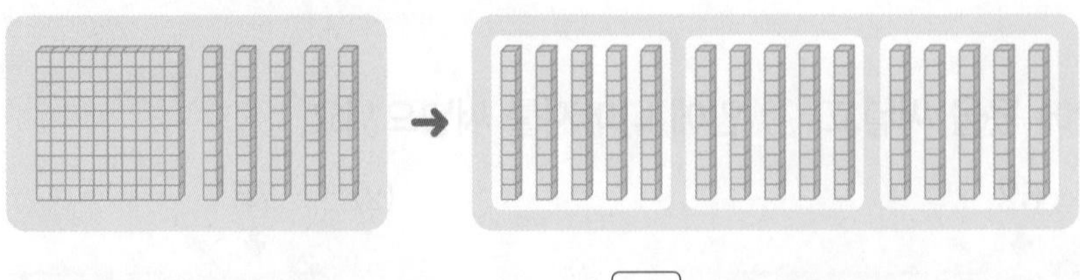

$150 \div 50 = □$

3 □ 안에 알맞은 수를 써넣으세요.

(1)

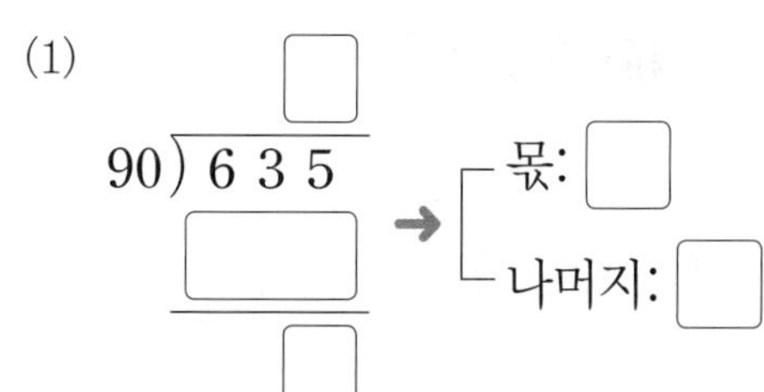

(2)

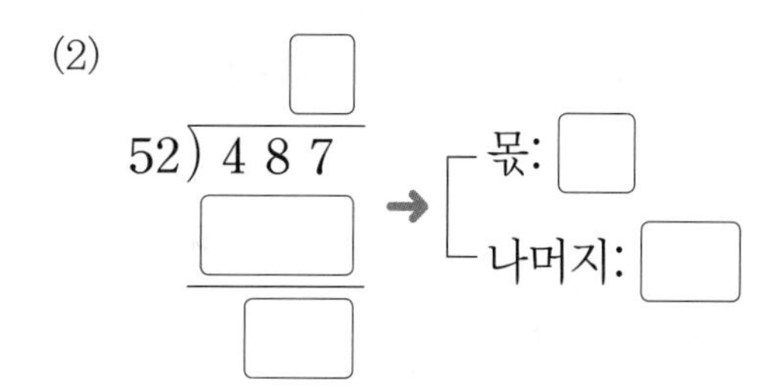

4 계산해 보세요.

(1) 16)1 4 4

(2) 43)1 9 6

(3) 64)3 2 4

5 나눗셈을 계산하고, 계산 결과가 맞는지 확인해 보세요.

(1) $248 \div 31 = \square$ 확인

(2) $250 \div 40 = \square \cdots \square$ 확인

6 주경이와 준호가 $183 \div 24$를 계산한 것입니다. 바르게 계산한 것에 ○표 하세요.

```
       6
24)1 8 3
   1 4 4
     3 9
```

(   )

```
       7
24)1 8 3
   1 6 8
     1 5
```

(   )

STEP 1 교과서 개념 잡기

⑥ (세 자리 수)÷(두 자리 수) (2) ▶몫이 두 자리 수인 경우

547÷35 계산하기

몫의 십의 자리 수부터 구하고, 남는 수를 다시 35로 나누어 몫의 일의 자리 수와 나머지를 구합니다.

		1		
35	)5	4	7	
	3	5	0	← 35×10
	1	9	7	← 547−350

→

		1	5	
35	)5	4	7	
	3	5	0	
	1	9	7	
	1	7	5	← 35×5
		2	2	← 197−175

→

		1	5	← 몫
35	)5	4	7	
	3	5		
	1	9	7	
	1	7	5	
		2	2	← 나머지

547÷35=15···22 → 확인 35×15=525, 525+22=547

개념 확인 1 □ 안에 알맞은 수를 써넣으세요.

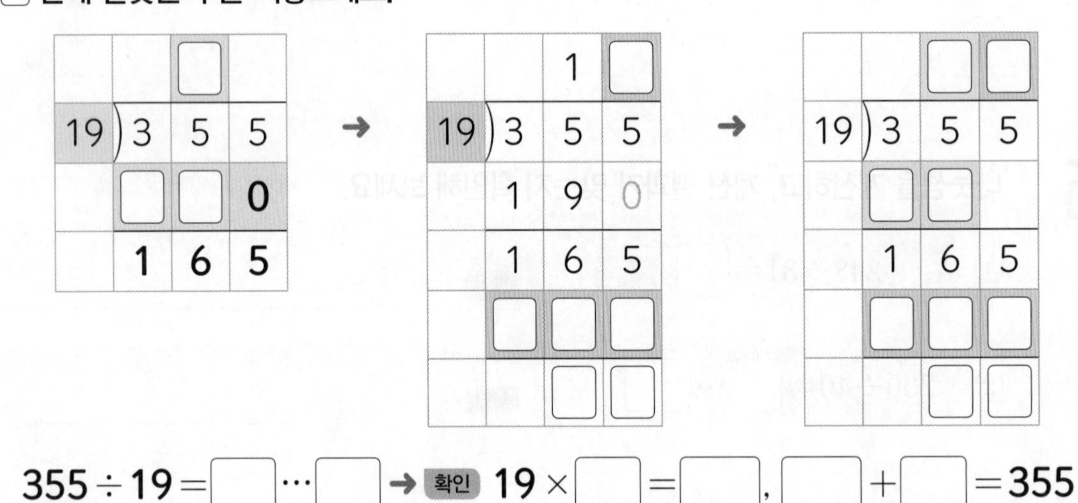

355÷19=□···□ → 확인 19×□=□, □+□=355

2 486÷21의 몫을 예상하여 □ 안에 알맞은 수를 써넣으세요.

21×10=210
21×20=420
21×30=630

486은 420과 630 사이이므로 486÷21의 몫은 □보다 크고 □보다 작을 것입니다.

3 곱셈식을 이용하여 □ 안에 알맞은 수를 써넣으세요.

(1)

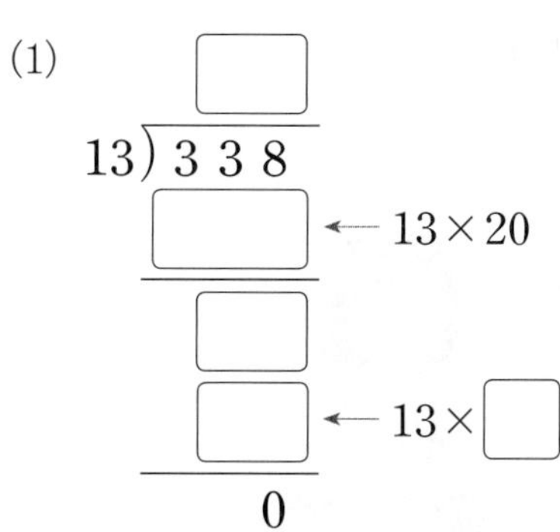

(2)

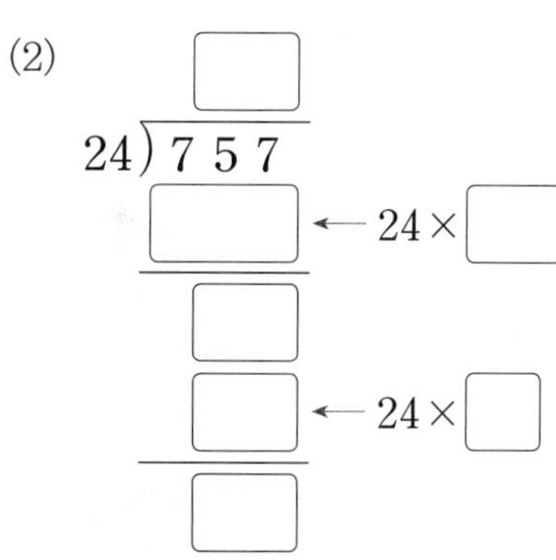

4 계산해 보세요.

(1) 29) 7 2 5

(2) 48) 6 1 2

(3) 65) 9 3 8

5 나눗셈을 계산하고, 계산 결과가 맞는지 확인해 보세요.

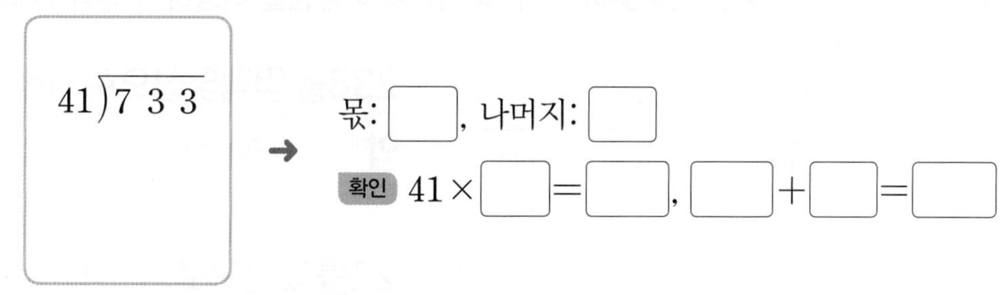

6 □ 안에 몫을 써넣고, ○ 안에 나머지를 써넣으세요.

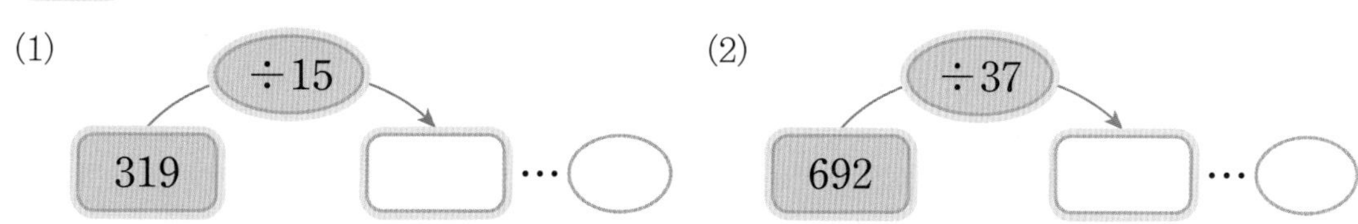

교과서 개념 잡기

7 나눗셈의 어림셈

어림셈을 이용하여 계산하기

공책 299권을 한 상자에 32권씩 담으려고 합니다.
필요한 상자는 약 몇 개인지 어림셈을 이용하여 알아봅니다.

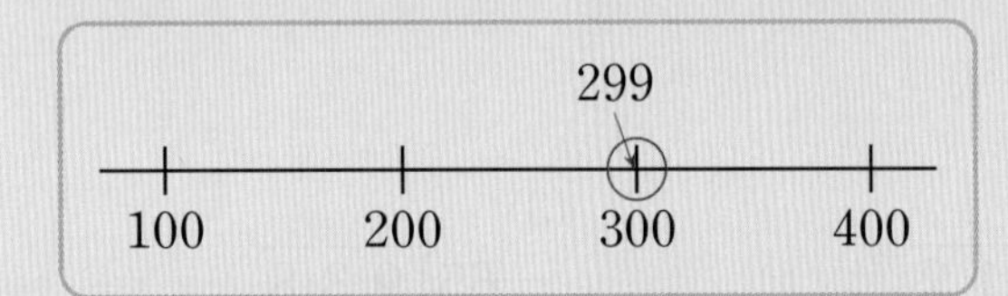

299를 몇백으로 어림하면
약 300입니다.

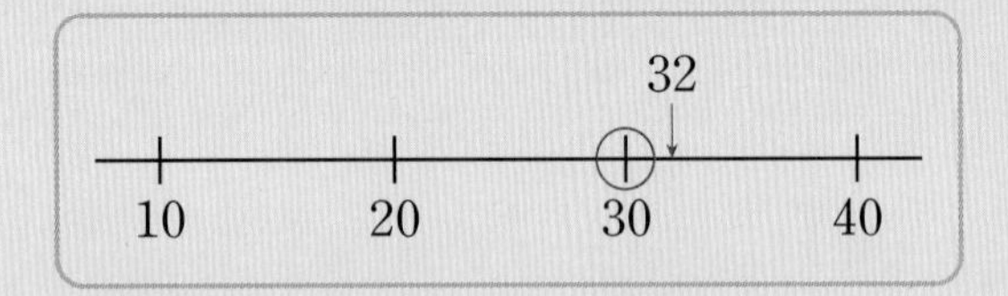

32를 몇십으로 어림하면
약 30입니다.

어림셈 $300 \div 30 = 10$ → 필요한 상자는 **약 10개**입니다.

개념 확인 1

연필 238자루를 한 연필꽂이에 22자루씩 담으려고 합니다. 238과 22를 각각 어림하여 그림에 ○표 하고, 필요한 연필꽂이는 약 몇 개인지 어림셈을 이용하여 알아보세요.

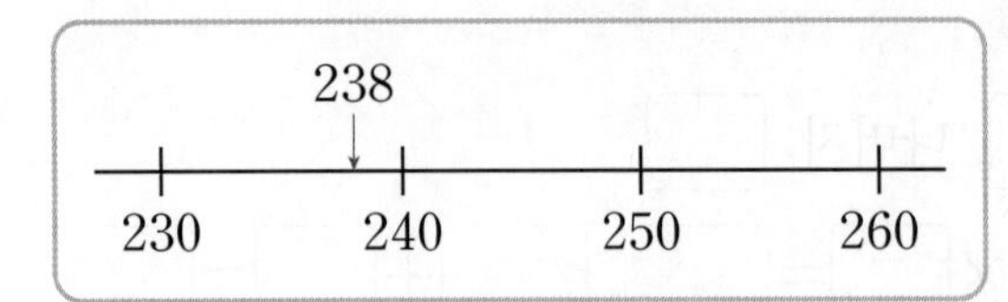

238을 몇백몇십으로 어림하면
약 ☐입니다.

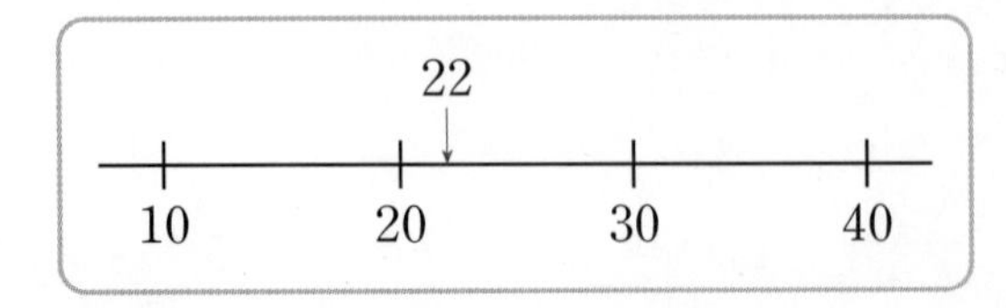

22를 몇십으로 어림하면
약 ☐입니다.

어림셈 ☐ ÷ ☐ = ☐ → 필요한 연필꽂이는 약 ☐개입니다.

2 (몇백)÷(몇십)의 어림셈으로 구한 값을 찾아 색칠해 보세요.

(1) 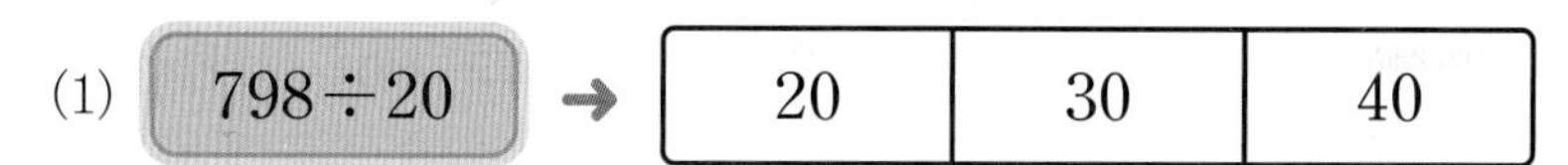

(2) 599÷32 ➜

20	30	40

3 〈보기〉와 같이 어림해 보세요.

〈보기〉

601÷33 — 601은 약 600, 33은 약 30으로 어림하면 600÷30=20이므로 약 20입니다.

792÷41 — 792는 약 ☐, 41은 약 ☐으로 어림하면 ☐÷☐=☐이므로 약 ☐입니다.

4 과자를 한 번에 20개씩 구울 수 있습니다. 과자 205개를 만들려면 약 몇 번을 구워야 하는지 어림해 보려고 합니다. 물음에 답하세요.

(1) 만들려는 과자의 수를 몇백으로 어림해 보세요.

205개 ➜ 약 ☐개

(2) 과자를 약 몇 번 구워야 하는지 어림셈을 해 보세요.

어림셈 ☐÷20=☐ ➜ 과자를 굽는 횟수: 약 ☐번

STEP 2 수학익힘 문제 잡기

4 (두 자리 수)÷(두 자리 수)

개념 072쪽

01 계산해 보세요.

(1) $74 \div 37$

(2) $93 \div 18$

02 □ 안에 몫을 써넣고, ○ 안에 나머지를 써넣으세요.

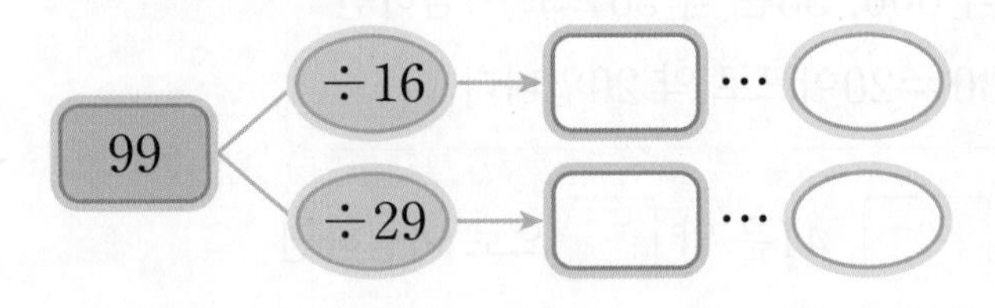

03 $70 \div 23$과 몫이 같은 것의 기호를 쓰세요.

㉠ $81 \div 39$ ㉡ $53 \div 17$

(　　　　)

04 나눗셈을 계산하고, 나머지가 더 큰 것에 ○표 하세요.

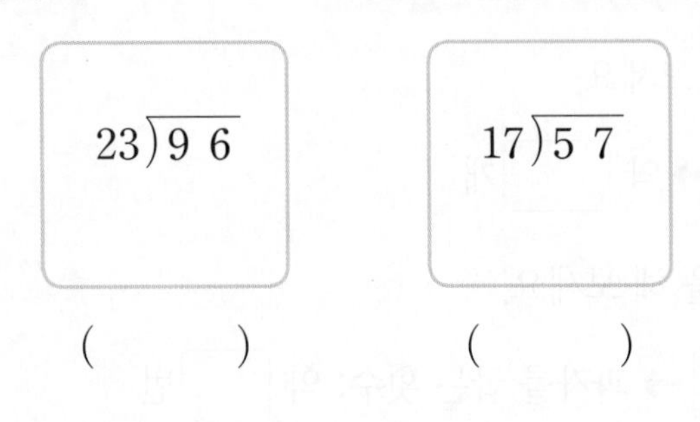

(　　　) (　　　)

05 몫이 가장 큰 것에 색칠해 보세요.

$78 \div 26$ $82 \div 19$ $64 \div 12$

06 케이블카 한 대에 12명씩 타려고 합니다. 84명이 타려면 케이블카가 몇 대 필요할까요?

식 ____________________

답 ____________________

교과역량 콕! 문제해결 | 의사소통

07 현우와 연서는 귤을 67개씩 수확했습니다. 각자 수확한 귤을 현우는 한 상자에 15개씩, 연서는 한 상자에 20개씩 나누어 담으려고 합니다. □ 안에 알맞은 수를 써넣으세요.

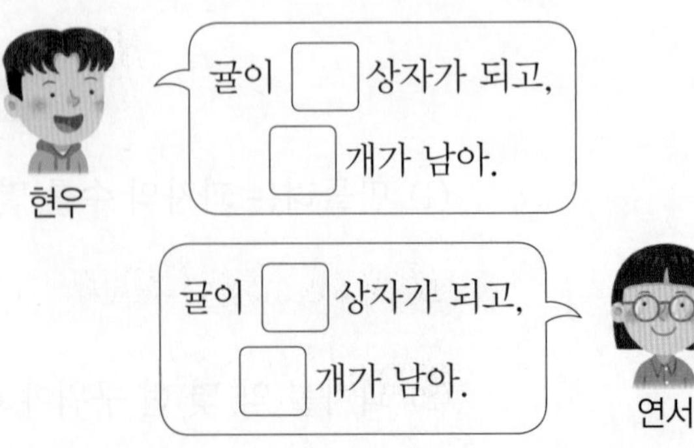

어휘 톡! 농작물을 거두어들이는 것을 **수확**이라고 해.

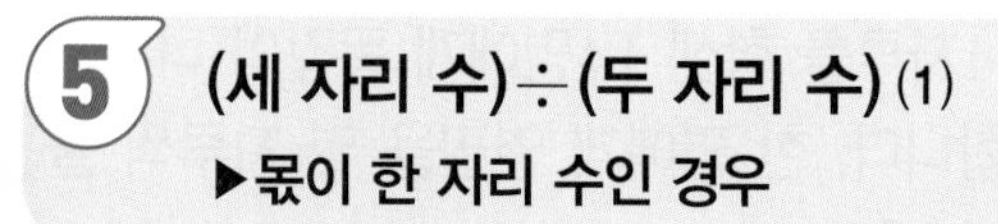

5 (세 자리 수)÷(두 자리 수) (1)
▶몫이 한 자리 수인 경우

개념 074쪽

08 계산해 보세요.

(1) $240 \div 30$

(2) $182 \div 27$

09 큰 수를 작은 수로 나누었을 때의 몫과 나머지를 구하세요.

70 456

몫 (   )
나머지 (   )

10 나눗셈의 몫을 찾아 이어 보세요.

(1) $217 \div 31$ • • 6

(2) $210 \div 26$ • • 7

(3) $273 \div 44$ • • 8

11 몫의 크기를 비교하여 ○ 안에 >, =, <를 알맞게 써넣으세요.

$520 \div 65$ ○ $477 \div 53$

12 나눗셈을 계산하고, 나머지가 큰 것부터 차례로 ○ 안에 1, 2, 3을 써넣으세요.

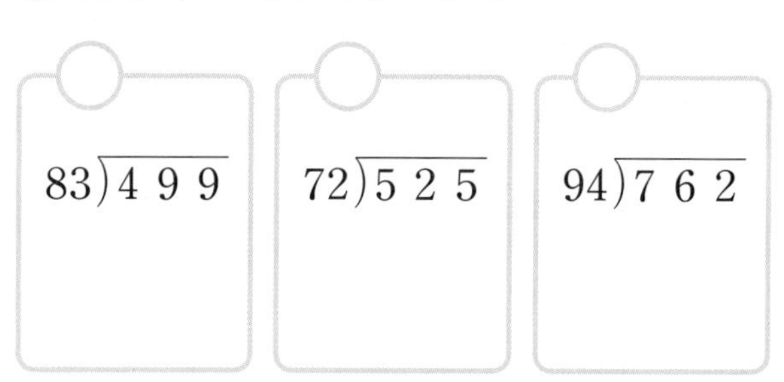

$83\overline{)499}$ $72\overline{)525}$ $94\overline{)762}$

13 어느 공연장에서 의자 360개를 한 줄에 40개씩 놓으려고 합니다. 의자는 모두 몇 줄이 될까요?

(   )

교과역량 콕! 문제해결

14 236명이 버스 한 대에 45명씩 타면 마지막 버스에는 몇 명이 타게 될까요?

(1) 알맞은 식을 세워 계산해 보세요.

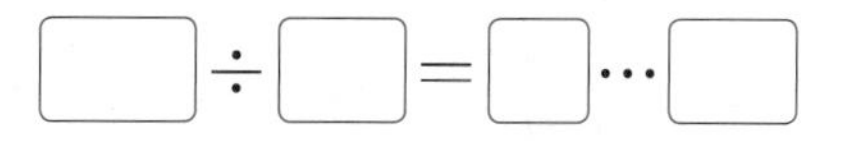

□÷□=□…□

(2) 마지막 버스에는 몇 명이 타게 될까요?

(   )

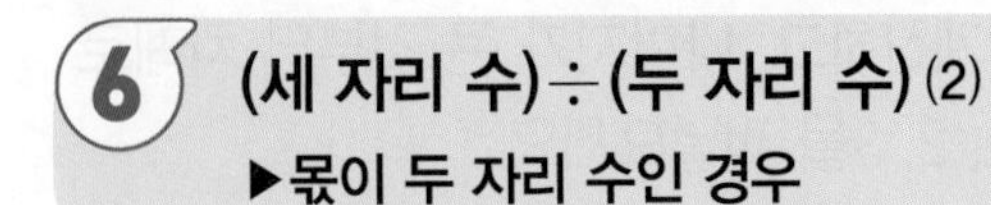

6 (세 자리 수)÷(두 자리 수) (2)

▶몫이 두 자리 수인 경우 개념 076쪽

15 ☐ 안에 몫을 써넣고, ◯ 안에 나머지를 써넣으세요.

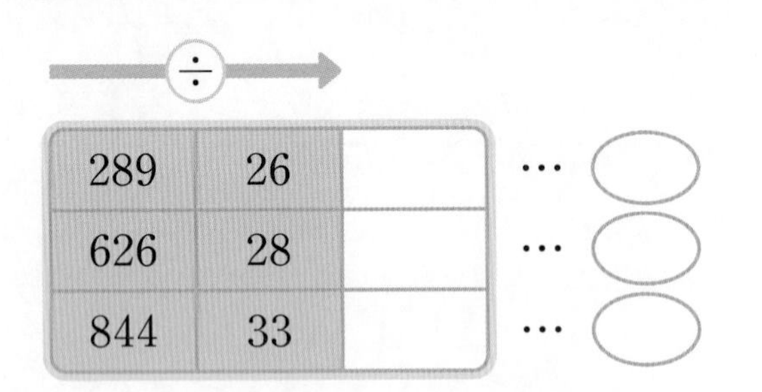

÷				
289	26	☐	…	◯
626	28	☐	…	◯
844	33	☐	…	◯

16 세 자리 수를 42로 나누었을 때 나머지가 될 수 없는 수를 모두 찾아 ○표 하세요.

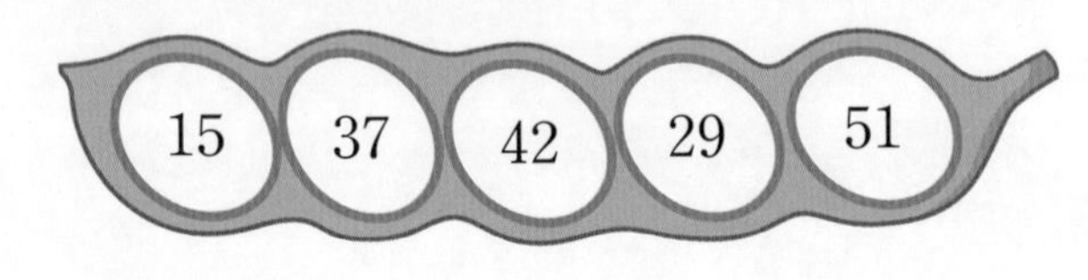

17 잘못 계산한 곳을 찾아 바르게 계산해 보세요.

$$\begin{array}{r} 15 \\ 18\overline{)288} \\ 18 \\ \hline 108 \\ 90 \\ \hline 18 \end{array} \rightarrow \quad 18\overline{)288}$$

18 연필 294자루를 학생 14명에게 똑같이 나누어 주려고 합니다. 한 명에게 연필을 몇 자루씩 줄 수 있을까요?

( )

교과역량 콕! 정보처리

19 나눗셈의 나머지에 해당하는 글자를 찾아 ☐ 안에 써넣으세요.

17 ➜ 동 30 ➜ 춘
28 ➜ 추 49 ➜ 하

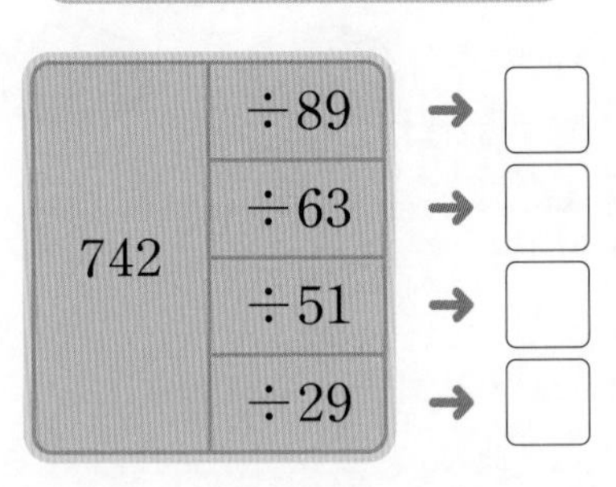

742	÷89	➜ ☐
	÷63	➜ ☐
	÷51	➜ ☐
	÷29	➜ ☐

20 다음과 같이 호수의 둘레 540 m에 12그루의 나무가 똑같은 간격으로 심어져 있습니다. 나무와 나무 사이의 간격은 몇 m일까요? (단, 나무의 두께는 생각하지 않습니다.)

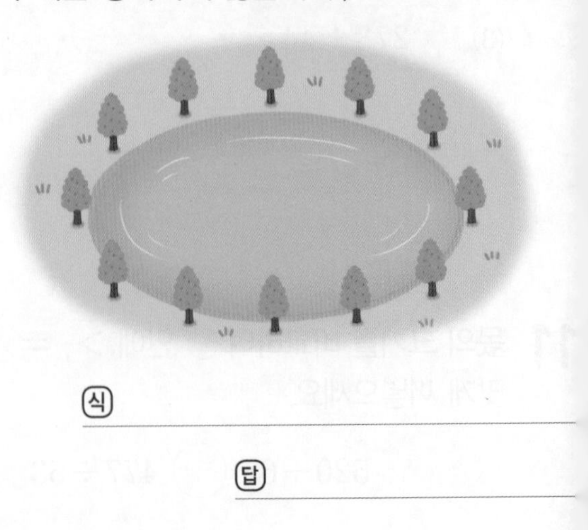

식

답

21 □ 안에 알맞은 수를 써넣으세요.

$\square \div 16 = 21 \cdots 5$

22 유민이가 234쪽인 과학책을 모두 읽으려고 합니다. 하루에 14쪽씩 읽는다면 모두 며칠이 걸릴까요?

식

답

7 나눗셈의 어림셈

개념 078쪽

23 194÷20의 몫을 어림셈으로 구하고, 어림셈으로 구한 몫을 이용하여 실제 몫을 구하세요.

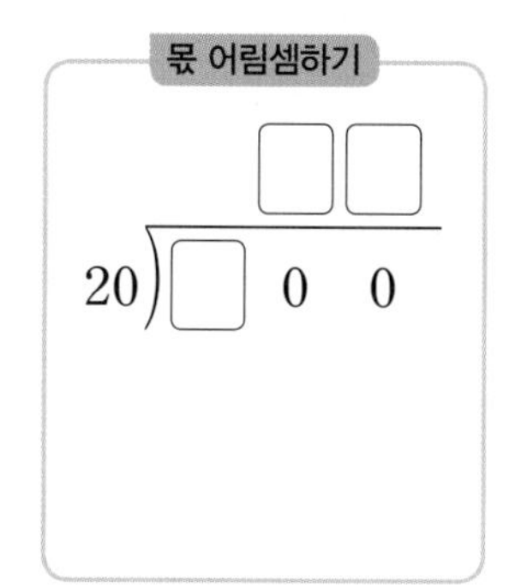

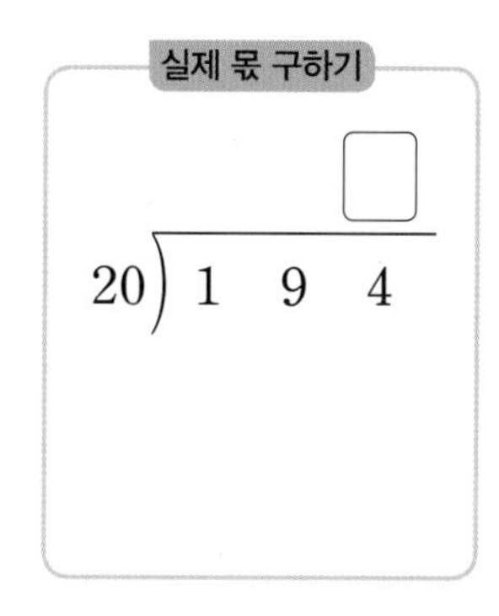

교과역량 콕! 추론

24 몫이 두 자리 수인 나눗셈을 모두 찾아 ○표 하세요.

376÷47	180÷15
(　　)	(　　)
624÷26	192÷32
(　　)	(　　)

힌트 톡! ■▲●÷★♥에서 ■▲>★♥이거나 ■▲=★♥이면 몫이 두 자리 수가 돼.

25 799÷40의 몫을 어림셈으로 구하려고 합니다. □ 안에 알맞은 수를 써넣으세요.

어림셈 $800 \div 40 = \square$

799는 □보다 작으므로 799÷40의 계산 결과는 □보다 작을 것입니다.

26 한 상자에 오이를 20개까지 담을 수 있습니다. 오이 415개를 담는 데 상자를 20개 준비한다면 상자 수는 충분할지 어림셈으로 알아보세요.

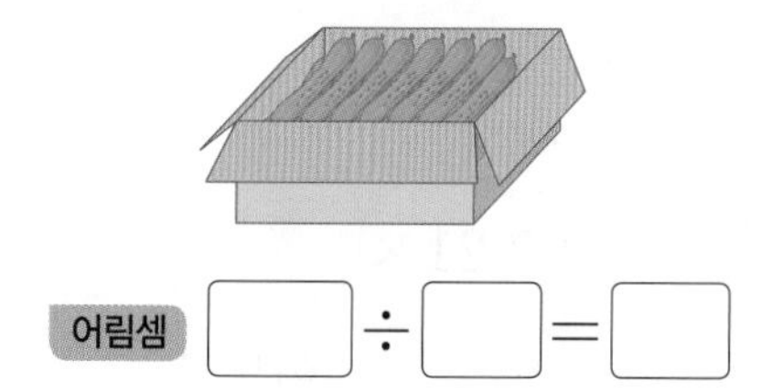

어림셈 $\square \div \square = \square$

→ 오이 415개를 모두 담는 데 상자 20개는 (충분합니다 , 부족합니다).

3 단원

STEP 3 서술형 문제 잡기

1

잘못 계산한 곳을 찾아 바르게 계산하고, 그렇게 고친 이유를 쓰세요.

1단계 바르게 계산하기

$$\begin{array}{r} 31 \\ 26\overline{)850} \\ \underline{78} \\ 70 \\ \underline{26} \\ 44 \end{array} \rightarrow 26\overline{)850}$$

2단계 고친 이유 쓰기

나머지 44가 나누는 수 □보다 크므로 몫을 더 크게 바꾸어 계산해야 합니다.

2

잘못 계산한 곳을 찾아 바르게 계산하고, 그렇게 고친 이유를 쓰세요.

1단계 바르게 계산하기

$$\begin{array}{r} 15 \\ 24\overline{)384} \\ \underline{24} \\ 144 \\ \underline{120} \\ 24 \end{array} \rightarrow 24\overline{)384}$$

2단계 고친 이유 쓰기

3

어떤 수를 **21**로 나누었더니 몫이 **24**이고 나머지가 **17**이 되었습니다. 어떤 수는 얼마인지 풀이 과정을 쓰고, 답을 구하세요.

1단계 어떤 수를 21로 나눈 식 쓰기

(어떤 수)$\div 21=$□…□입니다.

2단계 어떤 수 구하기

계산을 확인하면 $21\times$□$=$□,

□$+$□$=$□이므로

어떤 수는 □입니다.

답

4

어떤 수를 **26**으로 나누었더니 몫이 **33**이고 나머지가 **15**가 되었습니다. 어떤 수는 얼마인지 풀이 과정을 쓰고, 답을 구하세요.

1단계 어떤 수를 26으로 나눈 식 쓰기

2단계 어떤 수 구하기

답

5

땅콩과 밤의 수를 나타낸 것입니다. **땅콩과 밤**은 모두 몇 개인지 풀이 과정을 쓰고, 답을 구하세요.

	땅콩	밤
한 상자에 들어 있는 개수	112개	135개
상자 수	14상자	11상자

1단계 땅콩과 밤의 수 각각 구하기

땅콩은 $112 \times$ ☐ $=$ ☐(개),

밤은 $135 \times$ ☐ $=$ ☐(개)입니다.

2단계 땅콩과 밤은 모두 몇 개인지 구하기

따라서 땅콩과 밤은 모두

☐ $+$ ☐ $=$ ☐(개)입니다.

답

6

감과 배의 수를 나타낸 것입니다. **감과 배**는 모두 몇 개인지 풀이 과정을 쓰고, 답을 구하세요.

	감	배
한 상자에 들어 있는 개수	138개	124개
상자 수	21상자	19상자

1단계 감과 배의 수 각각 구하기

2단계 감과 배는 모두 몇 개인지 구하기

답

3 단원

7 창의형

주어진 단어를 이용하여 **곱셈**에 알맞은 문제를 만들고, 답을 구하세요.

사탕 봉지 → 153×20

1단계 알맞은 문제 만들기

사탕이 한 봉지에 153개씩 들어 있습니다.

2단계 곱셈을 계산하기

$153 \times 20 =$ ☐

답

8 창의형

주어진 단어를 이용하여 **나눗셈**에 알맞은 문제를 만들고, 답을 구하세요.

구슬 팔찌 → $420 \div 35$

1단계 알맞은 문제 만들기

팔찌 한 개를 만드는 데 구슬 35개가 필요합니다.

2단계 나눗셈을 계산하기

$420 \div 35 =$ ☐

답

평가 3단원 마무리

맞힌 개수

01 □ 안에 알맞은 수를 써넣으세요.

$343 \times 5 = \square$

$343 \times 50 = \square$

10배

02 □ 안에 알맞은 수를 써넣으세요.

$$\begin{array}{r} 2\,5\,6 \\ \times \quad 8\,4 \\ \hline 1\,0\,2\,4 \\ \square \\ \hline \square \end{array}$$

1024 ← 256×4

□ ← 256×80

03 곱셈식을 이용하여 □ 안에 알맞은 수를 써넣으세요.

$40 \times 5 = 200$
$40 \times 6 = 240$
$40 \times 7 = 280$

$40 \overline{)248}$ (몫 □, □, 나머지 □)

04 □ 안에 알맞은 수를 써넣으세요.

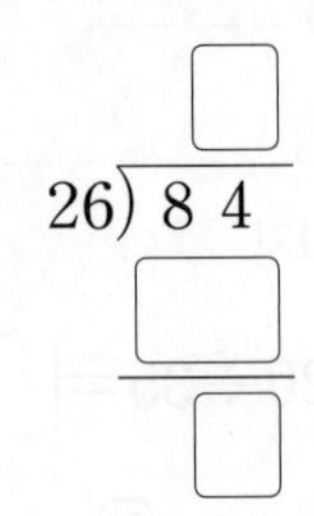

05 계산해 보세요.

$$\begin{array}{r} 2\,4\,7 \\ \times \quad 2\,6 \\ \hline \end{array}$$

06 나눗셈을 계산하고, 계산 결과가 맞는지 확인해 보세요.

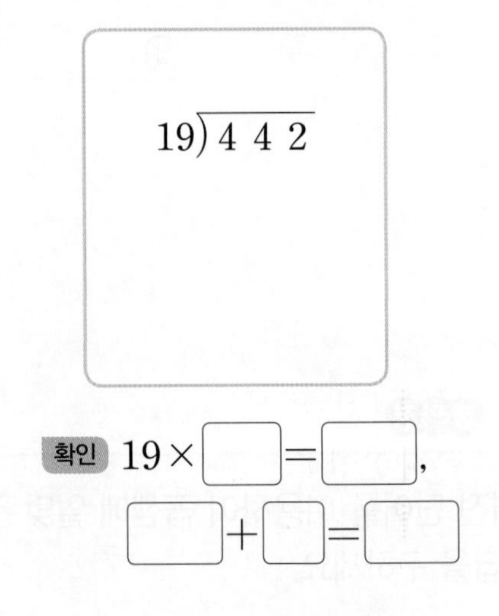

확인 $19 \times \square = \square$, $\square + \square = \square$

07 □ 안에 알맞은 수를 써넣으세요.

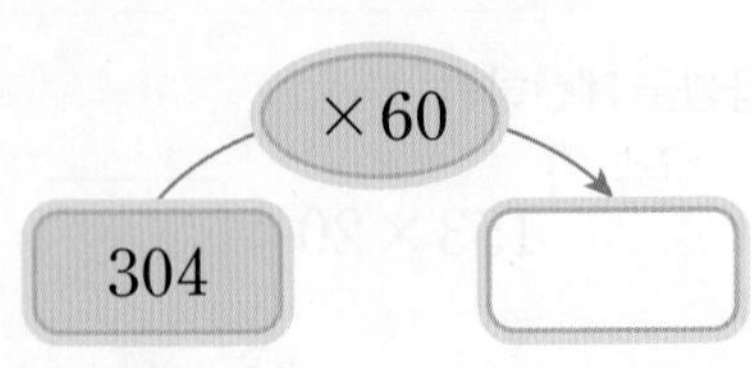

08 몫의 크기를 비교하여 ○ 안에 >, =, <를 알맞게 써넣으세요.

$650 \div 80$ ○ $468 \div 65$

09 잘못 계산한 곳을 찾아 바르게 계산해 보세요.

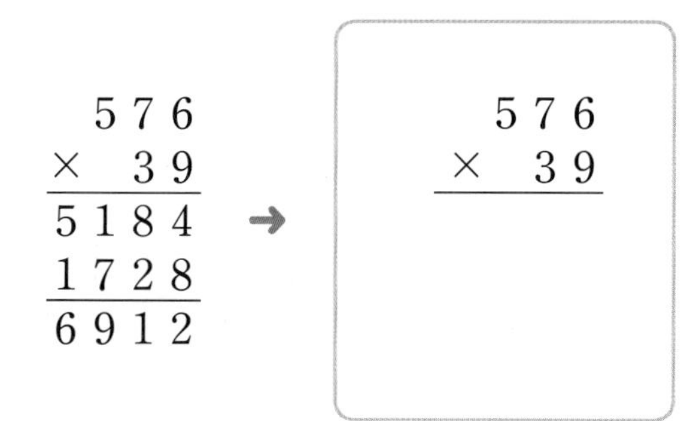

10 색연필을 한 상자에 202자루씩 담았더니 29상자가 되었습니다. 전체 색연필은 약 몇 자루인지 어림셈을 이용하여 알아보세요.

어림셈 □ × □ = □

➜ 전체 색연필: 약 □자루

11 은수는 가게에서 350원짜리 사탕을 16개 샀습니다. 은수가 산 사탕값은 얼마인가요?

(   )

12 복숭아 768개를 한 상자에 24개씩 나누어 담으려고 합니다. 복숭아는 모두 몇 상자에 담을 수 있나요?

(   )

13 곱이 가장 큰 것을 찾아 기호를 쓰세요.

㉠ 170×55
㉡ 195×48
㉢ 184×39

(   )

14 나머지가 가장 작은 나눗셈식은 어느 것인가요?

(   )

① $242 \div 40$　② $585 \div 20$
③ $529 \div 22$　④ $464 \div 10$
⑤ $127 \div 11$

15 선물 한 개를 포장하는 데 끈이 43 cm 필요합니다. 끈 320 cm로는 선물을 몇 개까지 포장할 수 있고, 남는 끈은 몇 cm인지 구하세요.

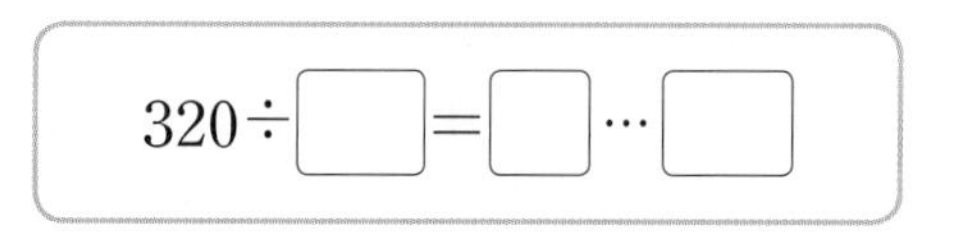

➜ 선물을 □개까지 포장할 수 있고,

남는 끈은 □cm입니다.

16 한 다발에 19송이씩 묶여 있는 꽃다발을 만들려고 합니다. 장미 502송이로 만들 수 있는 꽃다발 수를 실제에 더 가깝게 어림한 사람의 이름을 쓰세요.

약 25다발을 만들 수 있어.
약 30다발을 만들 수 있어.
미나
규민

(　　　　　　　　)

17 민주는 한자어 140개를 외우려고 합니다. 한자어를 매일 15개씩 외운다면 마지막 날에는 몇 개를 외워야 할까요?

(　　　　　　　　)

18 준서는 수 카드를 모두 한 번씩만 사용하여 가장 큰 세 자리 수와 가장 작은 두 자리 수를 만들었습니다. 준서가 만든 두 수로 곱셈식을 만들어 보세요.

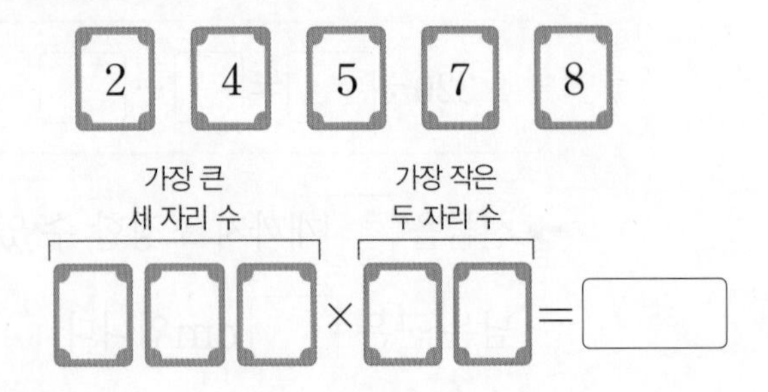

서술형

19 어떤 수를 14로 나누었더니 몫이 6이고 나머지가 12가 되었습니다. 어떤 수는 얼마인지 풀이 과정을 쓰고, 답을 구하세요.

풀이

답

20 색종이와 도화지의 수를 나타낸 것입니다. 색종이와 도화지는 모두 몇 장인지 풀이 과정을 쓰고, 답을 구하세요.

	색종이	도화지
한 묶음의 수	128장	106장
묶음 수	15묶음	22묶음

풀이

답

창의력 쑥쑥

우리 동네에 멋진 수족관이 생겼어요.
미션을 모두 성공하면 선물을 받을 수 있대요!
미션 종이에 적힌 것을 모두 찾아보세요.

정답은 개념책 158쪽에서 확인하세요.

4

평면도형의 이동

학습을 끝낸 후
색칠하세요.

❶ 평면도형 밀기
❷ 평면도형 뒤집기
❸ 평면도형 돌리기
❹ 점의 이동

이전에 배운 내용

[3-1] 평면도형

각, 직각 알아보기
직각삼각형 알아보기
직사각형, 정사각형 알아보기

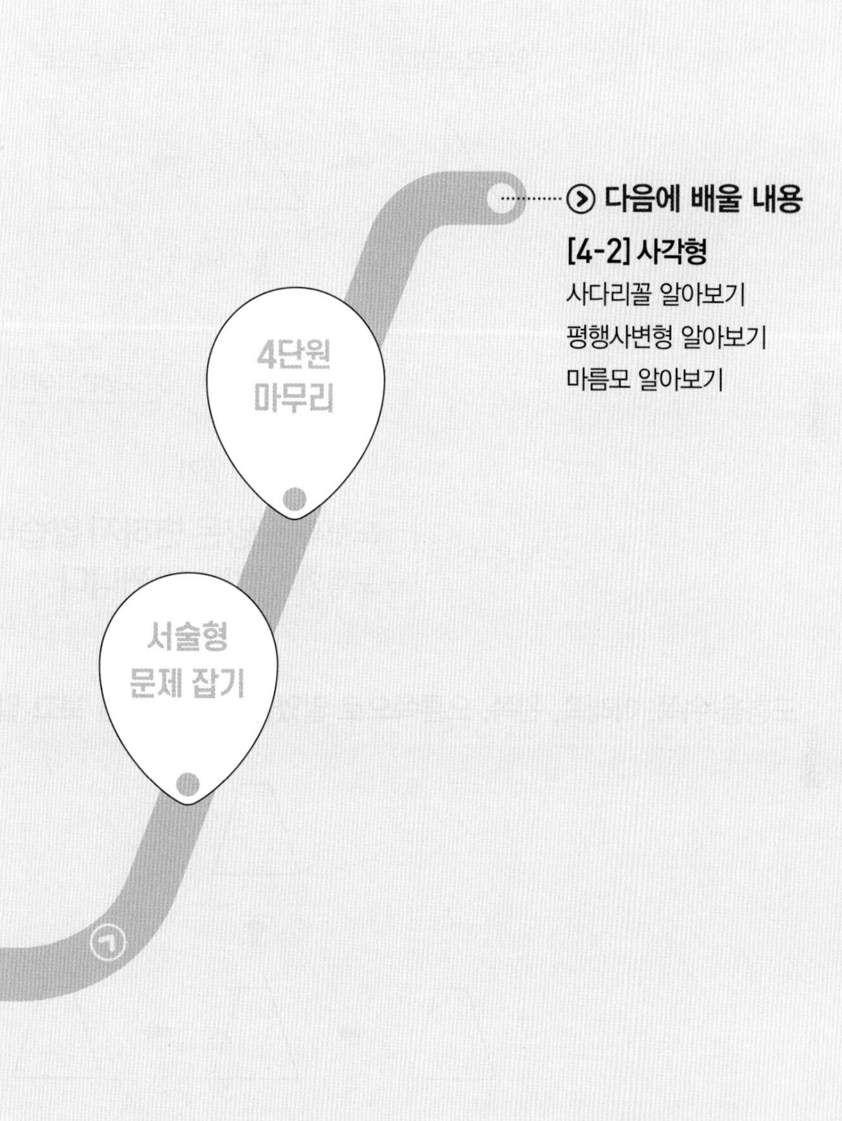

다음에 배울 내용

[4-2] 사각형

사다리꼴 알아보기
평행사변형 알아보기
마름모 알아보기

STEP 1 교과서 개념 잡기

① 평면도형 밀기

도형을 여러 방향으로 밀기

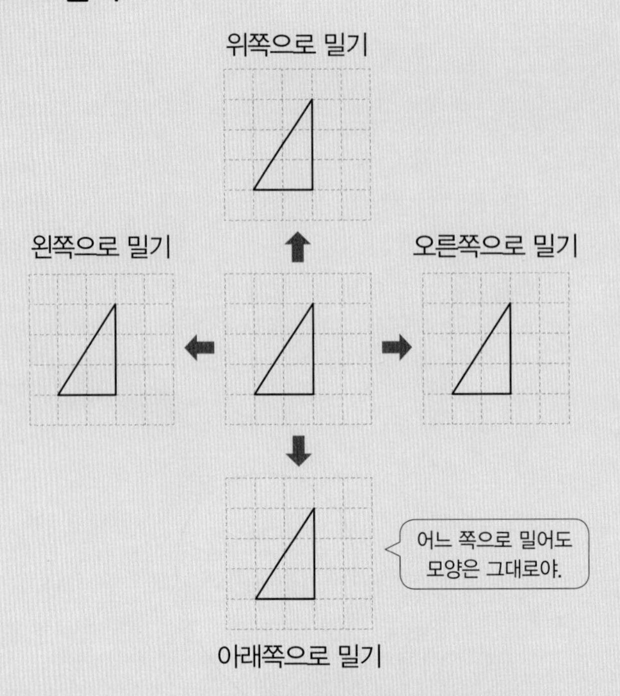

도형을 밀면
- 도형의 **모양은 변하지 않습니다.**
- 도형의 **위치는 바뀝니다.**

개념 확인 **1** 도형을 위쪽, 아래쪽, 왼쪽, 오른쪽으로 밀었을 때의 도형을 보고 알맞은 말에 ○표 하세요.

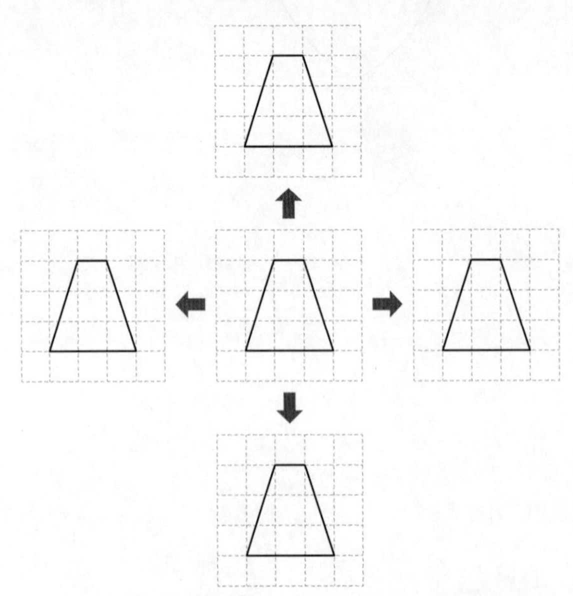

도형을 밀면
- 도형의 **모양은** (변합니다 , 변하지 않습니다).
- 도형의 **위치는** (바뀝니다 , 바뀌지 않습니다).

2 〈보기〉의 도형을 오른쪽으로 밀었을 때의 도형을 찾아 ○표 하세요.

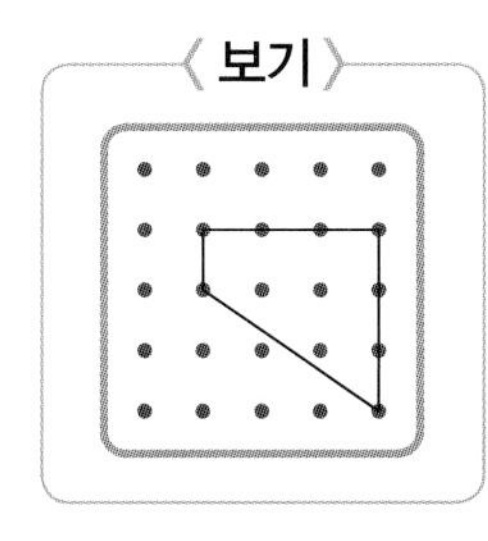

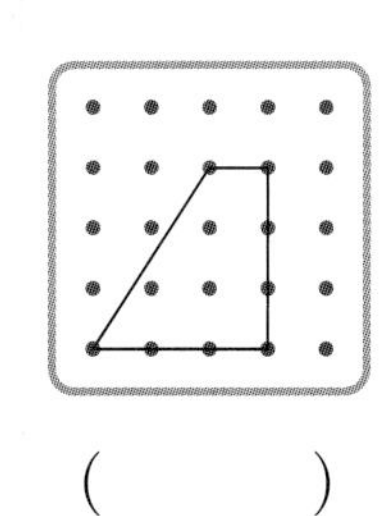
(　　　)

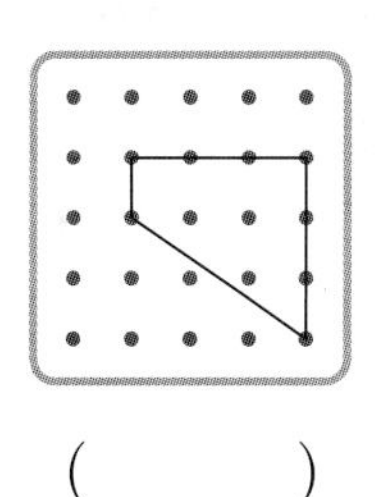
(　　　)

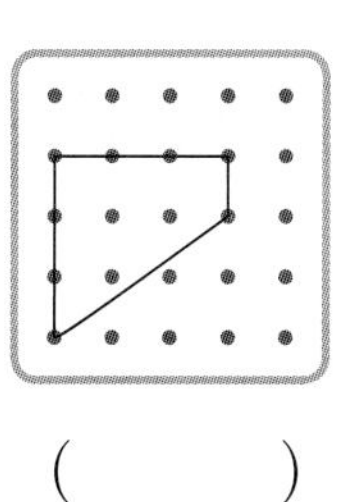
(　　　)

3 도형을 주어진 방향으로 밀었을 때의 도형을 완성해 보세요.

(1)

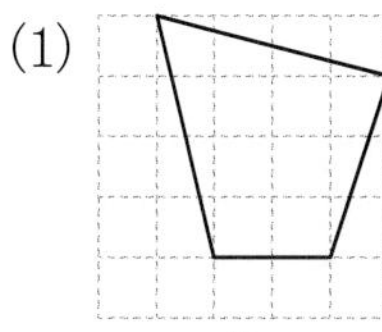

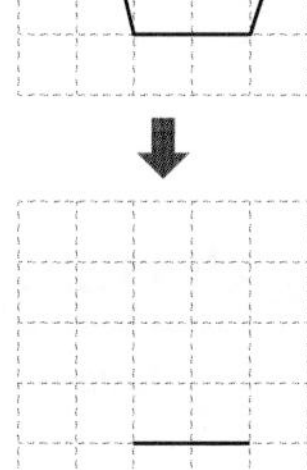

(2)

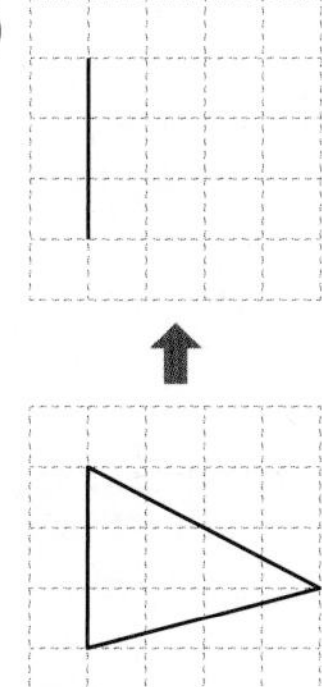

(3)

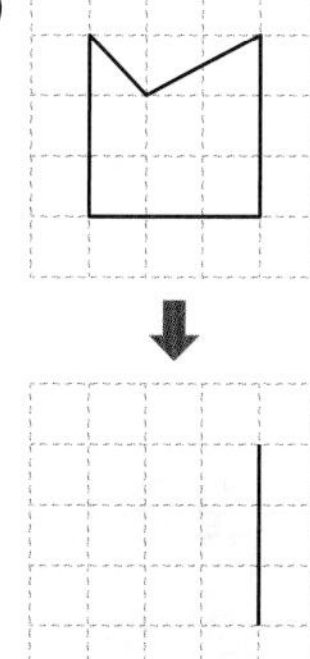

4 조각을 왼쪽으로 밀었을 때의 모양으로 알맞은 것끼리 이어 보세요.

(1)

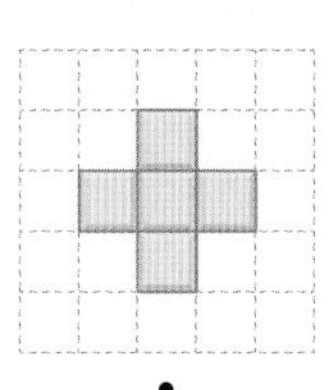

(2)

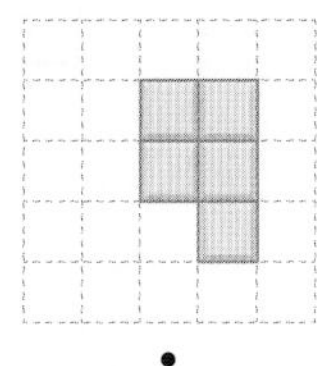

(3)

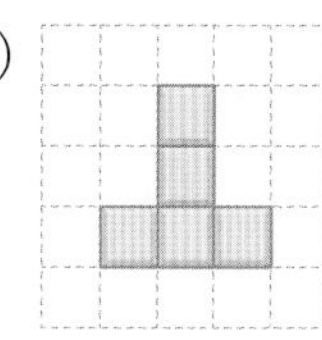

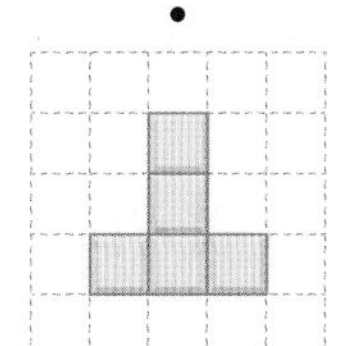

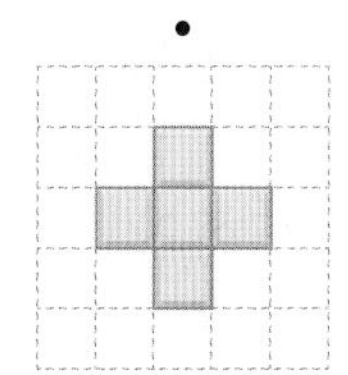

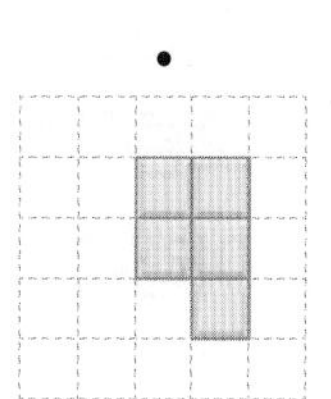

교과서 개념 잡기

② 평면도형 뒤집기

도형을 여러 방향으로 뒤집기

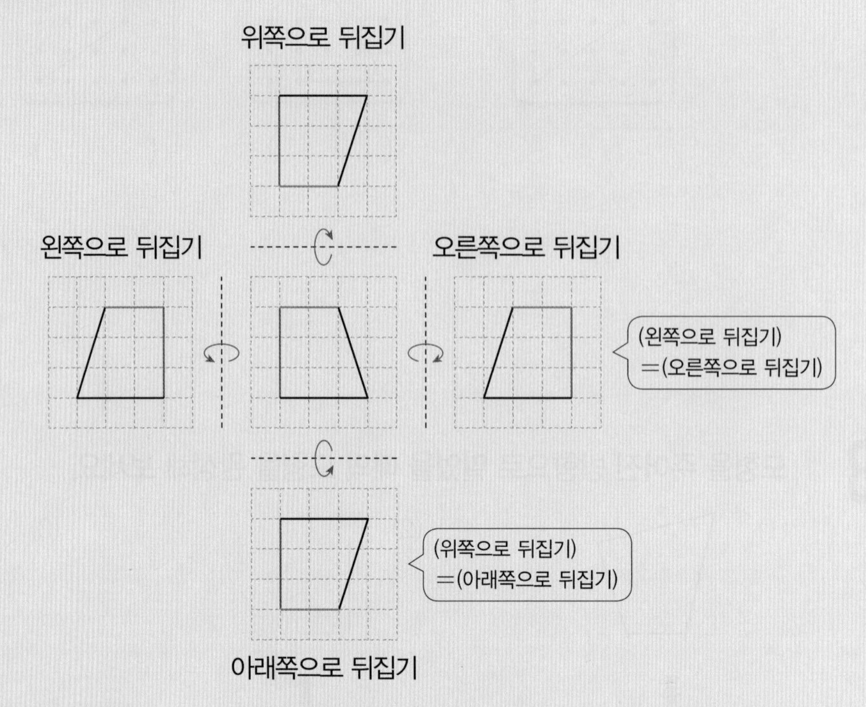

- 도형을 **왼쪽**으로 뒤집으면
- 도형을 **오른쪽**으로 뒤집으면

도형의 **왼쪽과 오른쪽이 서로 바뀝니다.**

- 도형을 **위쪽**으로 뒤집으면
- 도형을 **아래쪽**으로 뒤집으면

도형의 **위쪽과 아래쪽이 서로 바뀝니다.**

개념 확인 **1**

도형을 왼쪽, 오른쪽, 아래쪽으로 뒤집었을 때의 도형을 보고 ☐ 안에 알맞은 말을 써넣으세요.

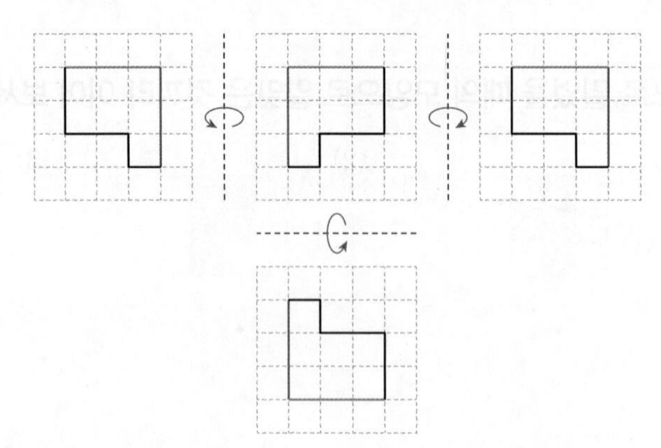

- 도형을 **왼쪽**으로 뒤집으면
- 도형을 **오른쪽**으로 뒤집으면

도형의 ☐**쪽과 오른쪽이 서로 바뀝니다.**

- 도형을 **아래쪽**으로 뒤집으면 도형의 ☐**쪽과 아래쪽이 서로 바뀝니다.**

2 〈보기〉의 도형을 왼쪽으로 뒤집었을 때의 도형을 찾아 ○표 하세요.

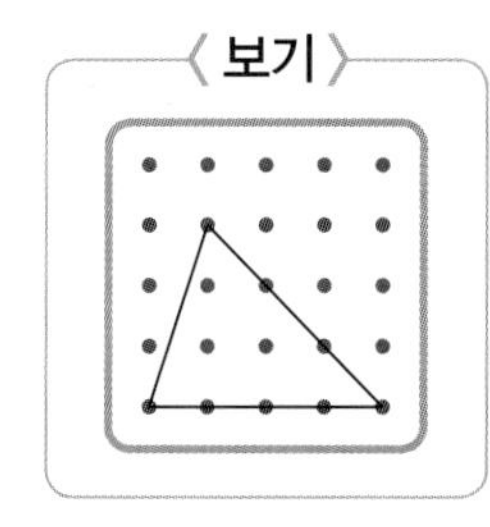

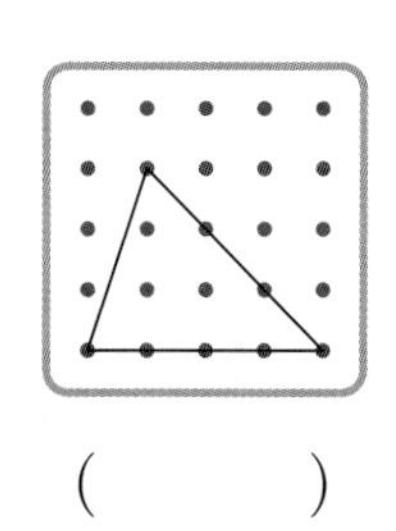
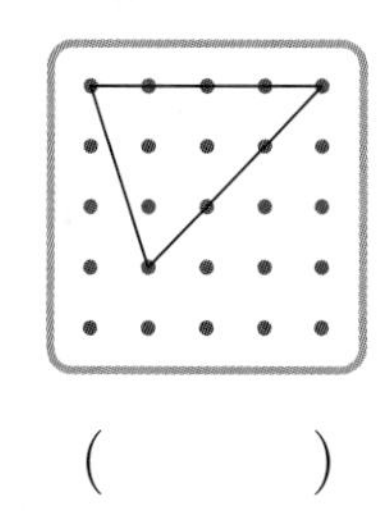
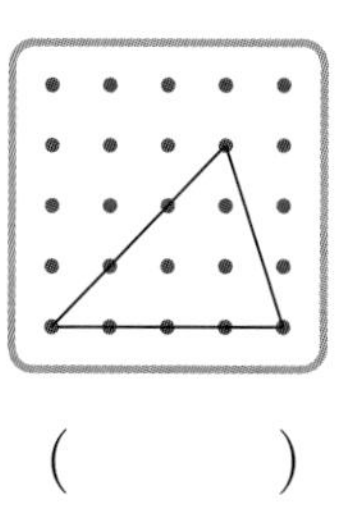

( ) ( ) ( )

3 도형을 주어진 방향으로 뒤집었을 때의 도형을 완성해 보세요.

(1) 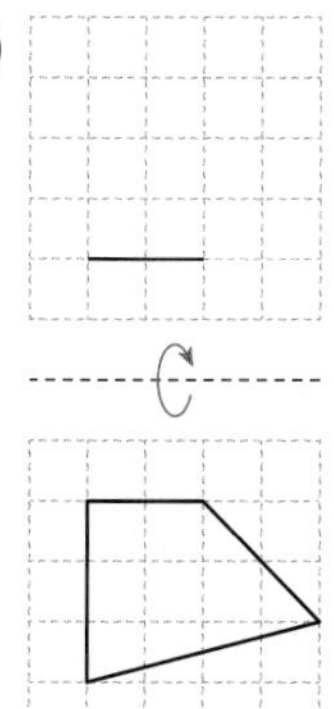 

(2) 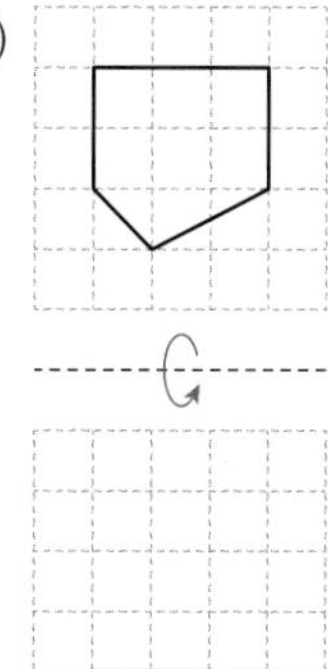

(3) 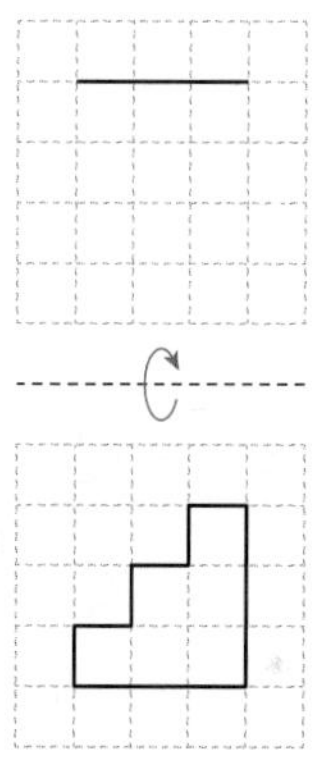

4 조각을 뒤집기 전, 후의 모양을 보고 어느 쪽으로 뒤집었는지 알맞은 말에 ○표 하세요.

(1) 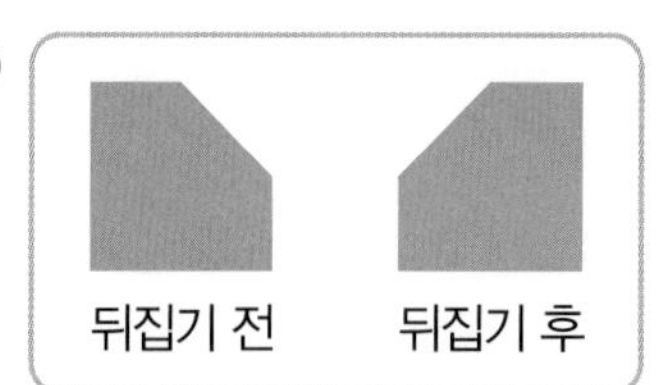

→ (오른쪽 , 위쪽)으로 뒤집었습니다.

(2) 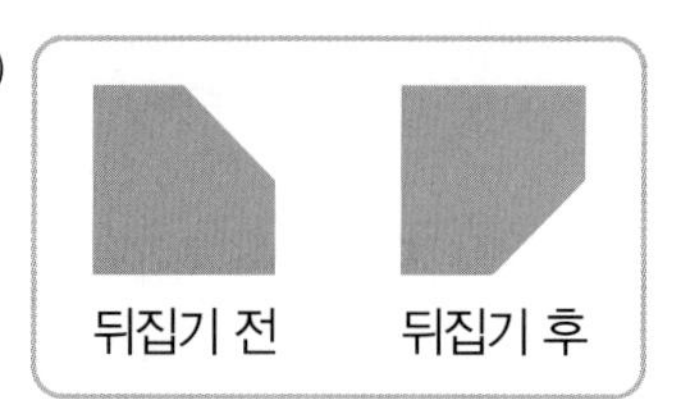

→ (왼쪽 , 아래쪽)으로 뒤집었습니다.

교과서 개념 잡기

③ 평면도형 돌리기

도형을 시계 방향 또는 시계 반대 방향으로 돌리기

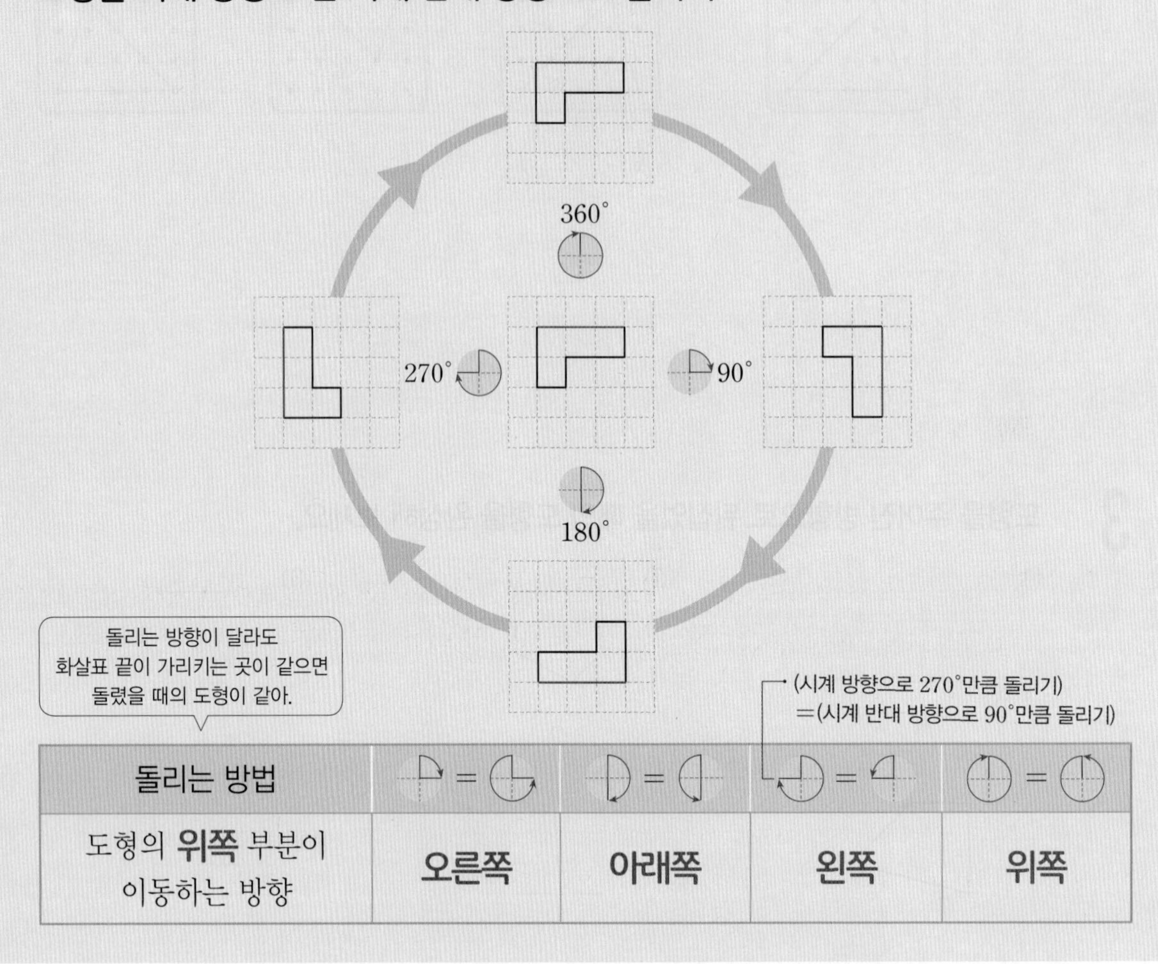

돌리는 방향이 달라도 화살표 끝이 가리키는 곳이 같으면 돌렸을 때의 도형이 같아.

(시계 방향으로 270°만큼 돌리기)
=(시계 반대 방향으로 90°만큼 돌리기)

돌리는 방법	(90°) = (270° 반대)	(180°) = (180° 반대)	(270°) = (90° 반대)	(360°) = (360° 반대)
도형의 **위쪽** 부분이 이동하는 방향	오른쪽	아래쪽	왼쪽	위쪽

개념 확인 **1** 도형을 시계 반대 방향으로 돌렸을 때의 도형을 보고 빈칸에 알맞은 말을 써넣으세요.

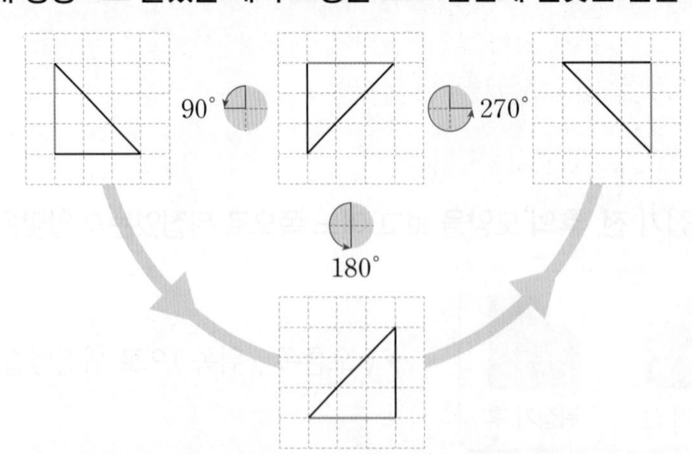

돌리는 방법	(90° 반대)	(180° 반대)	(270° 반대)	(360° 반대)
도형의 **위쪽** 부분이 이동하는 방향	왼쪽		오른쪽	

2 〈보기〉의 도형을 시계 방향으로 180°만큼 돌렸을 때의 도형을 찾아 ○표 하세요.

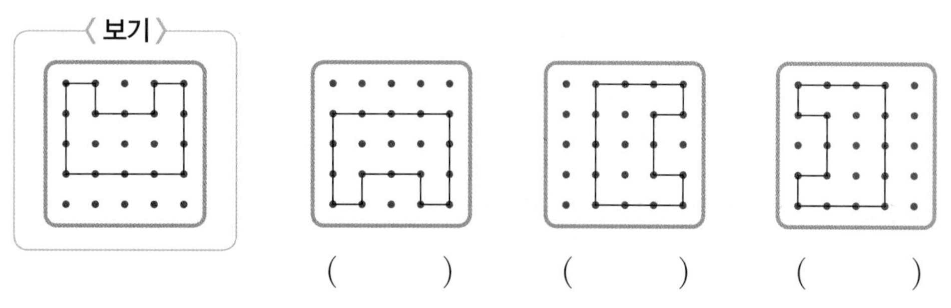

(　　) (　　) (　　)

3 도형을 주어진 방법으로 돌렸을 때의 도형을 완성해 보세요.

(1) 시계 방향으로 270°만큼 돌리기

(2) 시계 반대 방향으로 180°만큼 돌리기

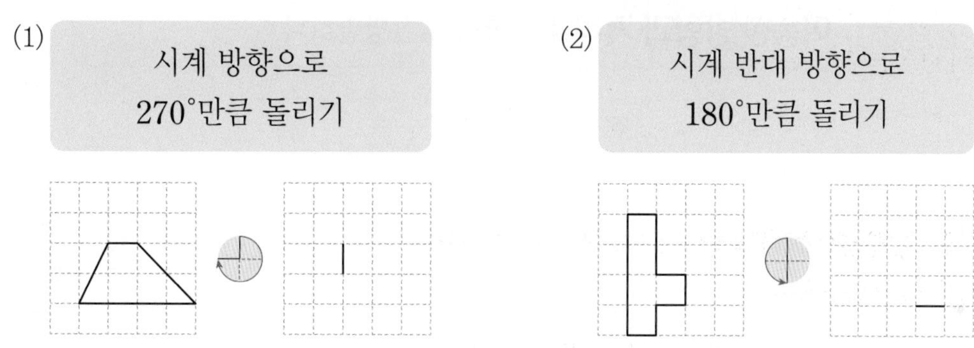

4 도형을 시계 방향으로 90°, 시계 반대 방향으로 90°만큼 돌렸을 때의 도형을 각각 완성해 보세요.

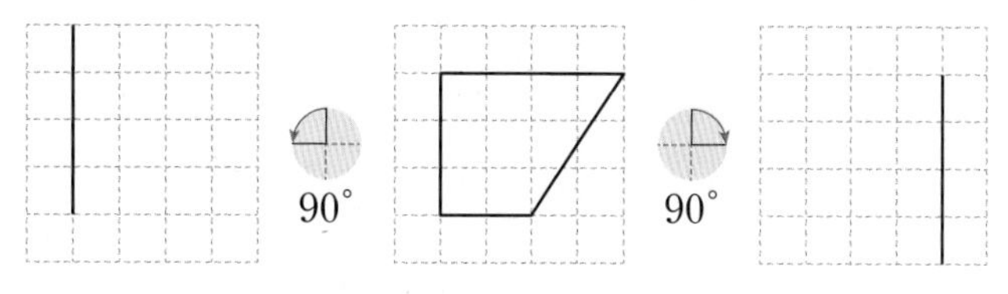

(1) 돌린 방향에 알맞은 도형을 위 그림에 그려 보세요.

(2) 알맞은 말에 ○표 하세요.

시계 방향으로 90°만큼 돌렸을 때의 도형과
시계 반대 방향으로 90°만큼 돌렸을 때의 도형은
서로 (같습니다 , 다릅니다).

STEP 1

교과서 개념 잡기

④ 점의 이동

점이 이동한 곳 알아보기

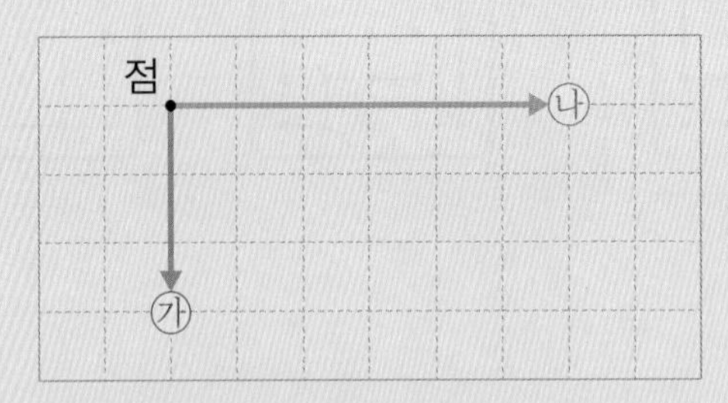

점을 **아래쪽으로 3칸** 이동하면 ㉮에 옵니다.
점을 **오른쪽으로 6칸** 이동하면 ㉯에 옵니다.

점을 어떻게 이동해야 하는지 설명하기

점의 이동을 설명할 때에는 어느 방향으로 몇 칸 이동했는지 **이동한 방향과 거리**를 포함하여 설명합니다.

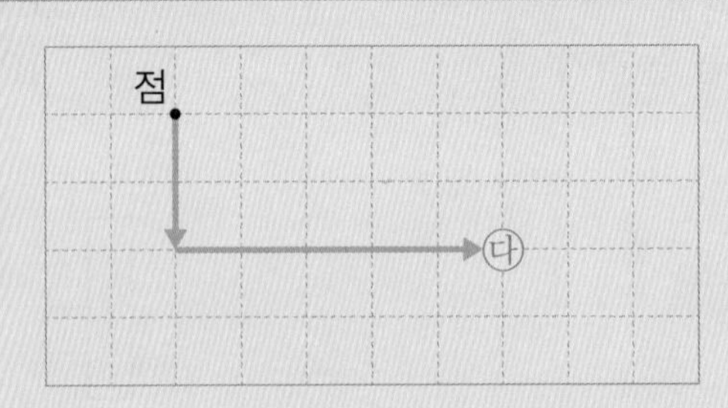

오른쪽으로 5칸, 아래쪽으로 2칸 이동한 것으로 설명할 수도 있어.

점을 ㉰로 이동하려면 **아래쪽으로 2칸, 오른쪽으로 5칸** 이동해야 합니다.

개념 확인 **1** 점을 어느 방향으로 몇 칸 이동한 것인지 알아보세요.

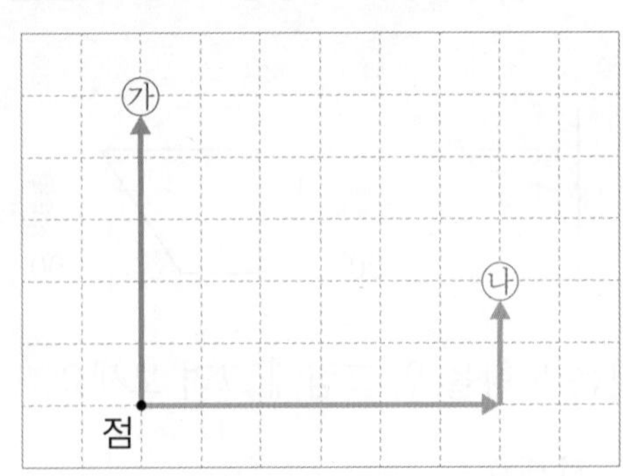

(1) 점을 **위쪽으로** □**칸** 이동하면 ㉮에 옵니다.

(2) 점을 ㉯로 이동하려면 **오른쪽으로** □**칸, 위쪽으로** □**칸** 이동해야 합니다.

2 설명에 알맞게 구슬이 이동한 곳에 점을 찍어 보세요.

(1) 오른쪽으로 1칸 이동

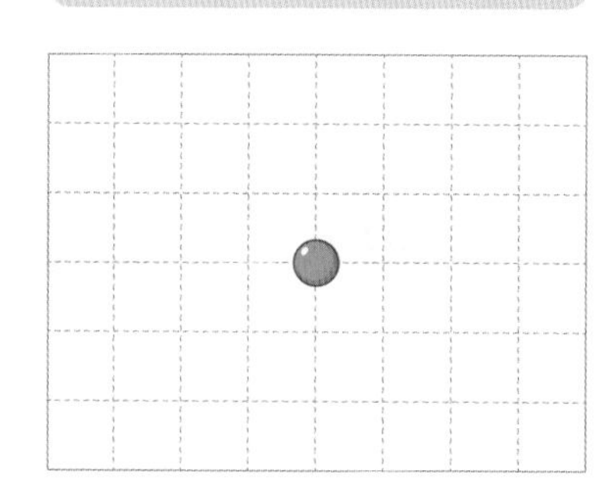

(2) 위쪽으로 4칸 이동

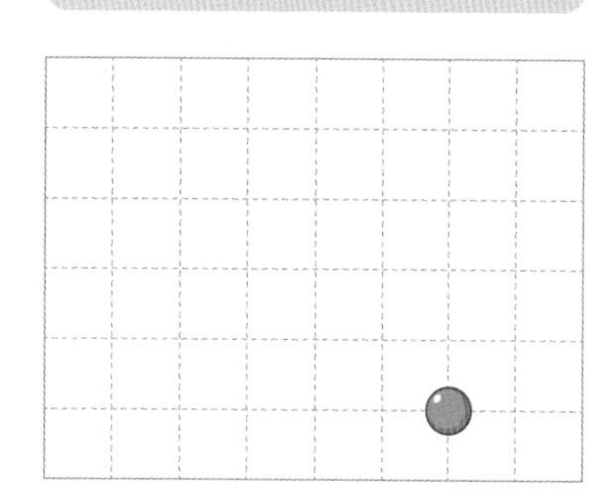

3 공깃돌을 도착점으로 이동하려고 합니다. 바르게 설명한 사람을 찾아 ○표 하세요.

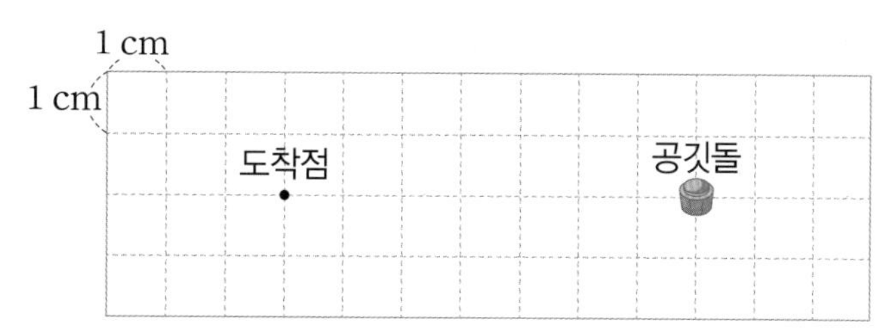

공깃돌을 왼쪽으로 7 cm 이동해야 해.

공깃돌을 왼쪽으로 8 cm 이동하면 돼.

(　　　)　　(　　　)

4 현재 위치에서 바둑돌을 이동했습니다. 설명에 알맞게 이동한 곳을 찾아 기호를 쓰세요.

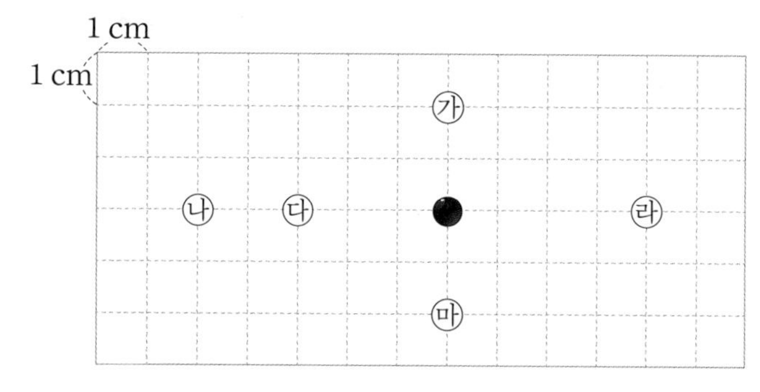

(1) 왼쪽으로 3 cm 이동

→ (　　　　　　)

(2) 아래쪽으로 2 cm 이동

→ (　　　　　　)

STEP 2 수학익힘 문제 잡기

1 평면도형 밀기 개념 092쪽

01 조각을 위쪽으로 밀었을 때의 모양으로 알맞은 것을 찾아 ○표 하세요.

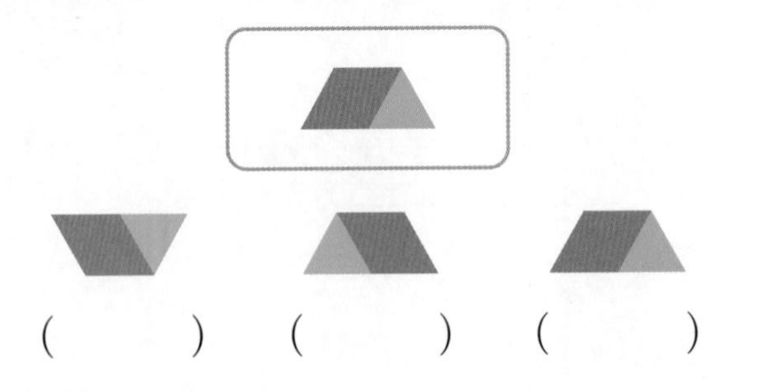

( ) ( ) ( )

02 〈보기〉에서 알맞은 말을 골라 □ 안에 써넣으세요.

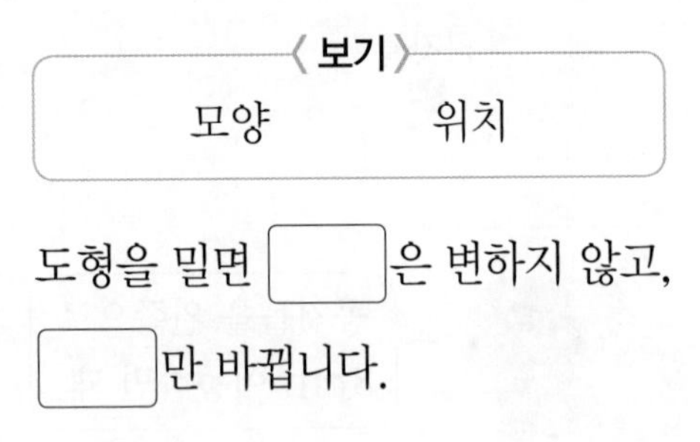

〈보기〉
모양 위치
도형을 밀면 □은 변하지 않고,
□만 바뀝니다.

03 도형을 위쪽, 아래쪽, 왼쪽, 오른쪽으로 밀었을 때의 도형을 각각 그려 보세요.

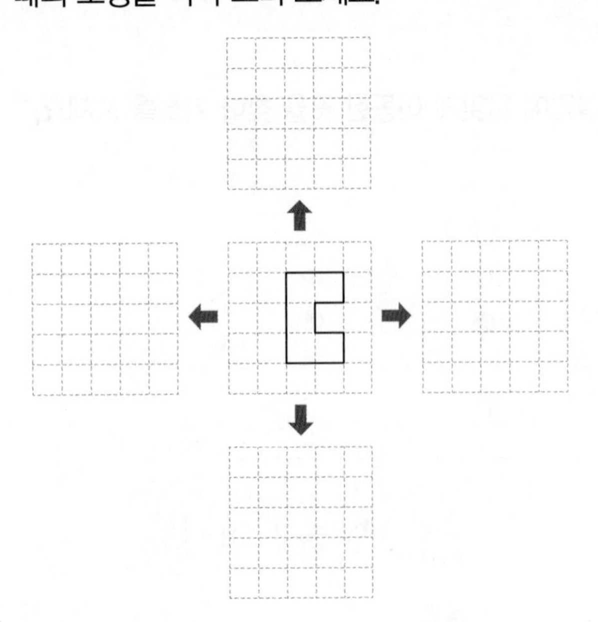

04 조각을 왼쪽과 오른쪽으로 밀었을 때의 모양을 보고 바르게 설명한 사람의 이름을 쓰세요.

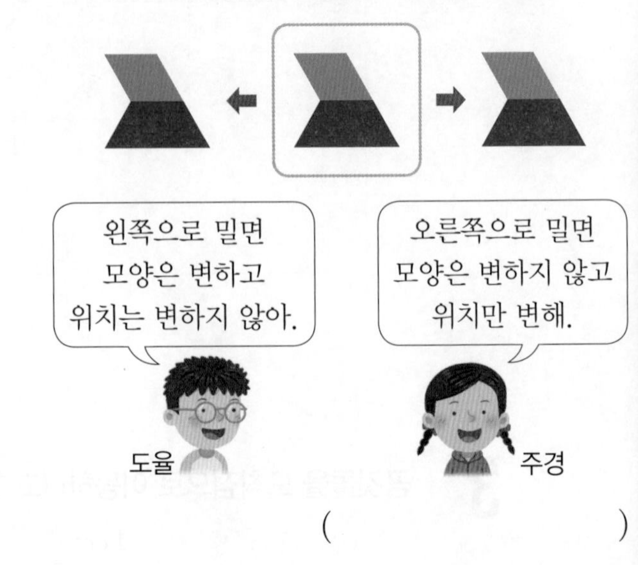

왼쪽으로 밀면 모양은 변하고 위치는 변하지 않아.
오른쪽으로 밀면 모양은 변하지 않고 위치만 변해.
도율
주경

( )

05 도형을 왼쪽으로 5번 밀었을 때의 도형을 그려 보세요.

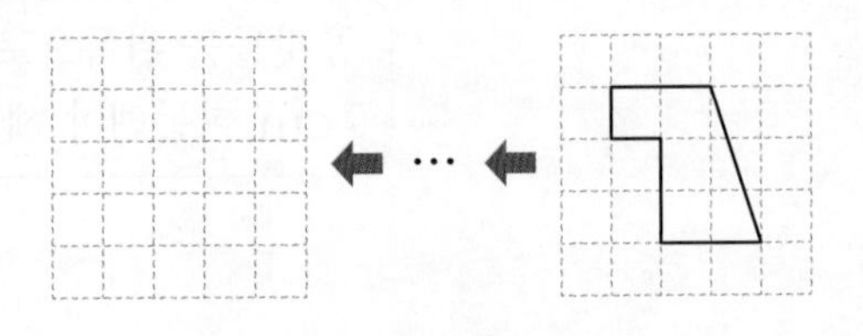

교과역량 콕! 문제해결 | 의사소통

06 빨간색 정사각형 모양을 완성하려면 가 조각을 어느 쪽으로 밀어야 하는지 □ 안에 알맞은 말을 써넣으세요.

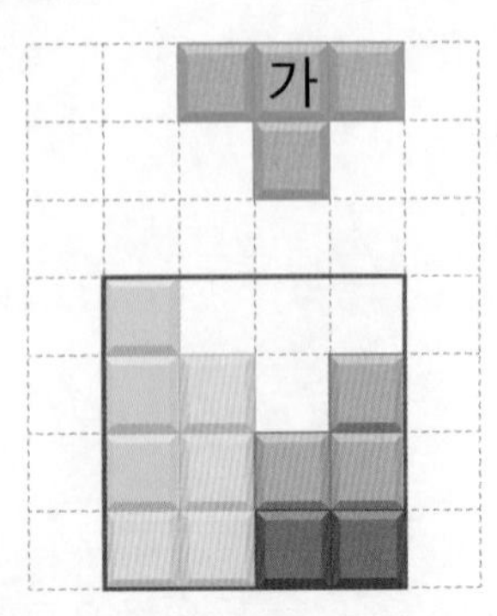

가 조각을 □쪽으로 밀어야 합니다.

2 평면도형 뒤집기

개념 094쪽

07 가운데 도형을 왼쪽으로 뒤집었을 때와 오른쪽으로 뒤집었을 때의 도형을 각각 그려 보세요.

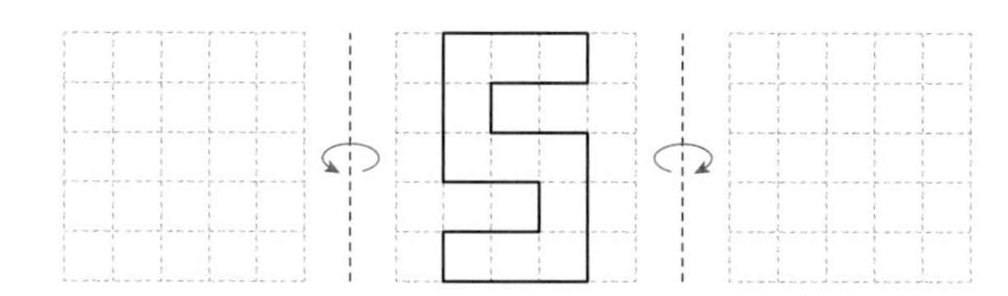

08 도형을 위쪽, 아래쪽, 왼쪽, 오른쪽으로 뒤집었을 때의 도형을 각각 그려 보세요.

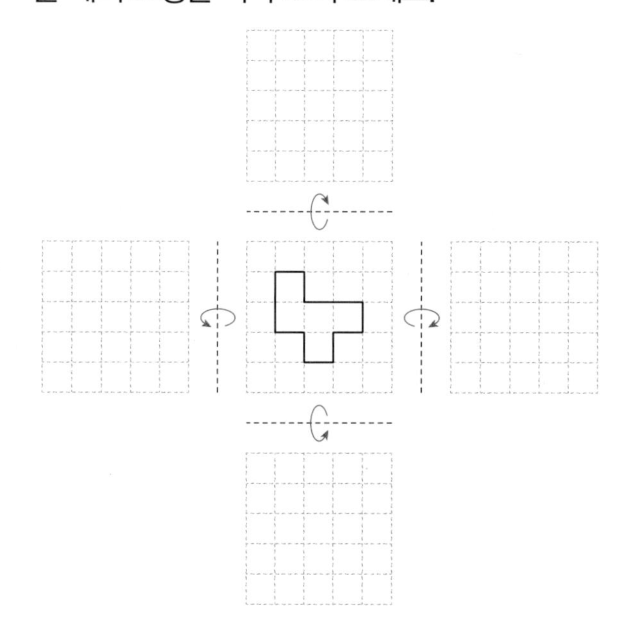

09 오른쪽 조각을 뒤집었을 때 나올 수 없는 모양을 찾아 기호를 쓰세요.

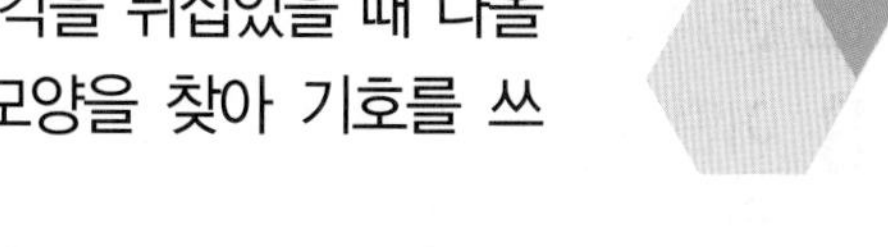

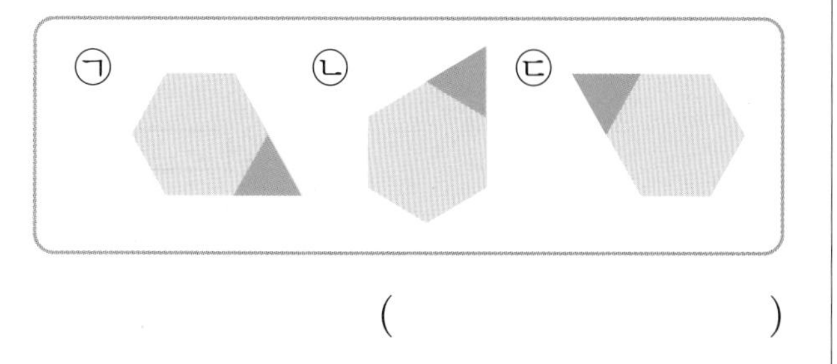

( )

10 국기를 아래쪽으로 뒤집었을 때의 모양이 처음 모양과 같은 것에 ○표 하세요.

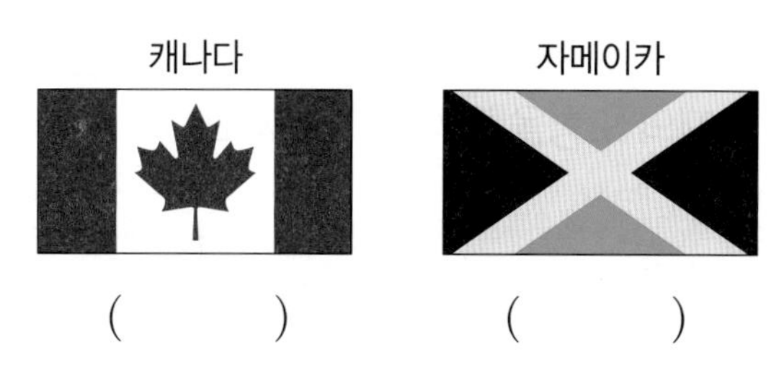

( ) ( )

11 다음 두 조각을 뒤집어서 칠교판의 빈 곳에 채워 넣으려고 합니다. 가 조각과 나 조각을 각각 어느 쪽으로 뒤집어야 할까요?

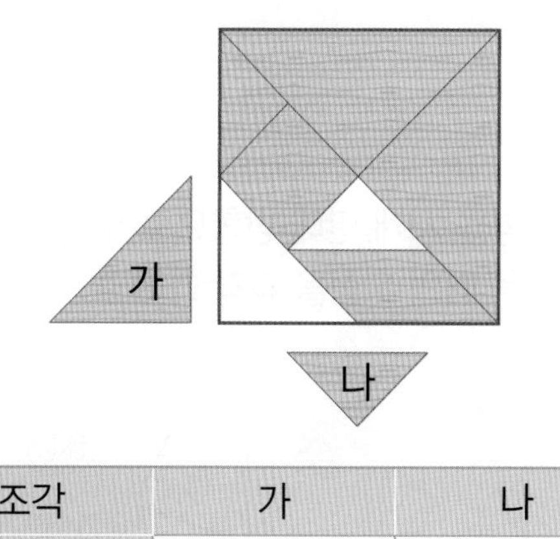

조각	가	나
뒤집는 방향		

교과역량 콕! 문제해결 | 추론

12 왼쪽으로 뒤집었을 때 가장 작은 수가 되는 것을 찾아 기호를 쓰세요.

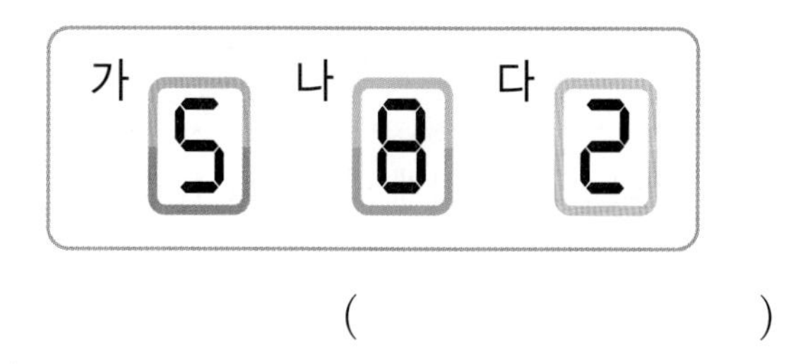

( )

3 평면도형 돌리기

개념 096쪽

13 도형을 시계 방향으로 180°, 270°만큼 돌렸을 때의 도형을 각각 그려 보세요.

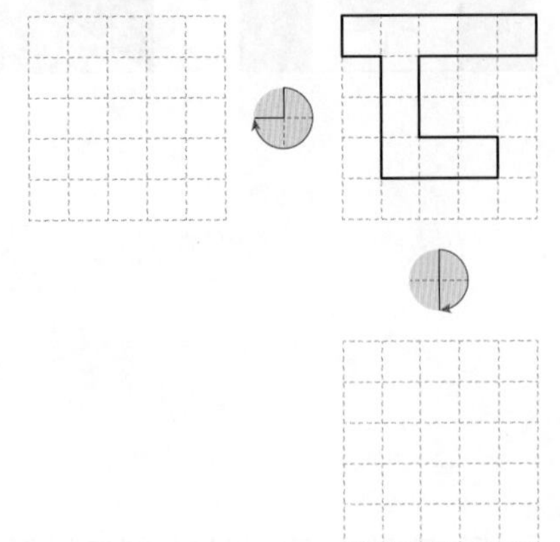

14 도형을 시계 반대 방향으로 주어진 각도만큼 돌렸을 때의 도형을 각각 그려 보세요.

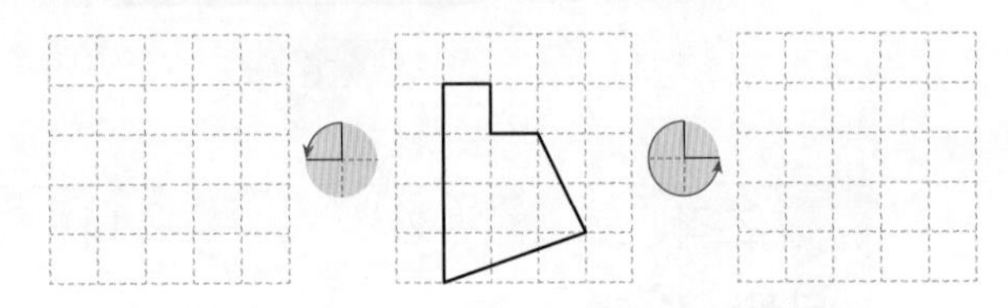

15 도형을 보고 □ 안에 알맞은 기호를 쓰세요.

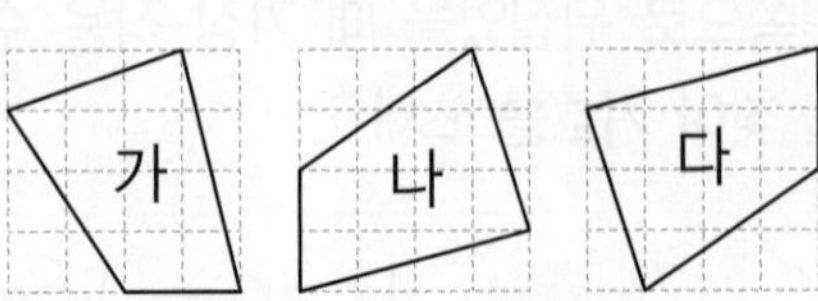

나 도형을 시계 방향으로 180°만큼 돌리면 □ 도형이 됩니다.

16 왼쪽 도형을 돌렸더니 오른쪽 도형이 되었습니다. 어떻게 돌렸는지 ? 에 알맞은 것을 모두 찾아 기호를 쓰세요.

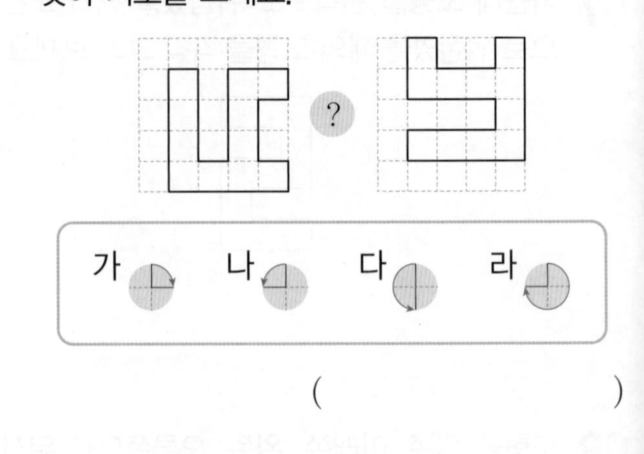

(　　　　　　　　)

17 도형을 시계 방향으로 직각의 3배만큼 돌렸을 때의 도형을 그려 보세요.

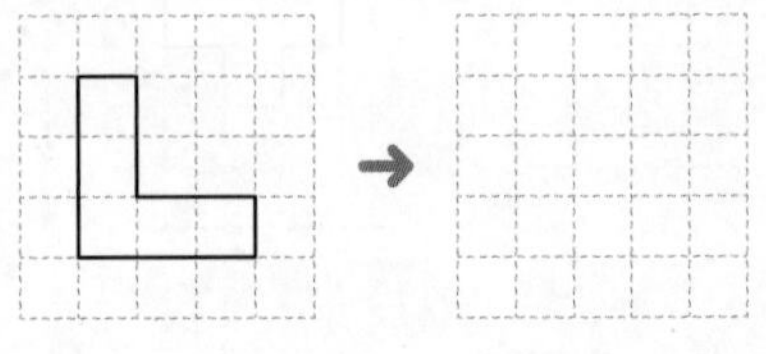

힌트 톡! 직각은 90°이므로 시계 방향으로 90°만큼 3번 돌린 도형을 그려 봐.

교과역량 콕! 추론

18 어떤 도형을 시계 방향으로 90°만큼 돌렸을 때의 도형이 다음과 같습니다. 돌리기 전의 도형을 그려 보세요.

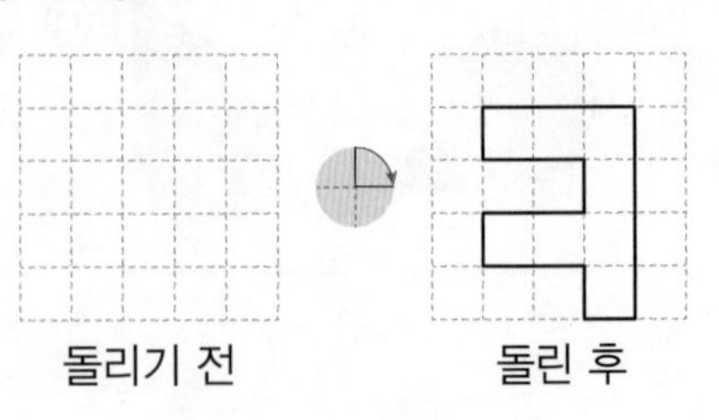

4 점의 이동

개념 098쪽

19 점을 ㉮로 이동하려면 어느 쪽으로 몇 칸 이동해야 하는지 □ 안에 알맞은 말이나 수를 넣으세요.

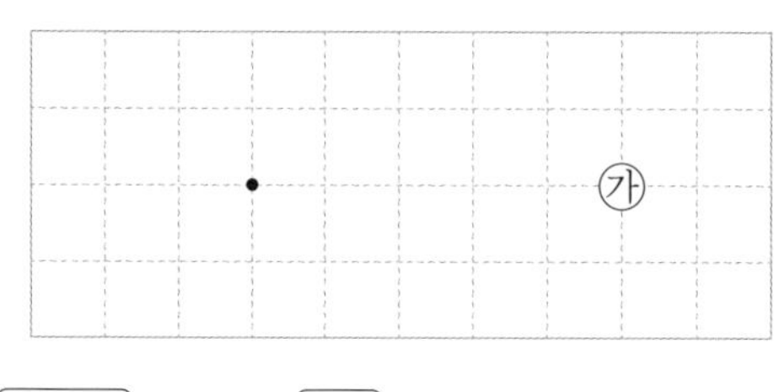

□쪽으로 □칸 이동해야 합니다.

20 바둑돌을 아래쪽으로 3칸 이동한 위치를 찾아 색칠해 보세요.

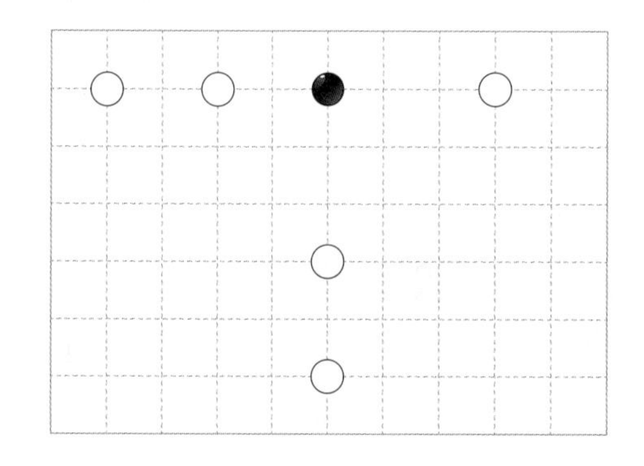

21 쌓기나무를 왼쪽으로 6 cm, 아래쪽으로 2 cm 만큼 이동했습니다. 이동한 쌓기나무의 위치에 ○를 그려 보세요.

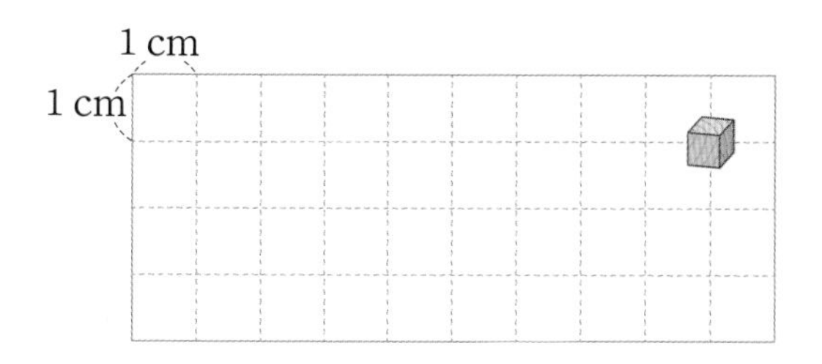

교과역량 콕! 추론 | 의사소통

22 ★을 ㉠으로 이동하는 방법을 잘못 말한 사람을 찾아 이름을 쓰세요.

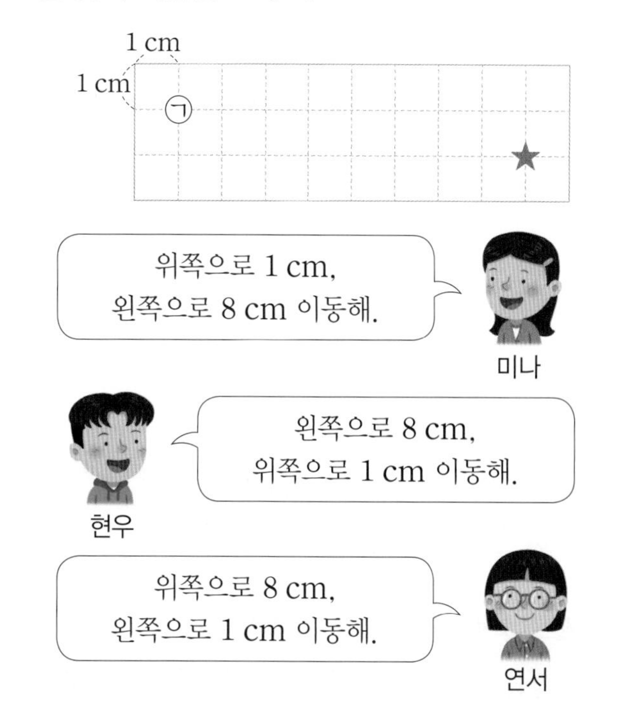

1 cm
1 cm
㉠
위쪽으로 1 cm, 왼쪽으로 8 cm 이동해.
미나
왼쪽으로 8 cm, 위쪽으로 1 cm 이동해.
현우
위쪽으로 8 cm, 왼쪽으로 1 cm 이동해.
연서

(   )

23 자동차가 처음 위치에서 ㉮로 이동한 후 ㉮에서 ㉯로 이동했습니다. 자동차가 이동한 거리는 모두 몇 cm인지 구하세요.

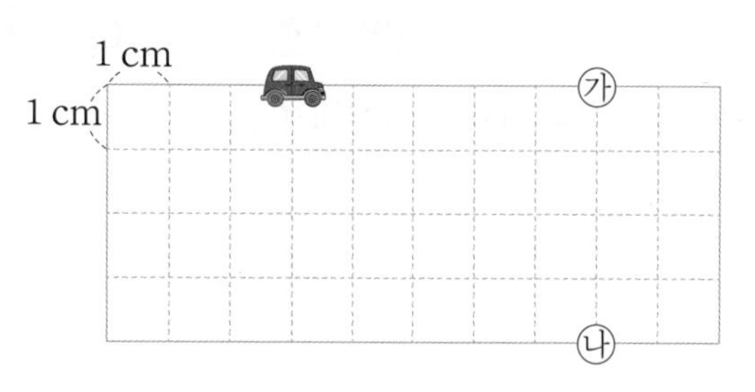

(1) 자동차가 어떻게 이동했는지 □ 안에 알맞은 수를 써넣으세요.

오른쪽으로 □cm 이동한 후
아래쪽으로 □cm 이동했습니다.

(2) 이동한 거리는 모두 몇 cm일까요?

(   )

STEP 3 서술형 문제 잡기

1

움직이기 전과 후의 도형을 보고 어떻게 움직인 것인지 2가지 방법으로 설명해 보세요.

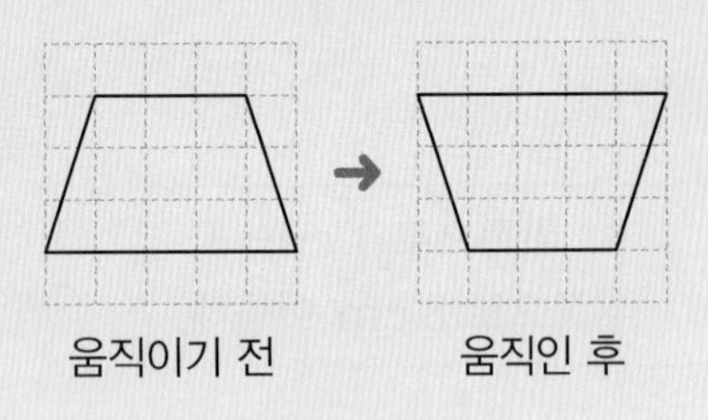

(방법1) 뒤집기를 이용한 방법 설명하기

도형을 ☐ 쪽으로 뒤집은 것입니다.

(방법2) 돌리기를 이용한 방법 설명하기

도형을 시계 방향으로 ☐°만큼 돌린 것입니다.

2

움직이기 전과 후의 도형을 보고 어떻게 움직인 것인지 2가지 방법으로 설명해 보세요.

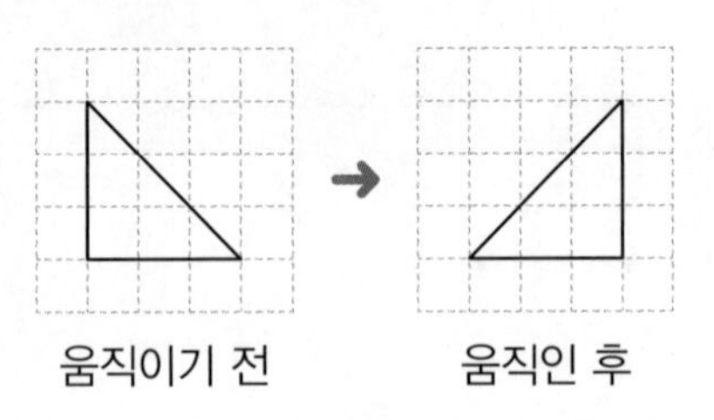

(방법1) 뒤집기를 이용한 방법 설명하기

(방법2) 돌리기를 이용한 방법 설명하기

3

오른쪽 도장을 찍었을 때 나타나는 모양을 찾아 기호를 쓰려고 합니다. 풀이 과정을 쓰고, 답을 구하세요.

㉠ 

㉡ 
㉢ 

(1단계) 도장을 찍었을 때 나타나는 모양 설명하기

도장을 찍었을 때 나타나는 모양은 새겨진 모양을 왼쪽으로 (뒤집은 , 돌린) 모양입니다.

(2단계) 알맞은 모양을 찾아 기호 쓰기

따라서 도장을 찍었을 때 나타나는 모양은 ☐ 입니다.

답

4

오른쪽 도장을 찍었을 때 나타나는 모양을 찾아 기호를 쓰려고 합니다. 풀이 과정을 쓰고, 답을 구하세요.

㉠ 

㉡ 

㉢

(1단계) 도장을 찍었을 때 나타나는 모양 설명하기

(2단계) 알맞은 모양을 찾아 기호 쓰기

답

5

가와 나를 시계 방향으로 180°만큼 돌렸을 때 만들어지는 **두 수의 합**을 구하려고 합니다. 풀이 과정을 쓰고, 답을 구하세요.

가 29 나 58

(1단계) 만들어지는 두 수 구하기

가와 나를 시계 방향으로 180°만큼 돌렸을 때 만들어지는 두 수는 ☐와 ☐입니다.

(2단계) 두 수의 합 구하기

따라서 두 수의 합은

☐+☐=☐입니다.

답

6

가와 나를 시계 방향으로 180°만큼 돌렸을 때 만들어지는 **두 수의 차**를 구하려고 합니다. 풀이 과정을 쓰고, 답을 구하세요.

가 51 나 06

(1단계) 만들어지는 두 수 구하기

(2단계) 두 수의 차 구하기

답

7

리아가 말한 방법으로 이동한 곳에 ○를 그려 보세요.

나는 ♥를 오른쪽으로 3 cm, 위쪽으로 3 cm 이동할 거야.

(1단계) 어느 쪽으로 몇 cm 이동해야 하는지 쓰기

♥를 (왼쪽 , 오른쪽)으로 ☐ cm,

(위쪽 , 아래쪽)으로 ☐ cm 이동합니다.

(2단계) 이동한 곳에 ○ 그리기

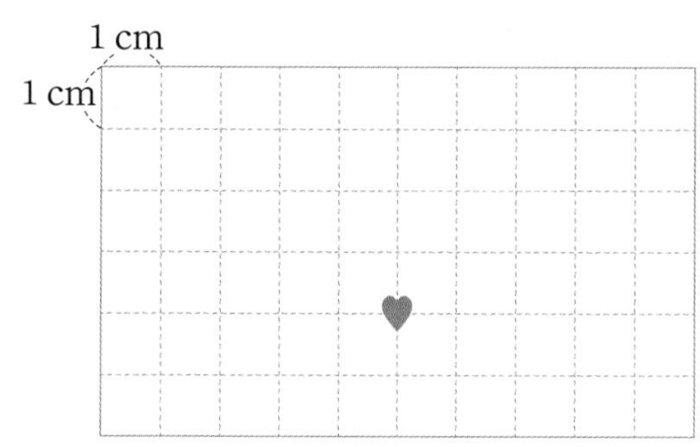

8 창의형

내가 정한 방법으로 이동한 곳에 ○를 그려 보세요.

나는 리아와 다른 방법으로 ●를 이동할 거야.

(1단계) 어느 쪽으로 몇 cm 이동할지 정하기

●를 (왼쪽 , 오른쪽)으로 ☐ cm,

(위쪽 , 아래쪽)으로 ☐ cm 이동합니다.

(2단계) 이동한 곳에 ○ 그리기

1 cm
1 cm

맞힌 개수

01 처음 도형을 아래쪽으로 밀었을 때의 도형에 ○표 하세요.

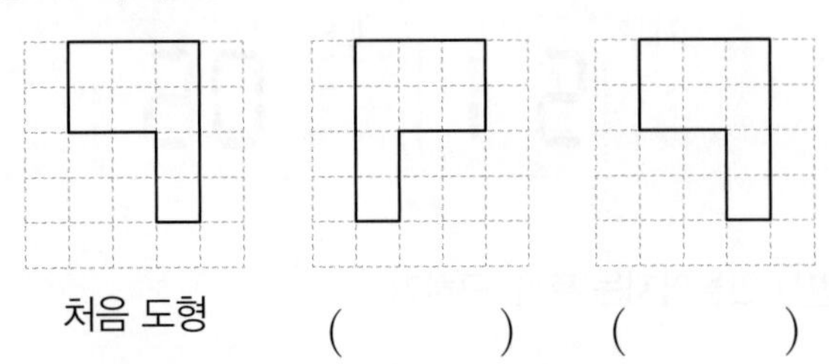

02 도형을 오른쪽으로 밀었을 때의 도형을 그려 보세요.

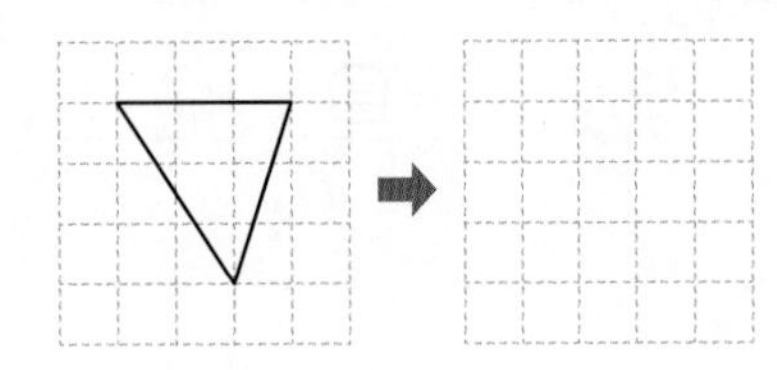

03 도형을 왼쪽으로 뒤집었을 때의 도형을 그려 보세요.

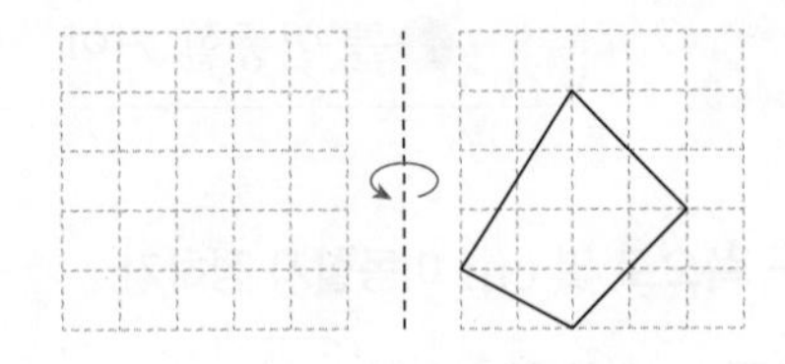

04 도형을 시계 방향으로 270°만큼 돌렸을 때의 도형을 그려 보세요.

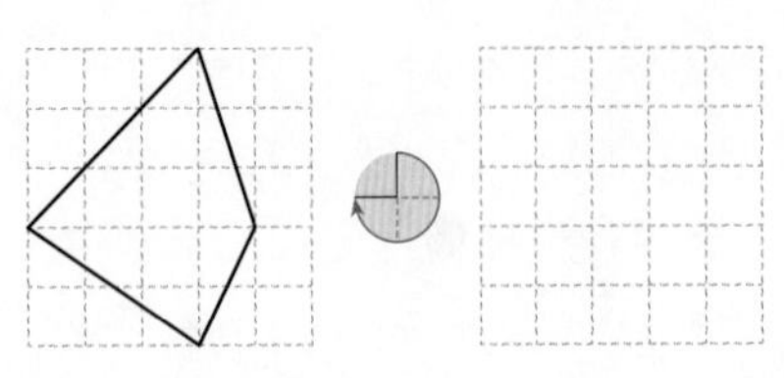

05 도형을 시계 반대 방향으로 180°만큼 돌렸을 때의 도형을 그려 보세요.

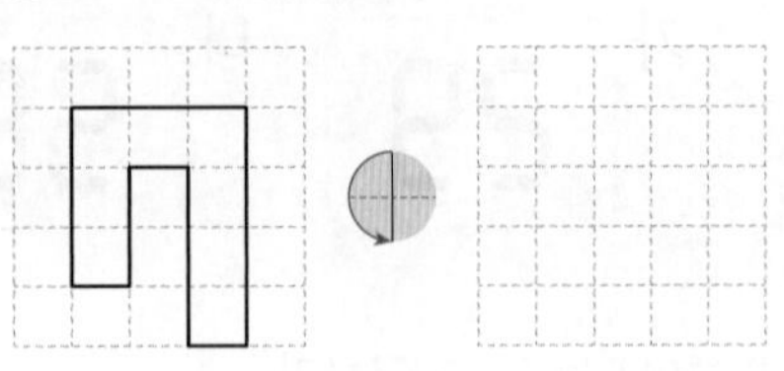

06 점을 왼쪽으로 4칸 이동한 위치를 나타내세요.

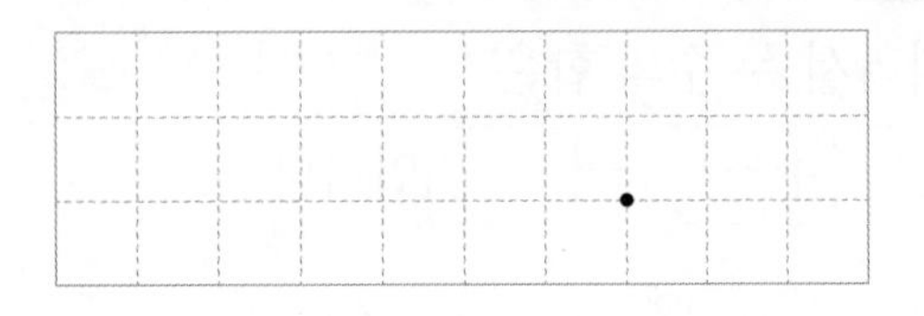

07 도형을 위쪽으로 뒤집었을 때와 오른쪽으로 뒤집었을 때의 도형을 각각 그려 보세요.

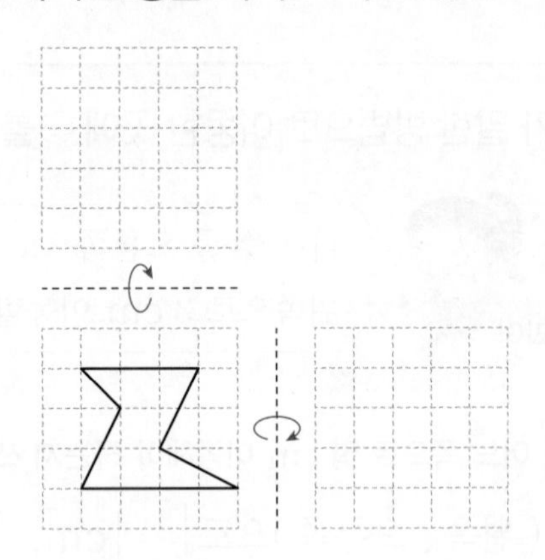

08 도형을 시계 방향으로 90°, 시계 반대 방향으로 90°만큼 돌렸을 때의 도형을 각각 그려 보세요.

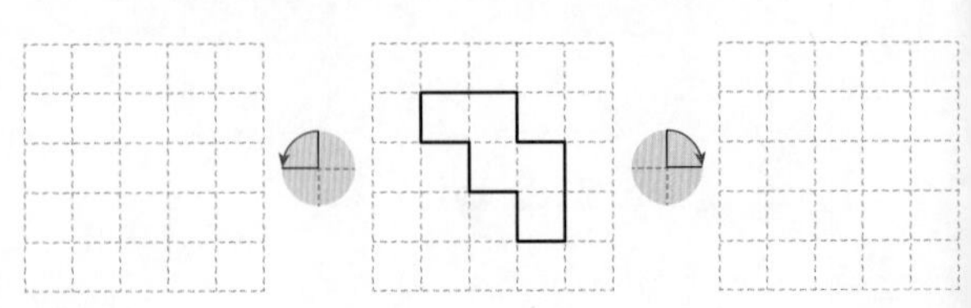

09 도형을 보고 알맞은 말에 ○표 하세요.

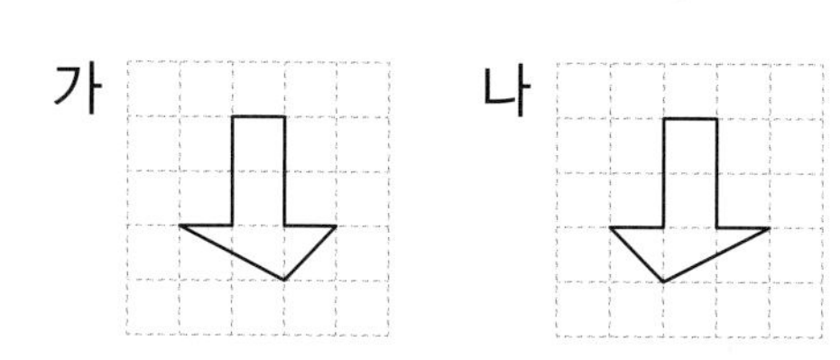

가 도형을 오른쪽으로 (밀면 , 뒤집으면) 나 도형이 됩니다.

10 오른쪽 조각을 시계 방향으로 180°만큼 돌렸을 때의 모양을 찾아 기호를 쓰세요.

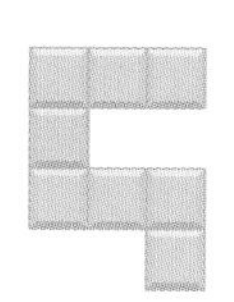

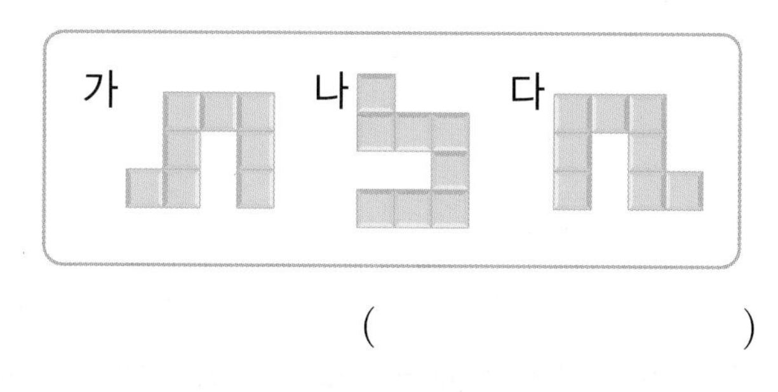

( )

11 오른쪽 글자를 위쪽으로 뒤집으면 어떤 글자가 되는지 쓰세요.

( )

12 구슬을 ㉮로 이동하려면 어떻게 해야 하는지 □ 안에 알맞은 말이나 수를 써넣으세요.

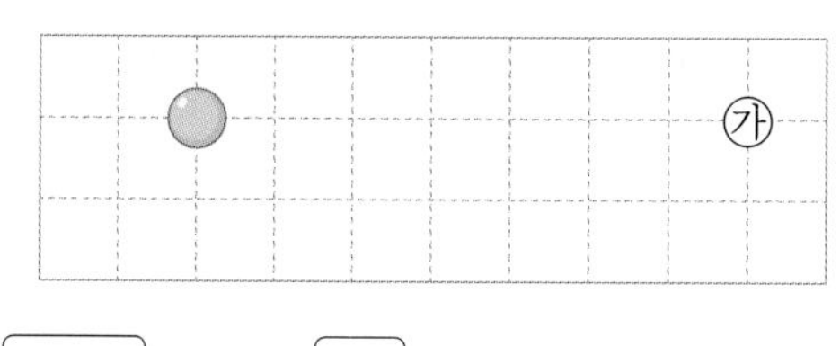

□쪽으로 □칸 이동해야 합니다.

13 도형을 시계 방향으로 얼마만큼 돌렸는지 □ 안에 알맞은 수를 써넣으세요.

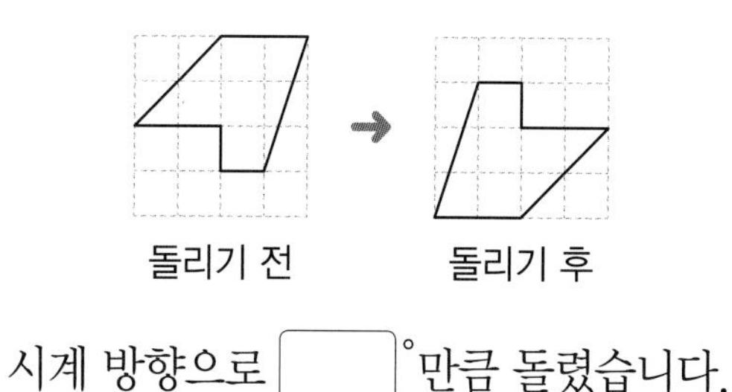

시계 방향으로 □°만큼 돌렸습니다.

14 왼쪽으로 뒤집은 도형과 처음 도형이 서로 다른 것은 어느 것인가요? ( )

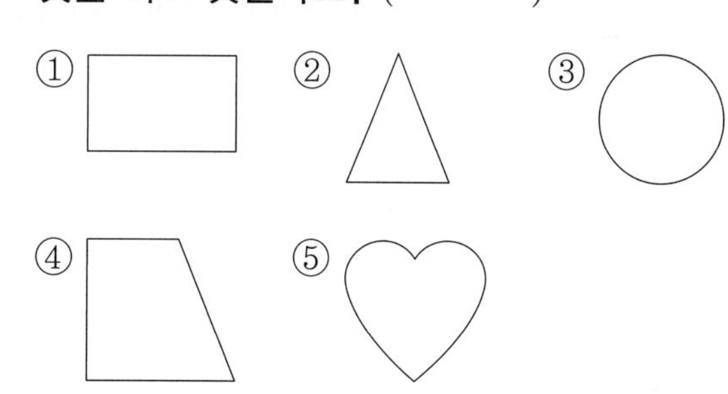

15 왼쪽 퍼즐을 완성하려면 어떤 조각을 어떻게 돌려야 하는지 □ 안에 알맞은 기호나 수를 써넣으세요.

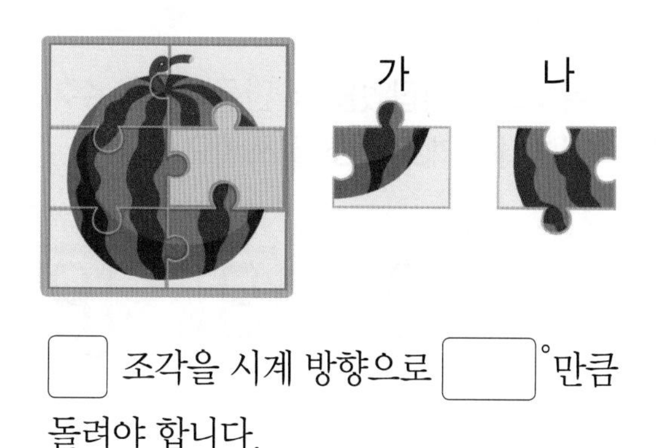

□ 조각을 시계 방향으로 □°만큼 돌려야 합니다.

4 단원

정답 25쪽

16 도형을 오른쪽으로 5번 뒤집었을 때의 도형을 그려 보세요.

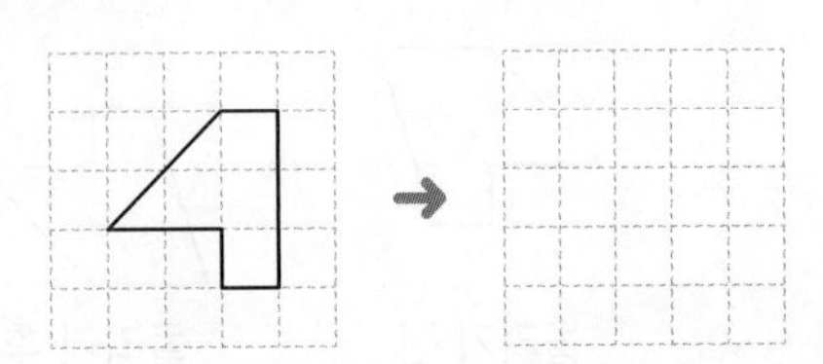

17 오리가 아래쪽으로 점 ㄱ까지 이동한 후 오른쪽으로 점 ㄴ까지 이동했습니다. 오리가 이동한 거리는 모두 몇 cm일까요?

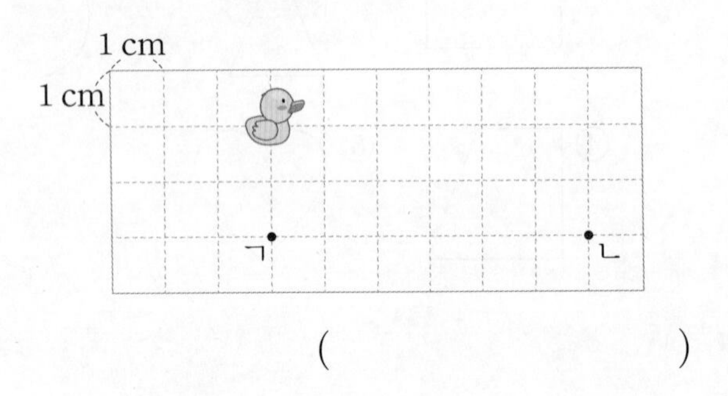

( )

18 위쪽으로 뒤집었을 때 만들어지는 수가 가장 큰 것부터 차례로 기호를 쓰세요.

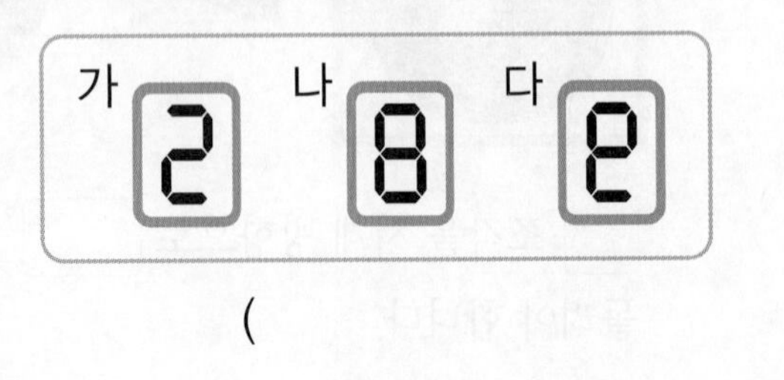

( )

서술형

19 움직이기 전과 후의 도형을 보고 어떻게 움직인 것인지 2가지 방법으로 설명해 보세요.

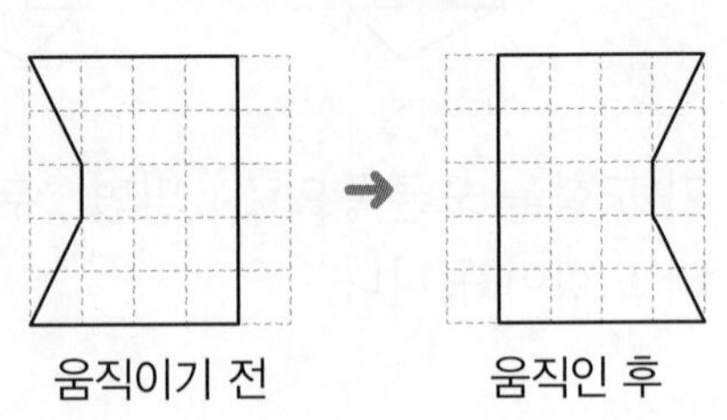

방법1

방법2

20 가와 나를 시계 방향으로 180°만큼 돌렸을 때 만들어지는 두 수의 합을 구하려고 합니다. 풀이 과정을 쓰고, 답을 구하세요.

가 65 나 21

풀이

답

창의력 쑥쑥

연못가에 아기 오리들이 엄마 없이 놀고 있네요.
아기 오리들을 돌봐 줄 엄마 오리가 필요하겠어요!
7개의 조각으로 엄마 오리를 만들어 보세요.

정답은 개념책 158쪽에서 확인하세요.

5

막대그래프

학습을 끝낸 후
색칠하세요.

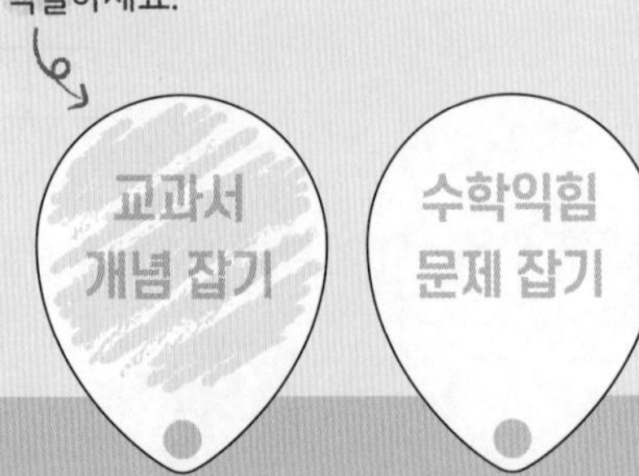

❶ 막대그래프 알아보기
❷ 막대그래프로 나타내기
❸ 막대그래프 해석하기
❹ 자료를 수집하여 막대그래프로 나타내기

이전에 배운 내용

[3-2] 그림그래프

그림그래프로 나타내기
그림그래프 해석하기

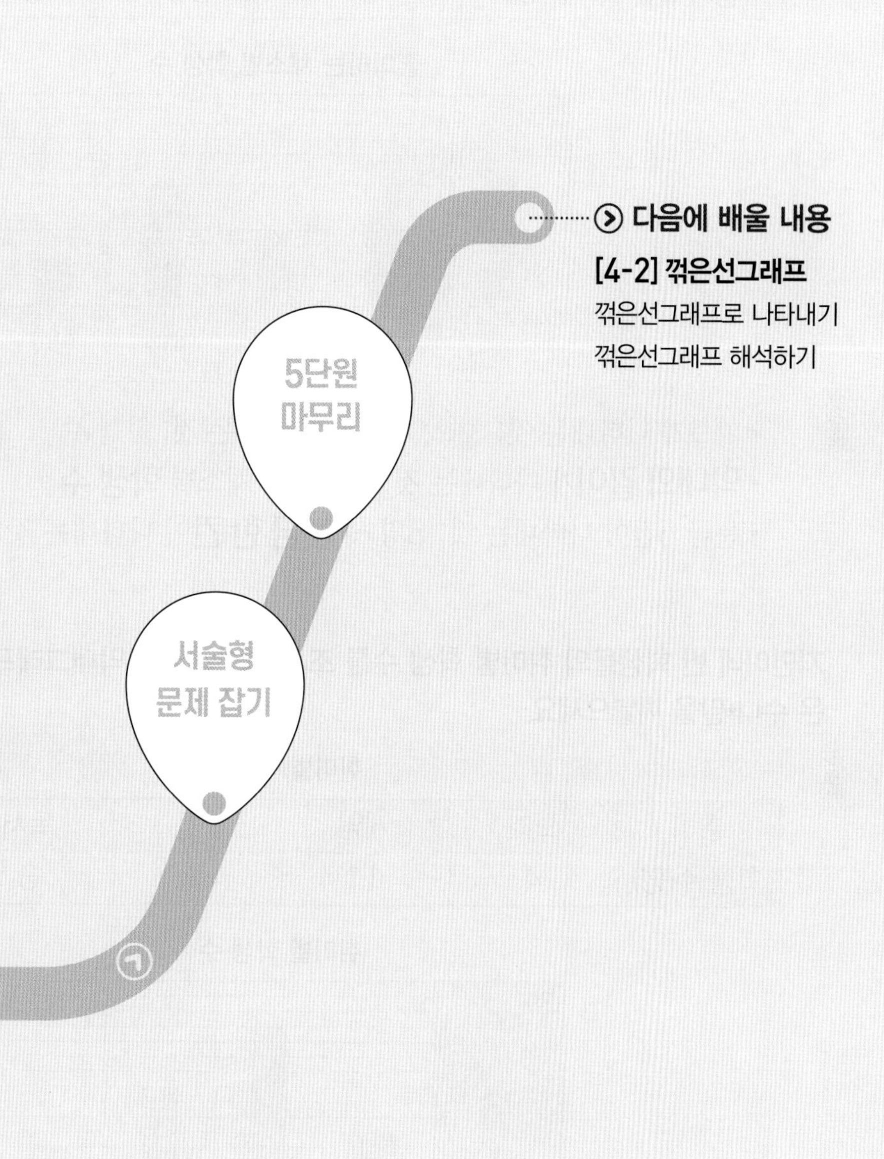

다음에 배울 내용

[4-2] 꺾은선그래프

꺾은선그래프로 나타내기

꺾은선그래프 해석하기

교과서 개념 잡기

① 막대그래프 알아보기

조사한 자료의 수량을 막대 모양으로 나타낸 그래프를 **막대그래프**라고 합니다.

좋아하는 채소별 학생 수

채소	당근	오이	배추	양파	합계
학생 수(명)	10	5	8	3	26

좋아하는 채소별 학생 수

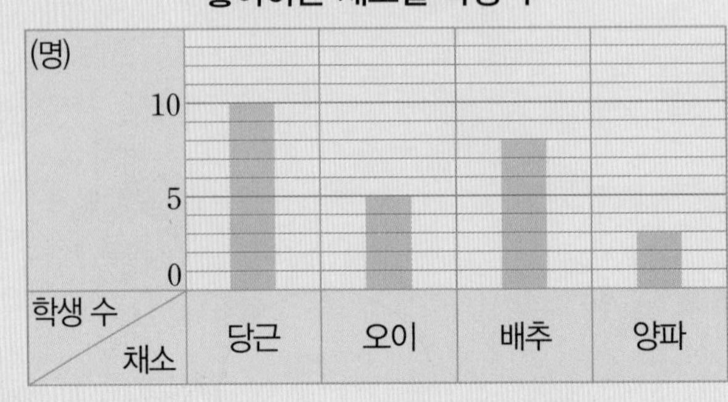

- 가로가 나타내는 것: 채소, 세로가 나타내는 것: 학생 수
- **막대의 길이**가 나타내는 것: 좋아하는 채소별 **학생 수**
- 눈금 5칸이 나타내는 것: 5명 ➜ **눈금 한 칸**이 나타내는 것: $5 \div 5 = 1$(명)

개념 확인 1

지민이네 반 학생들의 취미별 학생 수를 조사하여 나타낸 막대그래프입니다. □ 안에 알맞은 수나 말을 써넣으세요.

취미별 학생 수

취미	노래	게임	운동	독서	합계
학생 수(명)	4	11	7	3	25

취미별 학생 수

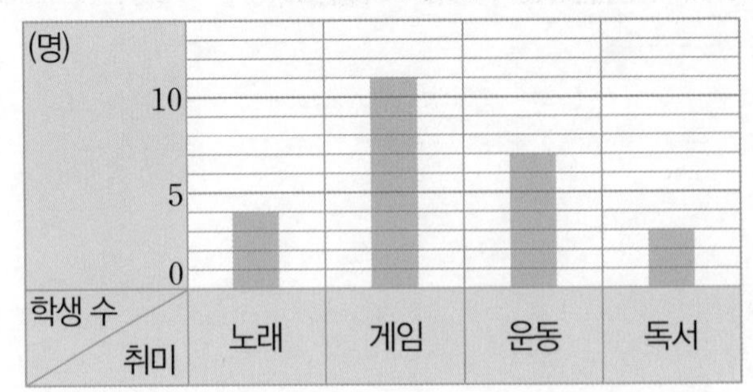

- 가로가 나타내는 것: □, 세로가 나타내는 것: □
- **막대의 길이**가 나타내는 것: 취미별 □
- 눈금 5칸이 나타내는 것: 5명 ➜ **눈금 한 칸**이 나타내는 것: $5 \div$ □ $=$ □(명)

2 학급 문고에 있는 종류별 책 수를 조사하여 나타낸 막대그래프입니다. 물음에 답하세요.

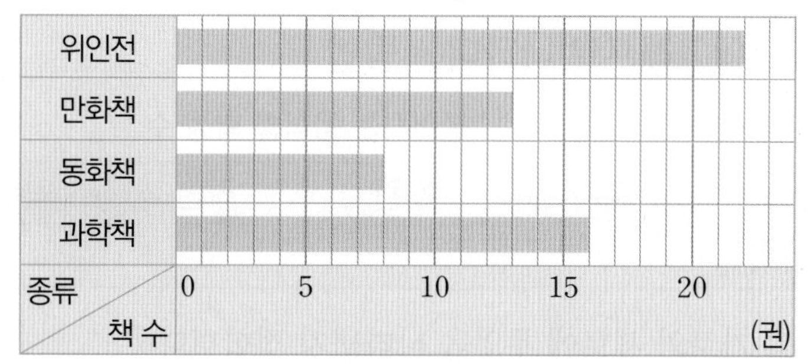

(1) 위 그림과 같이 조사한 자료의 수량을 막대 모양으로 나타낸 그래프를 무엇이라고 하나요?

( )

(2) 막대의 길이는 무엇을 나타내나요?

( )

(3) 가로 눈금 한 칸은 몇 권을 나타내나요?

( )

3 세영이네 반 학생들이 좋아하는 과목을 조사하여 나타낸 표와 막대그래프입니다. 알맞은 말에 ○표 하세요.

좋아하는 과목별 학생 수

과목	국어	수학	사회	과학	합계
학생 수(명)	5	12	3	6	26

좋아하는 과목별 학생 수

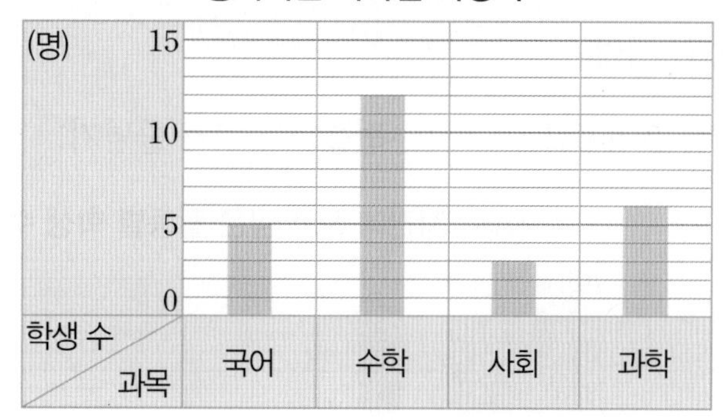

(1) 자료 수의 합계를 알기 쉬운 것은 (표 , 막대그래프)입니다.

(2) 자료의 많고 적음을 한눈에 비교하기 쉬운 것은 (표 , 막대그래프)입니다.

STEP 1 교과서 개념 잡기

② 막대그래프로 나타내기

표를 보고 막대그래프로 나타내는 방법

좋아하는 음식별 학생 수

음식	피자	치킨	라면	떡볶이	합계
학생 수(명)	7	9	4	6	26

① 표를 보고 가로와 세로에 무엇을 나타낼지 정합니다.
➜ 가로: 음식, 세로: 학생 수 ─ 세로로 막대그래프 나타내기

② 눈금의 단위와 눈금 한 칸의 크기를 정합니다.
➜ 눈금 한 칸: 1명 ─ 학생 수를 나타낼 수 있도록 정해.

③ 조사한 수에 맞게 막대를 그립니다.
➜ 피자: 7칸, 치킨: 9칸, 라면: 4칸, 떡볶이: 6칸

④ 막대그래프에 알맞은 제목을 씁니다.

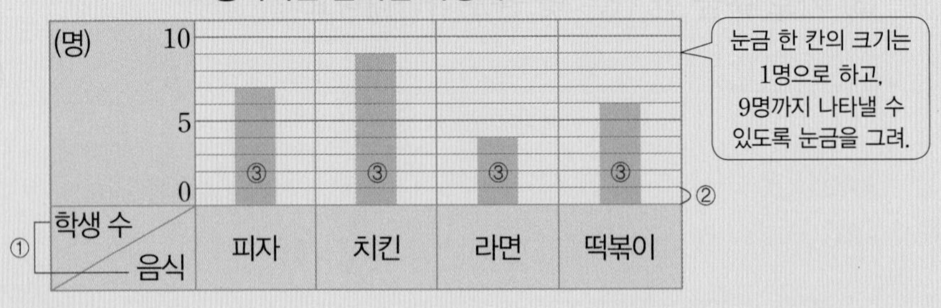

개념 확인 **1** 학생들이 체육 시간에 하고 싶은 활동을 조사한 표를 보고 막대그래프로 나타내세요.

체육 시간에 하고 싶은 활동별 학생 수

활동	달리기	훌라후프	뜀틀	줄넘기	합계
학생 수(명)	9	3	6	7	25

① 가로: 활동, 세로: 학생 수

② 눈금 한 칸: ☐명

③ 달리기: 9칸, 훌라후프: ☐칸, 뜀틀: ☐칸, 줄넘기: ☐칸

체육 시간에 하고 싶은 활동별 학생 수

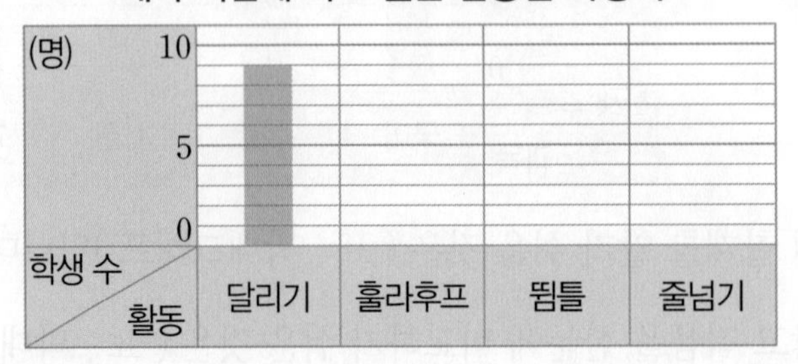

2 준호네 반 학생들이 좋아하는 간식을 조사하여 나타낸 표입니다. 표를 보고 막대그래프로 나타내세요.

좋아하는 간식별 학생 수

간식	떡	과자	핫도그	마카롱	합계
학생 수(명)	6	11	8	3	28

좋아하는 간식별 학생 수

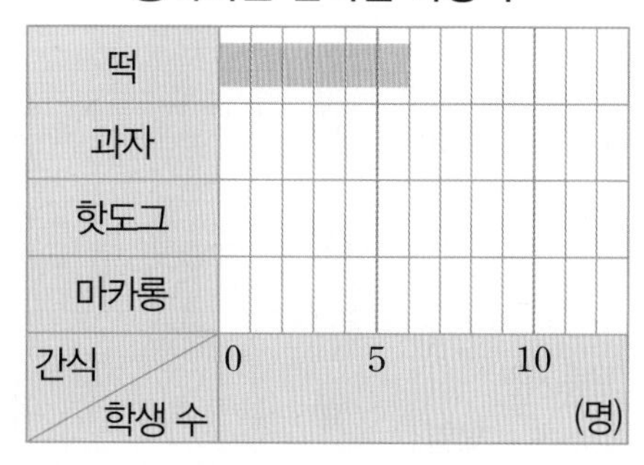

3 화단에 있는 꽃의 종류를 조사하여 나타낸 표를 보고 막대그래프로 나타내려고 합니다. 물음에 답하세요.

화단에 있는 종류별 꽃 수

종류	수선화	장미	튤립	모란	합계
꽃 수(송이)	6	24	8	10	48

(1) 가로에 꽃의 종류를 나타내려고 합니다. 세로에는 무엇을 나타내야 할까요?

( )

(2) 세로 눈금 한 칸이 꽃 2송이를 나타낸다면 수선화는 몇 칸으로 나타내야 할까요?

( )

(3) 표를 보고 막대그래프로 나타내세요.

화단에 있는 종류별 꽃 수

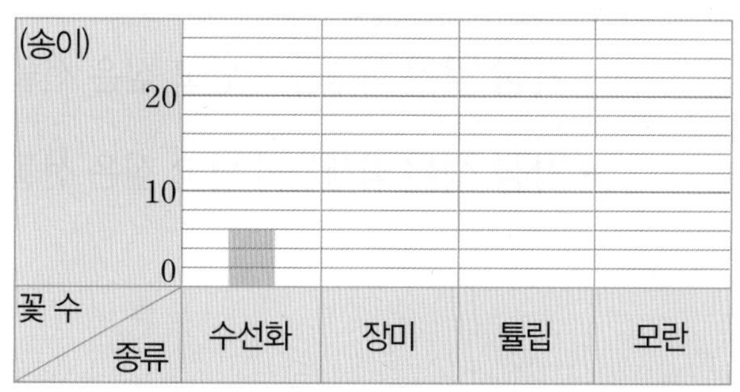

교과서 개념 잡기

③ 막대그래프 해석하기

막대그래프를 보고 알 수 있는 내용 찾기

민아의 요일별 운동 시간

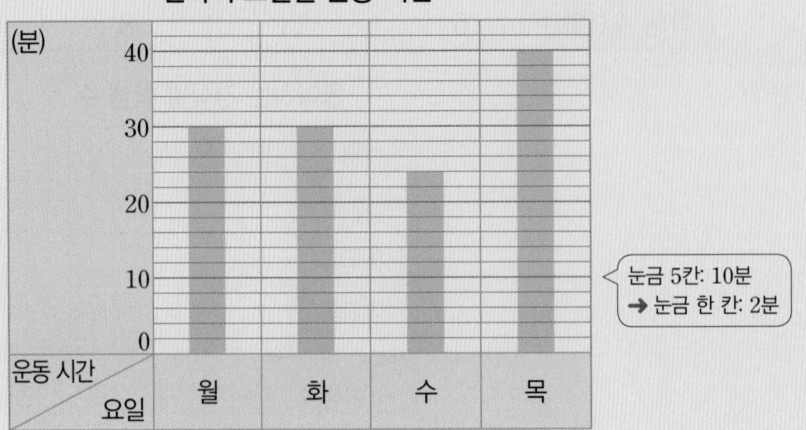

- 화요일의 운동 시간: 30분
- 운동 시간이 같은 요일: 월요일과 화요일
- 운동 시간이 24분인 요일: 수요일
- **가장 많이** 운동을 한 요일: **목요일** → 막대의 길이가 가장 긴 요일
- **가장 적게** 운동을 한 요일: **수요일** → 막대의 길이가 가장 짧은 요일

개념 확인 **1**

승재네 반 학생들이 받고 싶은 선물을 조사하여 나타낸 막대그래프입니다. □ 안에 알맞은 수나 말을 써넣으세요.

받고 싶은 선물별 학생 수

(명) 10, 5, 0

학생 수 / 선물: 게임기, 옷, 자전거, 책

- 자전거를 받고 싶은 학생 수: □명
- 받고 싶은 학생 수가 3명인 선물: □
- **가장 많은** 학생들이 받고 싶은 선물: □
- **가장 적은** 학생들이 받고 싶은 선물: □

2

미연이네 반 학생들이 좋아하는 운동을 조사하여 나타낸 막대그래프입니다. 물음에 답하세요.

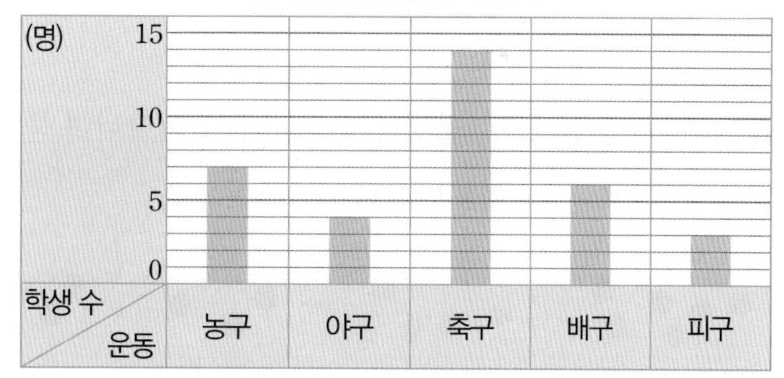

(1) 농구와 야구를 좋아하는 학생은 각각 몇 명인가요?

농구 (　　　　　　　　　)

야구 (　　　　　　　　　)

(2) 좋아하는 학생 수가 피구의 2배인 운동은 무엇인가요?

(　　　　　　　　　)

3

가와 나 가게에서 각각 이번 주에 팔린 아이스크림을 조사하여 나타낸 막대그래프입니다. 물음에 답하세요.

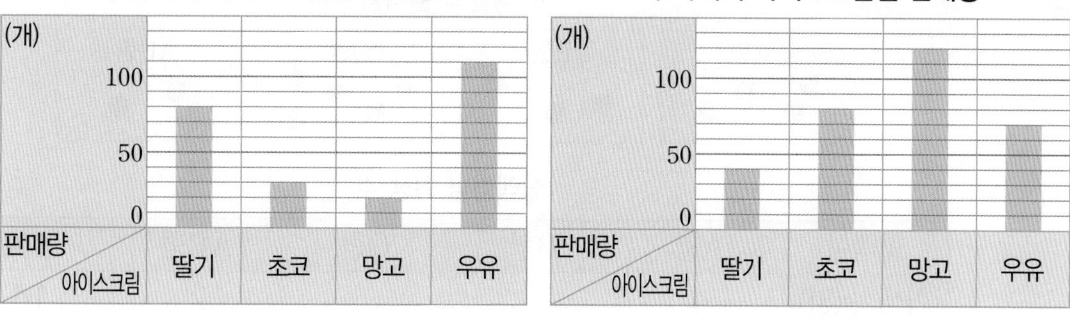

(1) 가 가게와 나 가게에서 팔린 초코아이스크림은 각각 몇 개인가요?

가 가게 (　　　　　　　　　)

나 가게 (　　　　　　　　　)

(2) 초코아이스크림 판매량이 더 많은 가게는 어느 가게인가요?

(　　　　　　　　　)

교과서 개념 잡기

④ 자료를 수집하여 막대그래프로 나타내기

1단계 조사 주제와 자료 수집 방법 정하기

- 조사 주제: 학생들이 여름 방학 때 가고 싶은 장소
- 자료 수집 방법: 직접 손 들기, 붙임딱지 붙이기, 돌아다니며 묻기, 누리집 이용하기 등

여름 방학 때 가고 싶은 장소

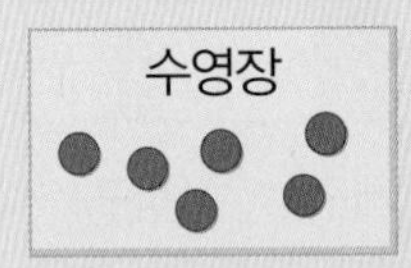

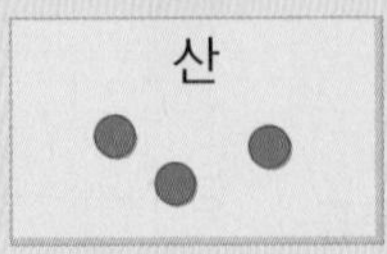

붙임딱지를 붙이는 방법으로 자료를 조사했어.

2단계 수집한 자료를 표로 정리하기

여름 방학 때 가고 싶은 장소별 학생 수

장소	수영장	캠핑장	산	바다	합계
학생 수(명)	6	4	3	7	20

3단계 표를 보고 막대그래프로 나타내기

여름 방학 때 가고 싶은 장소별 학생 수

개념 확인 1 학생들의 혈액형을 조사한 것을 보고 표와 막대그래프로 나타내세요.

학생들의 혈액형

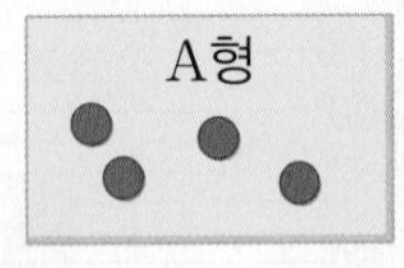

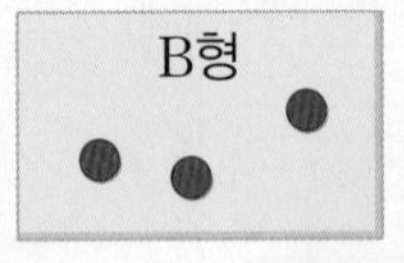

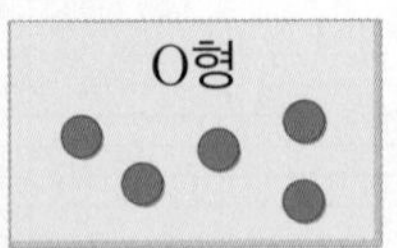

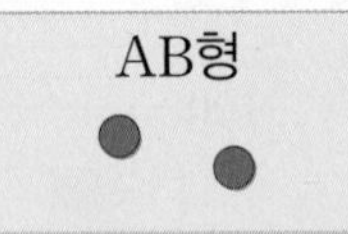

혈액형별 학생 수

혈액형	A형	B형	O형	AB형	합계
학생 수(명)	4			2	14

혈액형별 학생 수

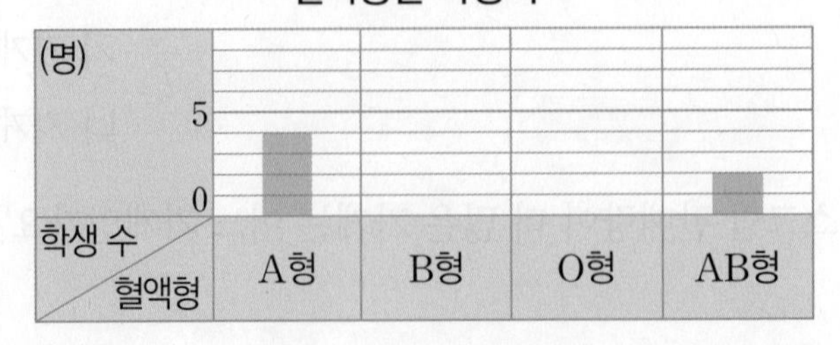

2

은지네 반 학생들이 좋아하는 색깔을 조사하였습니다. 표와 막대그래프로 나타내세요.

좋아하는 색깔

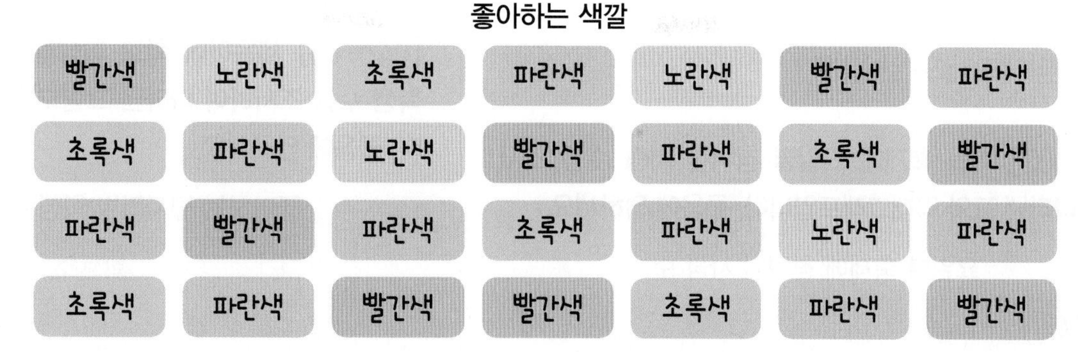

(1) 조사한 자료를 표로 나타내세요.

좋아하는 색깔별 학생 수

색깔	빨간색	노란색	초록색	파란색	합계
학생 수(명)					28

(2) 위 표를 보고 막대그래프로 나타내세요.

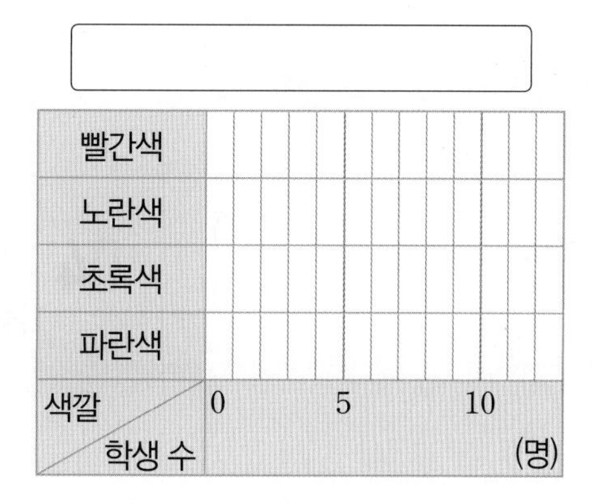

(3) 가장 많은 학생이 좋아하는 색깔부터 차례로 쓰세요.

☐, ☐, ☐, ☐

(4) 알맞은 말에 ○표 하고, 어떤 색으로 단체 티셔츠를 맞추면 좋을지 쓰세요.

> 은지네 반에서 체육 대회 때 입을 단체 티셔츠를 맞춘다면 가장 (많은 , 적은) 학생들이 좋아하는 ☐색 티셔츠가 좋을 것 같습니다.

STEP 2 수학익힘 문제 잡기

1 막대그래프 알아보기

개념 112쪽

[01~03] 어느 축제에 요일별 참여한 사람 수를 조사하여 나타낸 표와 막대그래프입니다. 물음에 답하세요.

요일별 축제에 참여한 사람 수

요일	목	금	토	일	합계
사람 수(명)	140	260	400	300	1100

요일별 축제에 참여한 사람 수

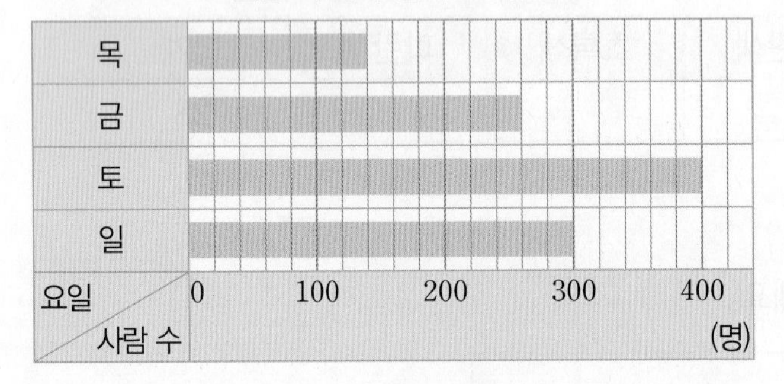

01 막대그래프에서 가로와 세로는 각각 무엇을 나타내나요?

가로 (　　　　　　　　)
세로 (　　　　　　　　)

교과역량 콕! 정보처리

02 가로 눈금 한 칸은 몇 명을 나타내나요?

(　　　　　　　　)

03 가장 많은 사람들이 참여한 요일을 한눈에 알기 쉬운 것은 표와 막대그래프 중 어느 것인가요?

(　　　　　　　　)

[04~05] 세은이네 학교 학생들이 좋아하는 별자리별 학생 수를 조사하여 나타낸 그림그래프와 막대그래프입니다. 물음에 답하세요.

좋아하는 별자리별 학생 수

별자리	학생 수
양자리	
큰곰자리	
게자리	
염소자리	

10명
5명

좋아하는 별자리별 학생 수

(명)
40
30
20
10
0
학생 수
별자리
양자리 큰곰자리 게자리 염소자리

04 그림그래프와 막대그래프의 같은 점이 아닌 것을 찾아 기호를 쓰세요.

> ㉠ 좋아하는 별자리별 학생 수를 나타냈습니다.
> ㉡ 학생 수를 막대로 나타냈습니다.
> ㉢ 수량을 비교하는 그래프입니다.

(　　　　　　　　)

05 막대그래프에서 세로 눈금 한 칸은 몇 명을 나타내나요?

(　　　　　　　　)

2 막대그래프로 나타내기

개념 114쪽

[06~08] 현정이네 반 학생들이 좋아하는 동물을 조사하여 나타낸 표를 보고 막대그래프로 나타내려고 합니다. 물음에 답하세요.

좋아하는 동물별 학생 수

동물	사자	호랑이	기린	코끼리	합계
학생 수(명)	11	7	2	8	28

06 막대그래프의 세로에 학생 수를 나타내려고 합니다. 가로에는 무엇을 나타내야 할까요?

( )

07 막대그래프의 세로 눈금 한 칸이 1명을 나타낸다면 사자를 좋아하는 학생 수는 몇 칸으로 나타내야 할까요?

( )

08 표를 보고 막대그래프로 나타내세요.

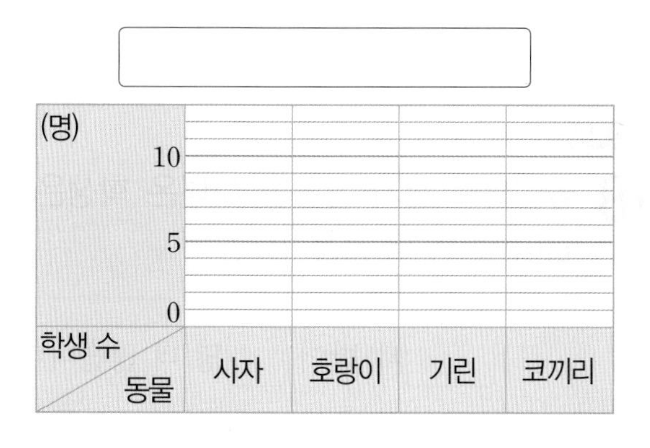

[09~11] 어느 마을에서 한 달 동안 모인 재활용품별 수거량을 조사하여 나타낸 표입니다. 물음에 답하세요.

재활용품별 수거량

재활용품	종이	플라스틱	캔	유리	합계
수거량(kg)	120	180		140	520

교과역량 콕! 문제해결 | 정보처리

09 한 달 동안 모인 캔 수거량은 몇 kg인가요?

( )

10 표를 보고 막대그래프로 나타내세요.

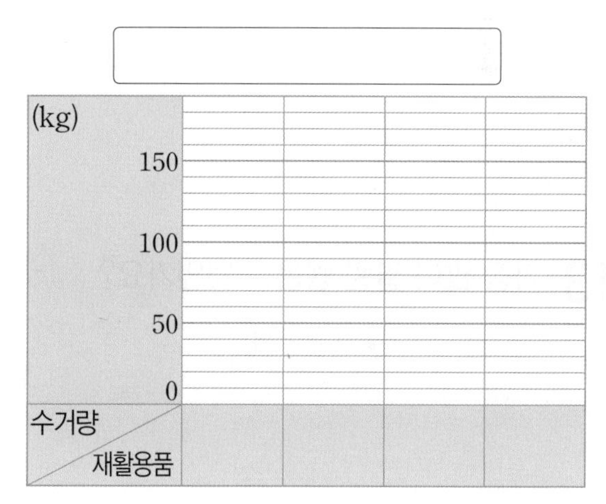

11 위 **10**의 그래프를 막대가 가로인 막대그래프로 나타내세요.

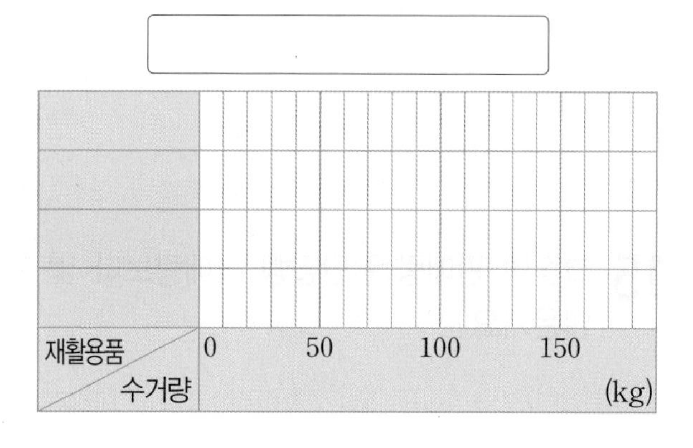

3 막대그래프 해석하기

개념 116쪽

[12~15] 어느 빵집에서 하루 동안 팔린 빵을 조사하여 나타낸 막대그래프입니다. 물음에 답하세요.

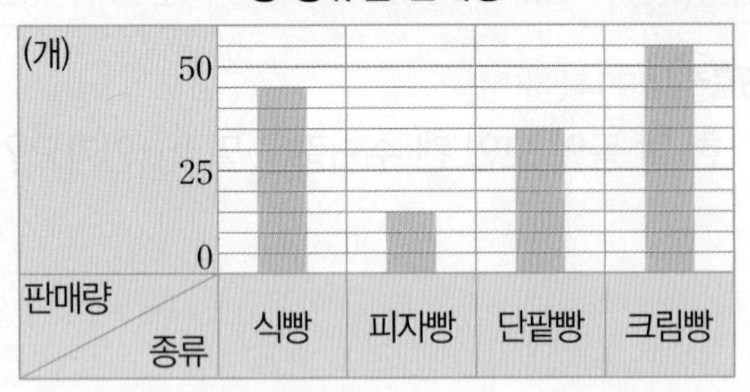

12 세로 눈금 한 칸은 빵 몇 개를 나타내나요?

(　　　　　)

13 가장 많이 팔린 빵은 무엇인가요?

(　　　　　)

14 판매량이 25개보다 적은 빵은 무엇인가요?

(　　　　　)

15 크림빵 판매량은 단팥빵 판매량보다 몇 개 더 많은가요?

(　　　　　)

[16~18] 미나네 반과 지효네 반 학생들이 다녀온 봉사 활동 장소를 조사하여 나타낸 막대그래프입니다. 물음에 답하세요.

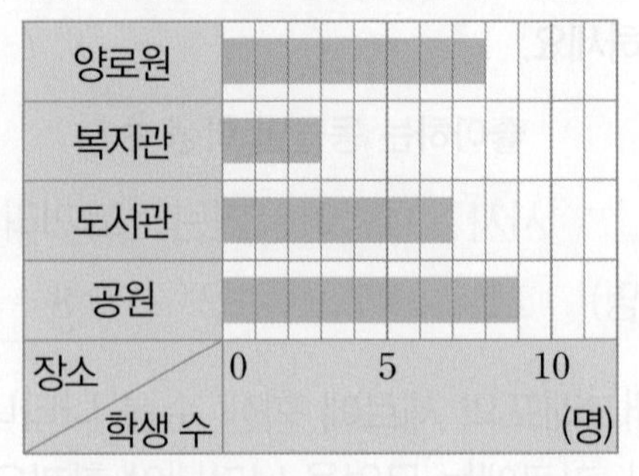

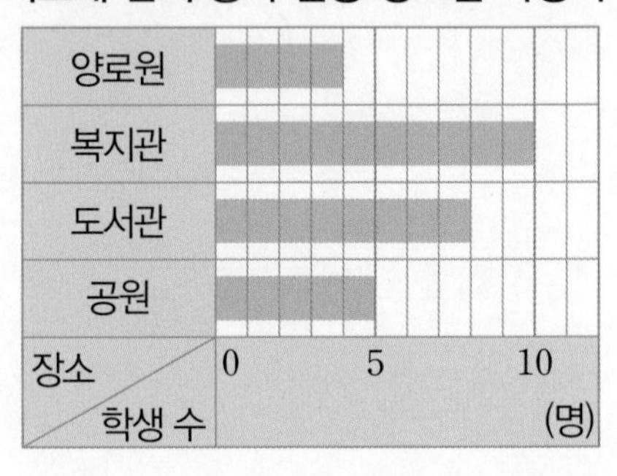

16 미나네 반과 지효네 반에서 가장 많은 학생이 다녀온 봉사 활동 장소는 각각 어디인가요?

미나네 반 (　　　　　)

지효네 반 (　　　　　)

17 미나네 반과 지효네 반에서 도서관으로 봉사 활동을 다녀온 학생은 모두 몇 명인가요?

(　　　　　)

교과역량 콕! 문제해결 | 정보처리

18 공원으로 봉사 활동을 다녀온 학생은 누구네 반이 몇 명 더 많은가요?

☐네 반이 ☐명 더 많습니다.

4 자료를 수집하여 막대그래프로 나타내기

개념 118쪽

[19~21] 도진이네 반 학생들이 주말에 가고 싶은 장소를 조사하였습니다. 물음에 답하세요.

주말에 가고 싶은 장소

영화관	식물원	과학관	동물원	식물원
식물원	동물원	식물원	영화관	동물원
동물원	식물원	영화관	식물원	과학관

19 조사한 자료를 표로 나타내세요.

주말에 가고 싶은 장소별 학생 수

장소	영화관	식물원	과학관	동물원	합계
학생 수(명)					

20 표를 보고 막대그래프로 나타내세요.

(명) 10, 5, 0				
학생 수 / 장소				

21 막대그래프를 보고 알 수 있는 내용이 잘못된 것의 기호를 쓰세요.

㉠ 가장 많은 학생들이 가고 싶은 장소는 식물원입니다.
㉡ 영화관에 가고 싶은 학생이 동물원에 가고 싶은 학생보다 많습니다.
㉢ 가고 싶은 학생이 2명인 곳은 과학관입니다.

( )

[22~24] 지유네 반 학생들이 좋아하는 미술 활동을 조사하였습니다. 물음에 답하세요.

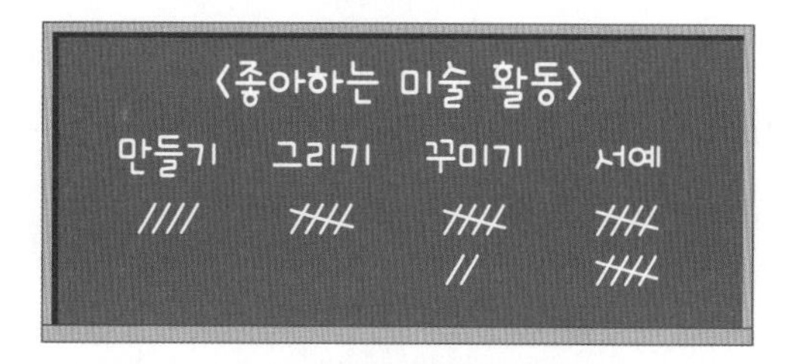

22 조사한 자료를 표로 나타내세요.

좋아하는 미술 활동별 학생 수

미술 활동	만들기	그리기	꾸미기	서예	합계
학생 수(명)					

23 표를 보고 막대그래프로 나타내세요.

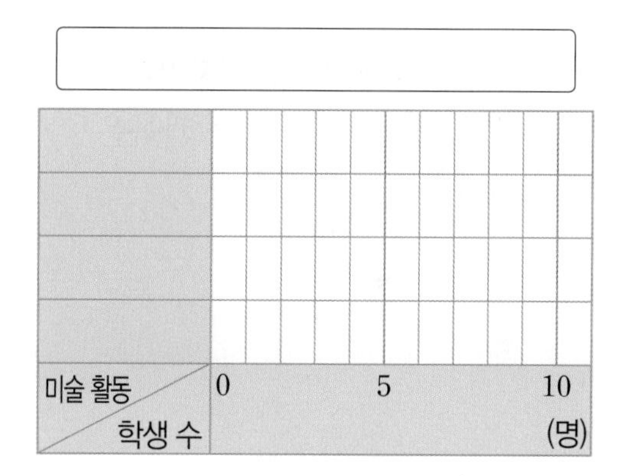

교과역량 콕! 연결 | 의사소통

24 지유네 반 학생들이 선생님께 쓴 편지입니다. 빈칸에 알맞은 수나 말을 써넣으세요.

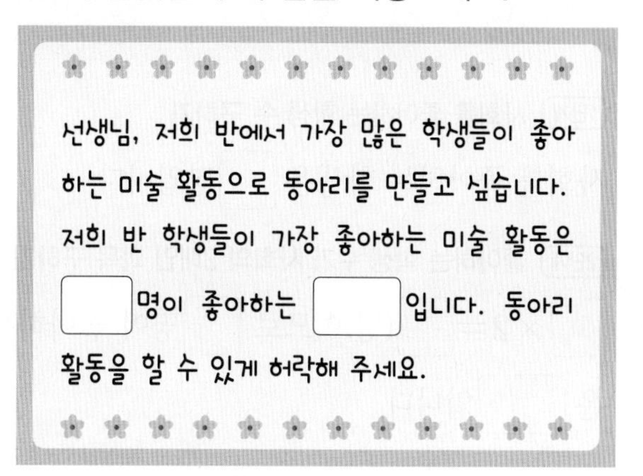

선생님, 저희 반에서 가장 많은 학생들이 좋아하는 미술 활동으로 동아리를 만들고 싶습니다. 저희 반 학생들이 가장 좋아하는 미술 활동은 [ ]명이 좋아하는 [ ]입니다. 동아리 활동을 할 수 있게 허락해 주세요.

STEP 3 서술형 문제 잡기

1

정호네 반 학생들이 **좋아하는 과목**을 조사하여 나타낸 막대그래프입니다. 막대그래프를 보고 알 수 있는 내용을 2가지 쓰세요.

좋아하는 과목별 학생 수

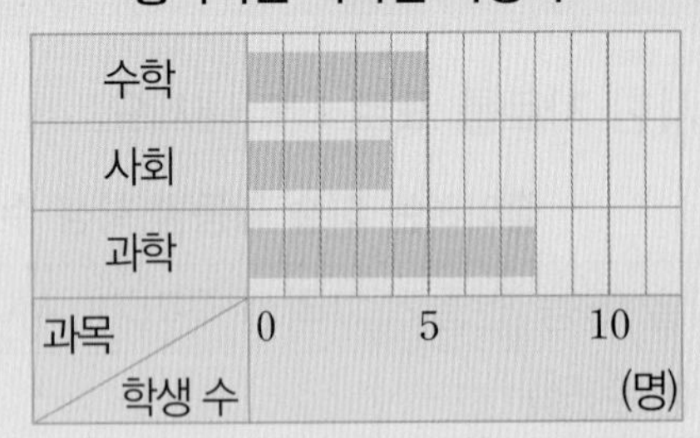

(1단계) 알 수 있는 내용 한 가지 쓰기

가장 많은 학생들이 좋아하는 과목은 ☐ 입니다.

(2단계) 알 수 있는 다른 내용 한 가지 쓰기

가장 적은 학생들이 좋아하는 과목은 ☐ 입니다.

2

동수네 반 학생들이 **좋아하는 반찬**을 조사하여 나타낸 막대그래프입니다. 막대그래프를 보고 알 수 있는 내용을 2가지 쓰세요.

좋아하는 반찬별 학생 수

달걀말이
불고기
김치
반찬
학생 수
0
5
10
(명)

(1단계) 알 수 있는 내용 한 가지 쓰기

(2단계) 알 수 있는 다른 내용 한 가지 쓰기

3

위 **1**의 막대그래프를 보고 좋아하는 학생 수가 **사회의 2배**인 과목은 무엇인지 풀이 과정을 쓰고, 답을 구하세요.

(1단계) 사회를 좋아하는 학생 수 구하기

사회를 좋아하는 학생은 ☐ 명입니다.

(2단계) 좋아하는 학생 수가 사회의 2배인 과목 구하기

☐ $\times 2=$ ☐ (명)이므로 ☐ 명이 좋아하는 과목은 ☐ 입니다.

답

4

위 **2**의 막대그래프를 보고 좋아하는 학생 수가 **김치의 3배**인 반찬은 무엇인지 풀이 과정을 쓰고, 답을 구하세요.

(1단계) 김치를 좋아하는 학생 수 구하기

(2단계) 좋아하는 학생 수가 김치의 3배인 반찬 구하기

답

5

조사한 학생이 모두 22명일 때, **피아노를 배우는 학생**은 몇 명인지 풀이 과정을 쓰고, 답을 구하세요.

배우는 악기별 학생 수

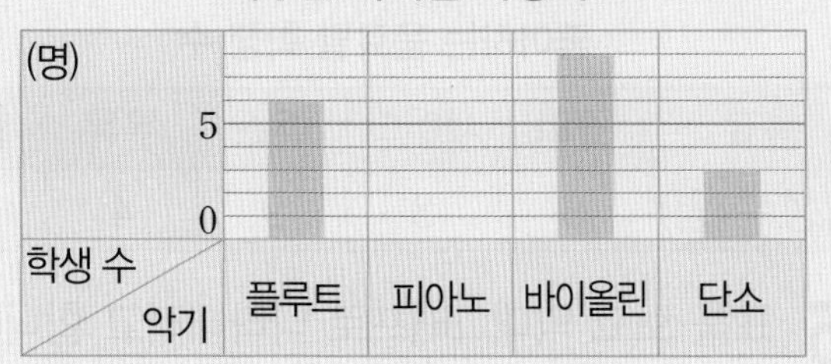

1단계 플루트, 바이올린, 단소를 배우는 학생 수 각각 구하기

배우는 악기별 학생 수는 플루트 ☐명,

바이올린 ☐명, 단소 ☐명입니다.

2단계 피아노를 배우는 학생 수 구하기

따라서 피아노를 배우는 학생 수는

22－☐－☐－☐＝☐(명)입니다.

답

6

조사한 학생이 모두 21명일 때, **영국을 여행하고 싶은 학생**은 몇 명인지 풀이 과정을 쓰고, 답을 구하세요.

여행하고 싶은 나라별 학생 수

1단계 미국, 중국, 일본을 여행하고 싶은 학생 수 각각 구하기

2단계 영국을 여행하고 싶은 학생 수 구하기

답

7

조사한 자료를 보고 **나라별 은메달 수**를 막대그래프로 나타내세요.

제 23회 동계 올림픽 나라별 메달 수

나라 \ 메달	금	은	동	합계
대한민국	5	8	4	17
프랑스	5	4	6	15
독일	14	10	7	31

[출처] 국제스포츠정보센터, 2024

나라별 은메달 수

대한민국	
프랑스	
독일	
나라 / 메달 수	0 5 10 (개)

8 창의형

조사한 자료를 보고 금, 은, 동 **메달 중 하나를 골라** 나라별 메달 수를 막대그래프로 나타내세요.

제 30회 하계 올림픽 나라별 메달 수

나라 \ 메달	금	은	동	합계
대한민국	13	9	8	30
이탈리아	8	9	11	28
체코	4	3	3	10

[출처] 국제스포츠정보센터, 2024

나라별 ☐메달 수

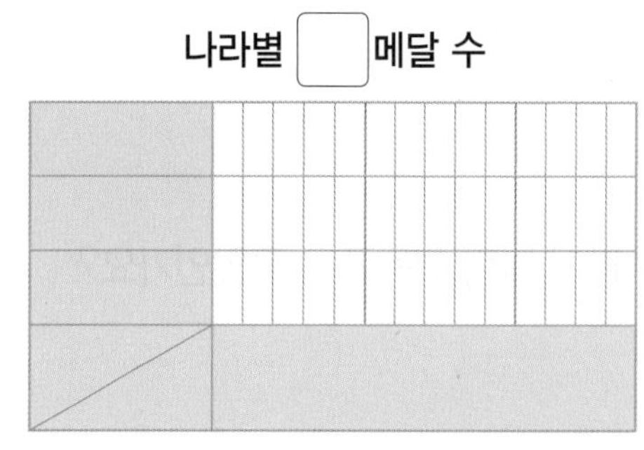

평가 5단원 마무리

맞힌 개수

[01~04] 어느 문구점에서 오늘 팔린 학용품을 조사하여 나타낸 막대그래프입니다. 물음에 답하세요.

학용품별 판매량

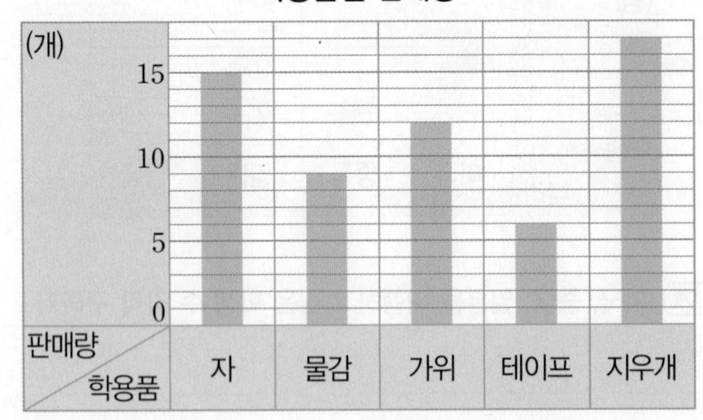

01 가로와 세로는 각각 무엇을 나타내나요?

가로 (　　　　　　　　　　)

세로 (　　　　　　　　　　)

02 막대의 길이는 무엇을 나타내나요?

(　　　　　　　　　　)

03 세로 눈금 한 칸은 몇 개를 나타내나요?

(　　　　　　　　　　)

04 가장 많이 팔린 학용품은 무엇인가요?

(　　　　　　　　　　)

[05~08] 수진이네 반 학생들이 좋아하는 음료를 조사하여 나타낸 표입니다. 물음에 답하세요.

좋아하는 음료별 학생 수

음료	콜라	사이다	주스	우유	합계
학생 수(명)	6	3	9	4	22

05 표를 보고 막대그래프로 나타내려고 합니다. 막대그래프의 세로에 학생 수를 나타내면 가로에는 무엇을 나타내야 할까요?

(　　　　　　　　　　)

06 표를 보고 막대그래프로 나타내세요.

좋아하는 음료별 학생 수

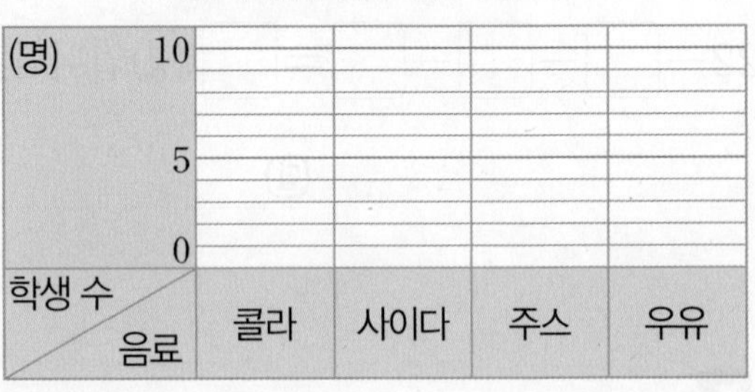

07 위 **06**의 그래프를 막대가 가로인 막대그래프로 나타내세요.

좋아하는 음료별 학생 수

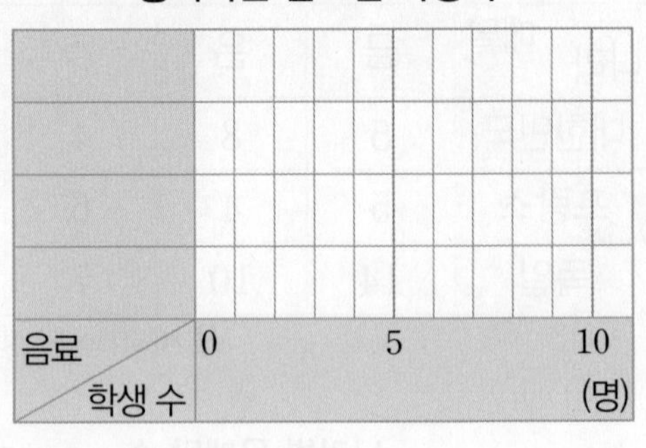

08 전체 학생 수를 알기 쉬운 것은 표와 막대그래프 중 어느 것인가요?

(　　　　　　　　　　)

[09～12] 민영이네 반 학생들이 관심 있는 환경 문제를 조사하여 나타낸 막대그래프입니다. 물음에 답하세요.

관심 있는 환경 문제별 학생 수

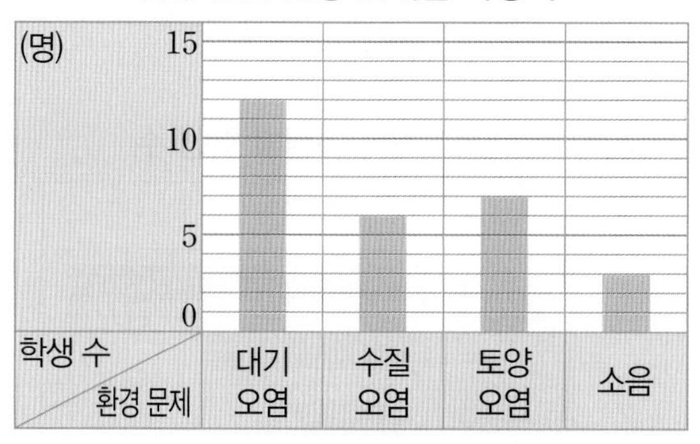

09 토양 오염에 관심 있는 학생은 몇 명인가요?

(　　　　　　　　　　)

10 가장 적은 학생들이 관심 있는 환경 문제는 무엇인가요?

(　　　　　　　　　　)

11 관심 있는 학생 수가 수질 오염보다 많은 환경 문제를 모두 찾아 쓰세요.

(　　　　　　　　), (　　　　　　　　)

12 대기 오염에 관심 있는 학생은 수질 오염에 관심 있는 학생보다 몇 명 더 많은가요?

(　　　　　　　　　　)

[13～15] 지훈이네 반 학생들이 좋아하는 계절을 조사하였습니다. 물음에 답하세요.

좋아하는 계절

13 조사한 자료를 표로 나타내세요.

좋아하는 계절별 학생 수

계절	봄	여름	가을	겨울	합계
학생 수(명)					

14 표를 보고 막대그래프로 나타내세요.

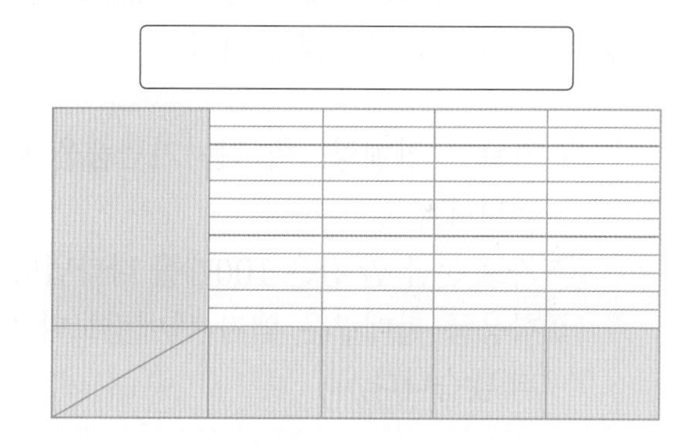

15 좋아하는 학생 수가 많은 계절부터 차례로 그려진 막대그래프로 나타내세요.

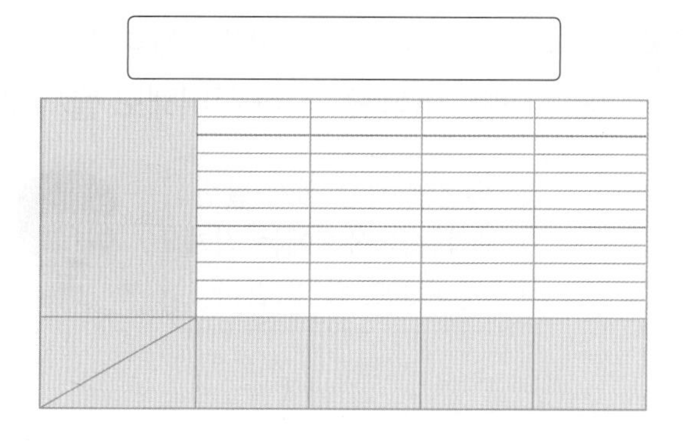

5 단원

[16～18] 어느 기념품 가게에서 작년에 팔린 기념품을 조사하여 나타낸 막대그래프입니다. 물음에 답하세요.

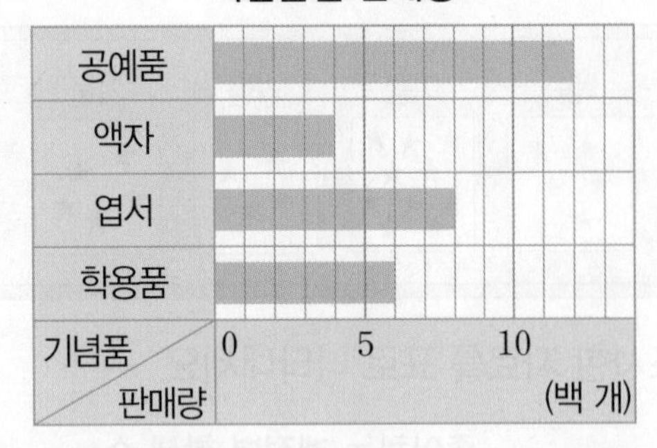

16 가장 많이 팔린 기념품부터 차례로 쓰세요.

(　　　　　　　　　　　　　　　)

17 막대그래프를 보고 알 수 있는 내용을 잘못 설명한 것을 찾아 기호를 쓰세요.

> ㉠ 가로는 판매량, 세로는 기념품을 나타냅니다.
> ㉡ 가로 눈금 한 칸은 100개를 나타냅니다.
> ㉢ 학용품 판매량은 액자 판매량보다 2개 더 많습니다.

(　　　　　)

18 작년에 팔린 기념품의 막대그래프를 보고, 올해에는 어떤 기념품을 적게 준비해도 될지 쓰세요.

작년에 가장 적게 팔린 기념품을 올해에는 적게 준비해도 될 것 같아.

(　　　　　)

서술형

19 학생들이 좋아하는 과일을 조사하여 나타낸 막대그래프입니다. 막대그래프를 보고 알 수 있는 내용을 2가지 쓰세요.

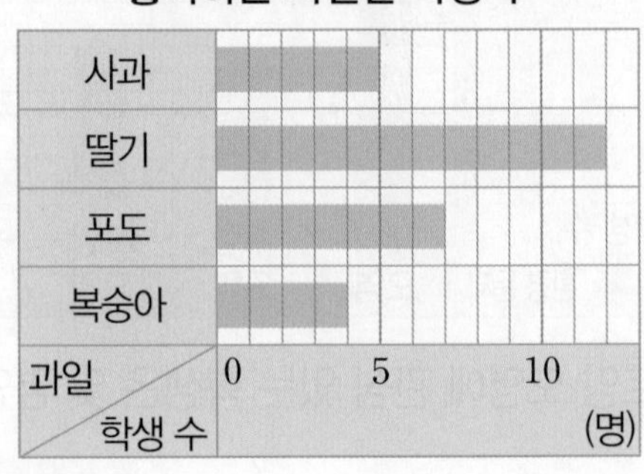

알 수 있는 내용

20 조사한 학생이 모두 24명일 때, 일어를 배우고 싶은 학생은 몇 명인지 풀이 과정을 쓰고, 답을 구하세요.

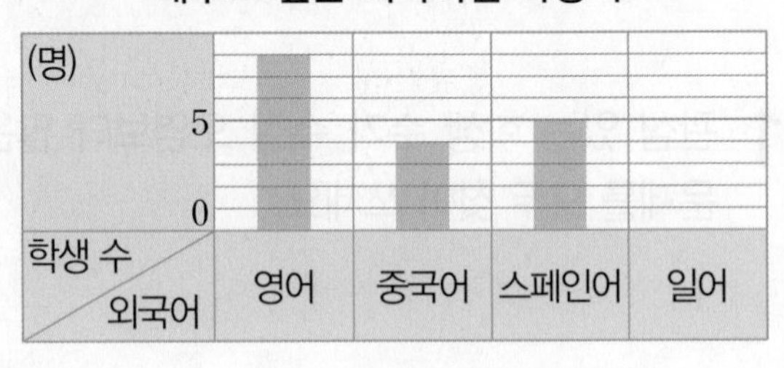

풀이

창의력 쑥쑥

승아가 환경 보호를 위해 공원에서 쓰레기를 줍고 있어요.
어라? 그런데 이 공원에 이상한 일들이 일어나고 있네요!
이상한 곳 5군데를 찾아보세요.

정답은 개념책 158쪽에서 확인하세요.

6

규칙 찾기

학습을 끝낸 후
색칠해 보세요.

❶ 수의 배열에서 규칙 찾기
❷ 규칙을 찾아 수나 식으로 나타내기

이전에 배운 내용

[2-2] 규칙 찾기

무늬, 쌓은 모양에서 규칙 찾기
덧셈표, 곱셈표에서 규칙 찾기

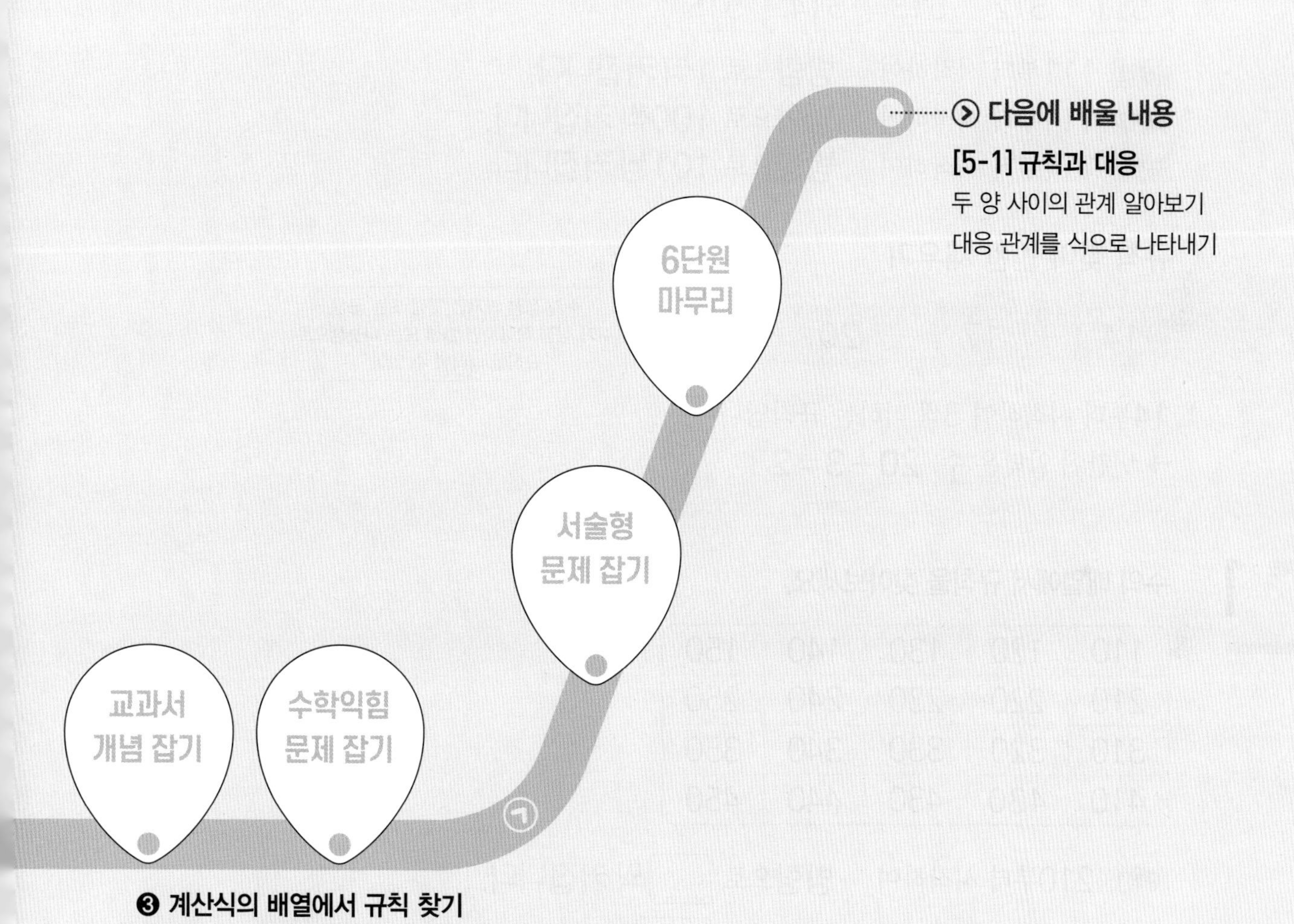

다음에 배울 내용
[5-1] 규칙과 대응
두 양 사이의 관계 알아보기
대응 관계를 식으로 나타내기
6단원
마무리
서술형
문제 잡기
교과서
개념 잡기
수학익힘
문제 잡기
❸ 계산식의 배열에서 규칙 찾기
❹ 등호(=)를 사용하여 나타내기

STEP 1

교과서 개념 잡기

① 수의 배열에서 규칙 찾기

규칙 찾아 설명하기

111	112	113	114	115
211	212	213	214	215
311	312	313	314	315
411	412	413	414	415
511	512	513	514	515

규칙1 111부터 시작하여 → 방향으로 **1씩 커집니다.**

규칙2 111부터 시작하여 ↓ 방향으로 **100씩 커집니다.**

규칙3 111부터 시작하여 ↘ 방향으로 **101씩 커집니다.**

규칙 찾아 빈칸 채우기

14 —(+3)— 17 —(+3)— 20 —(+3)— ?

수가 점점 커지면 덧셈 또는 곱셈,
수가 점점 작아지면 뺄셈 또는 나눗셈으로
규칙을 나타낼 수 있어.

14부터 시작하여 3씩 더하는 규칙입니다.

➜ 빈칸에 알맞은 수: **20+3=23**

개념 확인 **1** 수의 배열에서 규칙을 찾아보세요.

110	120	130	140	150
210	220	230	240	250
310	320	330	340	350
410	420	430	440	450

규칙1 210부터 시작하여 → 방향으로 ☐씩 커집니다.

규칙2 120부터 시작하여 ↓ 방향으로 ☐씩 커집니다.

개념 확인 **2** 규칙을 찾아 빈칸에 알맞은 수를 구하세요.

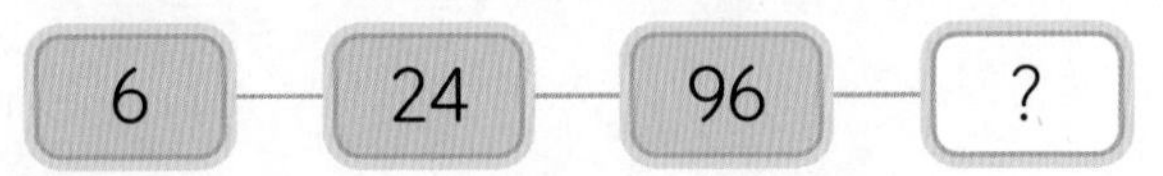

6부터 시작하여 ☐씩 곱하는 규칙입니다.

➜ 빈칸에 알맞은 수: **96×4=**☐

3 수의 배열에서 규칙을 찾아 □ 안에 알맞은 수를 써넣으세요.

(1)

100 — 95 — 90 — 85 — 80

➜ 100부터 시작하여 □씩 빼는 규칙입니다.

(2) 256 — 128 — 64 — 32 — 16

➜ 256부터 시작하여 □로 나누는 규칙입니다.

4 수의 배열에서 규칙을 찾아 빈칸에 알맞은 수를 써넣으세요.

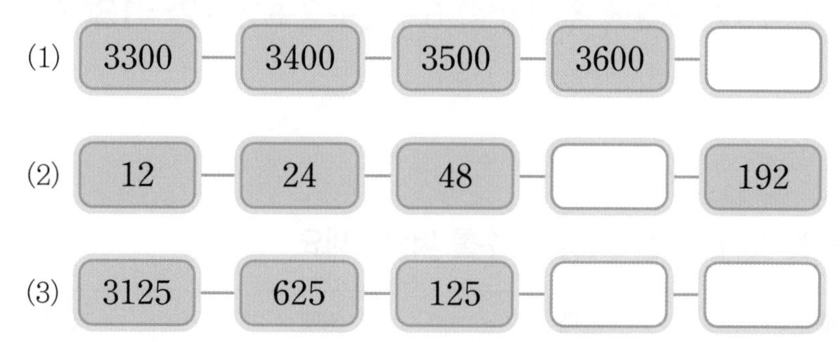

(1) 3300 — 3400 — 3500 — 3600 — □

(2) 12 — 24 — 48 — □ — 192

(3) 3125 — 625 — 125 — □ — □

5 우편함에서 규칙을 찾아 □ 안에 알맞은 수를 써넣으세요.

301호	302호	303호	304호
201호	202호	203호	호
101호	102호	103호	104호

(1) 수가 ↑ 방향으로 □씩 커지고, → 방향으로 □씩 커집니다.

(2) 편지를 받은 곳은 □호입니다.

6 단원

STEP 1 교과서 개념 잡기

② 규칙을 찾아 수나 식으로 나타내기

모양의 배열에서 사각형의 수를 세어 수와 식으로 나타냅니다.

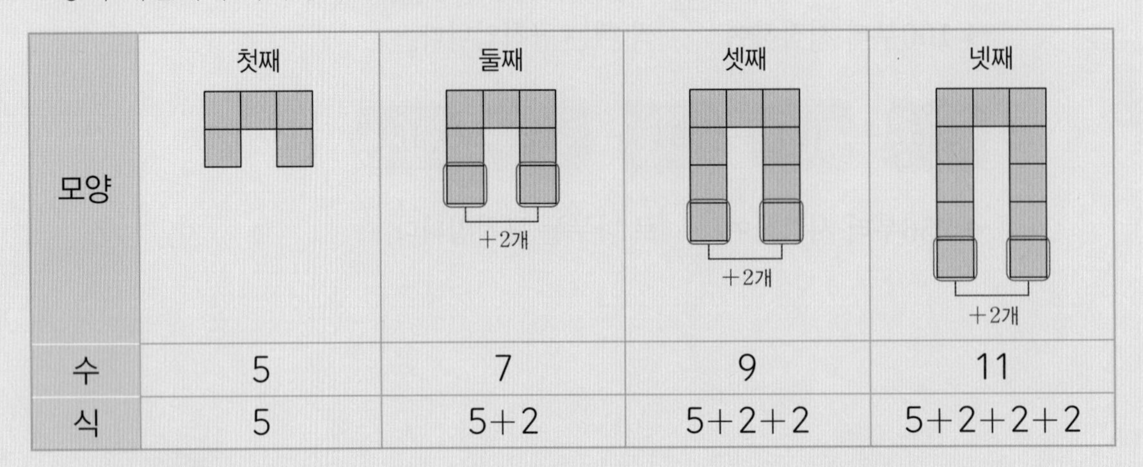

	첫째	둘째	셋째	넷째
모양		+2개	+2개	+2개
수	5	7	9	11
식	5	5+2	5+2+2	5+2+2+2

다섯째

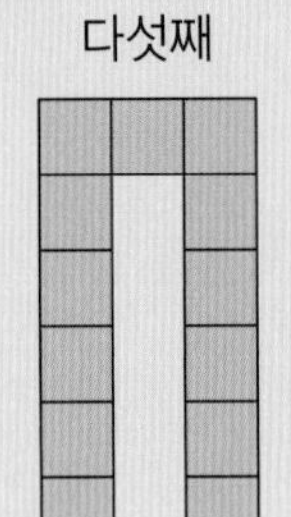

규칙 사각형(□)이 5개부터 시작하여 **2개씩 늘어납니다.**

➜ 다섯째 모양에 올 사각형: **5+2+2+2+2=13**(개)

개념 확인 **1** 모양의 배열에서 규칙을 찾아 □ 안에 알맞은 수를 써넣으세요.

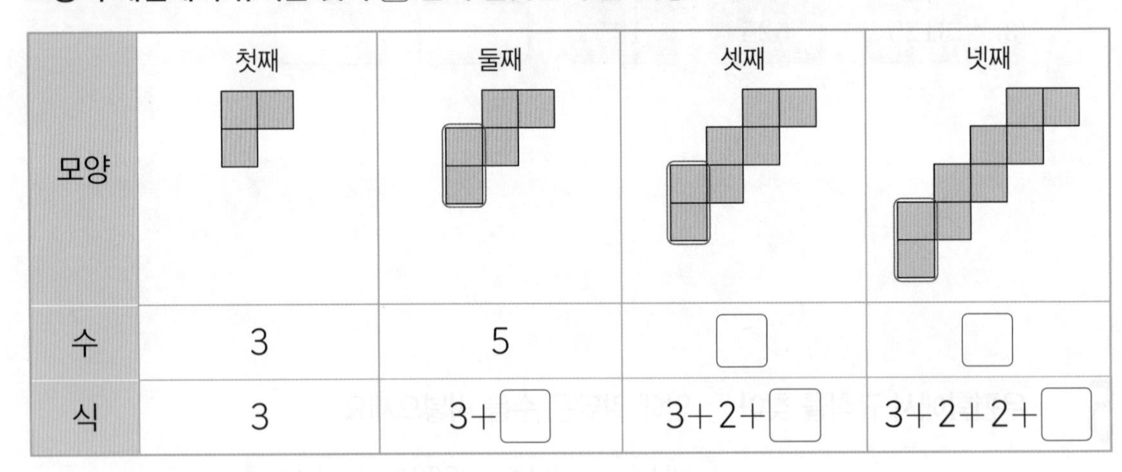

	첫째	둘째	셋째	넷째
모양				
수	3	5	□	□
식	3	3+□	3+2+□	3+2+2+□

다섯째

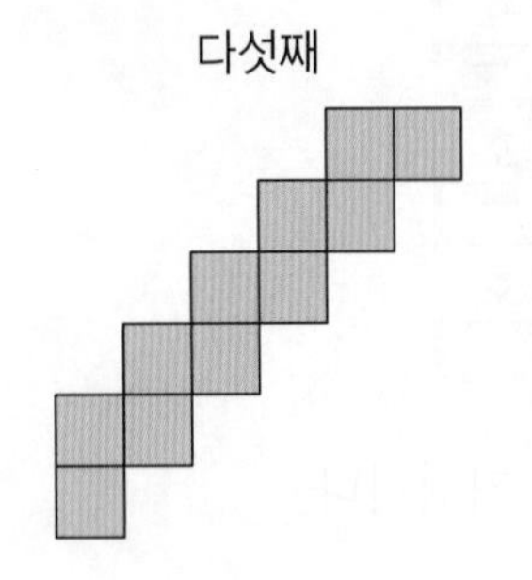

규칙 사각형(□)이 3개부터 시작하여 □**개씩 늘어납니다.**

➜ 다섯째 모양에 올 사각형: **3+2+2+2+**□=□(개)

2 모양의 배열에서 규칙을 찾아 □ 안에 알맞은 수를 써넣으세요.

(1)

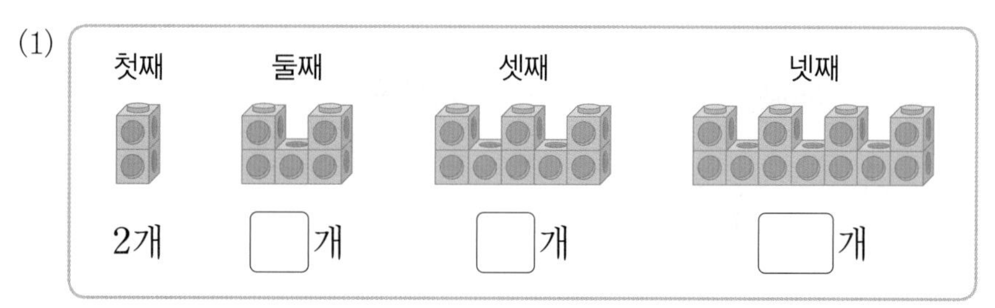

2개 □개 □개 □개

규칙 모형( )이 2개부터 시작하여 □개씩 늘어납니다.

(2)

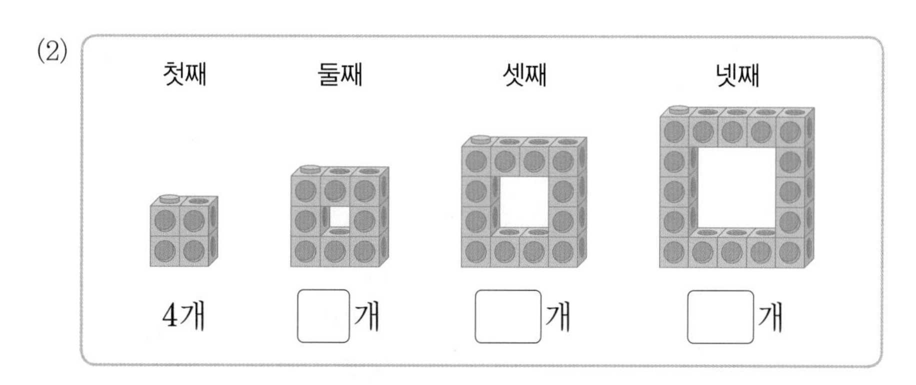

4개 □개 □개 □개

규칙 모형( )이 4개부터 시작하여 □개씩 늘어납니다.

6 단원

3 모양의 배열에서 규칙을 찾으려고 합니다. 물음에 답하세요.

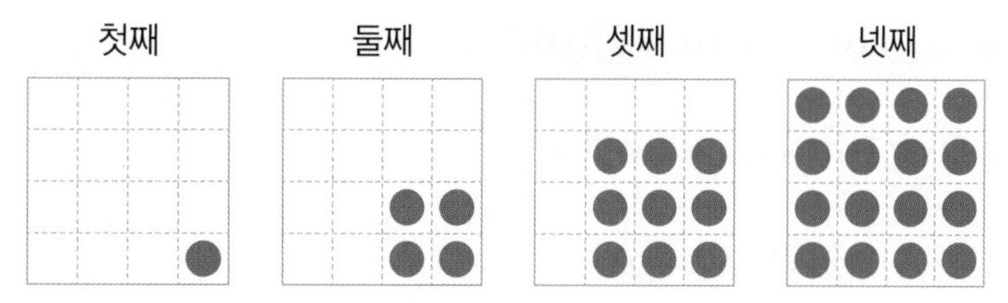

(1) 규칙을 찾아 다섯째에 올 모양을 그려 보세요.

(2) ●의 수를 세어 수와 식으로 나타내세요.

순서	첫째	둘째	셋째	넷째	다섯째
수	1	4			
식	1×1	2×2	3×3	□×□	□×□

STEP 2 수학익힘 문제 잡기

1 수의 배열에서 규칙 찾기

개념 132쪽

01 수 배열표에서 규칙을 찾아 빈칸에 알맞은 수를 써넣으세요.

805	815	825	
705	715	725	735
	615	625	635
505	515		535

[02~03] 수 배열표를 보고 물음에 답하세요.

3210	3310	3410	3510	3610
4210	4310	4410	4510	4610
5210	5310	5410	5510	5610
6210	6310	6410	6510	6610
7210	7310	7410	7510	7610

02 □로 표시된 칸에서 규칙을 찾아보세요.

4210부터 시작하여 오른쪽으로 □씩 커집니다.

03 ▒로 색칠된 칸에서 규칙을 찾아보세요.

□부터 시작하여 ↘ 방향으로 □씩 커집니다.

04 수의 배열에서 규칙을 찾아 빈칸에 알맞은 수를 써넣으세요.

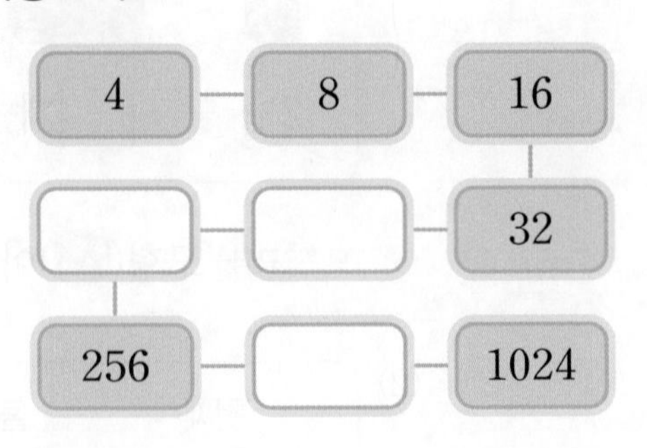

교과역량 콕! 의사소통 | 연결

05 주경이가 정한 규칙에 맞게 빈칸에 알맞은 수를 써넣으세요.

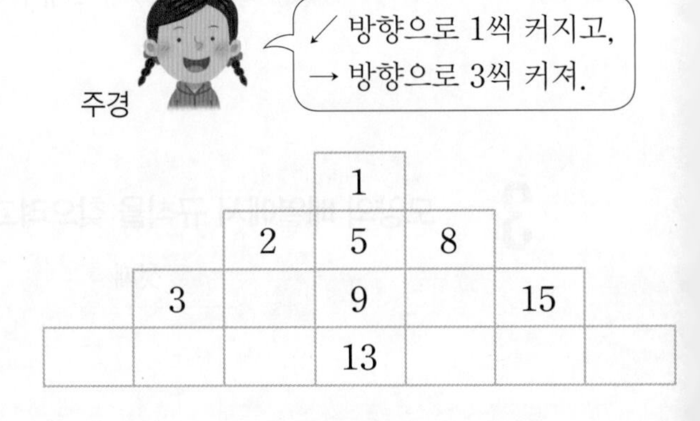

06 수 배열표의 일부가 찢어졌습니다. 규칙을 찾아 ㉠에 알맞은 수를 구하세요.

62	64	66	68
262	264	266	268
462	464	㉠	468
662	664		

(　　　　　　　　)

힌트 톡! 가로줄 또는 세로줄의 규칙을 찾아봐.

07 표 안의 수를 보고 규칙을 찾아 빈칸에 알맞은 수를 써넣으세요.

+	1406	1407	1408	1409
12	8	9	0	1
13	9	0	1	2
14	0		2	3
15	1	2	3	

08 기차 **좌석 배치도**에서 ■, ●에 알맞은 좌석 번호는 각각 무엇인가요?

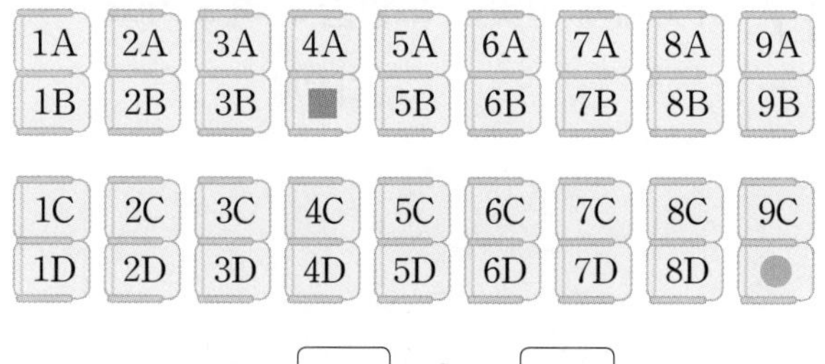

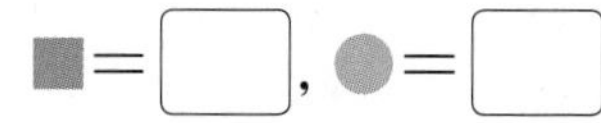

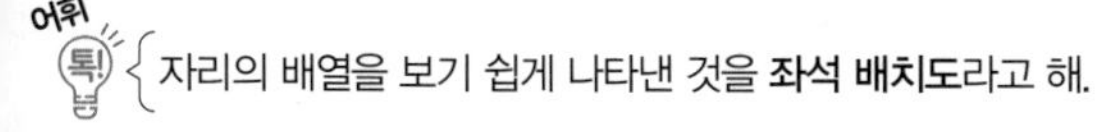

어휘 톡!
자리의 배열을 보기 쉽게 나타낸 것을 좌석 배치도라고 해.

교과역량 콕! 문제해결 | 추론

09 계산기의 수 배열에서 규칙을 찾아 □ 안에 알맞은 수를 써넣으세요.

$7+8+9=8\times3$

$4+5+6=\square\times3$

$1+2+3=\square\times\square$

2 규칙을 찾아 수나 식으로 나타내기 개념 134쪽

[10~12] 모양의 배열을 보고 물음에 답하세요.

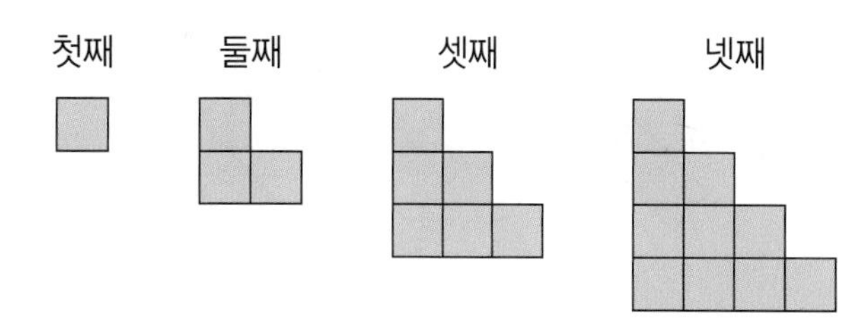

10 사각형(■)의 수를 세어 규칙을 찾아 보세요.

순서	첫째	둘째	셋째	넷째
수				

규칙 사각형이 1개부터 시작하여 아래쪽으로 2개, □개, □개, ...가 늘어납니다.

11 규칙을 식으로 나타내세요.

순서	식
첫째	1
둘째	1+□
셋째	1+□+□
넷째	1+□+□+□

12 다섯째에 알맞은 모양은 사각형(■)이 몇 개인지 구하세요.

(   )

6 단원

[13～15] 사각형으로 만든 모양의 배열을 보고 물음에 답하세요.

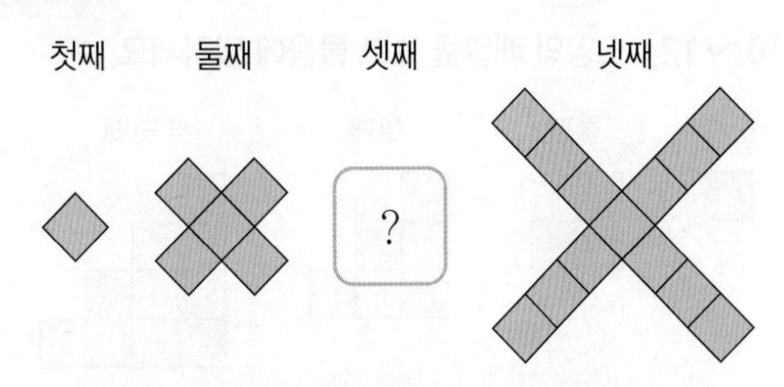

13 셋째에 알맞은 모양을 그려 보세요.

셋째

14 사각형의 수를 세어 표를 완성하고, ☐ 안에 알맞은 수를 써넣으세요.

순서	첫째	둘째	셋째	넷째
수				

규칙 사각형이 1개부터 시작하여 ☐개씩 늘어납니다.

15 다섯째에 오는 모양은 사각형이 몇 개일지 덧셈식으로 나타내세요.

다섯째 1+☐+☐+☐+☐
=☐(개)

[16～18] 바둑돌로 만든 모양의 배열을 보고 물음에 답하세요.

첫째 둘째 셋째 넷째

16 규칙을 찾아 ☐ 안에 알맞은 수를 써넣으세요.

바둑돌이 3개, ☐개, ☐개, ...씩 늘어납니다.

17 다섯째에 알맞은 모양을 그려 보세요.

다섯째

18 바둑돌의 배열에서 규칙을 찾아 식으로 나타내세요.

순서	식
첫째	1
둘째	1+3
셋째	1+3+5
넷째	
다섯째	

[19~21] 삼각형으로 만든 모양의 배열을 보고 물음에 답하세요.

첫째 둘째 셋째 넷째

19 △의 수를 곱셈식으로 나타내세요.

순서	식
첫째	2×4
둘째	3×4
셋째	
넷째	

20 여섯째에 알맞은 모양을 그리고, 여섯째에 놓이는 △은 몇 개인지 구하세요.

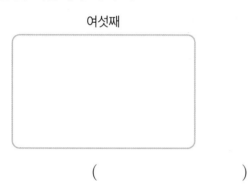

( )

교과역량 콕! 문제해결 | 추론

21 규칙에 따라 놓인 모양을 보고 △의 수를 식으로 나타낸 것입니다. 몇째에 놓인 모양인가요?

9×4

( )

22 성냥개비로 만든 모양의 배열에서 규칙을 찾아 일곱째 모양에 놓일 성냥개비는 몇 개인지 구하세요.

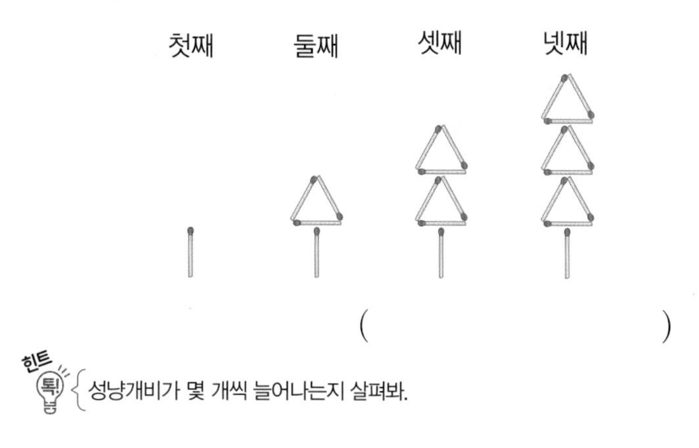

( )

힌트 톡! 성냥개비가 몇 개씩 늘어나는지 살펴봐.

[23~24] 빨간색 구슬과 파란색 구슬로 만든 모양의 배열을 보고 물음에 답하세요.

첫째 둘째 셋째 넷째

23 여섯째에 알맞은 모양에서 빨간색 구슬(●)과 파란색 구슬(●)은 각각 몇 개인지 구하세요.

● ( )

● ( )

24 일곱째에 알맞은 모양에서 구슬은 모두 몇 개인지 구하세요.

( )

STEP 1

교과서 개념 잡기

③ 계산식의 배열에서 규칙 찾기

수가 커지거나 작아지는 규칙 찾기

순서	덧셈식
첫째	100+111=211
둘째	200+211=411
셋째	300+311=611

+200, +200

100씩 커지는 수에 100씩 커지는 수를 더하면 계산 결과는 200씩 커집니다.

자리 수가 변하는 규칙 찾기

순서	곱셈식
첫째	1×1=1
둘째	11×11=121
셋째	111×111=12321
넷째	1111×1111=1234321

곱하는 두 수에서 1이 각각 1개씩 늘어나면 계산 결과는 가운데 자리의 수가 1씩 커지면서 두 자리씩 늘어납니다.

개념 확인 **1** 뺄셈식의 배열에서 규칙을 찾아보세요.

순서	뺄셈식
첫째	570−110=460
둘째	560−120=440
셋째	550−130=☐

−20, −20

10씩 작아지는 수에 10씩 커지는 수를 빼면 계산 결과는 ☐씩 작아집니다.

개념 확인 **2** 나눗셈식의 배열에서 규칙을 찾아보세요.

순서	나눗셈식
첫째	189÷9=21
둘째	2889÷9=321
셋째	38889÷9=4321
넷째	488889÷9=☐

나누어지는 수에서 가장 높은 자리의 수가 ☐씩 커지면서 8이 1개씩 늘어나면 계산 결과는 가장 높은 자리의 수가 ☐씩 커지면서 한 자리씩 늘어납니다.

3 덧셈식에서 규칙을 찾아보세요.

(1)

(짝수)+(짝수)
2+4=6
4+6=10
6+8=14
8+10=18

짝수와 짝수를 더하면
(짝수 , 홀수)가 됩니다.

(2)

(홀수)+(짝수)
3+2=5
5+4=9
9+8=17
17+16=33

홀수와 짝수를 더하면
(짝수 , 홀수)가 됩니다.

4 덧셈식의 배열을 보고 물음에 답하세요.

순서	덧셈식
첫째	1+2+3+4=10
둘째	2+3+4+5=14
셋째	3+4+5+6=18
넷째	4+5+6+7=22

(1) 규칙을 찾아 □ 안에 알맞은 수를 써넣으세요.

더하는 네 수가 각각 1씩 커지면 계산 결과는 □씩 커집니다.

(2) 다섯째에 알맞은 덧셈식을 쓰세요.

□+□+□+□=□

5 계산식의 배열에서 규칙을 찾아 다섯째에 알맞은 식을 써넣으세요.

(1)

순서	곱셈식
첫째	2×9=18
둘째	22×9=198
셋째	222×9=1998
넷째	2222×9=19998
다섯째	

(2)

순서	나눗셈식
첫째	25÷5=5
둘째	275÷5=55
셋째	2775÷5=555
넷째	27775÷5=5555
다섯째	

④ 등호(=)를 사용하여 나타내기

합이 같은 두 덧셈식을 등호로 나타내기

같은 양을 나타낼 때 등호(=)를 사용해.

전체 바둑돌의 수가 같을 때 검은 바둑돌의 수가 줄어들면 흰 바둑돌의 수가 늘어납니다.

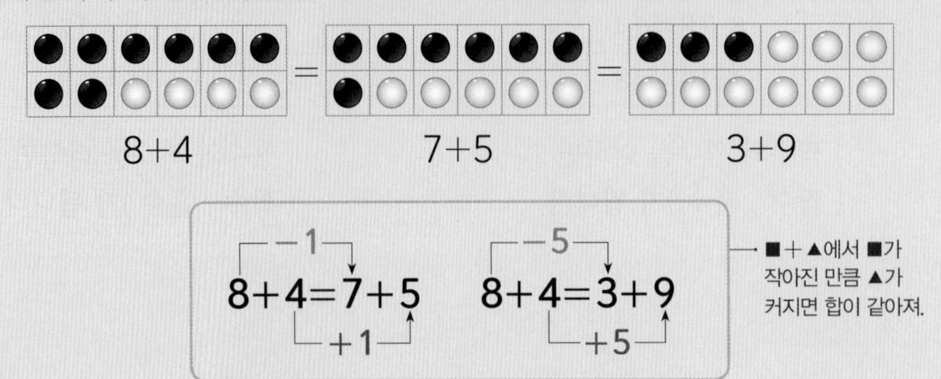

■+▲에서 ■가 작아진 만큼 ▲가 커지면 합이 같아져.

곱이 같은 두 곱셈식을 등호로 나타내기

똑같이 나누어 묶었을 때 한 묶음 안의 수가 늘어나면 전체 묶음 수는 줄어듭니다.

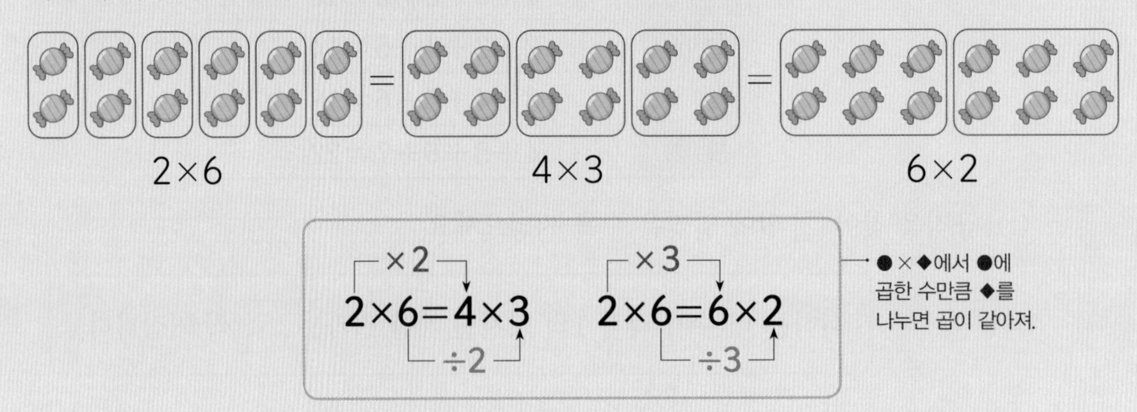

●×◆에서 ●에 곱한 수만큼 ◆를 나누면 곱이 같아져.

개념 확인 **1** 그림을 보고 □ 안에 알맞은 수를 써넣으세요.

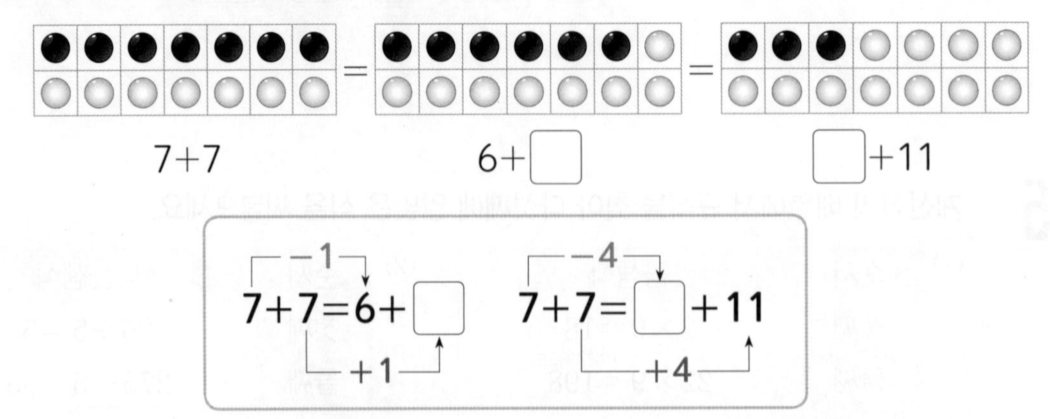

2 그림을 보고 □ 안에 알맞은 수를 써넣으세요.

$10 \times 4 = 5 \times \square$　　$2 \times \square = 10 \times 4$

3 □ 안에 알맞은 수를 써넣으세요.

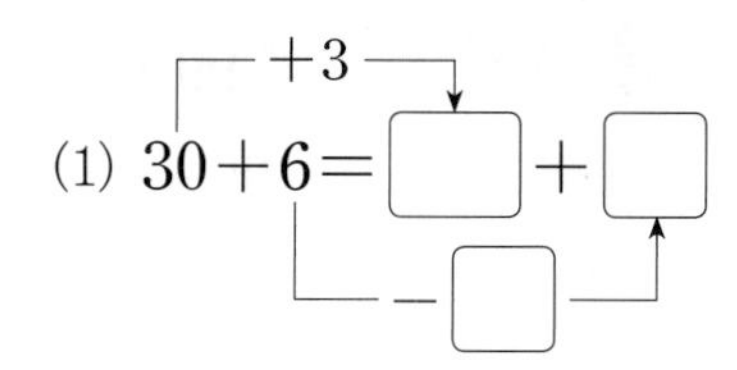

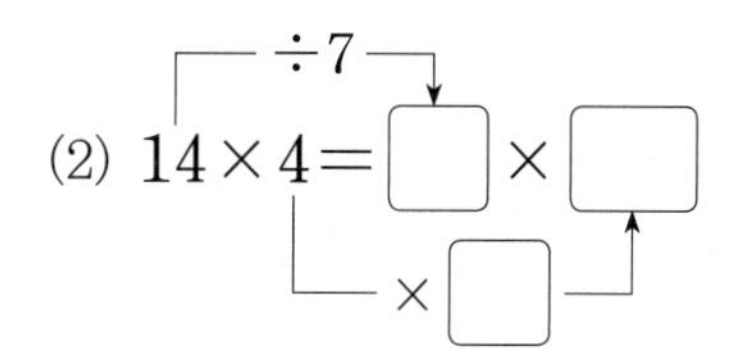

6 단원

4 옳은 식에 ○표, 옳지 않은 식에 ×표 하세요.

(1)

$12+7=15+4$	
$23+11=20+15$	
$48+20=68+0$	

(2)

$11 \times 8 = 22 \times 16$	
$3 \times 12 = 9 \times 4$	
$50 \times 7 = 10 \times 35$	

5 옳은 식을 모두 찾아 색칠해 보세요.

$8+5=7+7$	$24+32=25+30$	$51+19=19+51$
$6 \times 9 = 18 \times 3$	$3 \times 20 = 1 \times 60$	$2 \times 44 = 4 \times 11$

STEP 2 수학익힘 문제 잡기

3 계산식의 배열에서 규칙 찾기

개념 140쪽

01 다음에 올 계산식이 $11\times44=484$인 것을 찾아 기호를 쓰세요.

가

$11\times11=121$
$11\times22=242$
$11\times33=363$

나

$10\times11=110$
$20\times11=220$
$30\times11=330$

(　　　　　　)

02 뺄셈식의 배열에서 규칙을 찾아 빈칸에 알맞은 식을 써넣으세요.

순서	뺄셈식
첫째	$4690-300=4390$
둘째	$5690-300=5390$
셋째	$6690-300=6390$
넷째	
다섯째	$8690-300=8390$

03 나눗셈식의 배열에서 규칙을 찾아 □ 안에 알맞은 식을 써넣으세요.

$220\div20=11$
$440\div20=22$
□
$880\div20=44$

04 짝수와 홀수의 곱셈식에서 규칙을 찾아 알맞은 말을 쓰세요.

$4\times3=12$　　$6\times5=30$
$10\times7=70$　　$10\times9=90$

짝수와 홀수를 곱하면 □가 됩니다.

05 규칙을 찾아 □ 안에 알맞은 수를 써넣으세요.

순서	곱셈식
첫째	$9\times7=63$
둘째	$99\times7=693$
셋째	$999\times7=6993$
넷째	$9999\times7=69993$

곱해지는 수에서 □가 1개씩 늘어나면
계산 결과도 □가 1개씩 늘어납니다.

교과역량 콕! 연결

06 설명에 알맞은 덧셈식을 만든 사람의 이름을 쓰세요.

십의 자리 수가 각각 1씩 커지는
두 수의 합은 20씩 커집니다.

$150+128=278$
$250+228=478$
$350+328=678$

$300+214=514$
$310+224=534$
$320+234=554$

(　　　　　　)

교과역량 콕! 추론

07 규칙을 찾아 여섯째에 알맞은 식을 쓰세요.

순서	덧셈식
첫째	$8+3=11$
둘째	$88+33=121$
셋째	$888+333=1221$
넷째	$8888+3333=12221$

여섯째

10 규칙에 따라 $99999999-12345678$의 값을 추측해 보세요.

$33-12=21$
$444-123=321$
$5555-1234=4321$
$66666-12345=54321$

(　　　　　　　　)

[08~09] 곱셈식의 배열을 보고 물음에 답하세요.

순서	곱셈식
첫째	$123456789\times9=1111111101$
둘째	$123456789\times18=2222222202$
셋째	$123456789\times27=3333333303$
넷째	$123456789\times36=4444444404$

08 곱셈식의 배열에서 규칙을 찾아 □ 안에 알맞은 수를 써넣으세요.

곱하는 수가 □씩 커지면 계산 결과는 □씩 커집니다.

09 규칙에 따라 계산 결과가 7777777707이 되는 곱셈식을 쓰세요.

식

11 규칙에 따라 □ 안에 알맞은 수를 써넣으세요.

$3\times5=15$
$33\times35=1155$
$333\times335=111555$
$3333\times3335=11115555$

$333333\times$ □ $=111111555555$

12 규칙에 따라 6이 12개 나오는 나눗셈식은 몇째일까요?

순서	나눗셈식
첫째	$273\div39=7$
둘째	$26733\div399=67$
셋째	$2667333\div3999=667$
넷째	$266673333\div39999=6667$

(　　　　　　　　)

나누어지는 수와 몫에서 6이 몇 개씩 늘어나는지 살펴봐.

6 단원

4 등호(=)를 사용하여 나타내기

개념 142쪽

13 크기가 같은 덧셈식이 되도록 □ 안에 알맞은 수를 써넣으세요.

(1) $46+17=50+\square$

(2) $\square+25=33+30$

(3) $14+9+6=14+\square$

14 크기가 같은 곱셈식이 되도록 □ 안에 알맞은 수를 써넣으세요.

(1) $22\times\square=11\times16$

(2) $9\times54=\square\times6$

(3) $4\times7\times5=\square\times7$

15 ■에 알맞은 수는 얼마인지 구하세요.

$38-13=■-15$

15는 13보다 2만큼 더 큰 수이므로 ■에 알맞은 수는 38보다 2만큼 더 (큰 , 작은) 수인 □ 입니다.

16 크기가 같은 것끼리 이어 보세요.

(1)	$42\div6$ •	•	$43\div1$
(2)	$90\div10$ •	•	$21\div3$
(3)	$86\div2$ •	•	$45\div5$

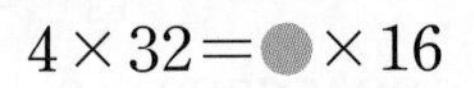

17 ●에 알맞은 수를 바르게 이야기한 친구를 찾아 이름을 쓰세요.

$4\times32=●\times16$

연서: 4와 32를 곱하면 128이므로 ●에 알맞은 수는 128이야.

규민: 32를 2로 나누면 16이므로 ●에 알맞은 수는 4에 2를 곱한 8이야.

주경: 32를 2로 나누면 16이고, 양쪽이 같아야 하므로 ●에 알맞은 수는 4를 2로 나눈 몫인 2야.

(　　　　　　　　)

18 식이 옳은 것을 모두 찾아 기호를 쓰세요.

㉠ $42+51=45+48$
㉡ $33-19=34-20$
㉢ $19\times24=38\times11$
㉣ $30\div10=60\div20$

( )

19 23+57과 크기가 같은 덧셈식 3개를 찾아 등호를 사용하여 식으로 나타내세요.

$23+57=\square+\square$
$23+57=\square+\square$
$23+57=\square+\square$

힌트 톡! 한 수가 ■만큼 커지면 다른 한 수는 ■만큼 작아지도록 덧셈식을 만들어.

교과역량 콕! 의사소통

20 현서의 메모를 읽고 □ 안에 알맞은 수를 써넣으세요.

〈38+44를 쉽게 계산하는 방법〉

38을 40으로 바꾸어 계산하면

$38+44=40+\square$ 이므로 $\square$가 된다.

몇십으로 바꾸어 계산하면 더 쉽게 계산할 수 있다!

21 7×90과 크기가 같은 곱셈식은 모두 몇 개인지 구하세요.

1×630	35×18	28×22
42×10	14×45	21×30

( )

22 □ 안에 알맞은 수가 가장 큰 것을 찾아 기호를 쓰세요.

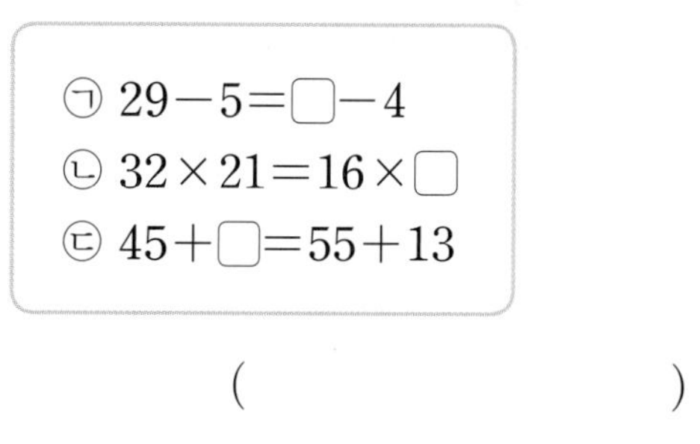
㉠ $29-5=\square-4$
㉡ $32\times21=16\times\square$
㉢ $45+\square=55+13$

( )

교과역량 콕! 연결 | 문제해결

23 화단에 빨간색과 노란색 튤립을 같은 수만큼 심으려고 합니다. 빨간색 튤립을 한 줄에 10송이씩 4줄을 심었습니다. 한 줄에 5송이씩 노란색 튤립을 심는다면 몇 줄을 심어야 할까요?

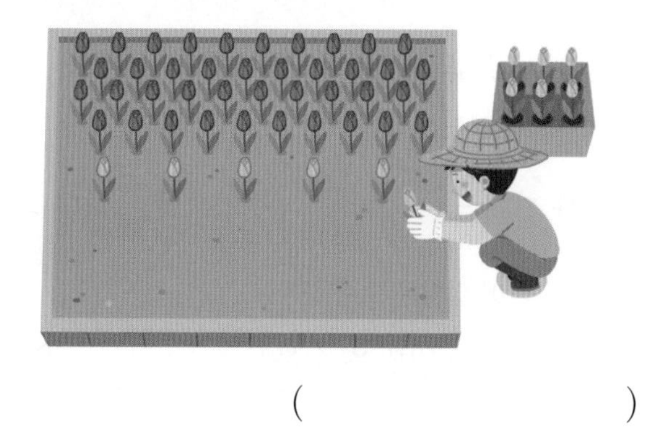

( )

STEP 3 서술형 문제 잡기

1

수 배열표에서 규칙을 2가지 찾아 쓰세요.

1031	1131	1231	1331	1431
1021	1121	1221	1321	1421
1011	1111	1211	1311	1411
1001	1101	1201	1301	1401

1단계 가로줄에서 규칙 찾기

1031부터 시작하여 → 방향으로

[ ]씩 (커집니다 , 작아집니다).

2단계 세로줄에서 규칙 찾기

1031부터 시작하여 ↓ 방향으로

[ ]씩 (커집니다 , 작아집니다).

2

수 배열표에서 규칙을 2가지 찾아 쓰세요.

850	840	830	820	810
1850	1840	1830	1820	1810
2850	2840	2830	2820	2810
3820	3840	3830	3820	3810

1단계 가로줄에서 규칙 찾기

2단계 세로줄에서 규칙 찾기

3

곱셈식의 배열에서 규칙을 찾아 ㉠에 알맞은 수는 얼마인지 풀이 과정을 쓰고, 답을 구하세요.

$34 \times 34 = 1156$

$334 \times 334 = 111556$

$3334 \times 3334 = 11115556$

$33334 \times 33334 =$ ㉠

1단계 곱셈식의 배열에서 규칙 찾기

곱하는 두 수에서 [ ]이 각각 1개씩 늘어나면

계산 결과는 [ ]과 [ ]가 1개씩 늘어납니다.

2단계 ㉠에 알맞은 수 구하기

따라서 ㉠에 알맞은 수는 [ ]입니다.

답

4

곱셈식의 배열에서 규칙을 찾아 ㉠에 알맞은 수는 얼마인지 풀이 과정을 쓰고, 답을 구하세요.

$77 \times 99 = 7623$

$777 \times 999 = 776223$

$7777 \times 9999 = 77762223$

$77777 \times 99999 =$ ㉠

1단계 곱셈식의 배열에서 규칙 찾기

2단계 ㉠에 알맞은 수 구하기

답

5

모양의 배열을 보고 **여섯째에 놓이는** ●는 몇 개인지 풀이 과정을 쓰고, 답을 구하세요.

첫째 둘째 셋째 넷째

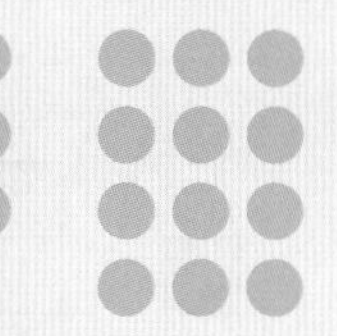

(1단계) 모양이 몇 개씩 늘어나는지 규칙 찾기

●는 3개, 6개, □개, □개, ...로

□개씩 늘어납니다.

(2단계) 여섯째에 놓이는 모양의 개수 구하기

따라서 여섯째에 놓이는 ●는

3+□+□+□+□+□=□(개)

입니다.

답 ______

6

모양의 배열을 보고 **일곱째에 놓이는** ◆는 몇 개인지 풀이 과정을 쓰고, 답을 구하세요.

첫째 둘째 셋째 넷째

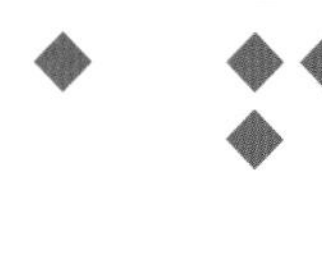

(1단계) 모양이 몇 개씩 늘어나는지 규칙 찾기

______

______

(2단계) 일곱째에 놓이는 모양의 개수 구하기

______

______

답 ______

7

리아가 고른 두 수를 더한 것과 크기가 같은 덧셈식을 만들어 등호로 나타내세요.

리아
나는 42와 19를 고를래.

30 42 19 56

(1단계) 리아가 고른 두 수로 덧셈식 쓰기

□+□

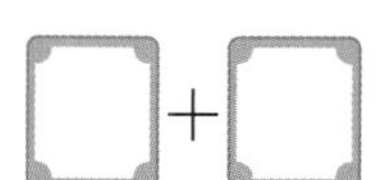

(2단계) 크기가 같은 덧셈식을 등호로 나타내기

□+□=□+□

8 창의형

수 카드에서 두 수를 골라 더하고, 크기가 같은 덧셈식을 만들어 등호로 나타내세요.

마음에 드는 수 카드 2장을 골라 봐.

28 31 53 47

(1단계) 두 수를 골라 덧셈식 쓰기

□+□

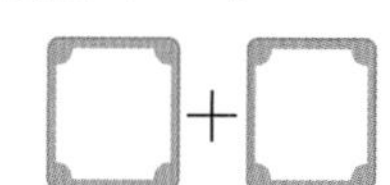

(2단계) 크기가 같은 덧셈식을 등호로 나타내기

□+□=□+□

6 단원

평가 **6단원 마무리**

맞힌 개수

[01～03] 수 배열표를 보고 물음에 답하세요.

100	101	102	103	104
200	201	202	203	204
300	301	302		304
400	401	402	403	404

01 100부터 시작하여 → 방향으로 얼마만큼씩 커지는 규칙인가요?

( )

02 400부터 시작하여 ↑ 방향으로 얼마만큼씩 작아지는 규칙인가요?

( )

03 ▭로 색칠된 칸에 알맞은 수를 구하세요.

( )

04 수의 배열에서 규칙을 찾아 빈칸에 알맞은 수를 써넣으세요.

13 - 39 - 117 - ▭ - 1053

05 크기가 같은 뺄셈식이 되도록 ▢ 안에 알맞은 수를 써넣으세요.

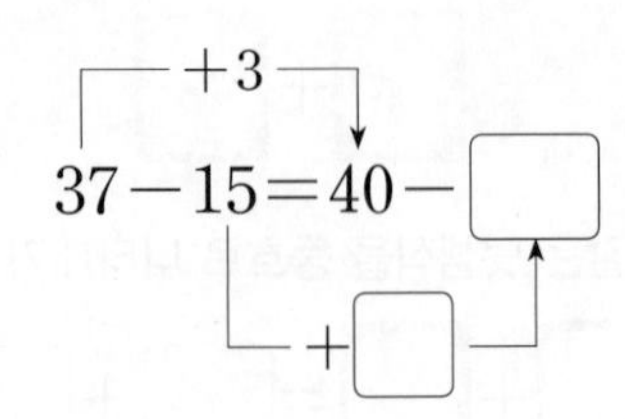

[06～08] 모양의 배열을 보고 물음에 답하세요.

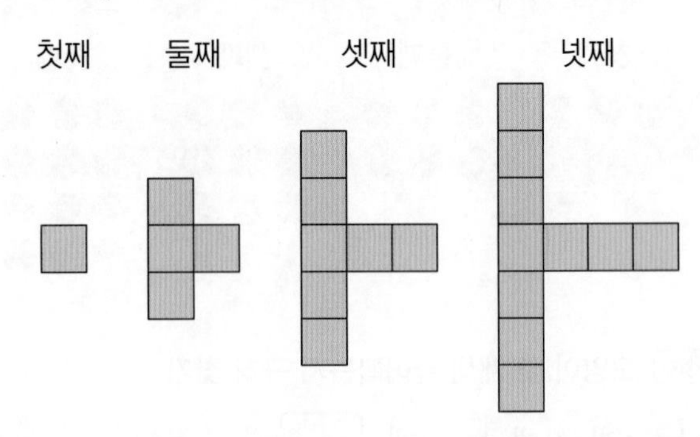

06 사각형(▢)의 수를 세어 규칙을 찾아보세요.

사각형이 1개부터 시작하여 ▢개씩 늘어납니다.

07 규칙을 식으로 나타내세요.

순서	식
첫째	1
둘째	
셋째	1＋3＋3
넷째	

08 다섯째에 알맞은 모양은 사각형(▢)이 몇 개인지 구하세요.

( )

정답 36쪽

09 규칙에 맞는 수의 배열을 찾아 색칠해 보세요.

6070부터 시작하여 101씩 커집니다.

6070	6170	6270
6071	6171	6271
6072	6172	6272

[10～11] 계산식의 배열을 보고 물음에 답하세요.

가

$315-204=111$
$426-204=222$
$537-204=333$

나

$986-111=875$
$986-222=764$
$986-333=653$

다

$121\div11=11$
$242\div11=22$
$363\div11=33$

라

$880\div40=22$
$660\div30=22$
$440\div20=22$

10 설명에 알맞은 계산식을 찾아 기호를 쓰세요.

같은 수에서 111씩 커지는 수를 빼면 그 차는 111씩 작아집니다.

( )

11 준호의 설명에 알맞은 계산식을 찾아 기호를 쓰세요.

다음에 올 계산식은 $220\div10=22$일 거야.

준호

( )

12 크기가 다른 식을 찾아 ○표 하세요.

$72+0$ $57+15$ $50+21$
$42+30$ $70+2$

[13～14] 곱셈식의 배열을 보고 물음에 답하세요.

순서	곱셈식
첫째	$8547\times13=111111$
둘째	$8547\times26=222222$
셋째	$8547\times39=333333$
넷째	$8547\times52=444444$

13 곱셈식의 배열에서 규칙을 찾아 □ 안에 알맞은 수를 써넣으세요.

곱하는 수가 □씩 커지면 계산 결과는 □씩 커집니다.

14 규칙에 따라 계산 결과가 666666이 되는 곱셈식을 쓰세요.

식

15 40×22와 크기가 같은 곱셈식이 되도록 □ 안에 알맞은 수를 써넣으세요.

$\square\times11$ $20\times\square$

6 단원

정답 36쪽

16 식이 잘못된 것은 모두 몇 개인지 구하세요.

㉠ $27+4=29+2$
㉡ $35+10=30+5$
㉢ $26\times7=13\times14$
㉣ $54\times9=6\times72$

( )

[17～18] 구슬의 배열을 보고 물음에 답하세요.

첫째 둘째 셋째 넷째

17 다섯째에 알맞은 모양을 그려 보세요.

다섯째

18 여덟째 모양을 만드는 데 필요한 구슬은 몇 개일까요?

( )

서술형

19 수 배열표에서 규칙을 2가지 찾아 쓰세요.

2800	3800	4800	5800	6800
2790	3790	4790	5790	6790
2780	3780	4780	5780	6780
2770	3770	4770	5770	6770

풀이

20 나눗셈식의 배열에서 규칙을 찾아 ㉠에 알맞은 수는 얼마인지 풀이 과정을 쓰고, 답을 구하세요.

$198\div6=33$
$1998\div6=333$
$19998\div6=3333$
㉠ $\div6=33333$

풀이

답

창의력 쑥쑥

셋씩 묶여 있는 그림들의 공통점은 무엇일까요?
그림이 나타내는 것의 앞 또는 뒤에 똑같은 말을 붙일 수 있어요.
물음표 자리에 공통으로 올 수 있는 말을 생각해 보세요.

정답은 개념책 158쪽에서 확인하세요.

평가 1~6단원 총정리

맞힌 개수

1단원 | 개념❶

01 □ 안에 알맞은 수를 써넣으세요.

10000은 9000보다 □ 만큼 더 큰 수이고, 9999보다 □ 만큼 더 큰 수입니다.

4단원 | 개념❶

02 〈보기〉의 도형을 위쪽으로 밀었을 때의 도형을 찾아 ○표 하세요.

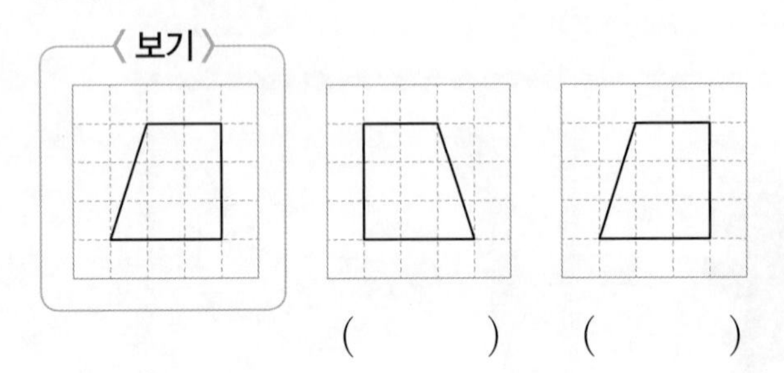

( ) ( )

2단원 | 개념❷

03 각도를 재어 보세요.

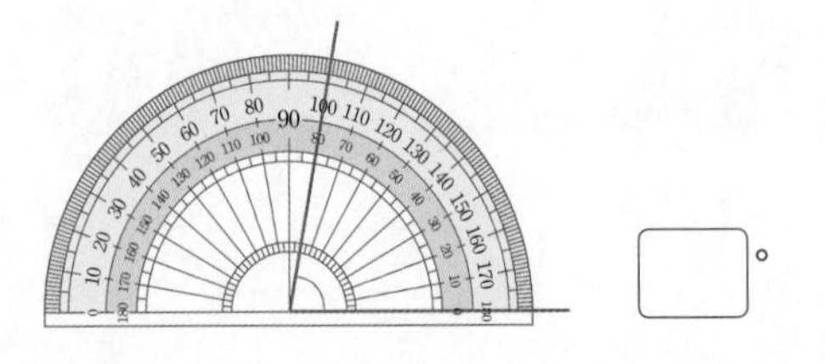

□°

3단원 | 개념❷

04 □ 안에 알맞은 수를 써넣으세요.

$$\begin{array}{r} 3\,3\,8 \\ \times \quad 2\,5 \\ \hline \square \\ \square \\ \hline \square \end{array}$$

□ ← 338×5

□ ← 338×20

2단원 | 개념❸

05 예각을 찾아 기호를 쓰세요.

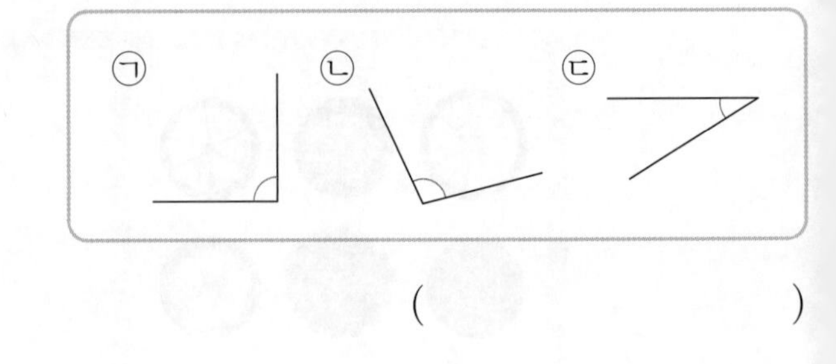

( )

6단원 | 개념❶

06 수의 배열에서 규칙을 찾아 □ 안에 알맞은 수를 써넣으세요.

960 - 480 - 240 - 120 - 60

960부터 시작하여 □로 나누는 규칙입니다.

3단원 | 개념④

07 빈칸에 알맞은 수를 써넣으세요.

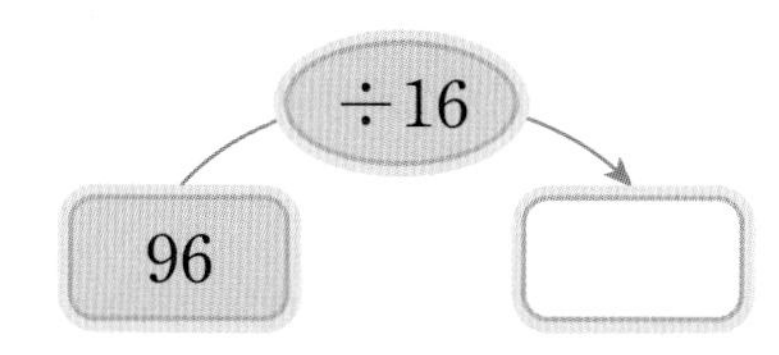

[08~10] 유리네 반 학생들이 참여하는 방과 후 활동을 조사하여 나타낸 막대그래프입니다. 물음에 답하세요.

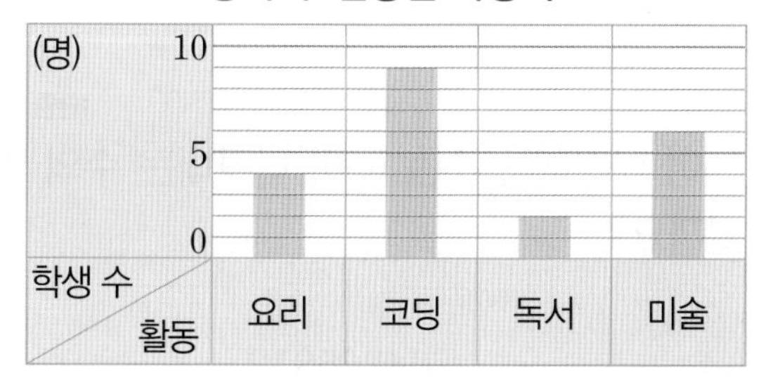

5단원 | 개념①

08 세로 눈금 한 칸은 몇 명을 나타내나요?

(　　　　　　)

5단원 | 개념③

09 가장 많은 학생들이 참여하는 방과 후 활동은 무엇인가요?

(　　　　　　)

5단원 | 개념③

10 5명보다 적은 학생들이 참여하는 방과 후 활동을 모두 쓰세요.

(　　　　　　)

1단원 | 개념③

11 수를 쓰고, 읽어 보세요.

조가 521개, 억이 9307개인 수

쓰기 (　　　　　　)

읽기 (　　　　　　)

4단원 | 개념②

12 도형을 오른쪽으로 뒤집었을 때의 도형을 그려 보세요.

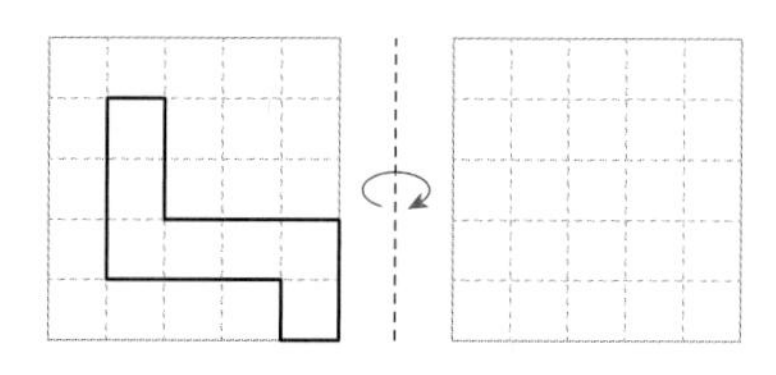

6단원 | 개념③

13 덧셈식의 배열에서 규칙을 찾아 □ 안에 알맞은 수를 써넣으세요.

$9+2=11$

$99+22=121$

$999+222=1221$

$9999+2222=\square$

4단원 | 개념④

14 바둑돌을 왼쪽으로 6 cm, 아래쪽으로 4 cm인 곳으로 이동했습니다. 이동한 바둑돌의 위치에 ○를 그려 보세요.

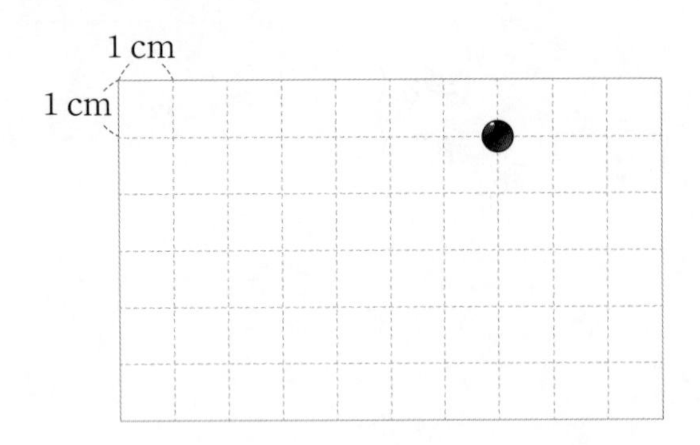

3단원 | 개념②

15 곱이 가장 큰 것을 찾아 기호를 쓰세요.

㉠ 428×60
㉡ 329×83
㉢ 510×49

( )

2단원 | 개념⑦

16 □ 안에 알맞은 수를 써넣으세요.

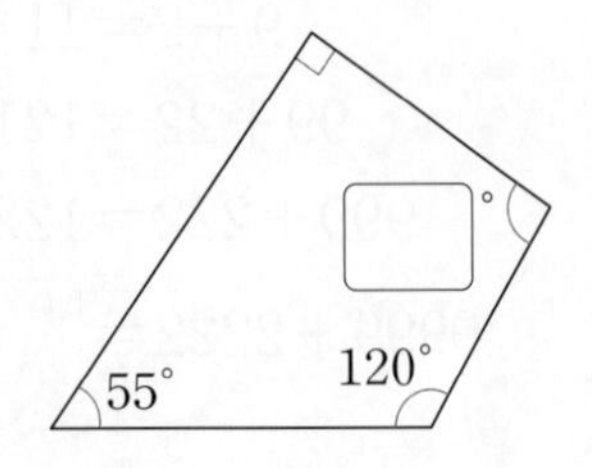

1단원 | 개념⑤

17 큰 수부터 차례로 기호를 쓰세요.

㉠ 322000000
㉡ 팔천이백육십칠만 오천
㉢ 1조 260억

( )

1단원 | 개념②

18 ㉠이 나타내는 수는 ㉡이 나타내는 수의 몇 배일까요?

64365812 (㉠: 첫째 자리 6, ㉡: 넷째 자리 6)

( )

6단원 | 개념④

19 수 배열표를 보고 □ 안에 알맞은 수를 써넣으세요.

30	32	34	36
31	33	35	37

$30+33=31+32$
$32+35=33+34$
$34+37=\square+\square$

5단원 | 개념 2

20 예준이네 반 학생들이 가고 싶은 산을 조사하여 나타낸 표입니다. 표의 빈칸에 알맞은 수를 써넣고, 막대그래프로 나타내세요.

가고 싶은 산별 학생 수

산	한라산	지리산	설악산	북한산	합계
학생 수(명)	9		4	6	26

가고 싶은 산별 학생 수

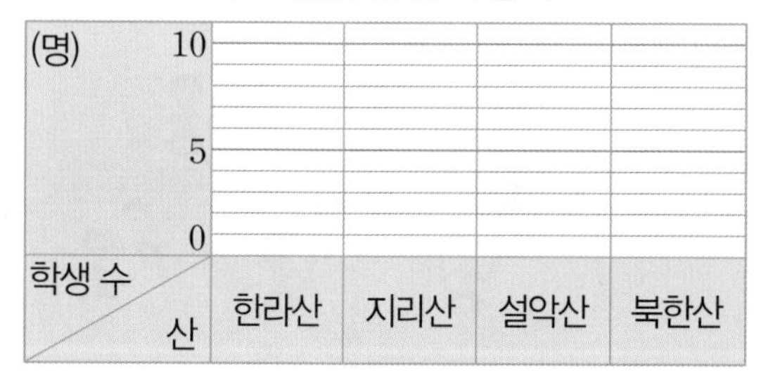

3단원 | 개념 6

21 수 카드를 한 번씩만 사용하여 만들 수 있는 가장 큰 세 자리 수를 가장 작은 두 자리 수로 나누었을 때 몫과 나머지를 구하세요.

1 3 5 6 7

몫 (　　　　　　)
나머지 (　　　　　　)

4단원 | 개념 3

22 덧셈식 카드를 시계 방향으로 180°만큼 돌렸을 때 만들어지는 식을 계산해 보세요.

82+61

(　　　　　　)

3단원 | 개념 5

23 승주네 학교 학생 378명이 과학 체험전에 가려고 합니다. 버스 한 대에 45명씩 탄다면 버스는 모두 몇 대 필요할까요?

(　　　　　　)

2단원 | 개념 6

24 ㉠의 각도를 구하세요.

㉠ 110° 45°

(　　　　　　)

6단원 | 개념 2

25 규칙에 따라 모양을 만들었습니다. 놓인 모형(　)이 28개인 것은 몇째일까요?

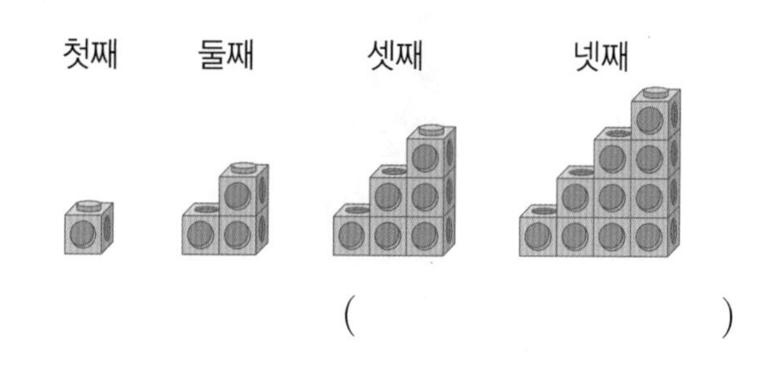

(　　　　　　)

전단원 총정리

창의력 쑥쑥 정답

029쪽

15초 안에 찾기

20초 안에 찾기

059쪽

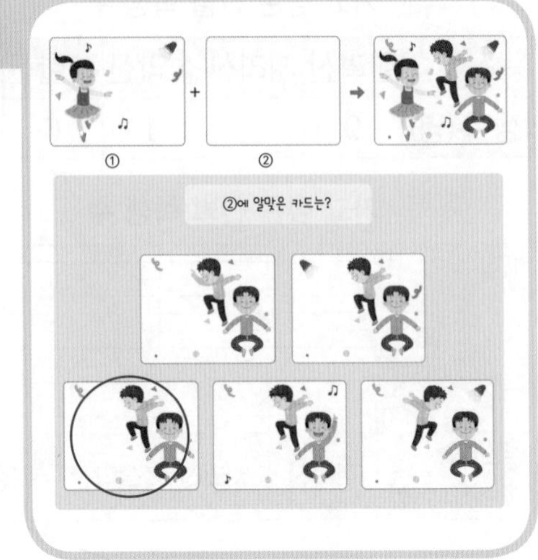

089쪽

MISSION
모두 모두 찾아라!
입이 기다란 물고기
등껍질 속에 숨은 거북
물안경을 쓴 거북
왕관을 쓴 물고기

109쪽

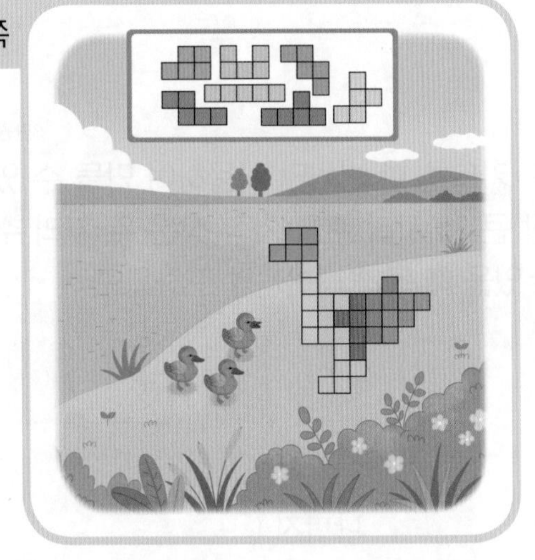

129쪽

153쪽

MEMO

MEMO

동아출판

동아출판
초등 무료
스마트러닝

아출판 초등 **무료 스마트러닝**으로 쉽고 재미있게!

목별·영역별 특화 강의

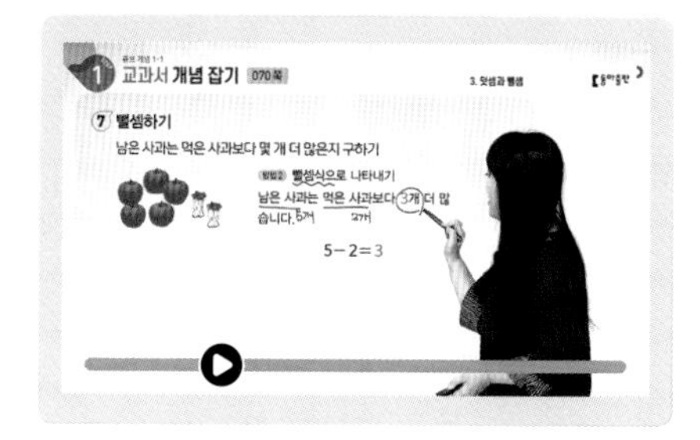

수학 개념 강의

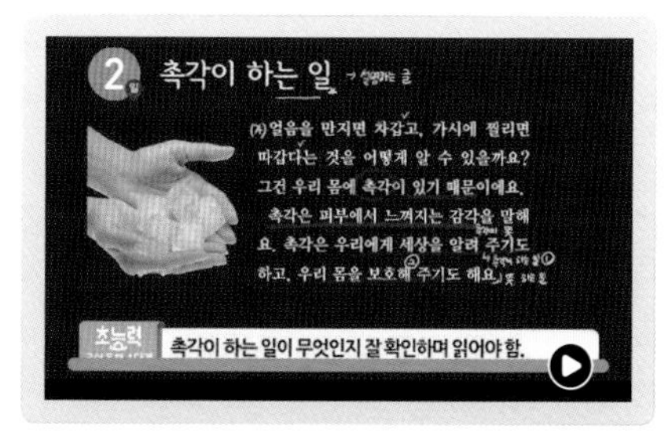

국어 독해 지문 분석 강의

구구단 송

그림으로 이해하는 비주얼씽킹 강의

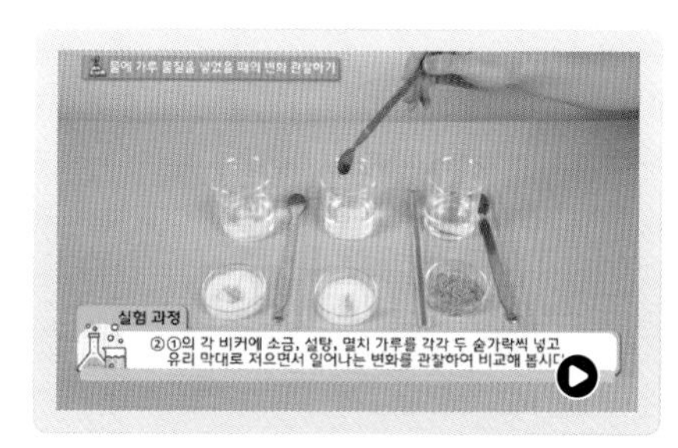

과학 실험 동영상 강의

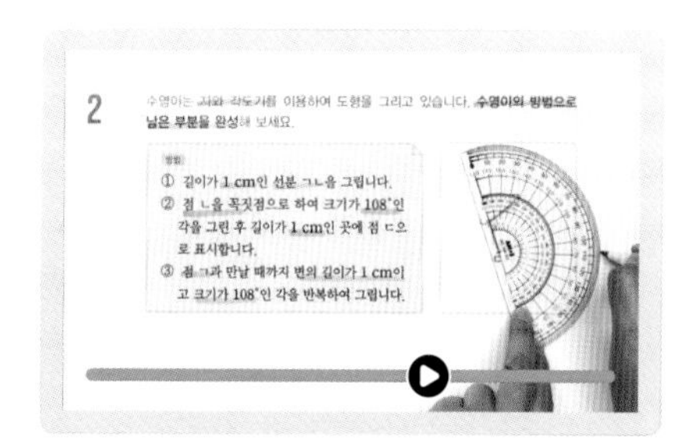

과목별 문제 풀이 강의

|스 제공 교재 큐브 | 백점 과학 | 빠작 초등 국어 | 초능력 | 초고필 | 하이탑 초등 과학

큐브 개념

초등 수학

4·1

기본 강화책

기초력 더하기 | 수학익힘 다잡기

아출판

기본 강화책

차례

초등 수학 **4·1**

1. 만 / 다섯 자리 수

개념책 008쪽 ● 정답 38쪽

[1~5] ☐ 안에 알맞은 수를 써넣으세요.

1 10000은 8000보다 ☐만큼 더 큰 수입니다.

2 10000은 9700보다 ☐만큼 더 큰 수입니다.

3 10000은 9960보다 ☐만큼 더 큰 수입니다.

4 7000보다 ☐만큼 더 큰 수는 10000입니다.

5 9900보다 ☐만큼 더 큰 수는 10000입니다.

[6~10] 주어진 수를 각 자리 숫자가 나타내는 값의 합으로 나타내세요.

6 56972=50000+☐+☐+☐+☐

7 17846=☐+☐+☐+☐+☐

8 79286=☐+☐+☐+☐+☐

9 25439=☐+☐+☐+☐+☐

10 81683=☐+☐+☐+☐+☐

개념책 010쪽 ● 정답 38쪽

[1~10] ☐ 안에 알맞은 수를 써넣으세요.

1 10000이 10개인 수는 ☐입니다.

2 10000이 30개인 수는 ☐입니다.

3 10000이 200개인 수는 ☐입니다.

4 10000이 500개인 수는 ☐입니다.

5 10000이 800개인 수는 ☐입니다.

6 10000이 1000개인 수는 ☐입니다.

7 10000이 7000개인 수는 ☐입니다.

8 600000은 10000이 ☐개인 수입니다.

9 4000000은 ☐이 400개인 수입니다.

10 90000000은 10000이 ☐개인 수입니다.

[11~16] 밑줄 친 숫자가 나타내는 값을 쓰세요.

11 $42\underline{1}50000$

(　　　　　)

12 $371\underline{6}3000$

(　　　　　)

13 $3\underline{7}289000$

(　　　　　)

14 $\underline{2}4583000$

(　　　　　)

15 $39\underline{4}75000$

(　　　　　)

16 $863\underline{9}0000$

(　　　　　)

개념책 014쪽 ● 정답 38쪽

[1~10] ☐ 안에 알맞은 수를 써넣으세요.

1 1억은 100만이 ☐개인 수입니다.

2 1조는 ☐이 10개인 수입니다.

3 83억은 1억이 ☐개인 수입니다.

4 270조는 1조가 ☐개인 수입니다.

5 8065억은 1억이 ☐개인 수입니다.

6 1049조는 1조가 ☐개인 수입니다.

7 1억이 453개이면 ☐입니다.

8 1조가 75개이면 ☐입니다.

9 1억이 2670개이면 ☐입니다.

10 1조가 3426개이면 ☐입니다.

[11~16] 빈칸에 알맞은 수를 써넣으세요.

11

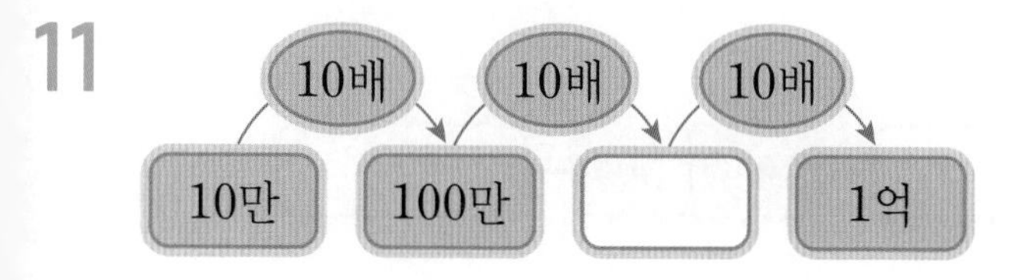

12

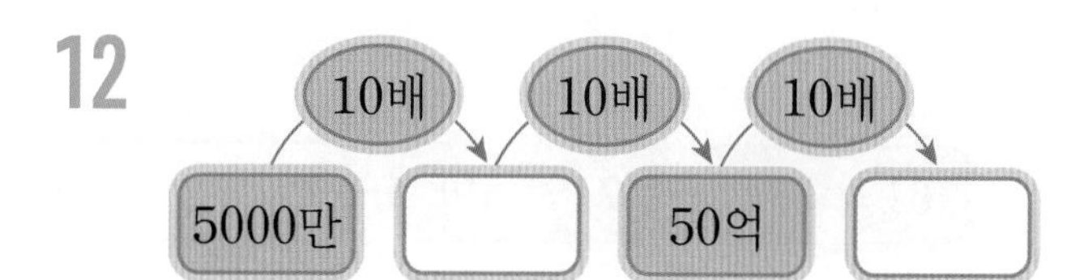

13

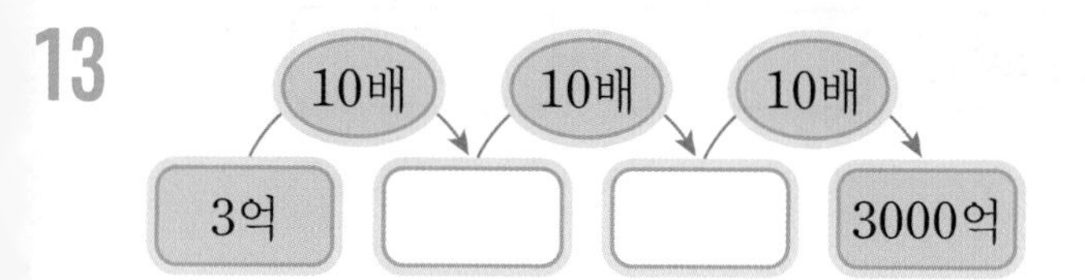

14

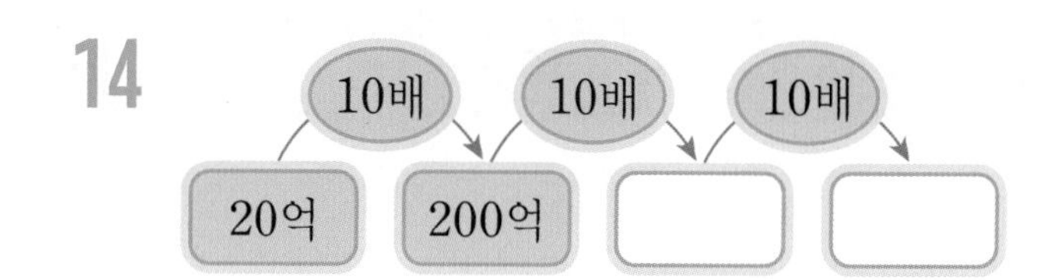

15

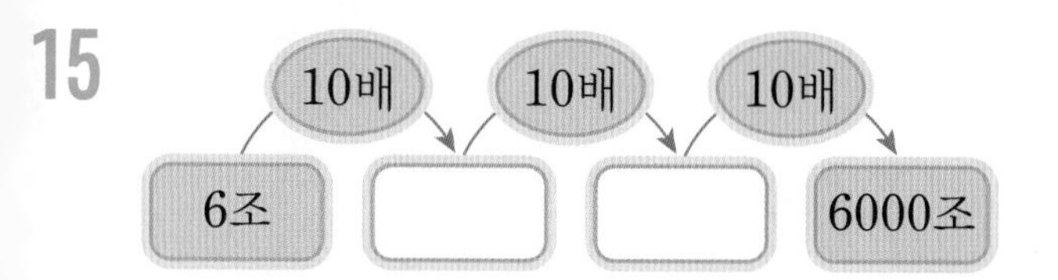

16

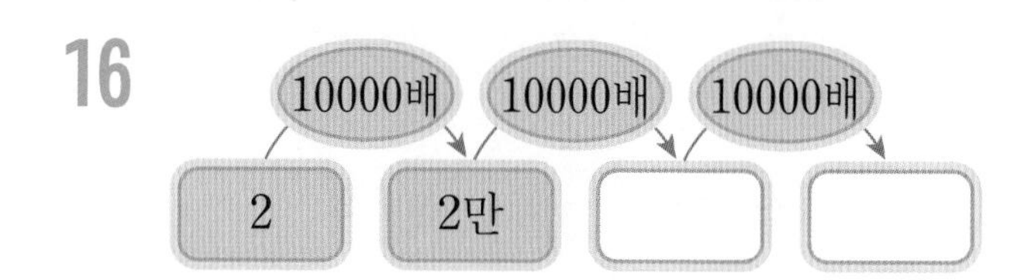

개념책 016쪽 ● 정답 38쪽

[1~10] 뛰어 세기를 하여 빈칸에 알맞은 수를 써넣으세요.

1 48000 - 58000 - ☐ - 78000 - ☐ - ☐

2 620000 - ☐ - 640000 - 650000 - ☐ - 670000

3 275000 - 285000 - ☐ - ☐ - 315000 - ☐

4 950만 - 960만 - ☐ - ☐ - 990만 - ☐

5 2214억 - 2314억 - ☐ - ☐ - 2614억 - ☐

6 4600억 - ☐ - ☐ - 4900억 - 5000억 - ☐

7 61억 5만 - 71억 5만 - ☐ - ☐ - 101억 5만 - ☐

8 15조 - 16조 - ☐ - 18조 - ☐ - ☐

9 4495조 - ☐ - 4497조 - 4498조 - ☐ - ☐

10 10조 25억 - 15조 25억 - ☐ - ☐ - 30조 25억 - ☐

5. 수의 크기 비교

개념책 018쪽 • 정답 38쪽

[1~16] 두 수의 크기를 비교하여 ○ 안에 >, =, <를 알맞게 써넣으세요.

1 92174 ○ 403586

2 4126354 ○ 14350256

3 2109478301 ○ 825690147

4 80649 ○ 80812

5 1764000 ○ 1763989

6 38542700 ○ 42093000

7 4350961873 ○ 4349756098

8 26706835 ○ 26700926

9 75억 8521만 ○ 69억 8700만

10 514억 410만 ○ 508억 6127만

11 4752억 950만 ○ 4800억

12 6조 1296만 ○ 6조 2000만

13 750조 356억 ○ 738조 5420억

14 1284조 4692억 ○ 1284조 4689억

15 2654조 3823억 ○ 2835조 40억

16 54310862445689 ○ 56조 1200억

1 그림을 보고 □ 안에 알맞은 수나 말을 써넣으세요.

1000이 10개인 수를 □ 또는 1만이라 쓰고, □ 또는 일만이라고 읽습니다.

2 10000만큼 색칠해 보세요.

1000	1000	1000	1000
1000	1000	1000	1000
1000	1000	1000	1000

3 □ 안에 알맞은 수를 써넣으세요.

10000은
- 9999보다 □만큼 더 큰 수
- 9990보다 □만큼 더 큰 수
- 9900보다 □만큼 더 큰 수

4 규칙에 따라 빈칸에 알맞은 수를 써넣으세요.

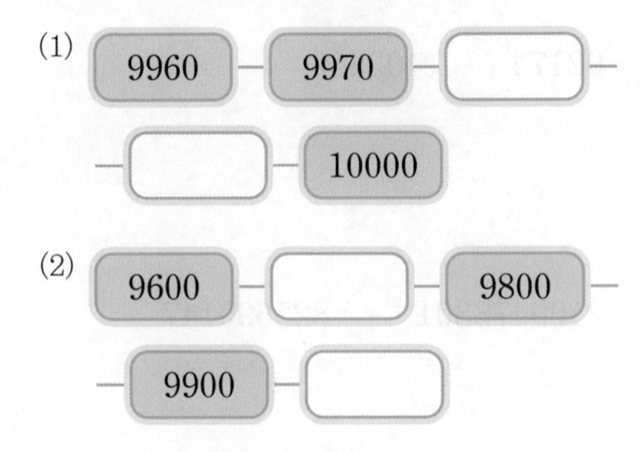

교과역량 콕!

5 준호가 지금까지 모은 돈에 얼마를 더 모으면 10000원이 될까요?

(　　　　　　　　)

교과역량 콕!

6 설명이 잘못된 것의 기호를 쓰고, 그 이유를 쓰세요.

㉠ 9600은 10000보다 400만큼 더 작습니다.
㉡ 100이 10개이면 10000입니다.
㉢ 8000보다 2000만큼 더 큰 수는 10000입니다.

잘못된 것의 기호 ______

이유 ______

2. 다섯 자리 수를 알아볼까요

개념책 012쪽 ● 정답 39쪽

1 □ 안에 알맞은 수를 써넣으세요.

(1) 10000이 5개, 1000이 4개, 100이 2개, 10이 3개, 1이 6개인 수는 □입니다.

(2) 71859는 10000이 □개, 1000이 □개, 100이 □개, 10이 □개, 1이 □개인 수입니다.

2 64357에서 각 자리의 숫자는 얼마를 나타내는지 □ 안에 알맞은 수를 써넣으세요.

	만의 자리	천의 자리	백의 자리	십의 자리	일의 자리
숫자	6	4	3	5	7

$64357=\square+4000+\square+50+\square$

3 빈칸에 알맞은 수나 말을 써넣으세요.

(1) 27430 | □

(2) □ | 삼만 육천구십이

4 숫자 6이 나타내는 값이 더 큰 수에 ○표 하세요.

26514 ( )   89675 ( )

교과역량 콕!

5 □ 안에 알맞은 수를 써넣으세요.

- 47203에서 만의 자리 숫자는 □입니다.
- 52978에서 □는 천의 자리 숫자입니다.
- 30560은 10000이 □개, □이 5개, □이 6개인 수입니다.

교과역량 콕!

6 돈이 모두 얼마인지 나타내는 수를 쓰고, 읽어 보세요.

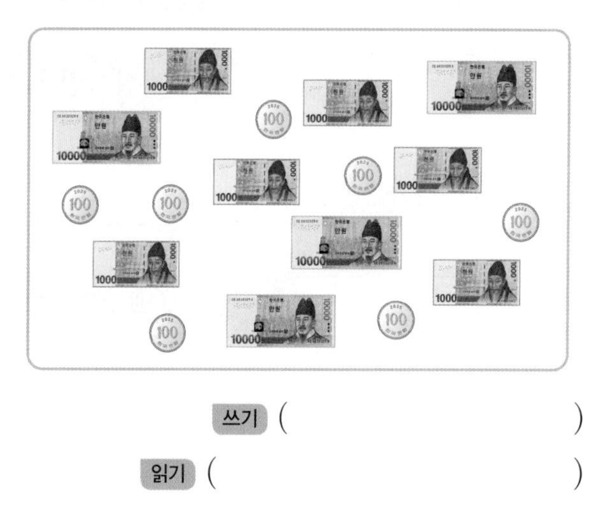

쓰기 ( )

읽기 ( )

개념책 013쪽 ● 정답 39쪽

1 □ 안에 알맞은 수를 써넣으세요.

10000이
- 10개인 수: □
- 100개인 수: □
- 1000개인 수: □

2 74360000은 얼마만큼의 수인지 □ 안에 알맞은 수를 써넣으세요.

7	4	3	6	0	0	0	0
천	백	십	일	천	백	십	일
			만				일

74360000=□+4000000+□+60000

3 빈칸에 알맞은 수나 말을 써넣으세요.

(1) □ | 육백십삼만

(2) 2782만 | □

(3) □ | 칠천구백삼십오만

(4) 54090000 | □

4 숫자 7이 나타내는 값을 쓰세요.

	나타내는 값
72480000	
54710000	

교과역량 콕!

5 말하는 수가 다른 사람의 이름을 쓰세요.

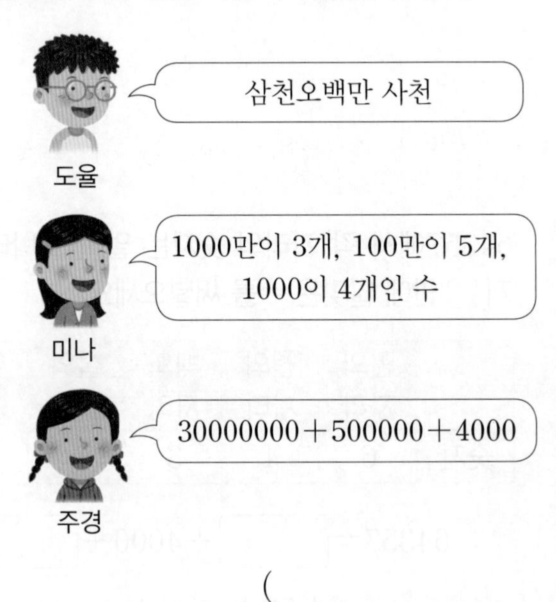

삼천오백만 사천
도율
1000만이 3개, 100만이 5개, 1000이 4개인 수
미나
30000000+500000+4000
주경

( )

교과역량 콕!

6 수 카드를 모두 한 번씩만 사용하여 여덟 자리 수를 만들려고 합니다. 십만의 자리 숫자가 70만을 나타내는 수를 만들어 보세요.

1 2 0 4
5 7 8 9

( )

4. 억과 조를 알아볼까요

개념책 020쪽 ● 정답 39쪽

1 □ 안에 알맞은 수를 써넣으세요.

1억은 9900만보다 □ 만큼 더 큰 수입니다.

2 460800000000은 얼마만큼의 수인지 □ 안에 알맞은 수를 써넣으세요.

4	6	0	8	0	0	0	0	0	0	0	0
천	백	십	일	천	백	십	일	천	백	십	일
			억				만				일

460800000000＝400000000000

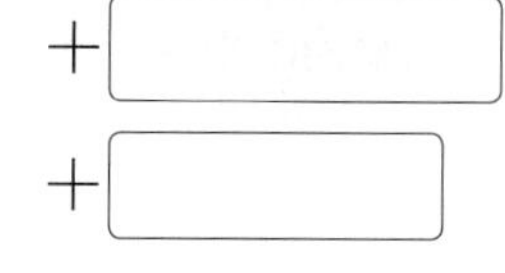

＋□

＋□

3 설명하는 수를 쓰고, 읽어 보세요.

1조가 9120개, 1억이 3754개인 수

쓰기 (　　　　　　　　)

읽기 (　　　　　　　　)

4 수를 보고 바르게 설명한 것에 ○표 하세요.

7632549800000000

천억의 자리 숫자는 5입니다. (　　)

숫자 7은 백조의 자리 숫자입니다. (　　)

교과역량 콕!

5 다음 인터넷 기사에서 큰 수를 나타낸 방법으로 76812500000을 나타내세요.

기부 천사 ○○씨
지금까지 기부한 금액은?

평소 기부를 많이 하기로 소문난 ○○씨가 지금까지 기부한 금액을 모두 합하면 얼마인지 묻는 질문에 53억 4600만 원이라고 답했다.

76812500000

→ (　　　　　　　　)

교과역량 콕!

6 다음은 어느 기업의 연도별 매출액을 나타낸 것입니다. 빈칸에 알맞게 써넣고, 숫자 2가 나타내는 값이 다른 연도는 몇 년인지 구하세요.

연도	매출액(원)	
2021년	2300000000000	2조 3천억
2022년	2500000000000	
2023년		3조 2천억

(　　　　　　　　)

5. 뛰어 세기를 어떻게 할까요

1 □ 안에 알맞은 수나 말을 써넣으세요.

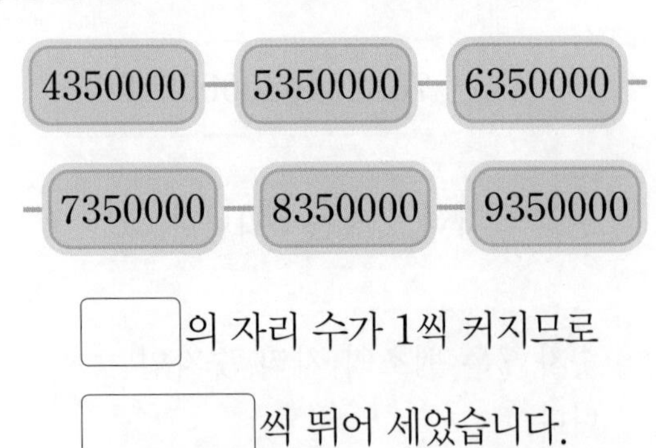

□의 자리 수가 1씩 커지므로

□씩 뛰어 세었습니다.

2 규칙에 따라 빈칸에 알맞은 수를 써넣으세요.

5억 — 5억 20만 — 5억 40만 — □ — 5억 80만 — □

3 뛰어 세어 빈칸에 알맞은 수를 써넣고, 얼마씩 뛰어 세었는지 쓰세요.

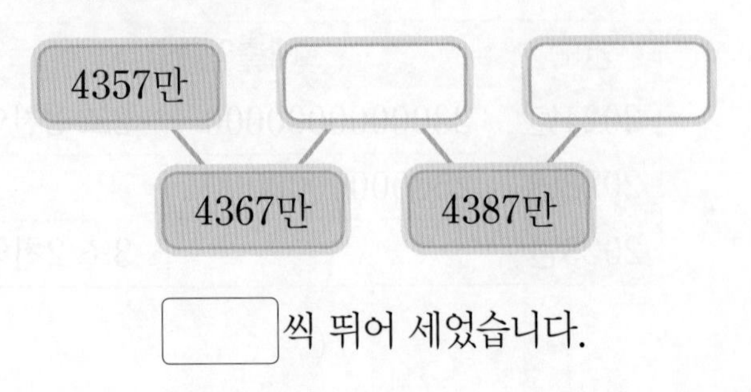

□씩 뛰어 세었습니다.

4 규칙에 따라 빈칸에 알맞은 수를 써넣으세요.

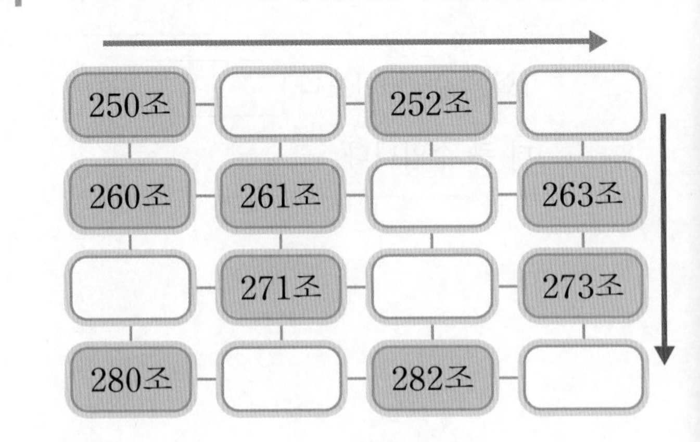

5 규칙을 정하여 뛰어 세기를 해 보세요.

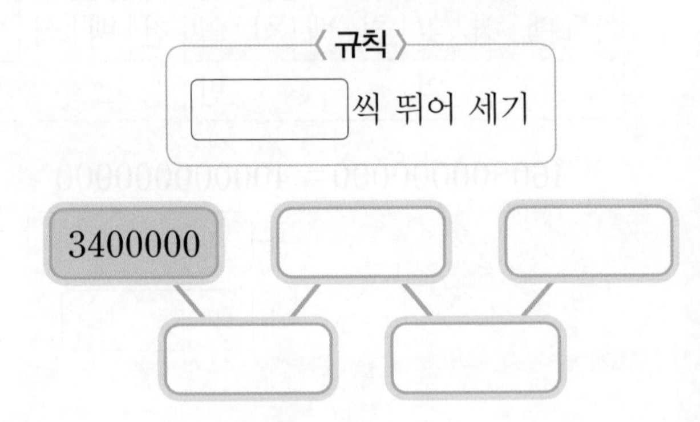

6 소미네 가족이 제주도 여행을 가려면 180만 원이 필요합니다. 소미네 가족은 가족회의를 하여 매달 20만 원씩 모으기로 하였습니다. 제주도 여행에 필요한 돈을 모으려면 몇 개월이 걸릴까요?

(　　　　　　　　)

6. 수의 크기를 어떻게 비교할까요

개념책 022쪽 ● 정답 40쪽

1 두 수의 크기를 비교하여 ○ 안에 >, =, <를 알맞게 써넣으세요.

(1) 75629 ◯ 213587

(2) 375조 600억 ◯ 372조 4850억

2 두 수의 크기를 바르게 비교한 것에 색칠해 보세요.

6700억<7조

4020억>4200억

3 두 수의 크기를 비교하여 알맞은 말에 ○표 하세요.

1520000은 1490000보다 더 (큽니다 , 작습니다).

4 가장 작은 수를 찾아 기호를 쓰세요.

㉠ 4조 700억
㉡ 삼십구억 오천이백십사만
㉢ 4800000000

(   )

5 가격이 가장 비싼 물건을 찾아 쓰세요.

세탁기 638500원

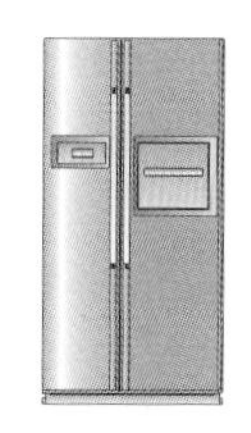
냉장고 594000원

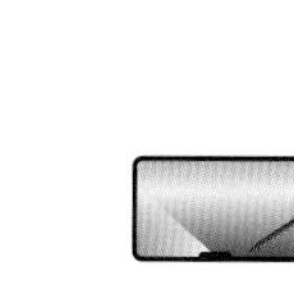
태블릿 컴퓨터 607000원

(   )

6 〈조건〉을 만족하는 수를 만들어 보세요.

〈조건〉
- 여섯 자리 수입니다.
- 만의 자리 숫자는 3입니다.
- 70만보다 크고 80만보다 작습니다.
- 십의 자리 수는 십만의 자리 수보다 1만큼 더 큽니다.

(1) 십만의 자리 숫자는 얼마일까요?

(   )

(2) 십의 자리 숫자는 얼마일까요?

(   )

(3) 조건을 만족하는 수를 만들어 보세요.

(   )

1. 각의 크기 비교 / 각의 크기 재기

개념책 032쪽 ● 정답 41쪽

[1~4] 가장 큰 각에 ○표 하세요.

1

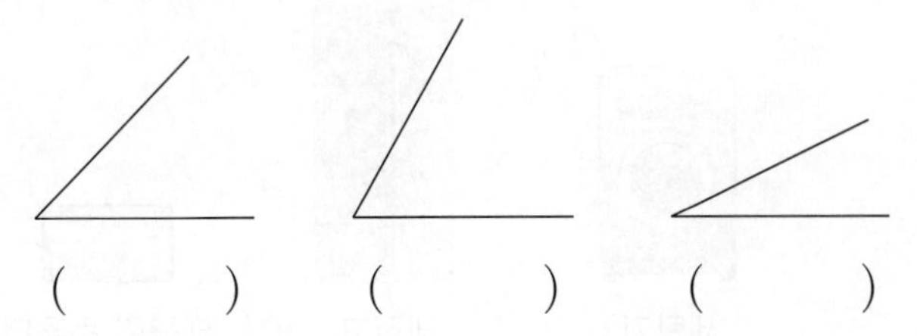

( ) ( ) ( )

2

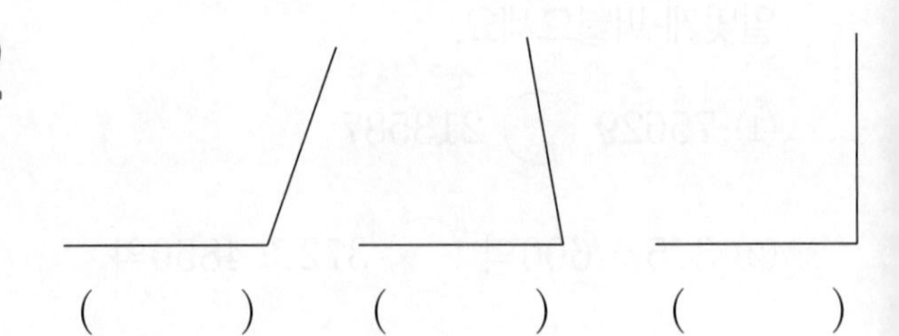

( ) ( ) ( )

3

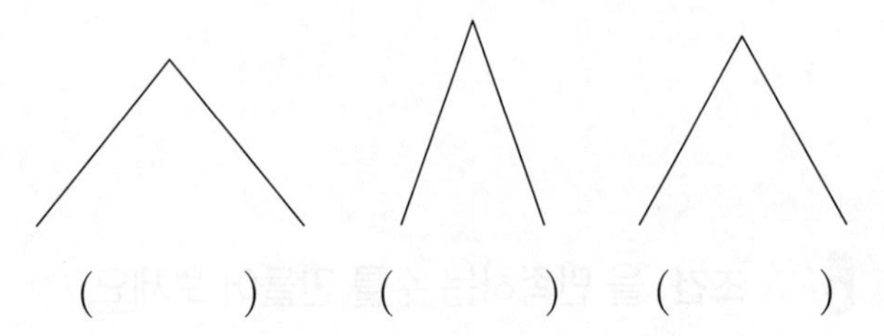

( ) ( ) ( )

4

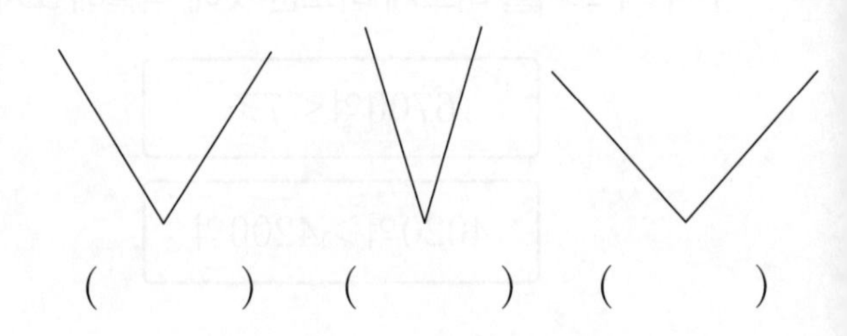

( ) ( ) ( )

[5~10] 각도기를 사용하여 각도를 재어 보세요.

5

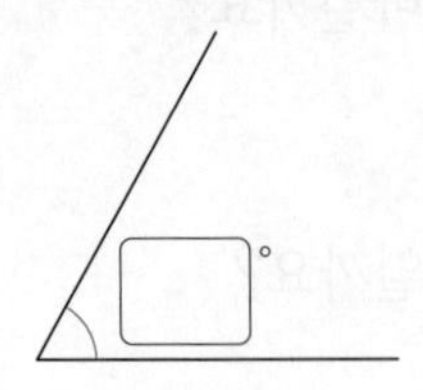

6

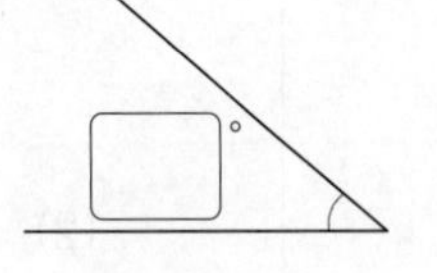

7

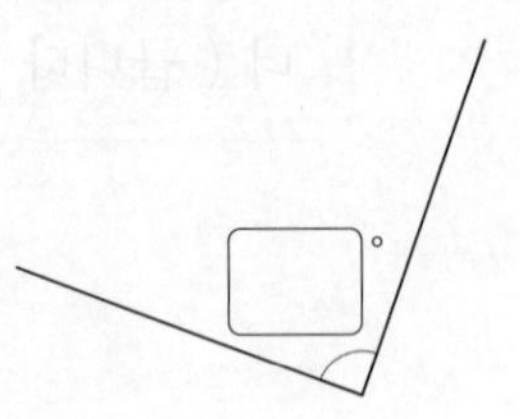

8

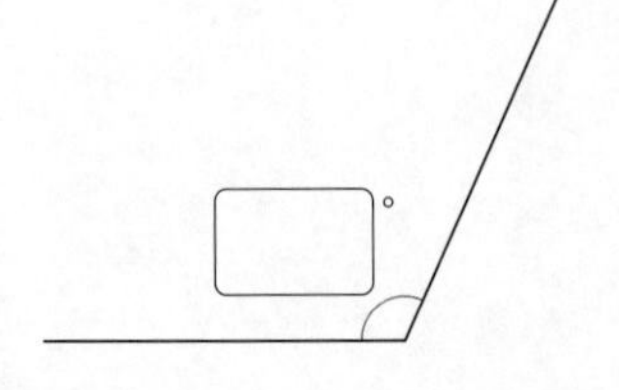

9

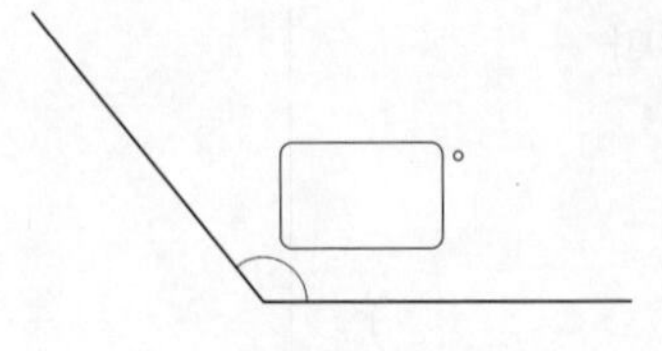

10

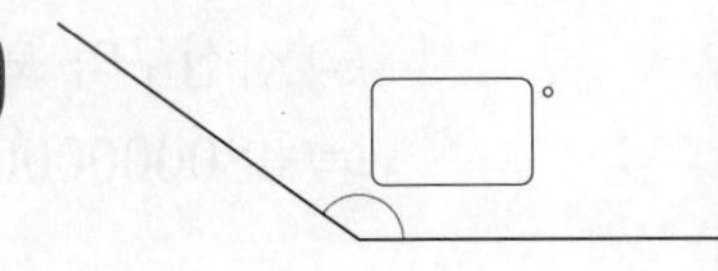

개념책 036쪽 ● 정답 41쪽

[1~6] 주어진 각이 예각인지 둔각인지 쓰세요.

1
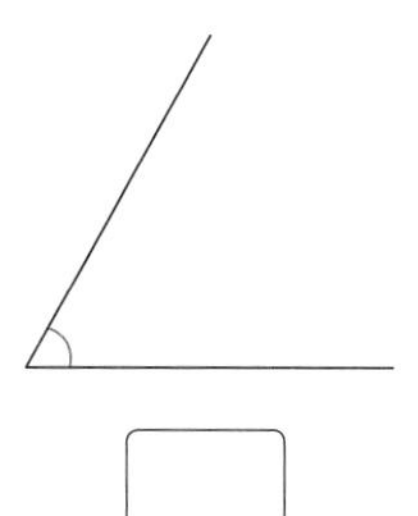

2
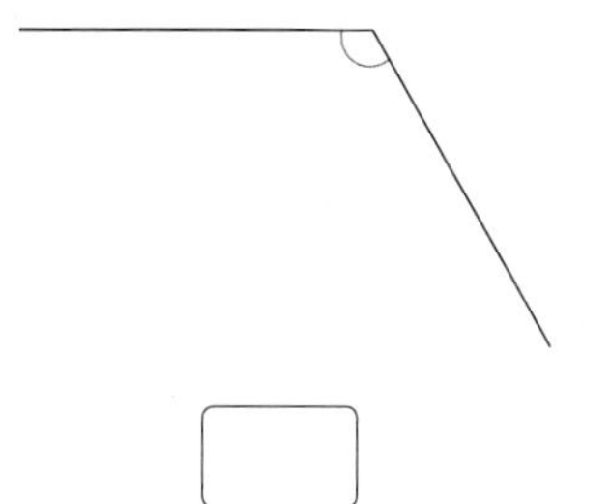

3
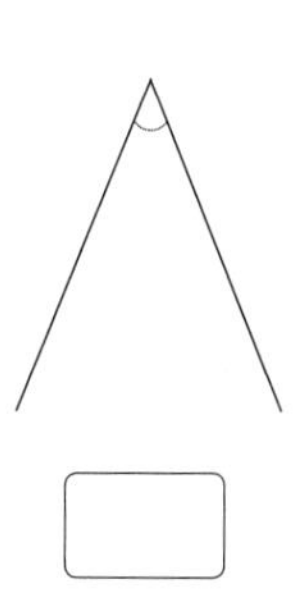

4
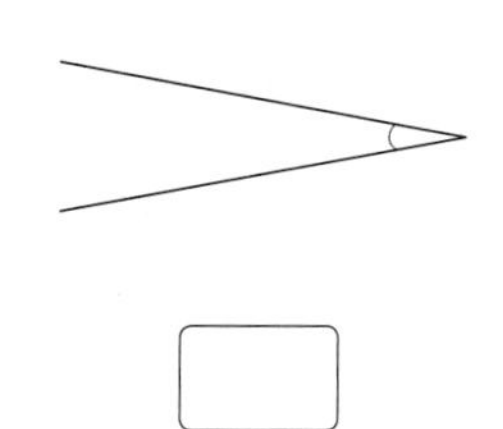

5
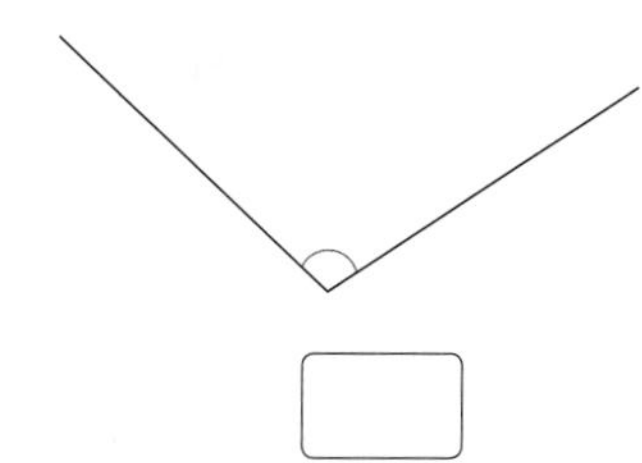

6
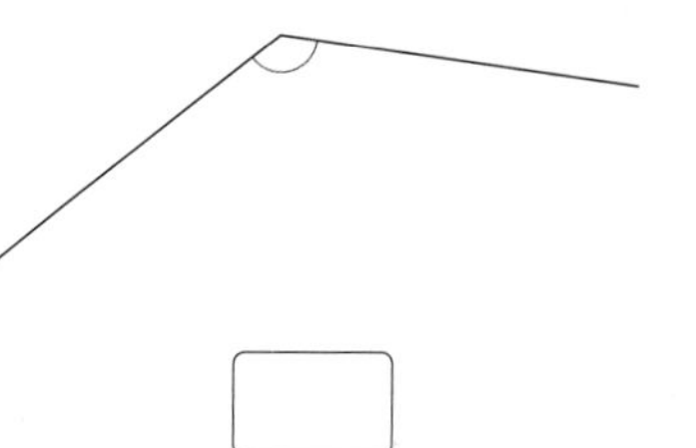

[7~10] 주어진 선분을 이용하여 예각과 둔각을 그려 보세요.

7 예각
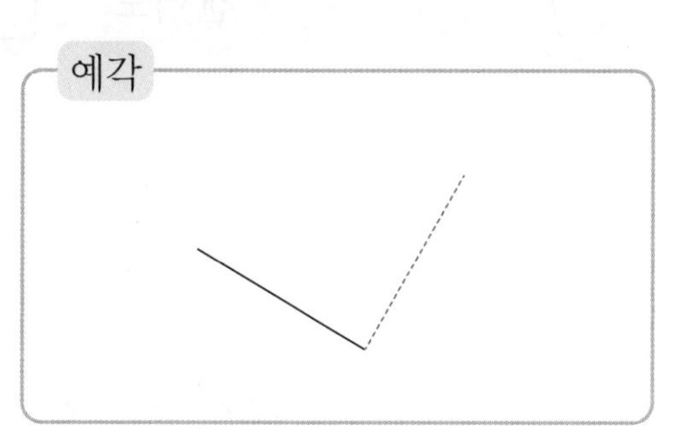

8 예각
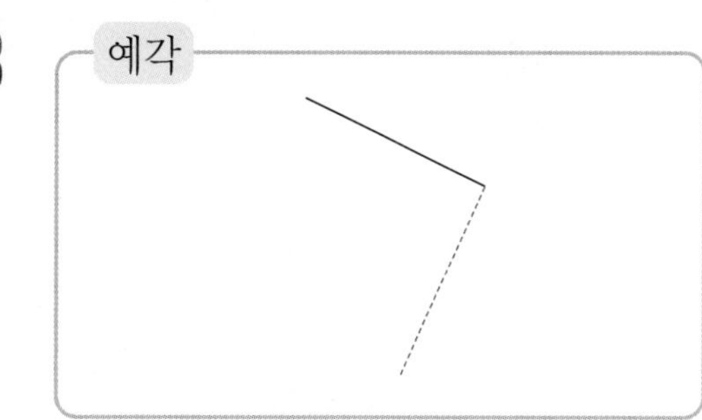

9 둔각
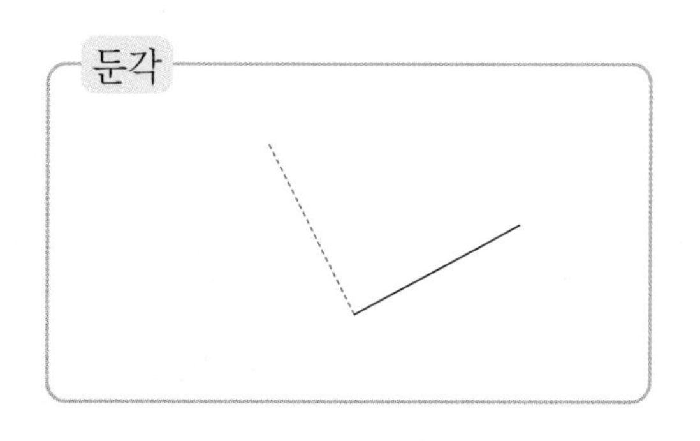

10 둔각
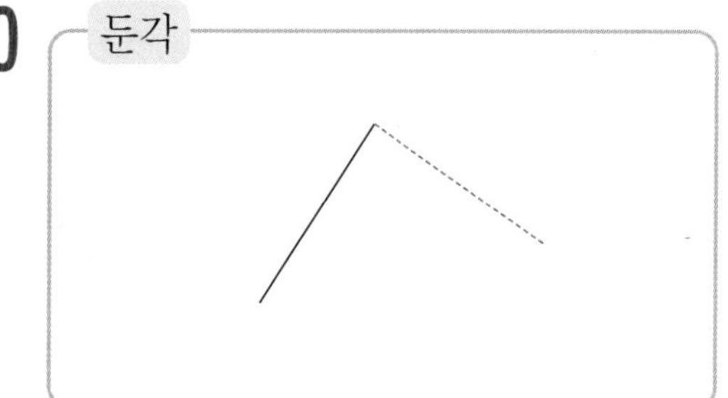

개념책 038쪽 ● 정답 41쪽

[1~10] 각도를 어림하고 각도기로 재어 확인해 보세요.

1

어림한 각도: 약 □°

잰 각도: □°

2

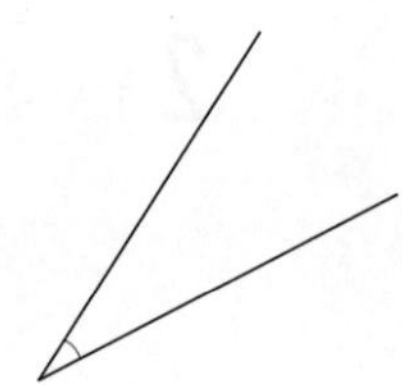

어림한 각도: 약 □°

잰 각도: □°

3

어림한 각도: 약 □°

잰 각도: □°

4

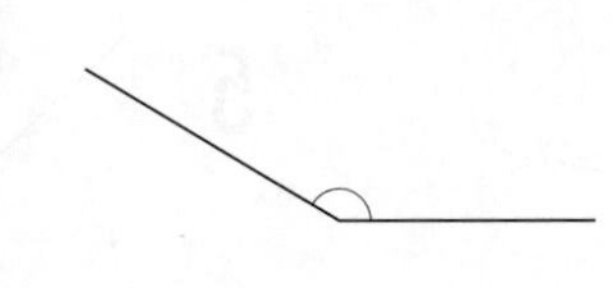

어림한 각도: 약 □°

잰 각도: □°

5

어림한 각도: 약 □°

잰 각도: □°

6

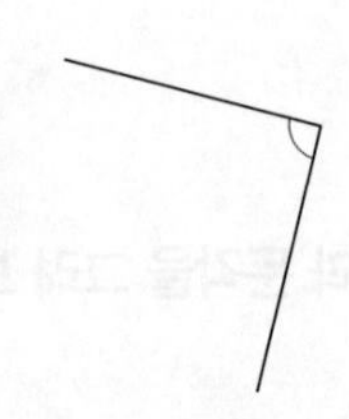

어림한 각도: 약 □°

잰 각도: □°

7

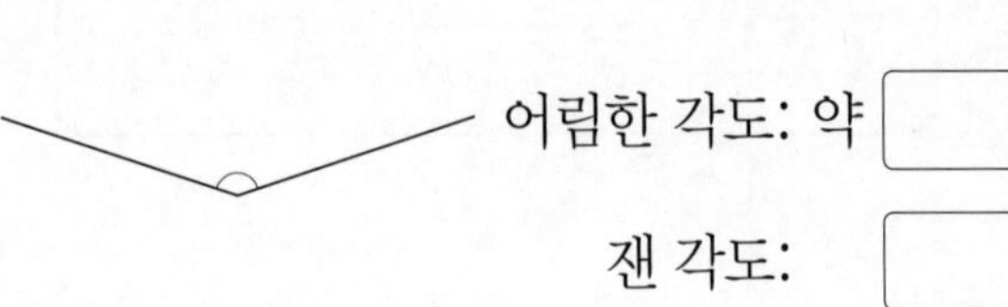

어림한 각도: 약 □°

잰 각도: □°

8

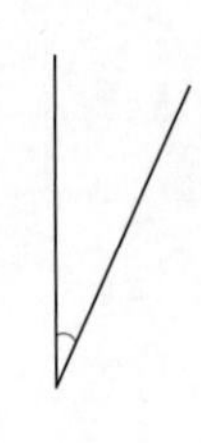

어림한 각도: 약 □°

잰 각도: □°

9

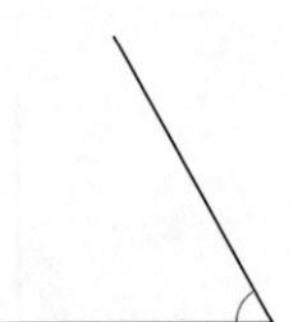

어림한 각도: 약 □°

잰 각도: □°

10

어림한 각도: 약 □°

잰 각도: □°

개념책 044쪽 • 정답 41쪽

[1~4] 두 각도의 합을 구하세요.

1

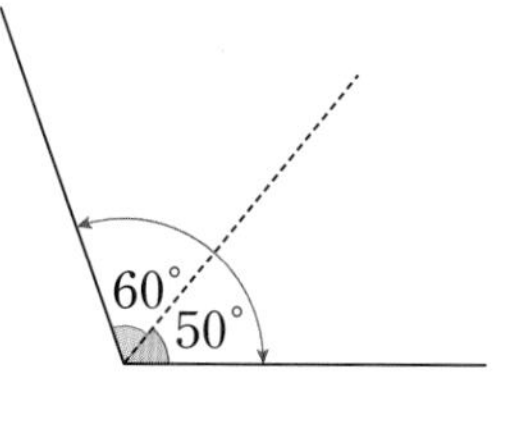

$50° + 60° = \square°$

2

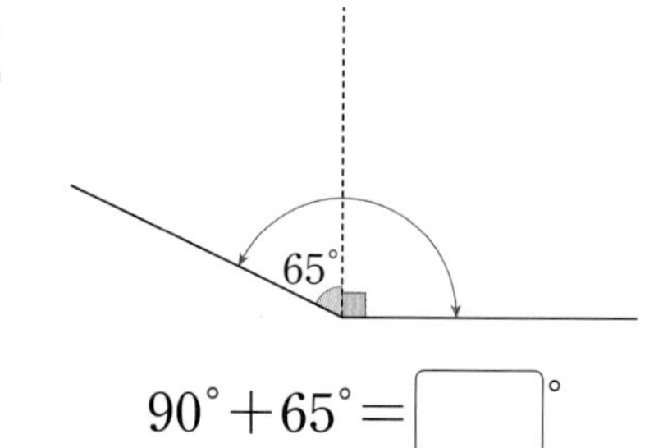

$90° + 65° = \square°$

3

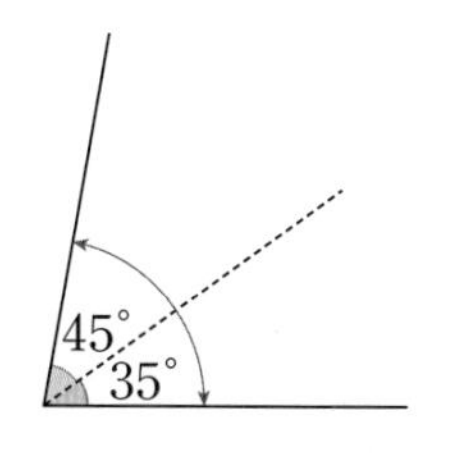

$35° + 45° = \square°$

4

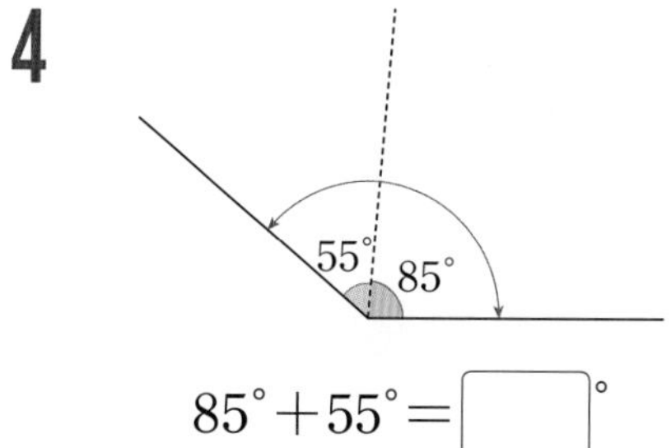

$85° + 55° = \square°$

[5~16] 각도의 덧셈을 해 보세요.

5 $50° + 30° = \square°$

6 $25° + 65° = \square°$

7 $60° + 55° = \square°$

8 $55° + 45° = \square°$

9 $95° + 60° = \square°$

10 $135° + 15° = \square°$

11 $125° + 76° = \square°$

12 $155° + 70° = \square°$

13 $143° + 38° = \square°$

14 $120° + 130° = \square°$

15 $64° + 129° = \square°$

16 $90° + 45° = \square°$

개념책 044쪽 ● 정답 41쪽

[1~4] 두 각도의 차를 구하세요.

1

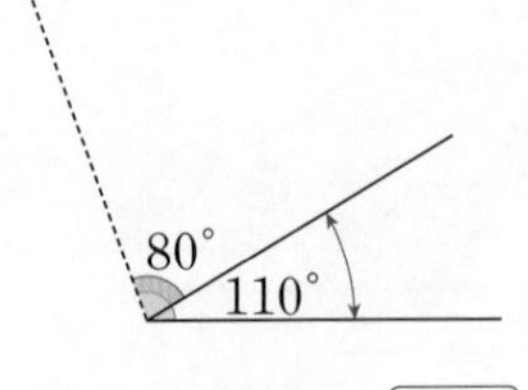

$110° - 80° = \square°$

2

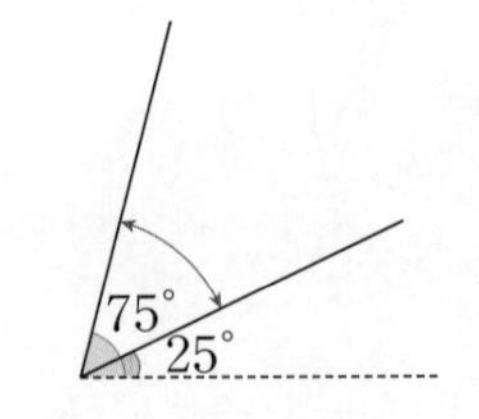

$75° - 25° = \square°$

3

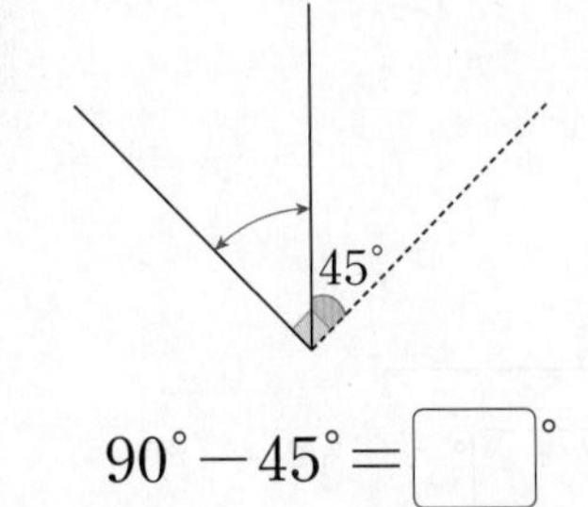

$90° - 45° = \square°$

4

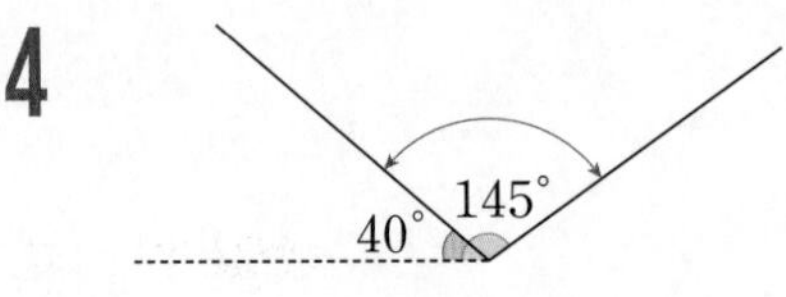

$145° - 40° = \square°$

[5~16] 각도의 뺄셈을 해 보세요.

5 $90° - 40° = \square°$

6 $85° - 60° = \square°$

7 $65° - 15° = \square°$

8 $80° - 25° = \square°$

9 $75° - 35° = \square°$

10 $125° - 95° = \square°$

11 $100° - 53° = \square°$

12 $115° - 47° = \square°$

13 $123° - 73° = \square°$

14 $140° - 85° = \square°$

15 $91° - 69° = \square°$

16 $150° - 102° = \square°$

6. 삼각형의 세 각의 크기의 합 / 사각형의 네 각의 크기의 합

개념책 046쪽 ● 정답 41쪽

[1~12] □ 안에 알맞은 수를 써넣으세요.

1

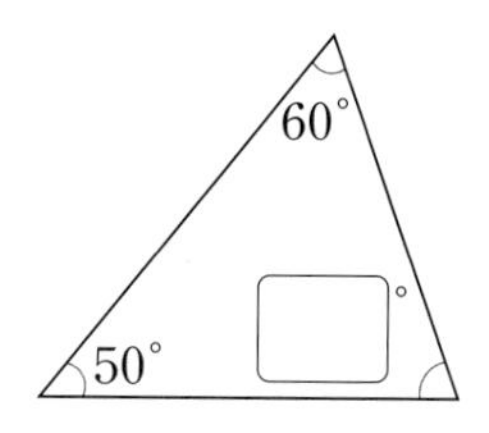

2

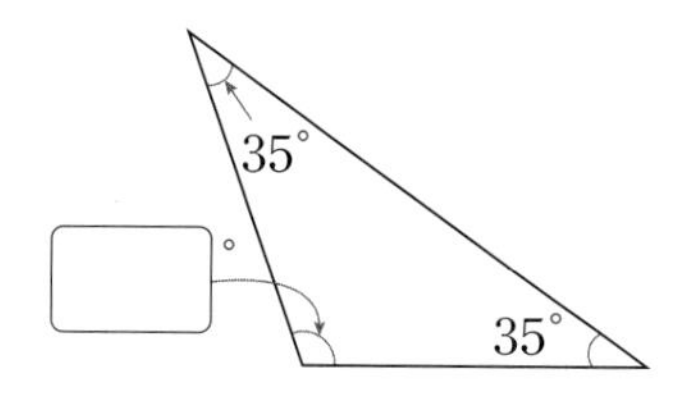

3

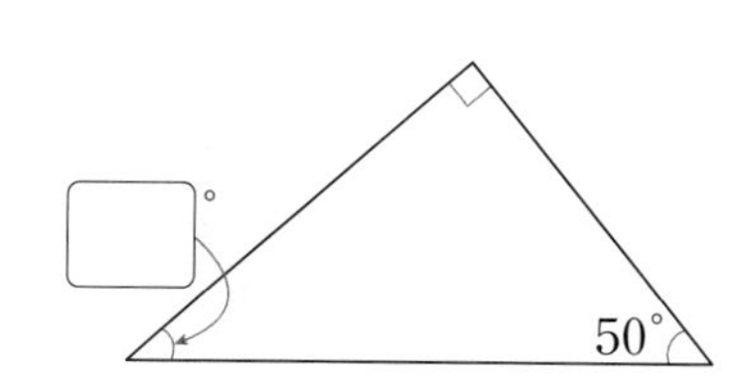

4

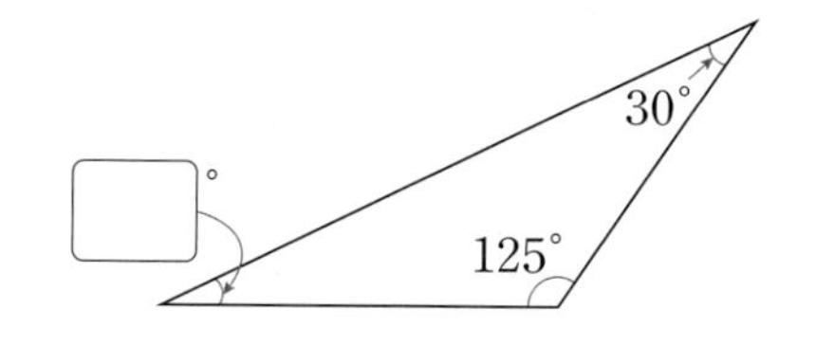

5

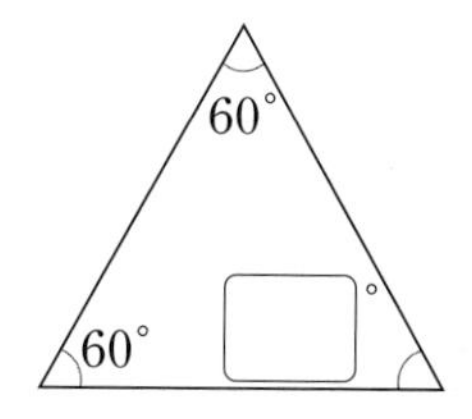

6

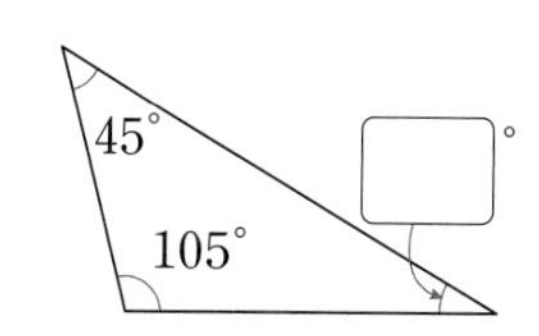

7

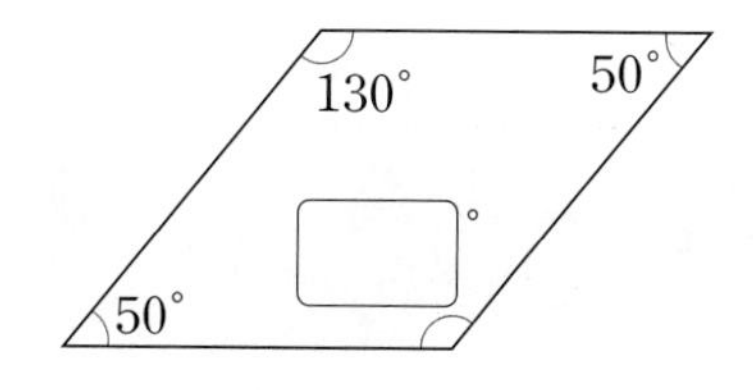

8

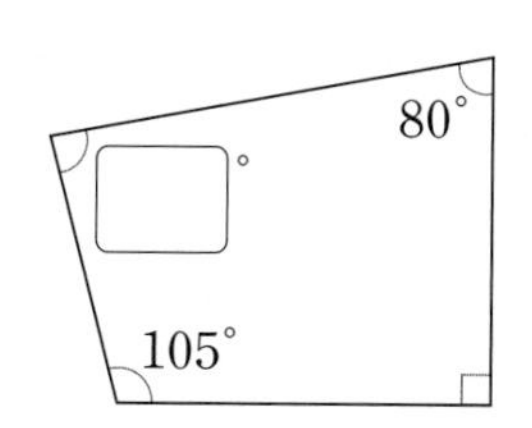

9

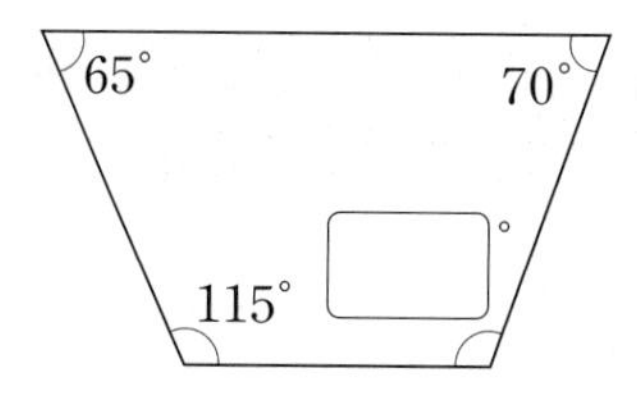

10

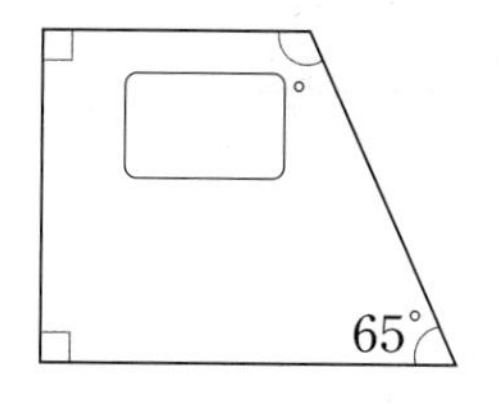

11

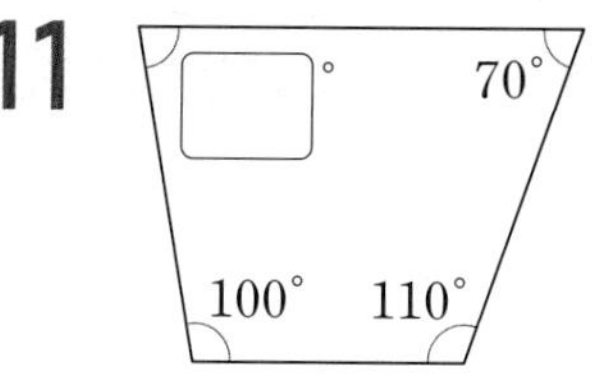

12

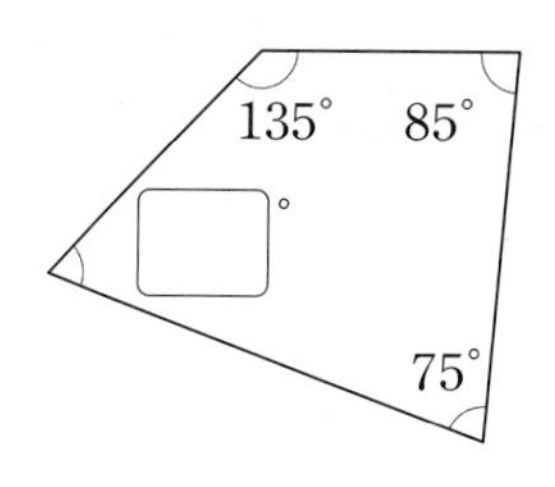

개념책 040쪽 • 정답 42쪽

1 두 친구가 만든 각 중에서 더 큰 각에 ○표 하세요.

(　　　) (　　　)

2 두 각의 크기를 비교하여 알맞은 말에 ○표 하세요.

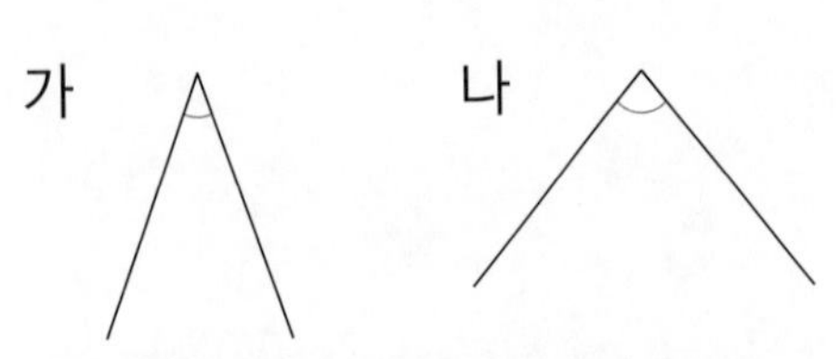

각의 크기는 가가 나보다 더 (작습니다 , 큽니다).

3 각의 크기가 작은 것부터 차례로 □ 안에 1, 2, 3을 써넣으세요.

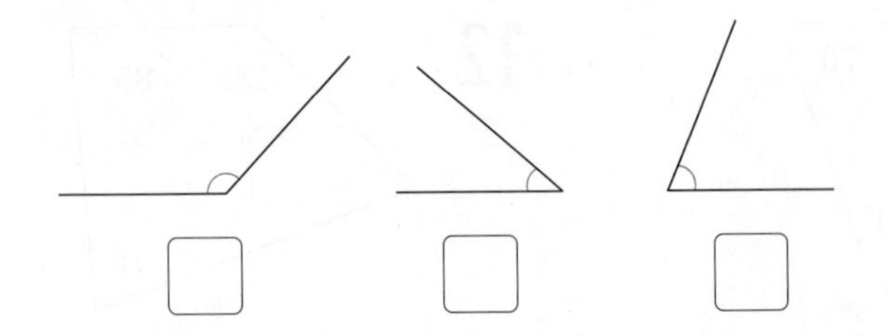

4 두 각의 크기를 주어진 단위로 비교해 보세요.

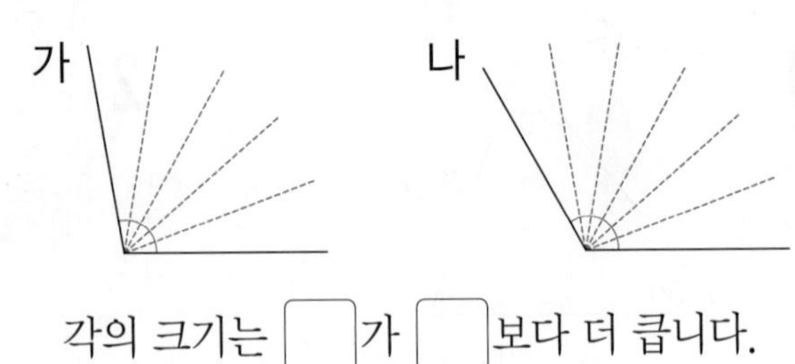

각의 크기는 □가 □보다 더 큽니다.

5 오른쪽 각보다 각의 크기가 더 큰 각을 모두 찾아 기호를 쓰세요.

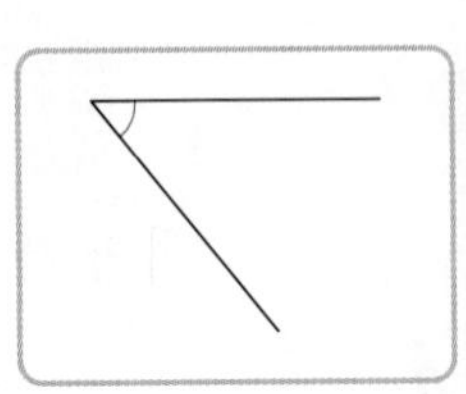

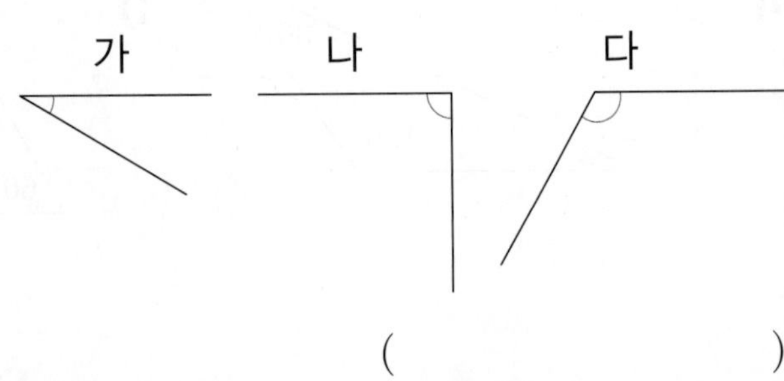

(　　　　　)

교과역량 콕!

6 지붕의 각의 크기를 바르게 비교한 친구의 이름을 쓰세요.

서윤: 가, 나, 다 지붕의 각의 크기는 모두 같아.
지호: 지붕의 각의 크기가 가장 큰 집은 다야.
민우: 지붕의 각의 크기가 가장 작은 집은 가야.

(　　　　　)

개념책 041쪽 ● 정답 42쪽

1 □ 안에 알맞은 수나 말을 〈보기〉에서 찾아 써넣으세요.

〈보기〉
90, 180, 1도, 각도, 직각

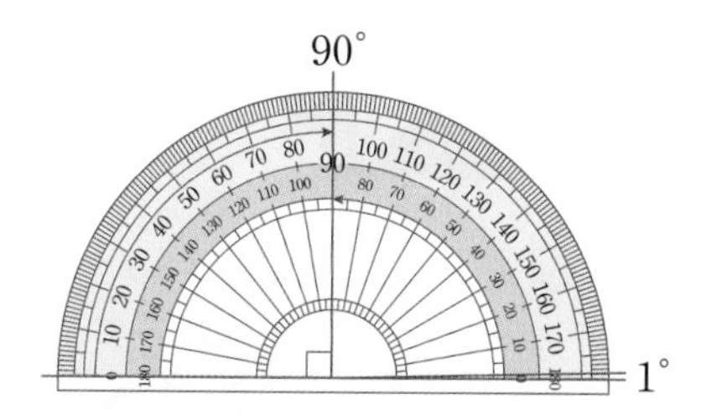

(1) 각의 크기를 □라고 합니다.

(2) 직각의 크기를 똑같이 90으로 나눈 것 중 하나를 □라 하고 1°라고 씁니다.

(3) 직각의 크기는 □°입니다.

2 각도를 재어 보세요.

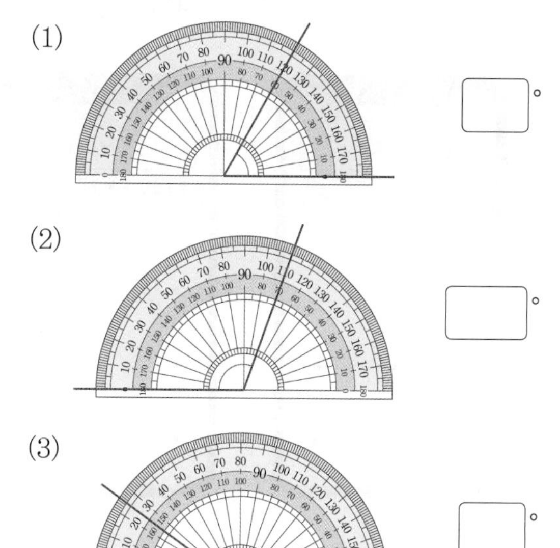

(1) □°

(2) □°

(3) □°

3 각도기를 이용하여 각도를 재어 보세요.

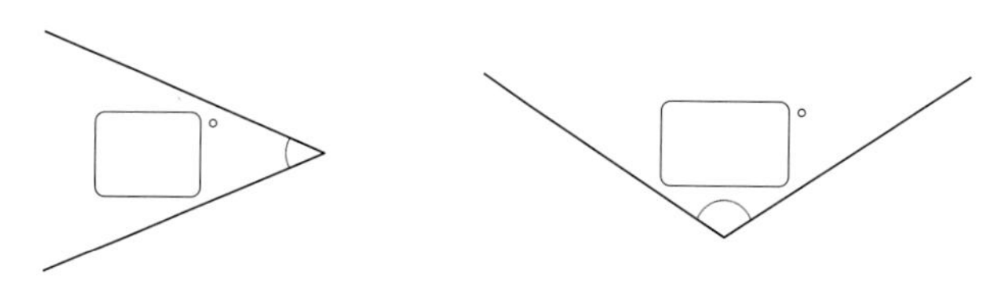

□° □°

4 각도기를 이용하여 그네에 표시된 각도를 재어 보세요.

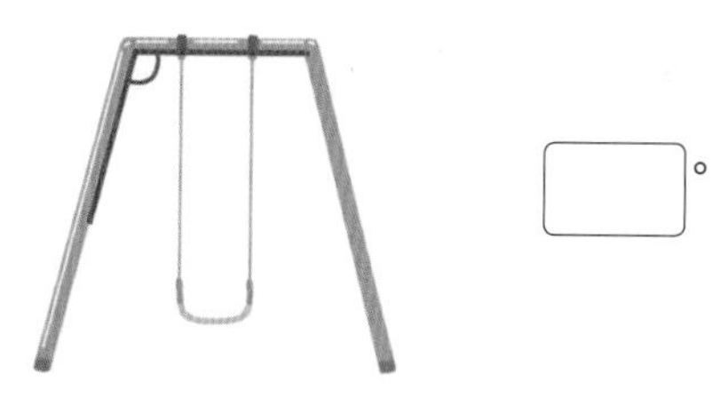

□°

교과역량 콕!

5 규민이가 각도를 잘못 잰 이유를 쓰세요.

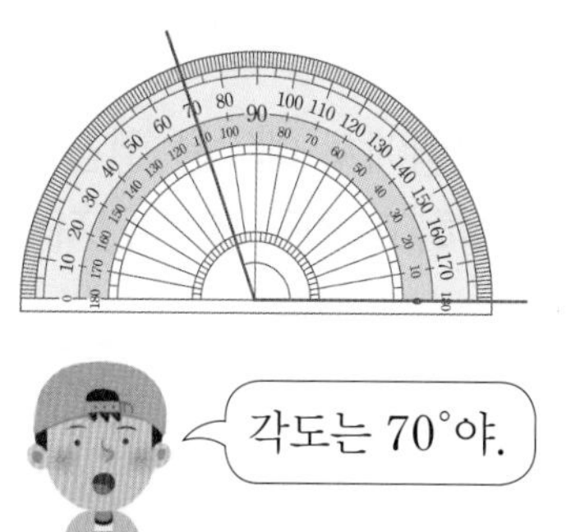

이유

개념책 042쪽 ● 정답 42쪽

1 □ 안에 알맞은 말을 써넣으세요.

(1) 각도가 0°보다 크고 직각보다 작은 각을 □이라고 합니다.

(2) 각도가 직각보다 크고 180°보다 작은 각을 □이라고 합니다.

2 관계있는 것끼리 이어 보세요.

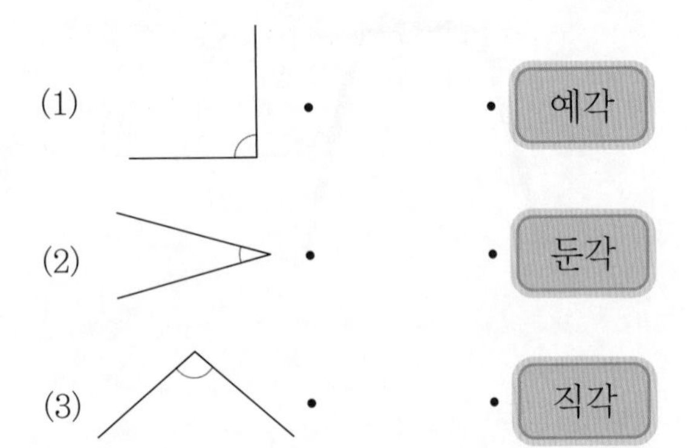

3 다음 사각형에서 예각은 빨간색, 둔각은 파란색으로 색칠하고, 각각 몇 개인지 구하세요.

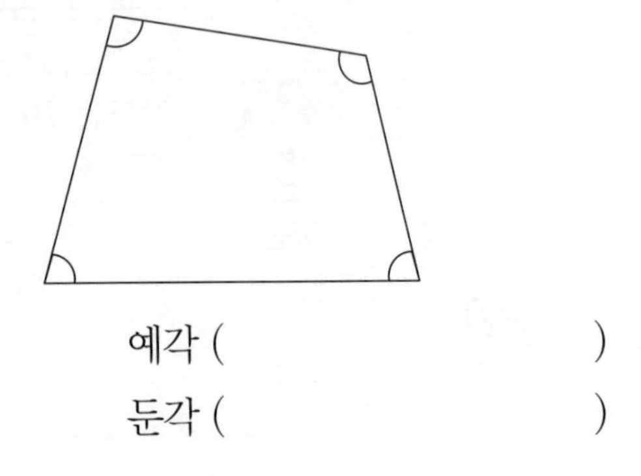

예각 (　　　　　　)

둔각 (　　　　　　)

4 칠교 조각으로 토끼 모양을 만들었습니다. 표시된 각이 예각, 둔각 중에서 어느 것인지 □ 안에 써넣으세요.

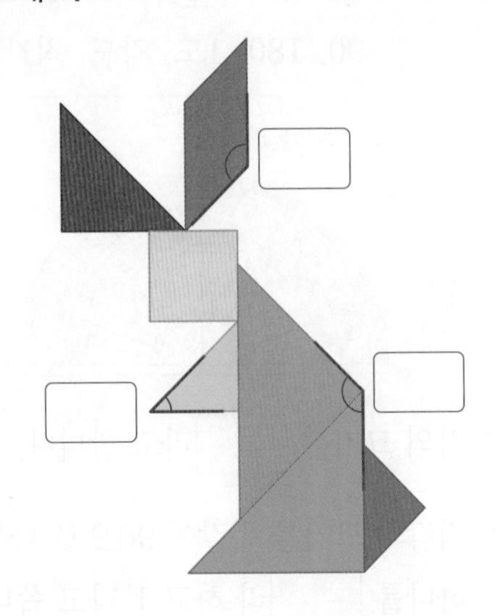

교과역량 콕!

5 〈보기〉와 다른 모양으로 나만의 패턴을 그리고, 예각과 둔각을 찾아 표시해 보세요.

〈보기〉

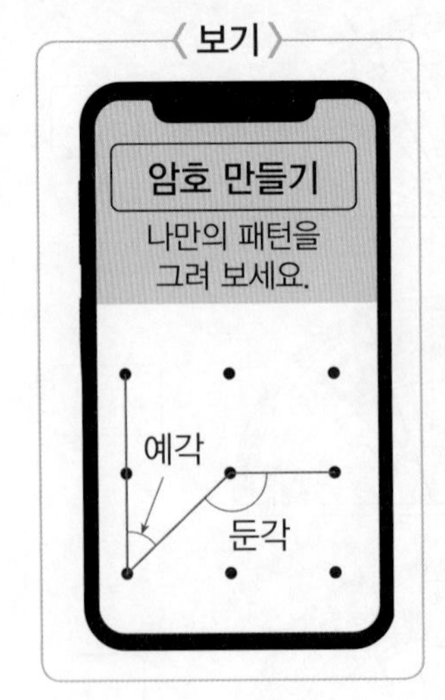

개념책 043쪽 ● 정답 43쪽

1 삼각자의 각과 비교하여 주어진 각도를 어림했습니다. ☐ 안에 알맞은 수를 써넣으세요.

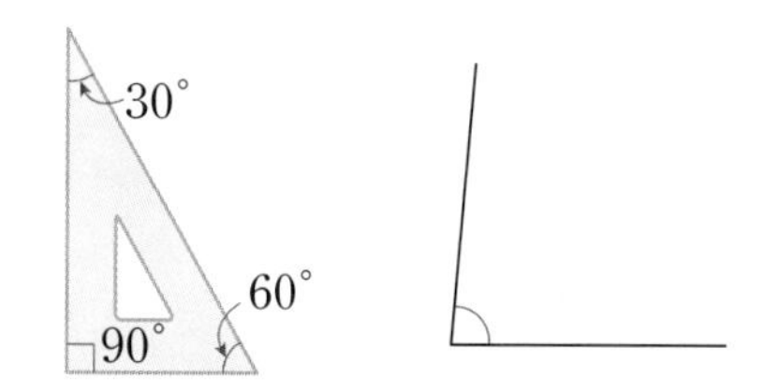

주어진 각도는 90°에 가까운 예각으로 보이므로 약 ☐°라고 어림했습니다.
각도를 각도기로 재어 보면 ☐°입니다.

2 각도를 어림하고, 각도기로 재어 보세요.

(1)

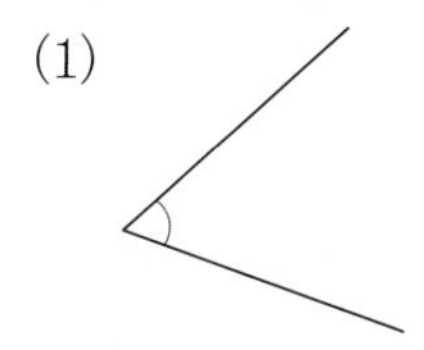

어림한 각도: 약 ☐°
잰 각도: ☐°

(2)

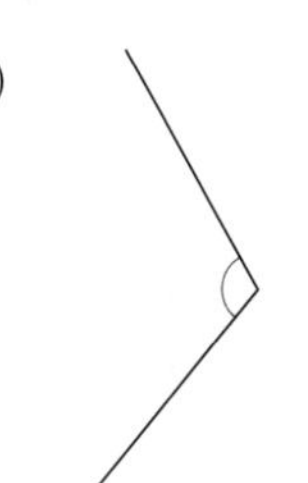

어림한 각도: 약 ☐°
잰 각도: ☐°

3 의자의 각도를 어림하고, 각도기로 재어 보세요.

어림한 각도: 약 ☐°
잰 각도: ☐°

4 리아와 도율이가 주어진 각도를 어림했습니다. 각도기로 재어 보고, 각도기로 잰 각도와 더 가깝게 어림한 친구의 이름을 쓰세요.

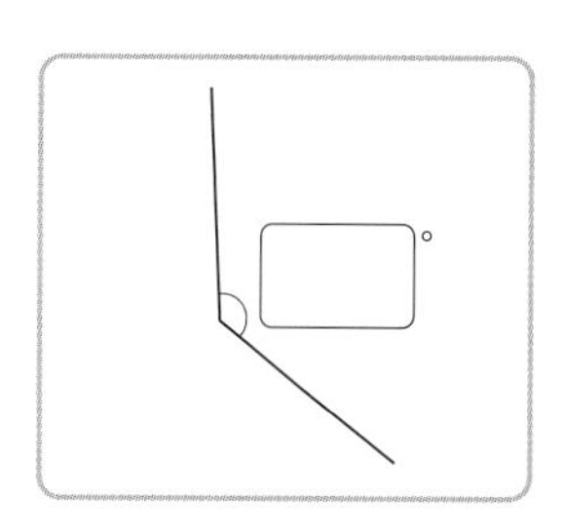

리아: 내 생각에는 100°쯤 되는 것 같아.

도율: 음, 내 생각에는 135°쯤 되는 것 같아.

(　　　　　　　　)

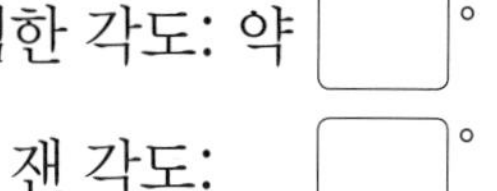

교과역량 콕!

5 각을 그린 후, 그린 각도를 어림하고, 각도기로 재어 확인해 보세요.

어림한 각도: 약 ☐°
잰 각도: ☐°

개념책 050쪽 ● 정답 43쪽

1 가와 나 두 각도의 합을 구하려고 합니다. □ 안에 알맞은 수를 써넣으세요.

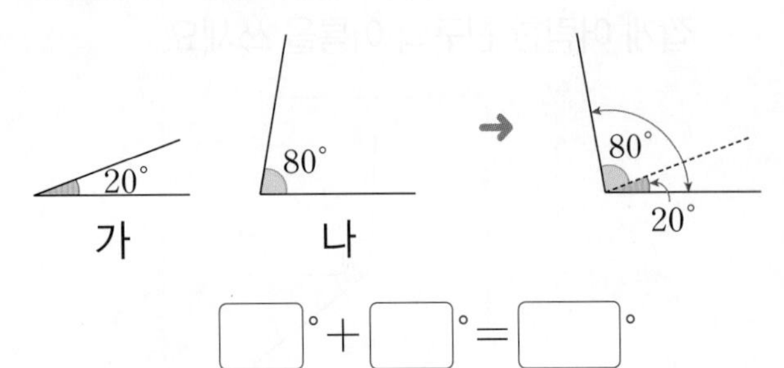

□° + □° = □°

2 두 각도의 차를 구하세요.

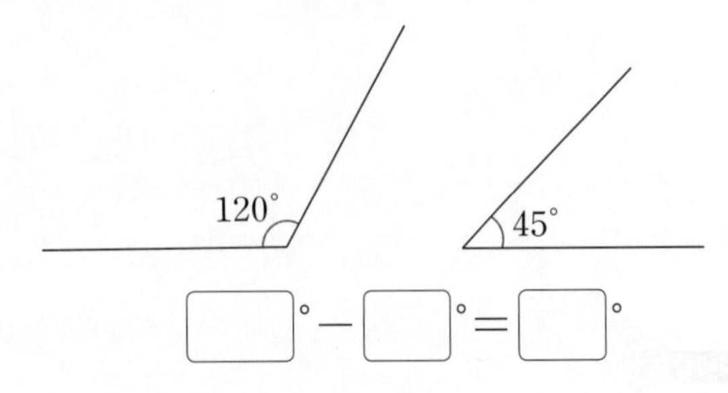

□° − □° = □°

3 각도의 합과 차를 구하세요.

(1) $63^\circ + 75^\circ =$ □°

(2) $126^\circ + 24^\circ =$ □°

(3) $110^\circ - 65^\circ =$ □°

(4) $135^\circ - 25^\circ =$ □°

4 각도기를 이용하여 각도를 각각 재어 보고, 두 각도의 차를 구하세요.

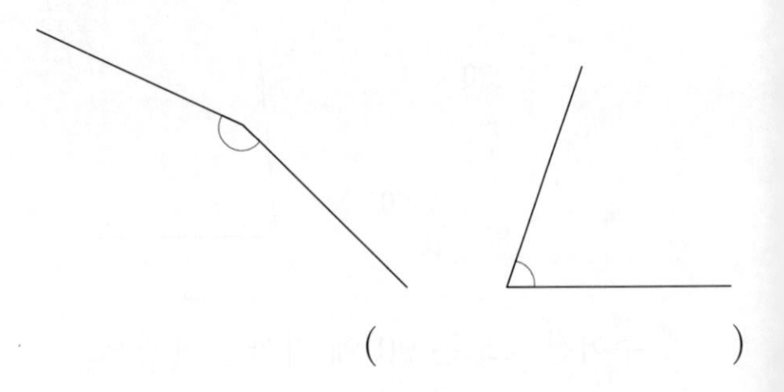

(　　　　　　　　　　　　　)

5 가장 큰 각도와 가장 작은 각도의 합을 구하세요.

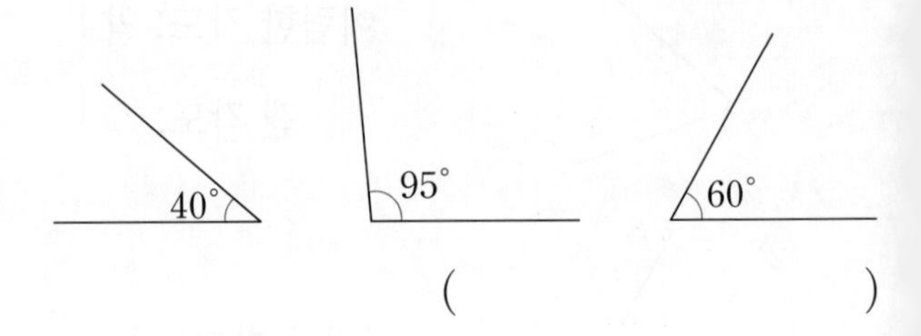

(　　　　　　　　　　　　　)

교과역량 콕!

6 □ 안에 알맞은 수를 써넣으세요.

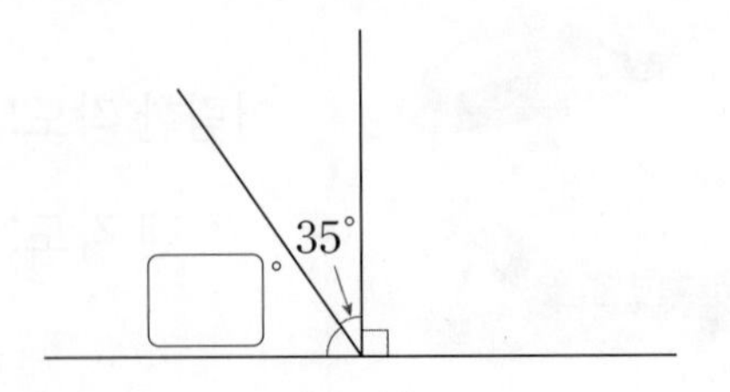

6. 삼각형의 세 각의 크기의 합은 얼마일까요

개념책 051쪽 ● 정답 43쪽

1 각도기를 이용하여 각도를 재어 보고, □ 안에 알맞은 수를 써넣으세요.

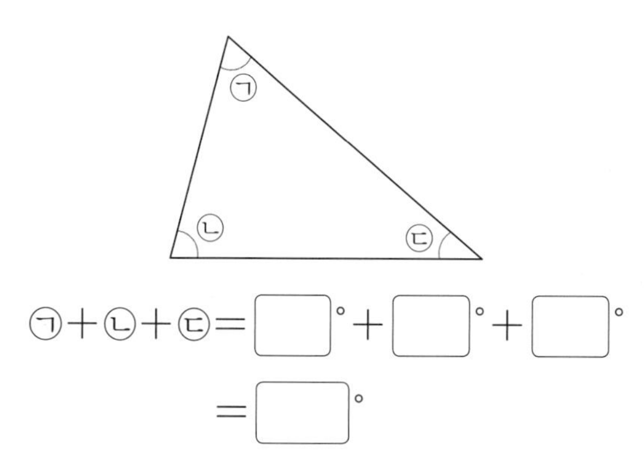

㉠+㉡+㉢=□°+□°+□°
=□°

2 삼각형을 세 조각으로 잘라 세 꼭짓점이 한 점에 모이도록 이어 붙였습니다. 세 각의 크기의 합을 구하세요.

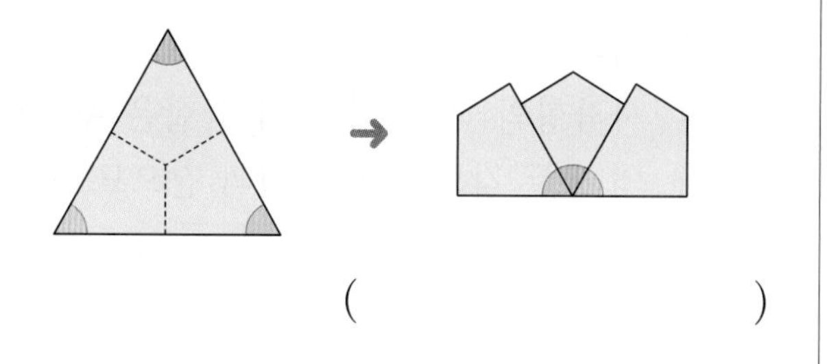

(　　　　　　　)

3 □ 안에 알맞은 수를 써넣으세요.

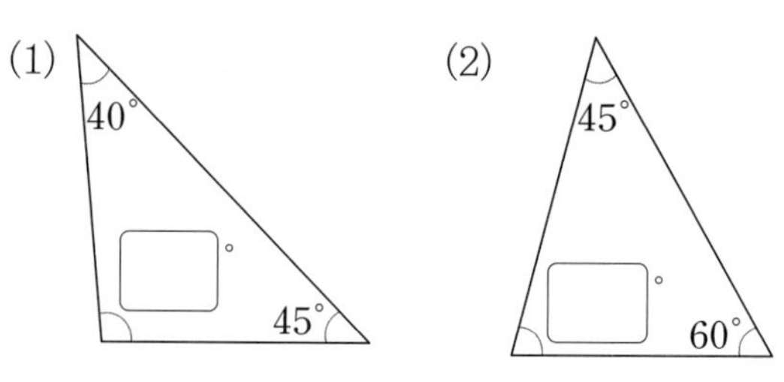

4 삼각형에서 ㉠과 ㉡의 각도의 합을 구하세요.

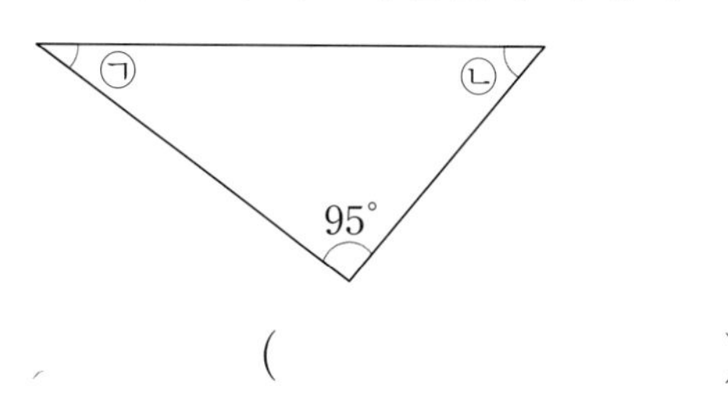

(　　　　　　　)

5 삼각형의 세 각의 크기를 잘못 잰 사람의 이름을 쓰세요.

이름	삼각형의 세 각의 크기
성민	50°, 60°, 70°
지호	90°, 80°, 20°
하준	55°, 35°, 90°

(　　　　　　　)

6 삼각형의 세 각의 크기의 합에 대해 바르게 말한 사람의 이름을 쓰세요.

규민: 가장 작은 삼각형의 세 각의 크기의 합이 가장 작아.
연서: 삼각형의 모양과 크기가 달라도 세 각의 크기의 합은 항상 같아.

(　　　　　　　)

개념책 052쪽 ● 정답 44쪽

1 각도기를 이용하여 각도를 재어 보고, 사각형의 네 각의 크기의 합을 구하세요.

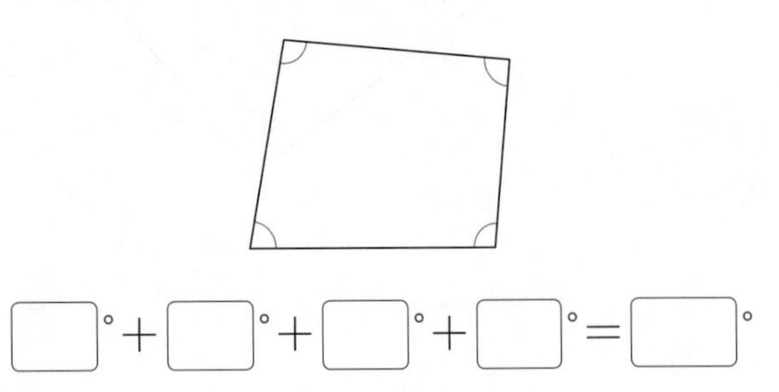

□° + □° + □° + □° = □°

2 사각형을 네 조각으로 잘라 네 꼭짓점이 한 점에 모이도록 이어 붙였습니다. 네 각의 크기의 합을 구하세요.

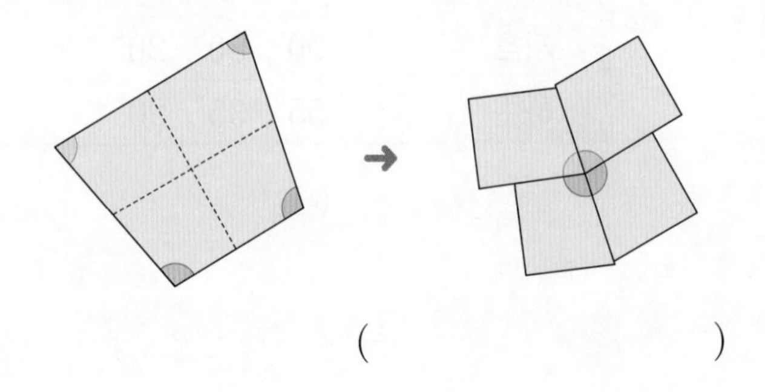

(　　　　　　　　)

3 □ 안에 알맞은 수를 써넣으세요.

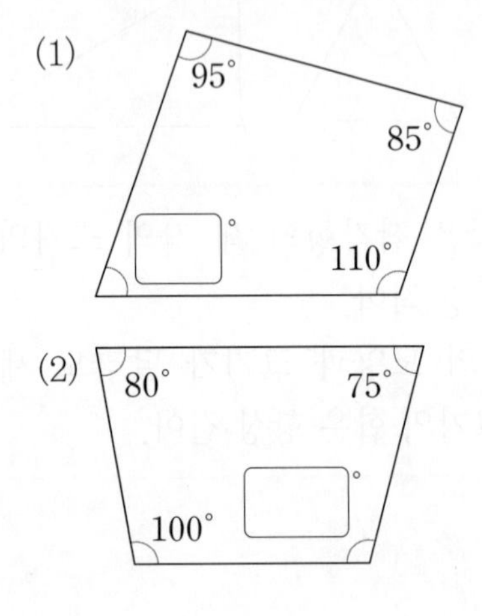

4 사각형에서 ㉠과 ㉡의 각도의 합을 구하세요.

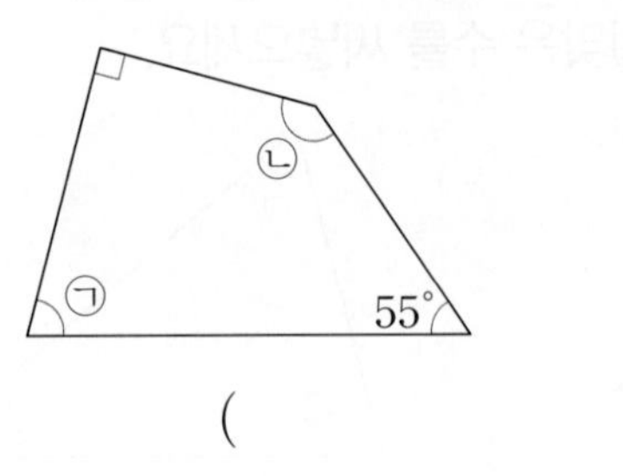

(　　　　　　　　)

5 사각형을 삼각형 2개로 나누어 사각형의 네 각의 크기의 합을 구하려고 합니다. □ 안에 알맞은 수를 써넣으세요.

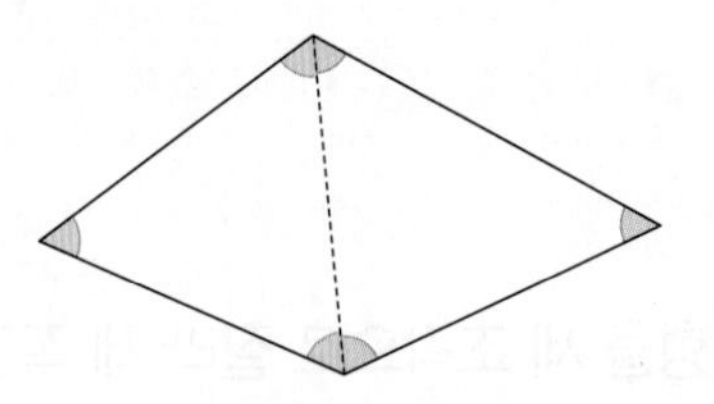

삼각형의 세 각의 크기의 합은 □°입니다.
사각형의 네 각의 크기의 합은 두 삼각형의 모든 각의 크기의 합과 같으므로
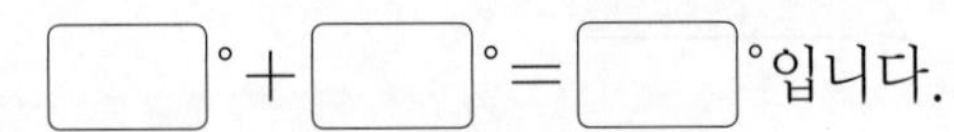
□° + □° = □°입니다.

6 리아가 사각형의 네 각의 크기를 잰 것입니다. 잘못 잰 이유를 쓰세요.

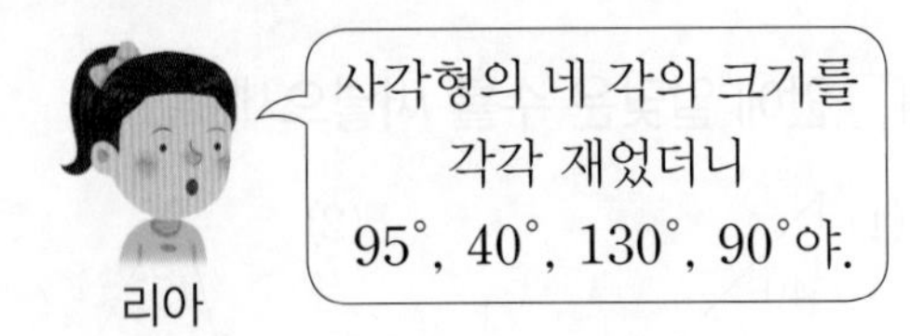

사각형의 네 각의 크기를 각각 재었더니 95°, 40°, 130°, 90°야.
리아

이유 ________________________________

1. (세 자리 수)×(몇십)

개념책 062쪽 ● 정답 44쪽

[1~18] 계산해 보세요.

1 $\begin{array}{r} 900 \\ \times \ \ 50 \\ \hline \end{array}$

2 $\begin{array}{r} 320 \\ \times \ \ 30 \\ \hline \end{array}$

3 $\begin{array}{r} 170 \\ \times \ \ 50 \\ \hline \end{array}$

4 $\begin{array}{r} 450 \\ \times \ \ 20 \\ \hline \end{array}$

5 $\begin{array}{r} 522 \\ \times \ \ 40 \\ \hline \end{array}$

6 $\begin{array}{r} 263 \\ \times \ \ 50 \\ \hline \end{array}$

7 $\begin{array}{r} 641 \\ \times \ \ 30 \\ \hline \end{array}$

8 $\begin{array}{r} 425 \\ \times \ \ 60 \\ \hline \end{array}$

9 $\begin{array}{r} 364 \\ \times \ \ 50 \\ \hline \end{array}$

10 280×90

11 710×80

12 920×70

13 592×30

14 648×70

15 297×80

16 497×40

17 762×90

18 513×60

2. (세 자리 수)×(몇십몇)

개념책 064쪽 • 정답 44쪽

[1~18] 계산해 보세요.

1
$$\begin{array}{r} 512 \\ \times \quad 34 \\ \hline \end{array}$$

2
$$\begin{array}{r} 472 \\ \times \quad 59 \\ \hline \end{array}$$

3
$$\begin{array}{r} 387 \\ \times \quad 66 \\ \hline \end{array}$$

4
$$\begin{array}{r} 624 \\ \times \quad 25 \\ \hline \end{array}$$

5
$$\begin{array}{r} 723 \\ \times \quad 81 \\ \hline \end{array}$$

6
$$\begin{array}{r} 965 \\ \times \quad 14 \\ \hline \end{array}$$

7
$$\begin{array}{r} 137 \\ \times \quad 96 \\ \hline \end{array}$$

8
$$\begin{array}{r} 628 \\ \times \quad 23 \\ \hline \end{array}$$

9
$$\begin{array}{r} 865 \\ \times \quad 42 \\ \hline \end{array}$$

10 256×43

11 427×56

12 745×62

13 569×84

14 639×75

15 973×28

16 338×27

17 726×42

18 847×35

3. (두 자리 수)÷(두 자리 수)

개념책 072쪽 ● 정답 44쪽

[1~18] 계산해 보세요.

1 $12\overline{)60}$

2 $30\overline{)91}$

3 $28\overline{)84}$

4 $17\overline{)95}$

5 $23\overline{)96}$

6 $16\overline{)59}$

7 $39\overline{)87}$

8 $26\overline{)68}$

9 $14\overline{)74}$

10 $78 \div 15$

11 $56 \div 24$

12 $73 \div 26$

13 $84 \div 27$

14 $78 \div 13$

15 $96 \div 43$

16 $90 \div 18$

17 $93 \div 41$

18 $76 \div 50$

4. 몫이 한 자리 수인 (세 자리 수)÷(두 자리 수)

개념책 074쪽 ● 정답 45쪽

[1~15] 계산해 보세요.

1 $90\overline{)540}$

2 $82\overline{)748}$

3 $65\overline{)588}$

4 $94\overline{)376}$

5 $76\overline{)460}$

6 $40\overline{)316}$

7 $74\overline{)607}$

8 $51\overline{)371}$

9 $36\overline{)229}$

10 $320 \div 40$

11 $193 \div 30$

12 $710 \div 86$

13 $531 \div 59$

14 $233 \div 28$

15 $315 \div 76$

5. 백의 자리에서 내림이 없고 몫이 두 자리 수인 (세 자리 수)÷(두 자리 수)

개념책 076쪽 ● 정답 45쪽

[1~15] 계산해 보세요.

1 $15\overline{)195}$

2 $22\overline{)462}$

3 $29\overline{)899}$

4 $16\overline{)384}$

5 $24\overline{)513}$

6 $76\overline{)804}$

7 $18\overline{)575}$

8 $12\overline{)286}$

9 $14\overline{)595}$

10 $816 \div 24$

11 $285 \div 19$

12 $671 \div 61$

13 $720 \div 35$

14 $912 \div 42$

15 $279 \div 13$

6. 백의 자리에서 내림이 있고 몫이 두 자리 수인 (세 자리 수)÷(두 자리 수)

개념책 076쪽 ● 정답 45쪽

[1~15] 계산해 보세요.

1 $34\overline{)578}$

2 $41\overline{)615}$

3 $36\overline{)936}$

4 $32\overline{)608}$

5 $43\overline{)731}$

6 $67\overline{)965}$

7 $37\overline{)638}$

8 $28\overline{)499}$

9 $50\overline{)734}$

10 $612 \div 51$

11 $864 \div 36$

12 $437 \div 23$

13 $769 \div 46$

14 $467 \div 25$

15 $822 \div 69$

1. (세 자리 수) × (몇십)을 어떻게 계산할까요

개념책 068쪽 ● 정답 45쪽

1 〈보기〉와 같이 계산하려고 합니다. ▢ 안에 알맞은 수를 써넣으세요.

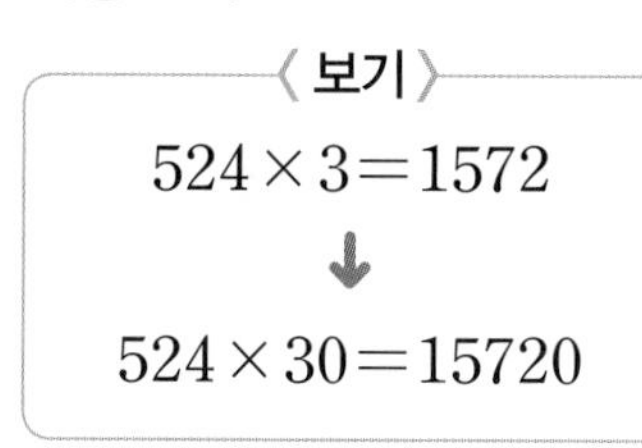

〈보기〉

$524 \times 3 = 1572$

↓

$524 \times 30 = 15720$

$316 \times 7 = \square$

↓

$316 \times 70 = \square$

2 계산해 보세요.

(1) 230×40

(2) 471×30

3 관계있는 것끼리 이어 보세요.

(1) 533×70 • • 27030

(2) 901×30 • • 28920

(3) 482×60 • • 37310

4 계산 결과가 큰 것부터 차례로 기호를 쓰세요.

㉠ 675×30

㉡ 810×20

㉢ 792×40

(   )

교과역량 콕!

5 아이스크림 1개의 가격은 950원입니다. 아이스크림 50개를 산다면 아이스크림의 가격은 모두 얼마일까요?

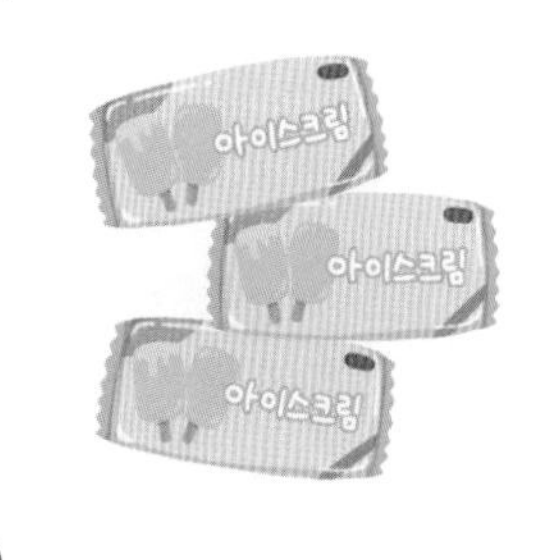

식 ____________________

답 ____________________

교과역량 콕!

6 현우와 미나 중 누가 우유를 더 많이 마셨나요?

우유를 230 mL씩 40일 동안 마셨어.

현우

우유를 425 mL씩 20일 동안 마셨어.

미나

(   )

개념책 069쪽 • 정답 45쪽

1 □ 안에 알맞은 수를 써넣으세요.

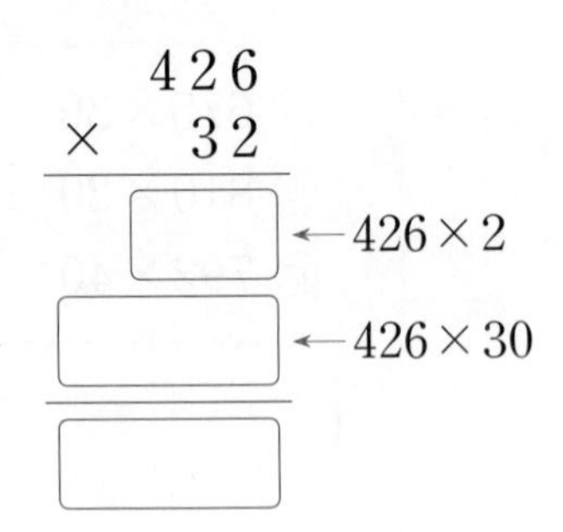

2 계산해 보세요.

(1) 765 × 45

(2) 830 × 79

3 빈칸에 알맞은 수를 써넣으세요.

×	35	64
287		

4 계산 결과를 비교하여 ○ 안에 >, =, <를 알맞게 써넣으세요.

196×48 ○ 604×16

5 연송이는 매일 370 m씩 달리기를 합니다. 연송이가 3주 동안 달린 거리는 모두 몇 m인가요?

식

답

교과역량 콕!

6 □ 안에 알맞은 수를 써넣으세요.

$$\begin{array}{r} 1\ 2\ \square \\ \times\quad 7\ 5 \\ \hline \square\ 2\ 0 \\ 8\ 6\ \square\ \ \\ \hline \square\ \square\ 0\ 0 \end{array}$$

교과역량 콕!

7 계산 결과가 10000에 가장 가까운 곱셈식을 만들려고 합니다. □ 안에 알맞은 두 자리 수를 써넣으세요.

409×□

3. 곱셈의 어림셈을 어떻게 할까요

개념책 071쪽 ● 정답 46쪽

1 402×30이 약 얼마인지 어림셈으로 구하려고 합니다. 402를 몇백으로 어림하여 그림에 ○표 하고, □ 안에 알맞은 수를 써넣으세요.

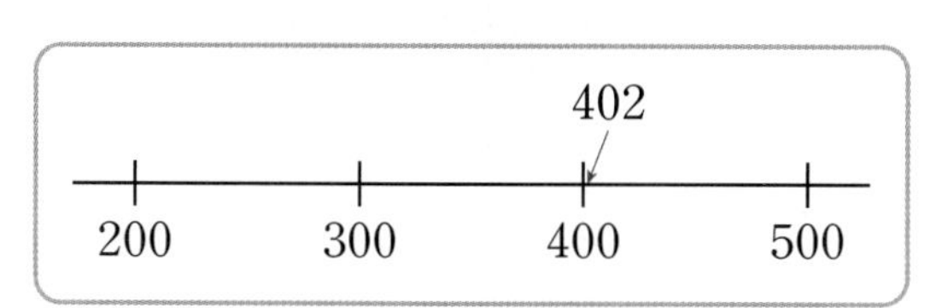

402×30을 어림셈으로 구하면

약 □입니다.

2 297×19가 약 얼마인지 어림셈으로 구하고, 실제로 계산해 보세요.

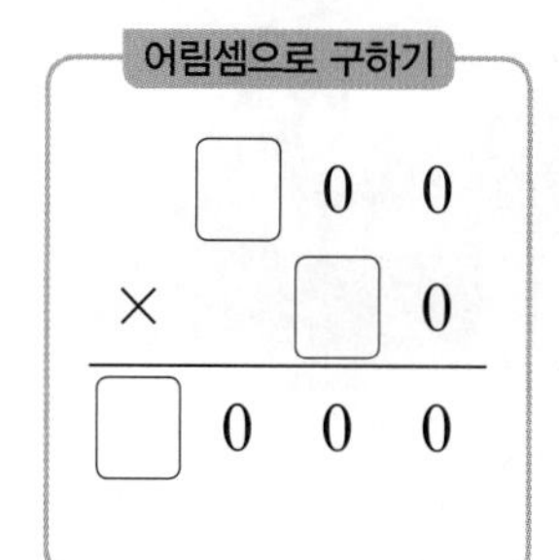

실제로 계산하기

297
× 19

3 어림셈으로 구한 값을 찾아 ○표 하세요.

599×38

↓

12000	18000	24000

4 어림셈으로 구한 값의 크기를 비교하여 ○ 안에 >, =, <를 알맞게 써넣으세요.

798×19 ○ 701×31

5 796×50이 약 얼마인지 어림셈으로 구하려고 합니다. □ 안에 알맞은 수를 써넣으세요.

796은 □보다 작고,

800×50=□이므로

796×50은 □보다 작을 것입니다.

교과역량 콕!

6 한 봉지 안에 들어 있는 과자는 303개입니다. 61봉지 안에 들어 있는 과자는 약 몇 개인지 어림셈으로 구하세요.

주경: 303은 □에 가깝고,
61은 □에 가까우니까
과자는 약 □개일 거야.

개념책 080쪽 ● 정답 46쪽

1 수 모형을 보고 □ 안에 알맞은 수를 써넣으세요.

$90 \div 30 = \square$

2 계산해 보세요.

(1) $50\overline{)68}$

(2) $13\overline{)91}$

3 계산해 보고, 계산한 결과가 맞는지 확인해 보세요.

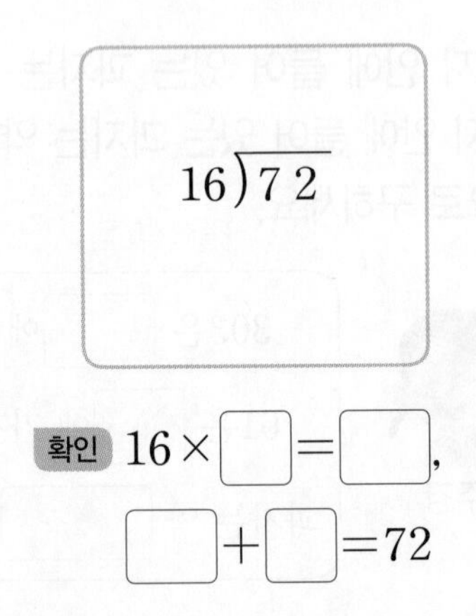

확인 $16 \times \square = \square$,

$\square + \square = 72$

4 빈칸에 알맞은 몫을 써넣으세요.

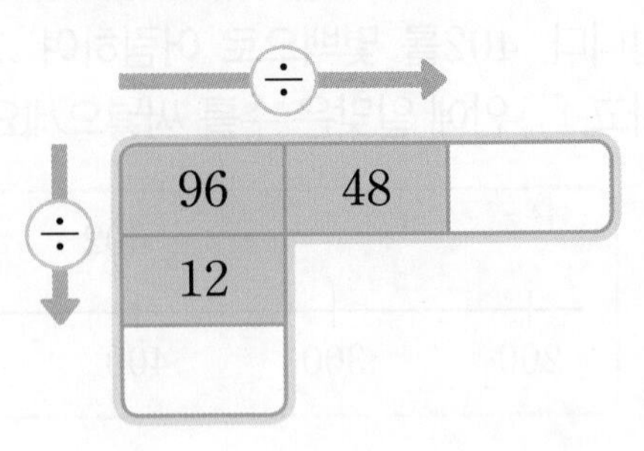

교과역량 콕!

5 감자 80개를 한 상자에 25개씩 똑같이 나누어 담으려고 합니다. 몇 상자가 되고, 몇 개가 남을까요?

식

답 □ 상자가 되고, □ 개가 남습니다.

교과역량 콕!

6 주원이네 학교 4학년 학생 98명이 모두 비누 만들기 체험에 참여하려고 합니다. 한 회에 24명씩 참여할 수 있다면 몇 회 만에 체험을 마칠 수 있을까요?

(   )

5. 몫이 한 자리 수인 (세 자리 수)÷(두 자리 수)를 어떻게 계산할까요

개념책 081쪽 ● 정답 47쪽

1 곱셈식을 이용하여 나눗셈의 몫을 구하세요.

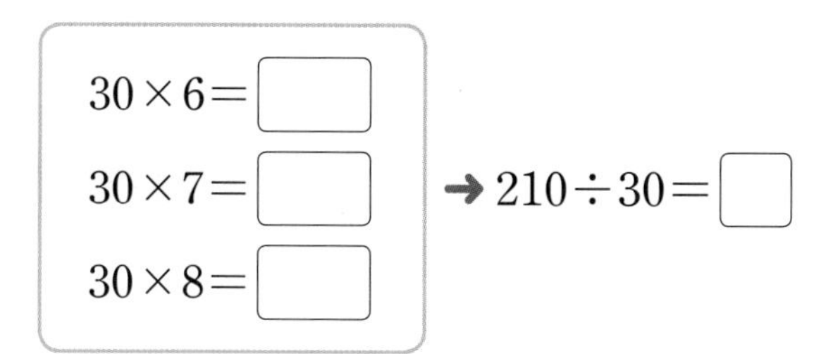

$30 \times 6 = \square$

$30 \times 7 = \square$

$30 \times 8 = \square$

$\rightarrow 210 \div 30 = \square$

2 계산해 보세요.

(1) $20\overline{)170}$

(2) $41\overline{)312}$

3 몫이 큰 것부터 차례로 기호를 쓰세요.

㉠ $252 \div 29$
㉡ $141 \div 24$
㉢ $250 \div 33$

(　　　　　　　　)

교과역량 콕!

4 지난 주말 규민이는 할머니 댁에 다녀왔습니다. 할머니 댁까지 몇 시간 몇 분 걸렸는지 구하세요.

식

답

교과역량 콕!

5 주어진 단어를 이용하여 $216 \div 36$에 알맞은 문제를 만들고 해결해 보세요.

구슬　목걸이　몇 개까지

문제

답

교과역량 콕!

6 나머지가 있는 (세 자리 수)÷(두 자리 수)의 나눗셈식입니다. □ 안에 들어갈 수 있는 수를 구하세요.

$\square 72 \div 50 = 9 \cdots ◆$

(　　　　　　　　)

6. 백의 자리에서 내림이 없고 몫이 두 자리 수인 (세 자리 수)÷(두 자리 수)를 어떻게 계산할까요

개념책 082쪽 ● 정답 47쪽

1 □ 안에 알맞은 수를 써넣으세요.

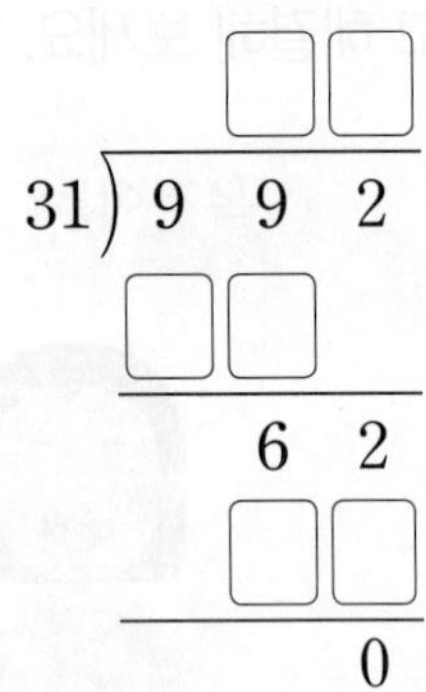

2 계산해 보세요.

(1) $14\overline{)238}$ (2) $17\overline{)726}$

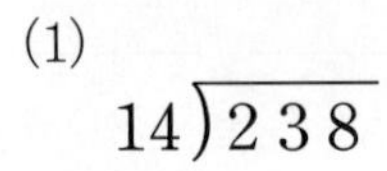

3 빈칸에 알맞은 몫을 써넣으세요.

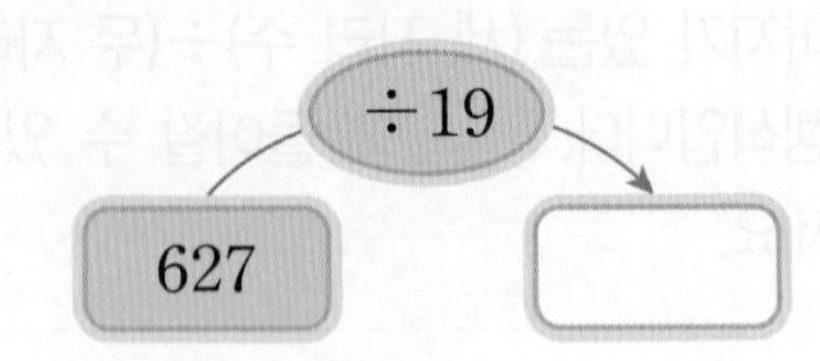

4 몫의 크기를 비교하여 ○ 안에 >, =, <를 알맞게 써넣으세요.

$903 \div 43$ ○ $770 \div 35$

교과역량 콕!

5 지수가 $642 \div 20$을 다음과 같이 계산했습니다. 잘못 계산한 곳을 찾아 바르게 계산하고, 그렇게 고친 이유를 쓰세요.

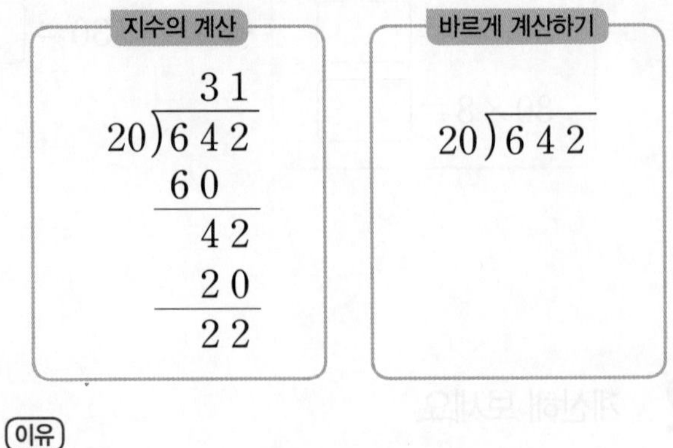

이유

교과역량 콕!

6 규민이와 리아 중 누가 먼저 책을 다 읽게 될까요?

난 480쪽짜리 책을 매일 16쪽씩 읽을 거야.
난 350쪽짜리 책을 매일 14쪽씩 읽을 거야.
규민
리아

(　　　　)

교과역량 콕!

7 어떤 수를 12로 나누어야 할 것을 잘못하여 21로 나누었더니 몫이 41, 나머지가 5가 되었습니다. 바르게 계산한 나눗셈식의 몫과 나머지를 구하세요.

몫 (　　　　)

나머지 (　　　　)

7. 백의 자리에서 내림이 있고 몫이 두 자리 수인 (세 자리 수)÷(두 자리 수)를 어떻게 계산할까요

개념책 082쪽 ● 정답 47쪽

1 □ 안에 알맞은 수를 써넣으세요.

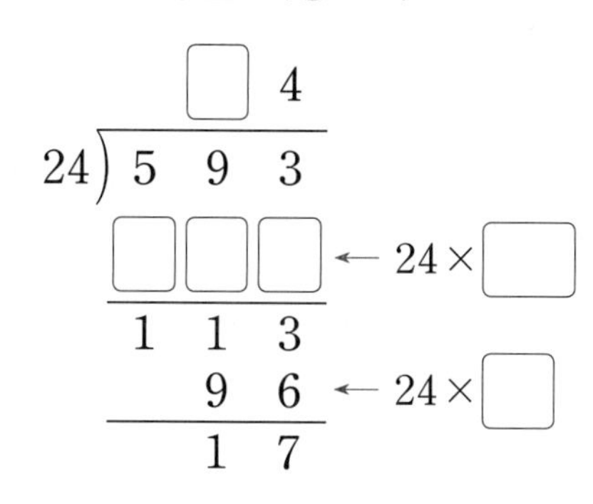

2 계산해 보세요.

(1) $42\overline{)966}$

(2) $32\overline{)525}$

3 □ 안에 몫을 써넣고, ○ 안에 나머지를 써넣으세요.

÷

890	51		… ○
980	44		… ○

4 세 자리 수를 38로 나눌 때 나올 수 있는 나머지 중에서 가장 큰 수는 얼마인가요?

( )

5 버터 250 g을 15 g씩 작은 그릇에 나누어 담으려고 합니다. 버터는 몇 그릇이 되고, 몇 g이 남을까요?

식

답 □그릇이 되고, □g이 남습니다.

교과역량 콕!

6 □ 안에 알맞은 수를 써넣으세요.

$$\begin{array}{r} 2\square \\ 37\overline{)8\square6} \\ \underline{74} \\ 116 \\ \underline{111} \\ \square \end{array}$$

교과역량 콕!

7 식물의 한살이를 관찰하기 위해 강낭콩 297개를 16모둠에 나누어 주려고 합니다. 강낭콩을 남기지 않고 각 모둠에 똑같이 나누어 주려면 강낭콩이 적어도 몇 개 더 필요할까요?

( )

8. 나눗셈의 어림셈을 어떻게 할까요

개념책 083쪽 ● 정답 48쪽

1 399÷40의 몫을 어림셈으로 구하려고 합니다. 399를 몇백으로 어림하여 그림에 ○표 하고, □ 안에 알맞은 수를 써넣으세요.

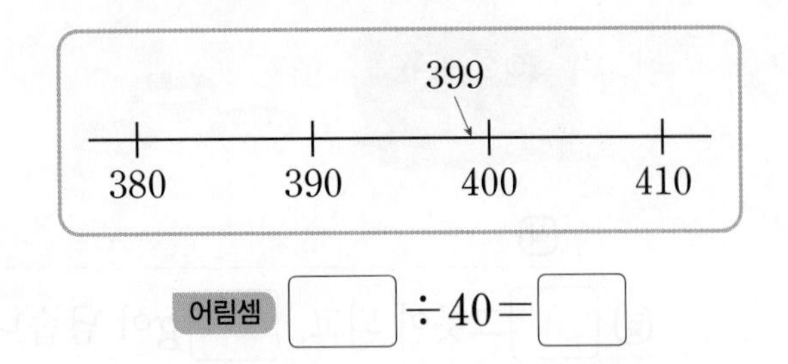

어림셈 □÷40=□

2 587÷60의 몫을 어림셈으로 구하고, 어림셈으로 구한 몫을 이용하여 실제 몫을 구하세요.

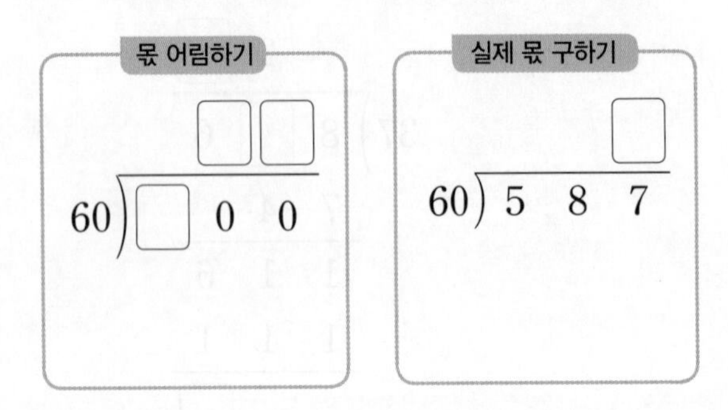

3 나눗셈의 몫을 어림셈으로 구하려고 합니다. 어림셈으로 구한 몫을 찾아 ○표 하세요.

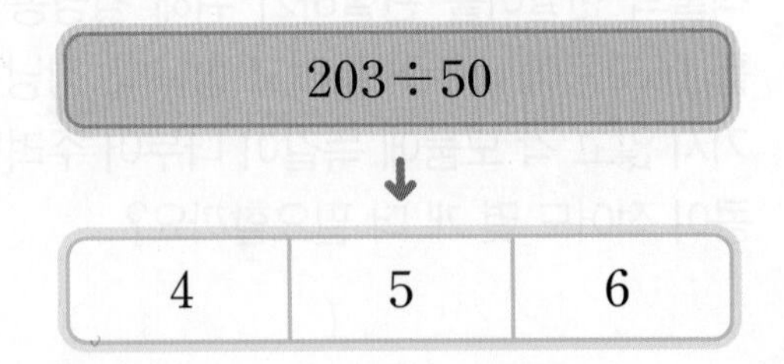

4 몫이 한 자리 수인 나눗셈에 ○표, 몫이 두 자리 수인 나눗셈에 △표 하세요.

286÷22	427÷61
495÷55	240÷15

5 도율이와 같이 나눗셈의 몫을 어림셈으로 구하려고 합니다. □ 안에 알맞은 수를 써넣으세요.

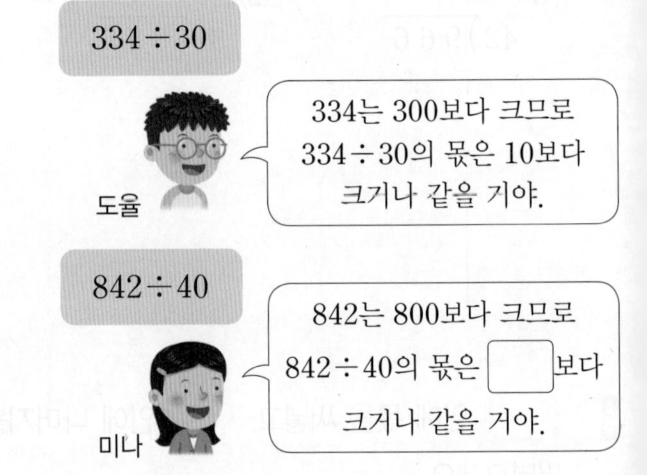

6 책 789권을 정리하려고 합니다. 책꽂이 한 칸에 20권씩 정리한다면 책꽂이 40칸은 책을 모두 정리하는 데 충분할지 어림셈으로 구하세요.

어림셈 □÷20=□

→ 책꽂이 40칸은 책을 모두 정리하는 데 (충분합니다 , 부족합니다).

1. 평면도형 밀기

개념책 092쪽 ● 정답 48쪽

[1~4] 주어진 도형을 오른쪽 또는 왼쪽으로 밀었을 때의 도형을 그려 보세요.

1

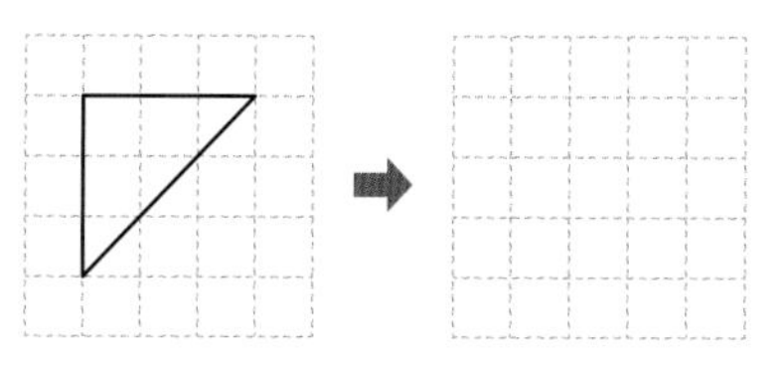

2

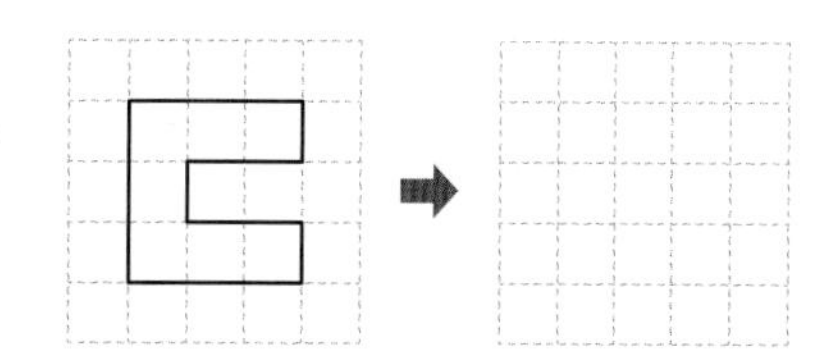

3

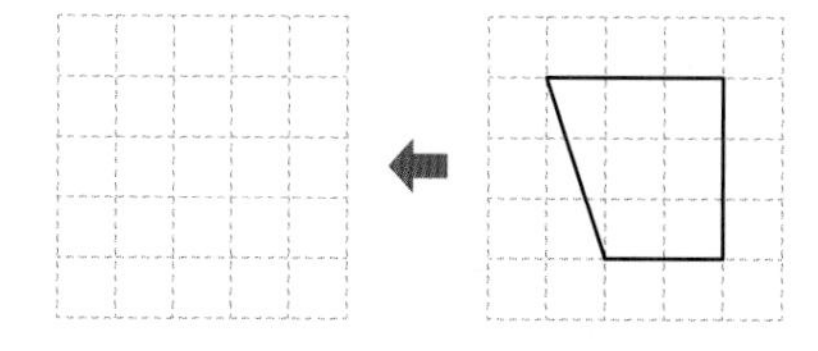

4

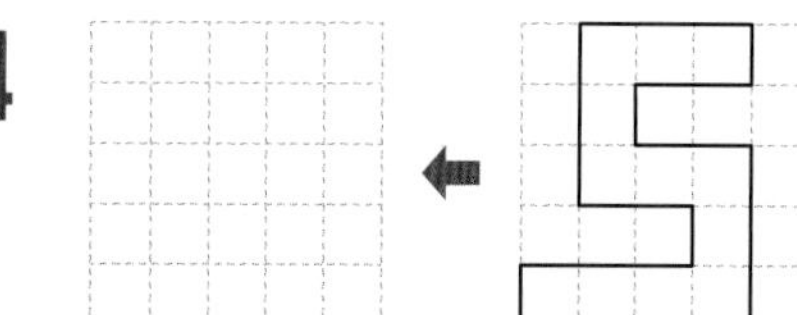

[5~10] 주어진 도형을 아래쪽 또는 위쪽으로 밀었을 때의 도형을 그려 보세요.

5

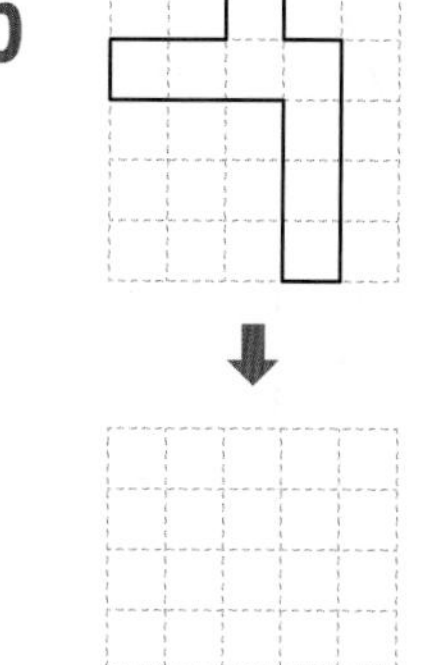

6

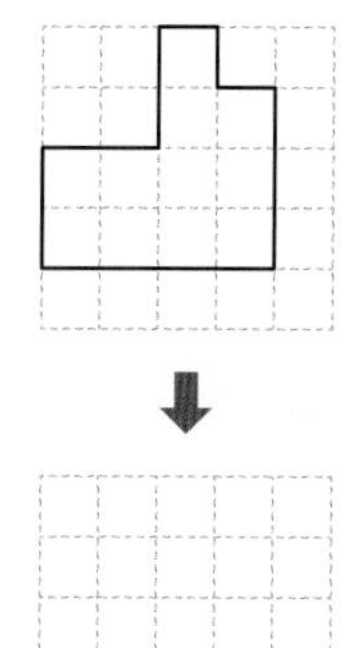

7

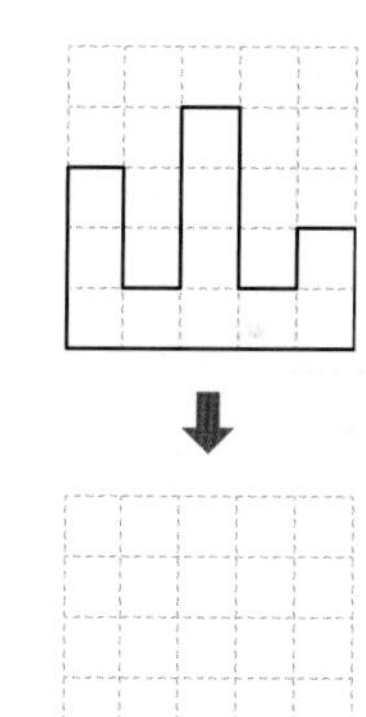

8

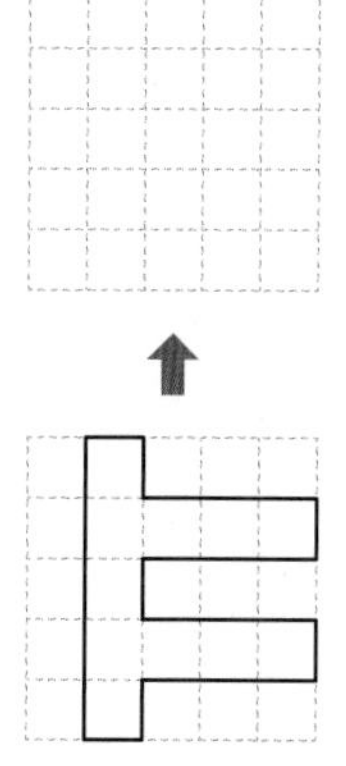

9

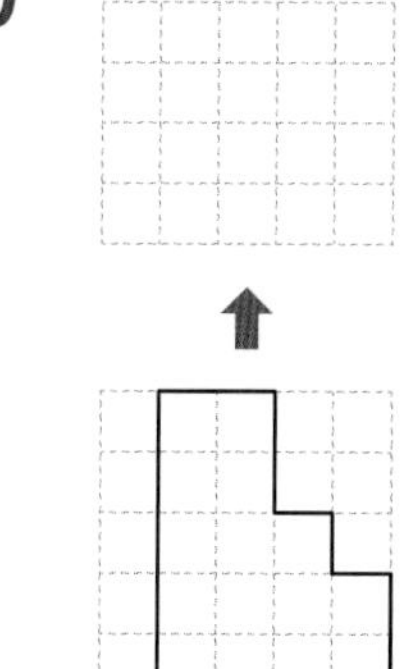

10

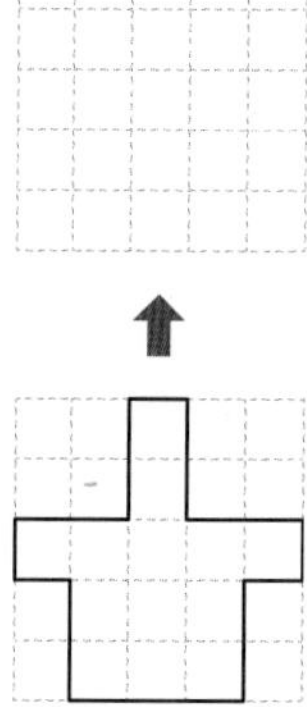

개념책 094쪽 ● 정답 48쪽

[1~4] 주어진 도형을 오른쪽 또는 왼쪽으로 뒤집었을 때의 도형을 그려 보세요.

1

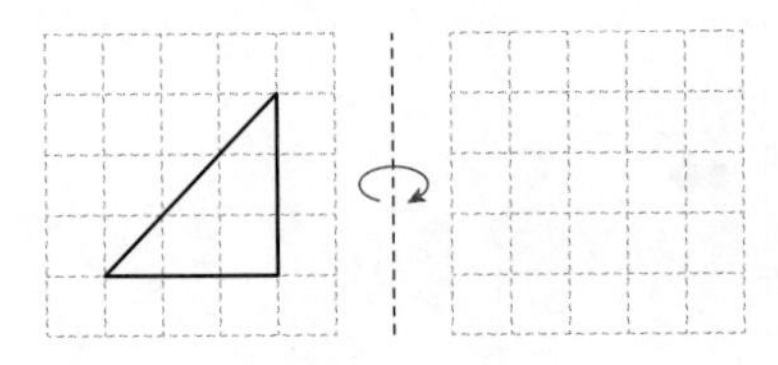

2

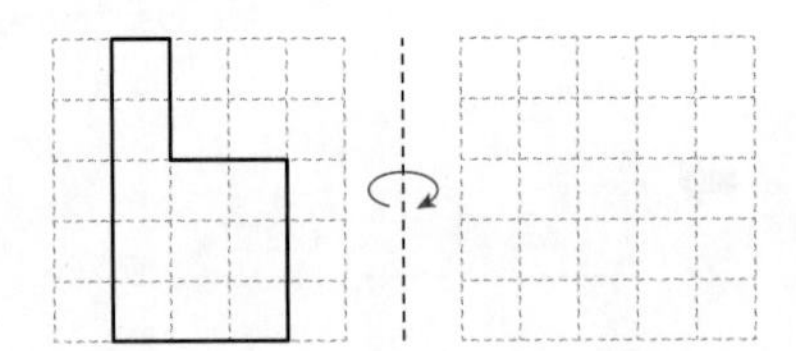

3

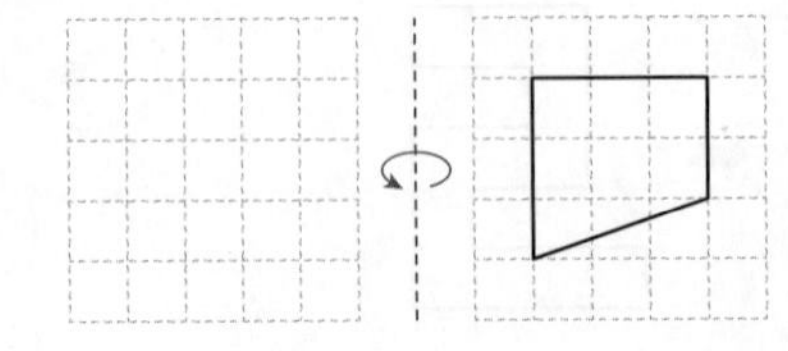

4

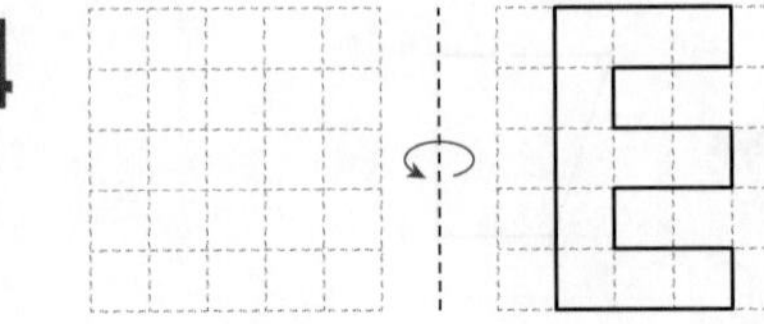

[5~10] 주어진 도형을 아래쪽 또는 위쪽으로 뒤집었을 때의 도형을 그려 보세요.

5

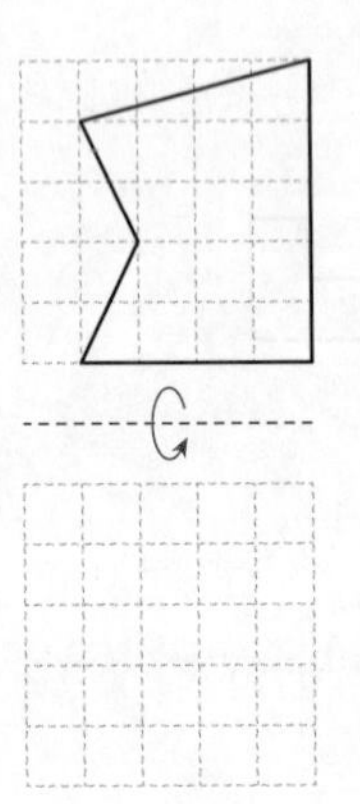

6

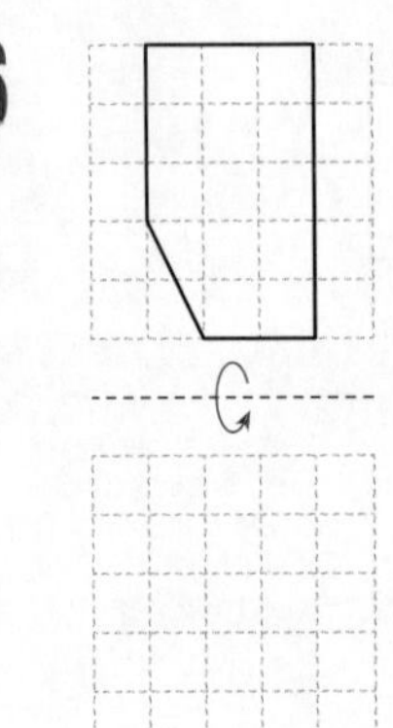

7

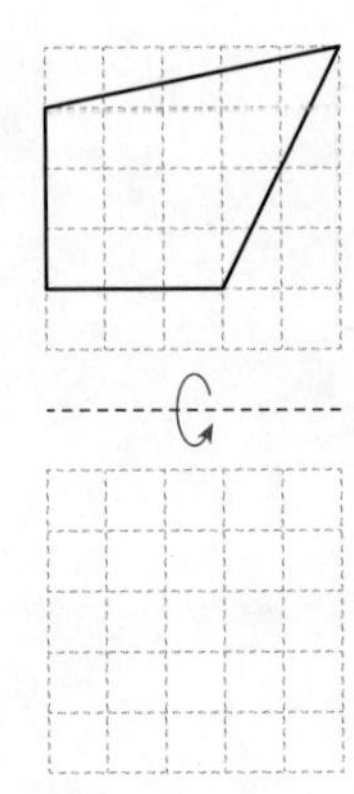

8

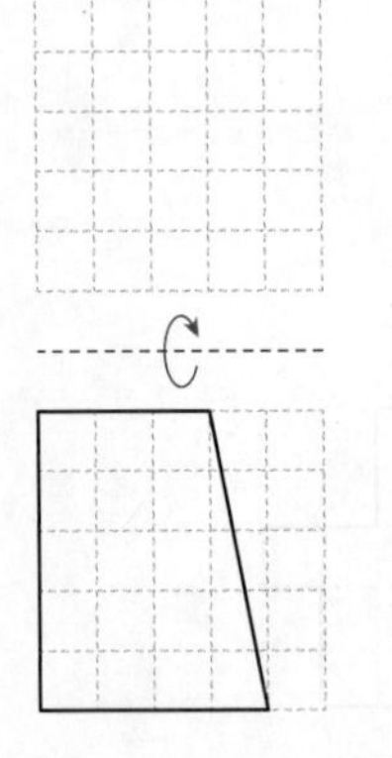

9

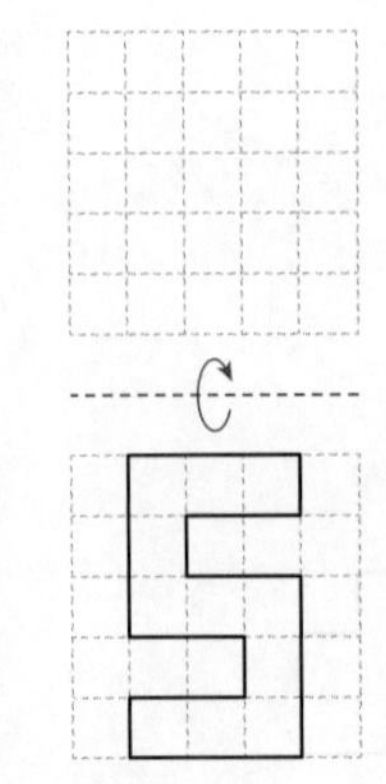

10

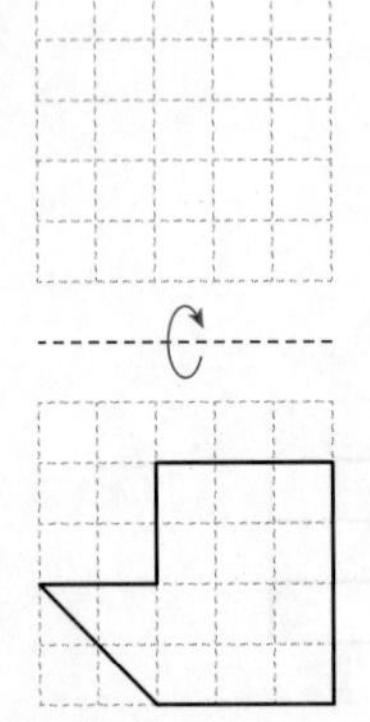

개념책 096쪽 ● 정답 49쪽

[1~10] 주어진 도형을 각 방향으로 돌렸을 때의 도형을 그려 보세요.

1

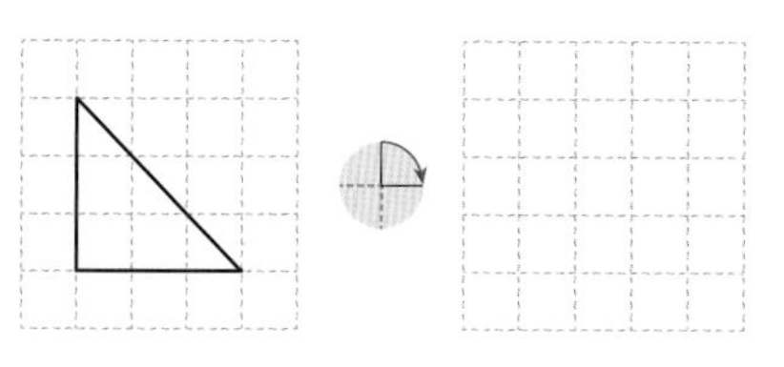

2

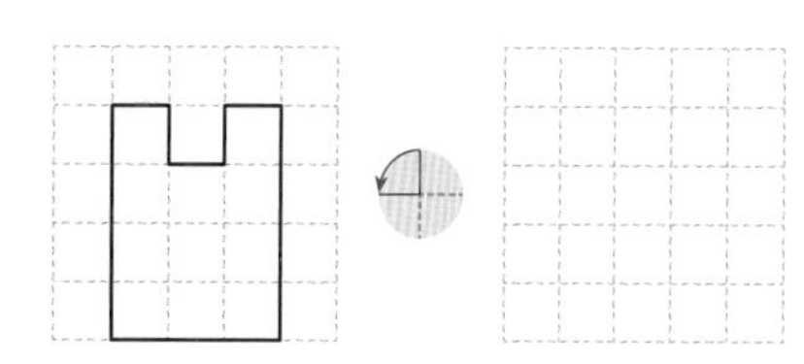

3

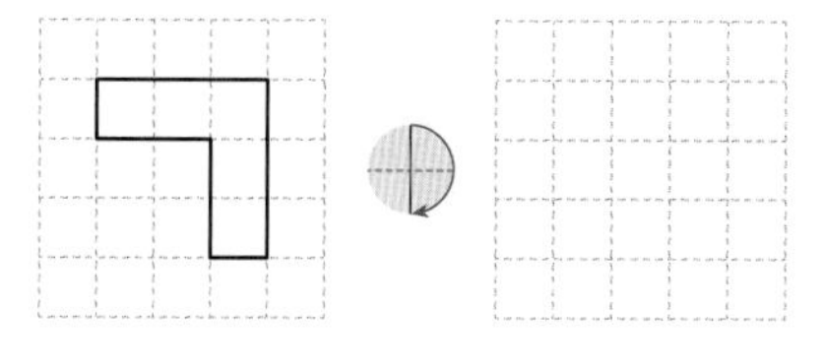

4

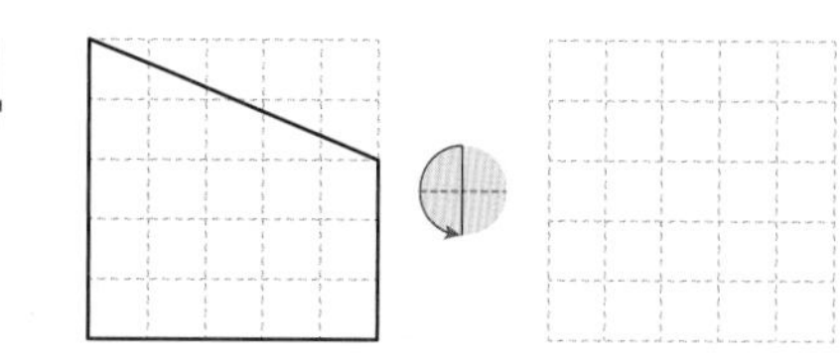

5

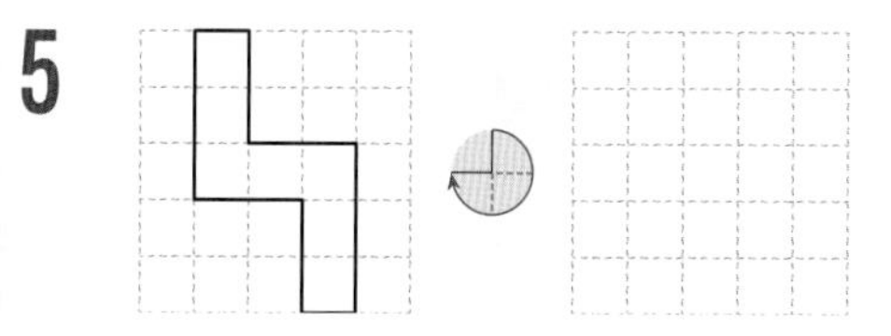

6

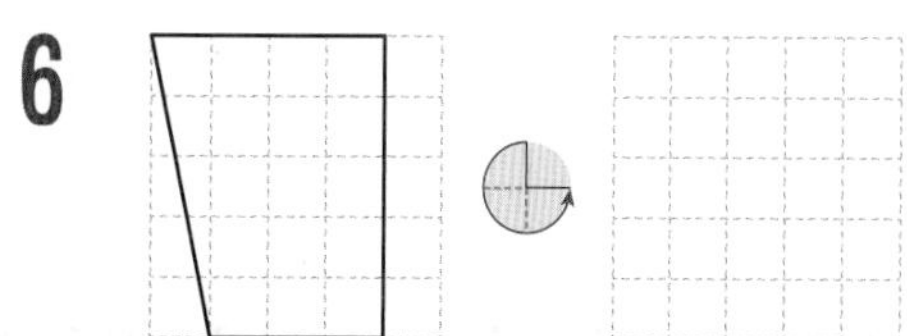

7

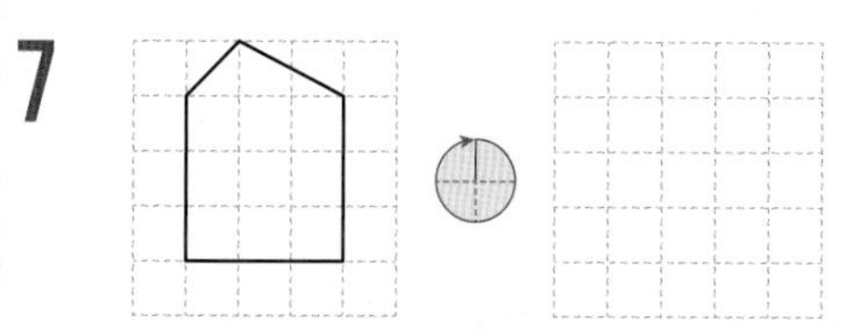

8

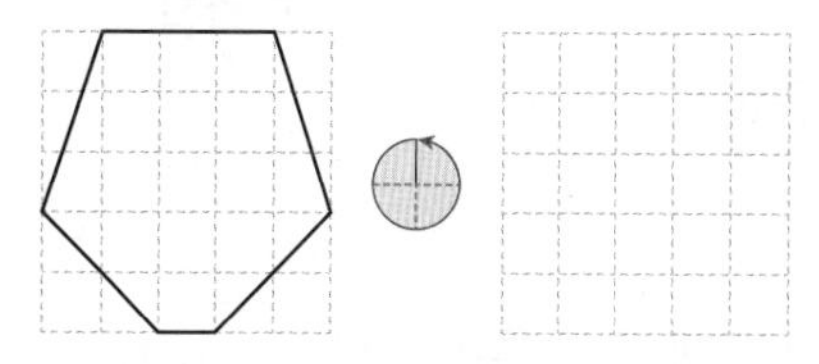

9

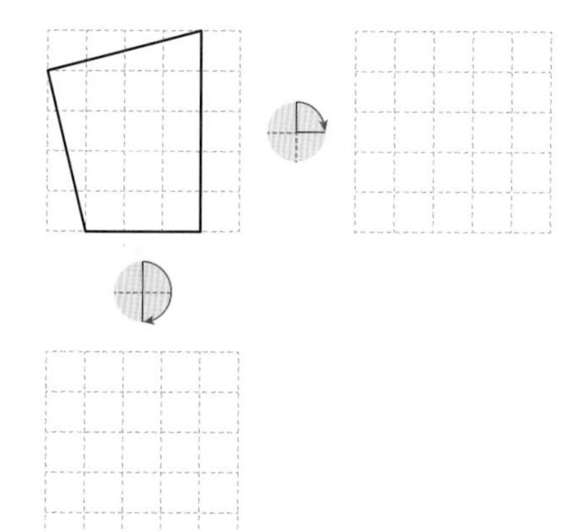

10

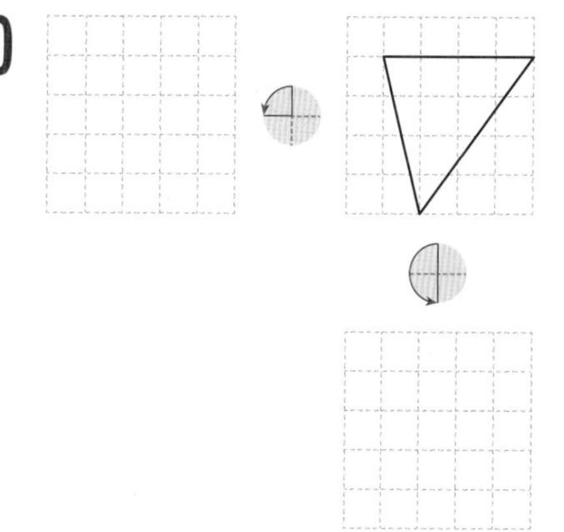

개념책 098쪽 ● 정답 49쪽

[1~4] 설명에 알맞게 바둑돌이 이동한 위치에 ○를 그려 보세요.

1 오른쪽으로 5칸 이동

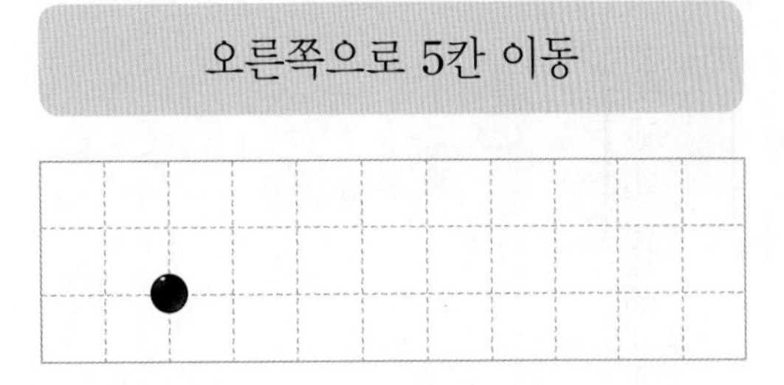

2 왼쪽으로 6칸 이동

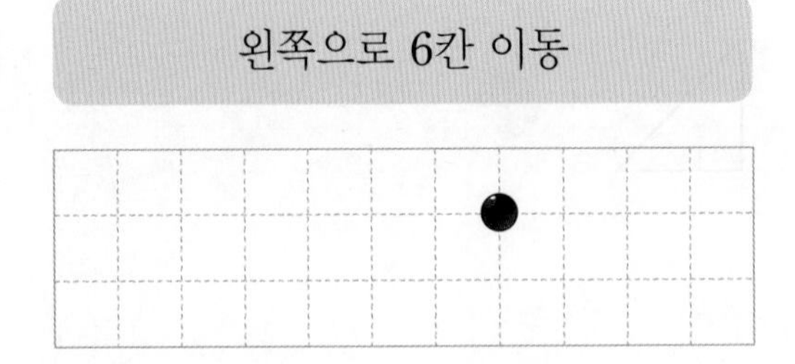

3 아래쪽으로 3칸 이동

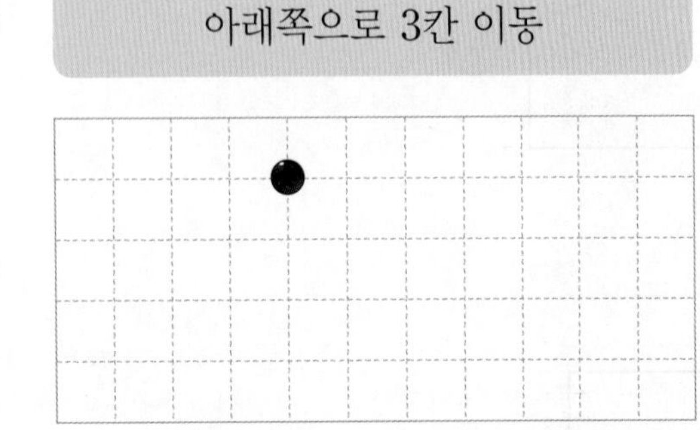

4 위쪽으로 4칸 이동

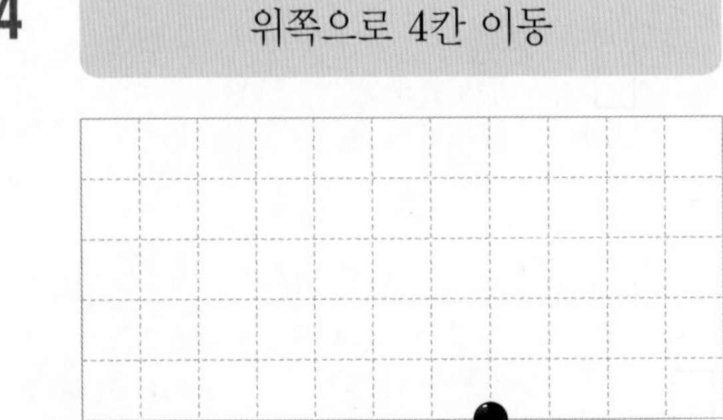

[5~8] 출발점에서 도착점까지 이동하는 방법을 설명해 보세요.

5

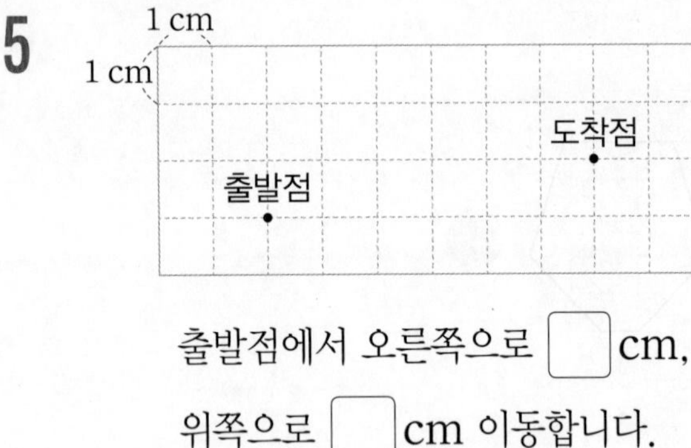

출발점에서 오른쪽으로 □ cm,
위쪽으로 □ cm 이동합니다.

6

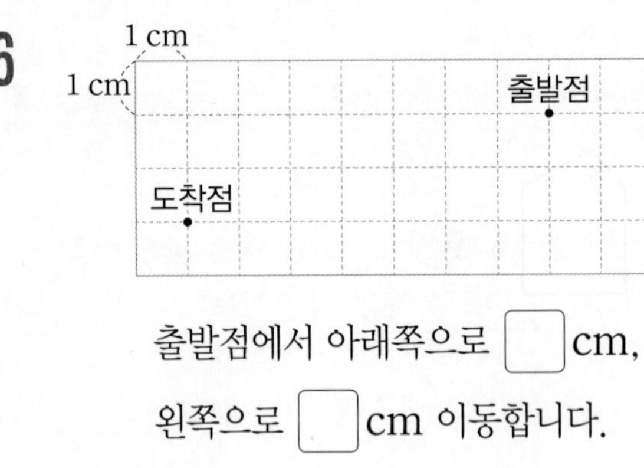

출발점에서 아래쪽으로 □ cm,
왼쪽으로 □ cm 이동합니다.

7

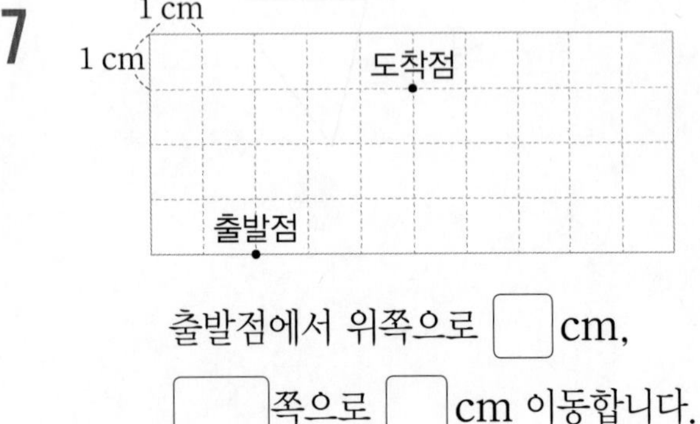

출발점에서 위쪽으로 □ cm,
□쪽으로 □ cm 이동합니다.

8

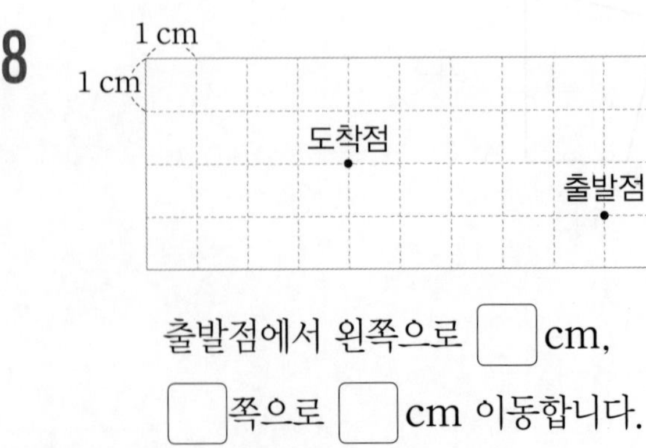

출발점에서 왼쪽으로 □ cm,
□쪽으로 □ cm 이동합니다.

1. 평면도형을 밀면 어떻게 될까요

개념책 100쪽 ● 정답 49쪽

1 조각을 밀었을 때의 모양을 보고 알맞은 말에 ○표 하세요.

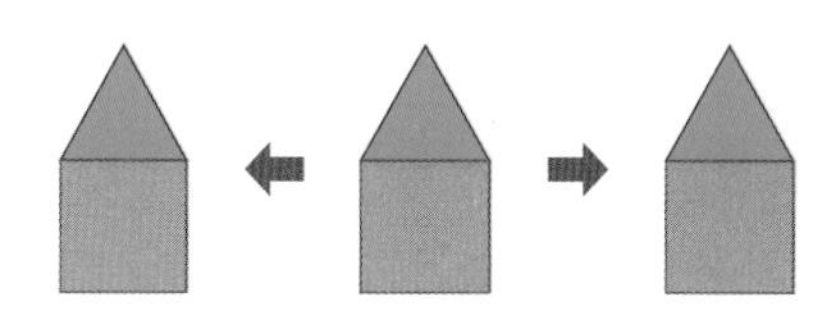

(1) 조각을 밀면 모양은
(변합니다 , 변하지 않습니다).

(2) 조각을 밀면 위치는
(바뀝니다 , 바뀌지 않습니다).

2 조각을 오른쪽으로 밀었을 때의 모양으로 알맞은 것에 ○표 하세요.

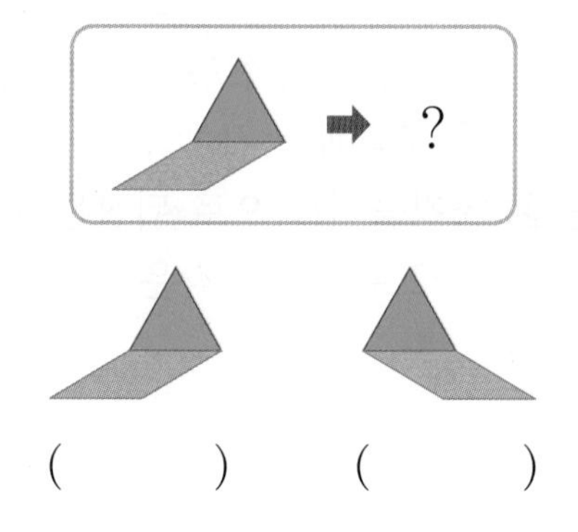

3 도형을 오른쪽으로 밀었을 때의 도형을 그려 보세요.

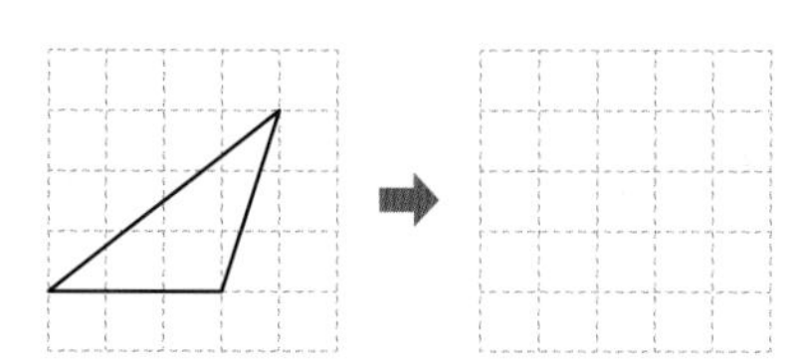

4 도형을 왼쪽으로 밀었을 때의 도형을 그려 보세요.

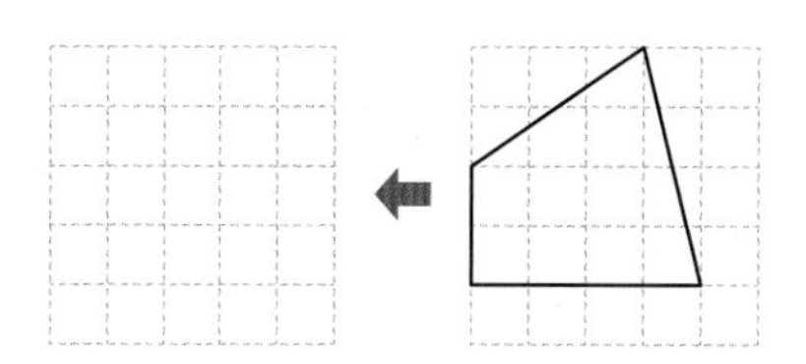

5 도형을 아래쪽과 오른쪽으로 밀었을 때의 도형을 각각 그려 보세요.

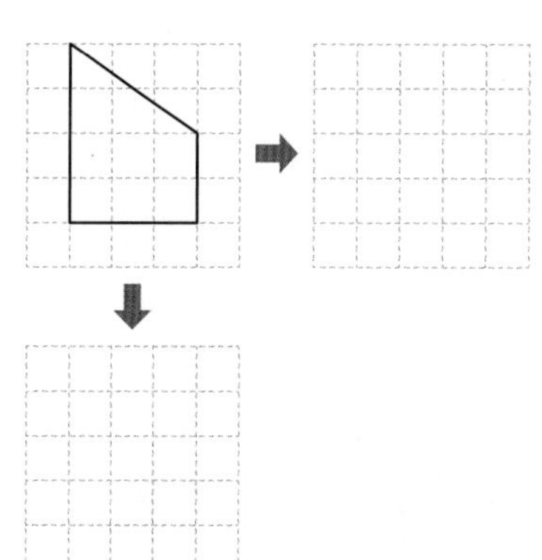

교과역량 콕!

6 조각 ㉠, ㉡을 밀어서 정사각형 모양을 완성하려고 합니다. 조각 ㉠과 ㉡을 각각 어떻게 움직여야 할까요?

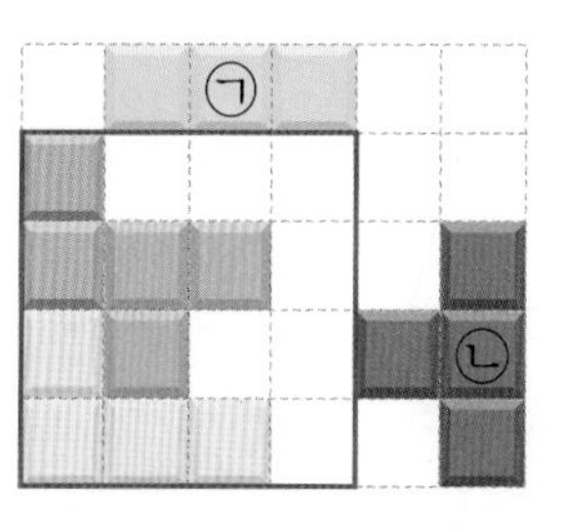

조각 ㉠은 [　　] 쪽으로 밀고,

조각 ㉡은 [　　] 쪽으로 밀어야 합니다.

개념책 101쪽 ● 정답 50쪽

1 조각을 뒤집었을 때의 모양을 보고 □ 안에 알맞은 말을 써넣으세요.

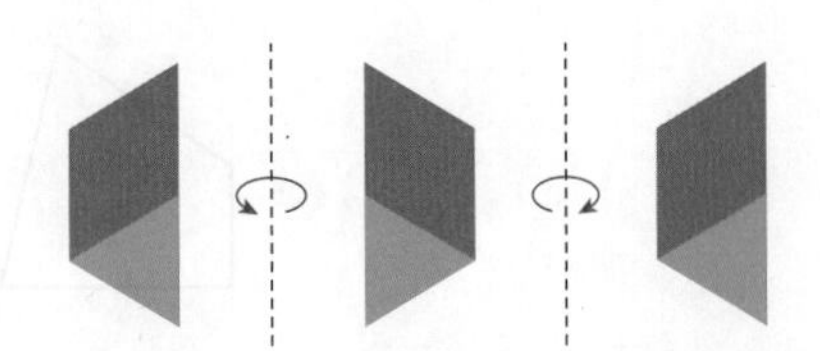

조각을 왼쪽 또는 오른쪽으로 뒤집으면
조각의 왼쪽과 □이 서로 바뀝니다.

2 조각을 아래쪽으로 뒤집었을 때의 모양으로 알맞은 것을 찾아 기호를 쓰세요.

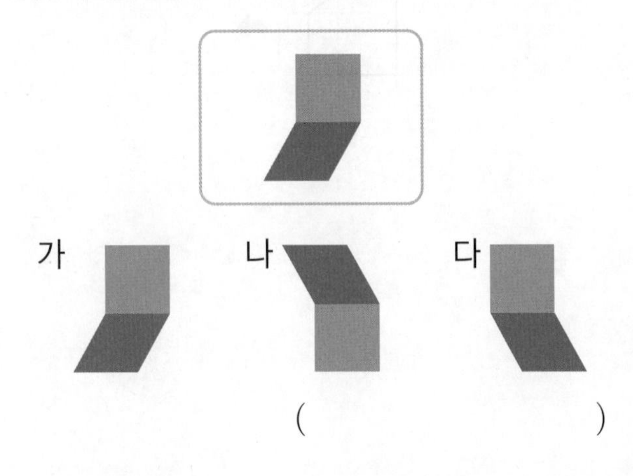

(　　　　)

3 도형을 주어진 방향으로 뒤집었을 때의 도형을 그려 보세요.

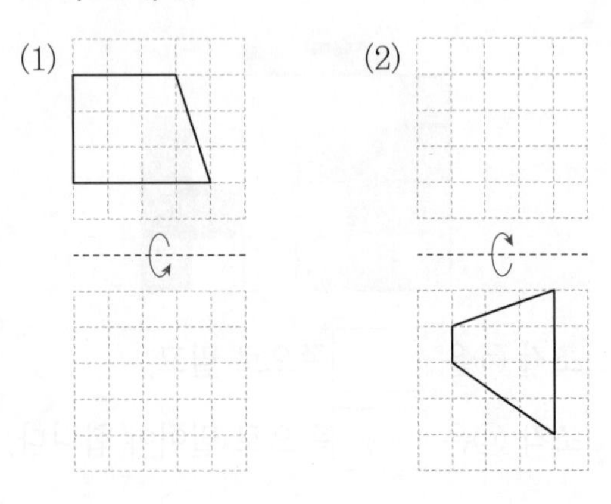

4 도형을 위쪽과 오른쪽으로 뒤집었을 때의 도형을 각각 그려 보세요.

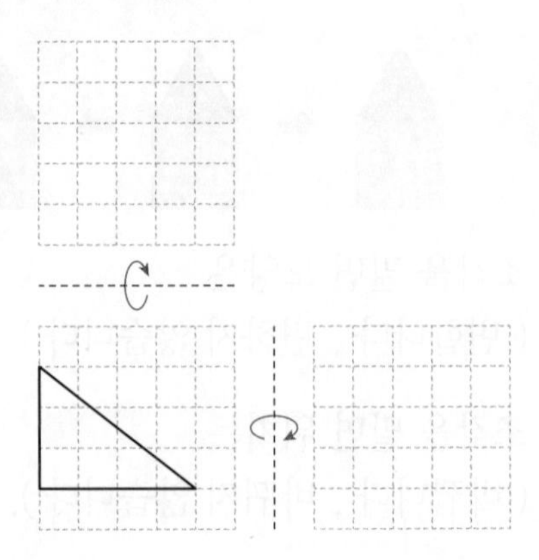

교과역량 콕!

5 오른쪽 조각을 뒤집었을 때의 조각에 대해 잘못 말한 친구의 이름을 쓰세요.

수연: 조각을 오른쪽으로 두 번 뒤집으면 처음 조각과 똑같아.
민호: 조각을 위쪽으로 뒤집은 조각과 왼쪽으로 뒤집은 조각은 서로 같아.

(　　　　)

교과역량 콕!

6 〈보기〉의 도장을 찍었을 때 나타나는 모양을 찾아 ○표 하세요.

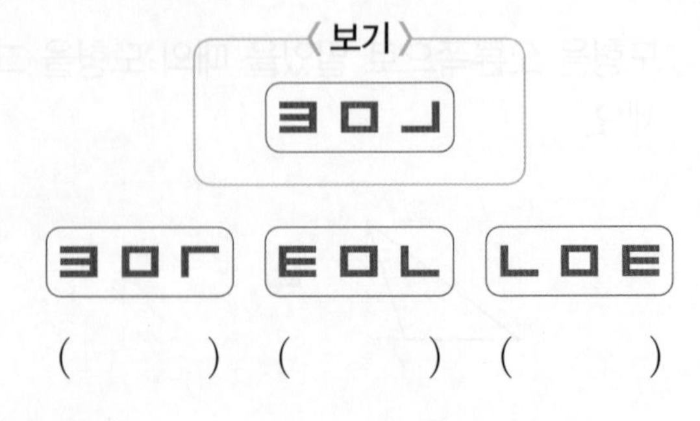

(　　) (　　) (　　)

개념책 102쪽 ● 정답 50쪽

1 조각을 돌렸을 때의 모양을 보고 ☐ 안에 알맞은 말을 써넣으세요.

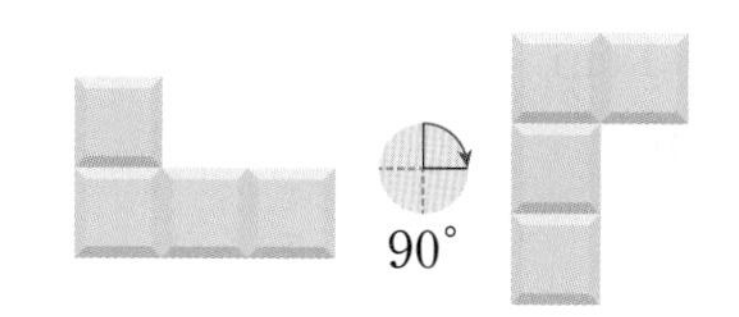

조각을 시계 방향으로 90°만큼 돌리면 위쪽 부분이 ☐으로 이동합니다.

2 도형을 시계 방향으로 90°만큼 돌렸을 때와 시계 반대 방향으로 90°만큼 돌렸을 때의 도형을 각각 그려 보세요.

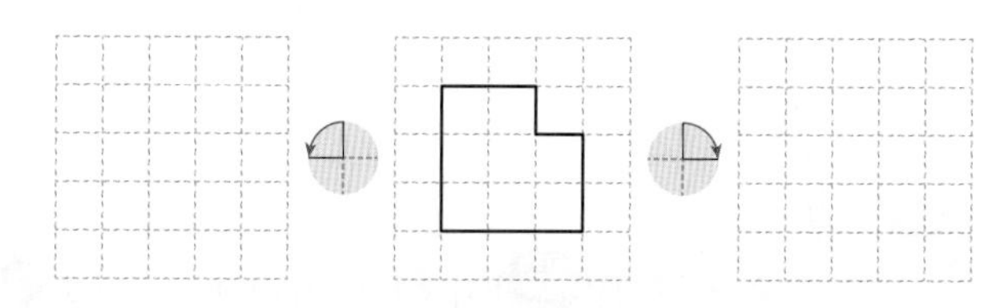

3 도형을 시계 반대 방향으로 90°, 180°, 270°, 360°만큼 돌렸을 때의 도형을 각각 그려 보세요.

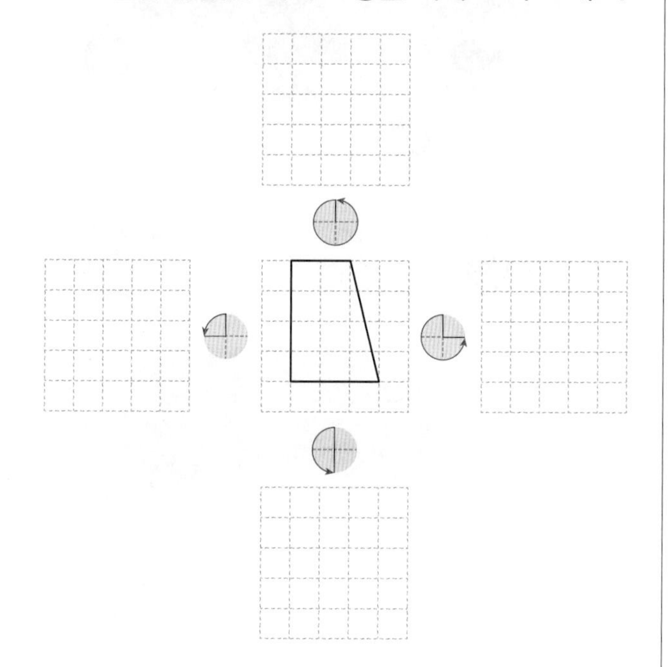

교과역량 콕!

4 회전판이 어떻게 움직였는지 바르게 말한 친구의 이름을 쓰세요.

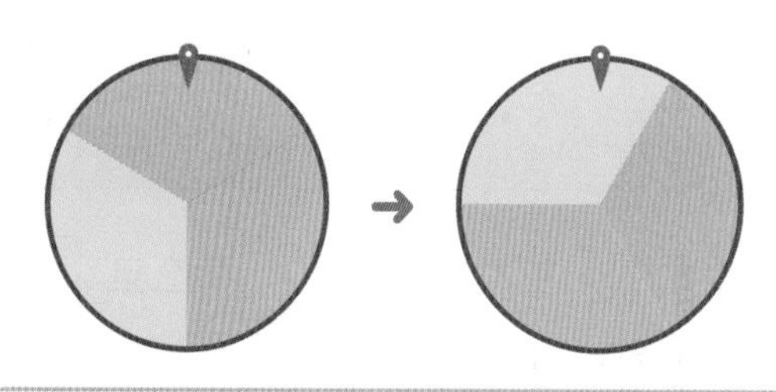

민규: 회전판이 시계 방향으로 90°만큼 움직였어.
현아: 회전판이 시계 방향으로 270°만큼 움직였어.

( )

교과역량 콕!

5 3장의 수 카드를 각각 시계 방향으로 180°만큼 돌렸습니다. 돌린 수 카드를 한 번씩만 사용하여 만들 수 있는 가장 큰 세 자리 수를 구하세요.

2 9 0

(1) 3장의 수 카드를 시계 방향으로 180°만큼 돌렸을 때 만들어지는 수를 각각 쓰세요.

2 → ( )

9 → ( )

0 → ( )

(2) 돌린 수 카드를 한 번씩만 사용하여 만들 수 있는 가장 큰 세 자리 수를 구하세요.

( )

개념책 103쪽 ● 정답 50쪽

1 비행기를 도착점까지 이동하려고 합니다. □ 안에 알맞은 수나 말을 써넣으세요.

도착점

비행기는 도착점까지 □쪽으로 □칸 이동해야 합니다.

2 바둑돌을 오른쪽으로 2칸, 위쪽으로 3칸 이동한 위치를 찾아 색칠해 보세요.

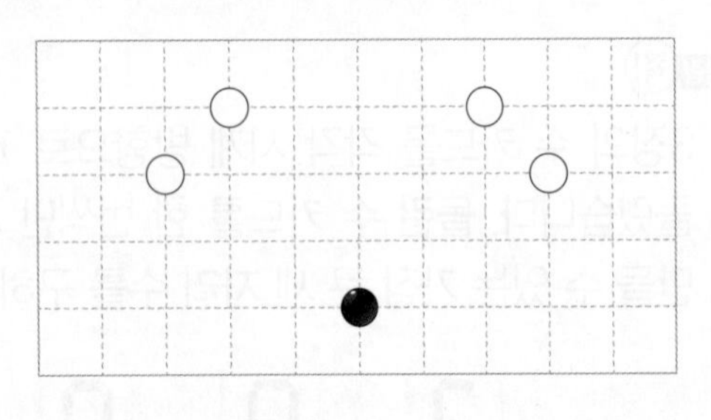

3 점 ㄱ을 점 ㄴ으로 이동하려면 어느 방향으로 몇 cm 이동해야 하는지 설명해 보세요.

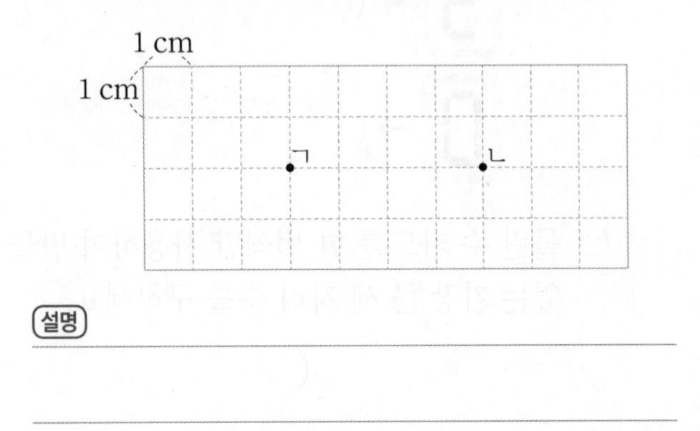

(설명)

4 점 ㄱ을 왼쪽으로 8 cm, 아래쪽으로 5 cm 이동했습니다. 이동한 곳에 점을 찍어 보세요.

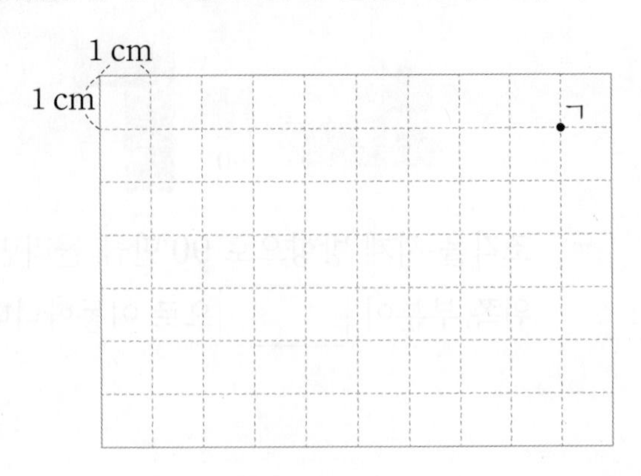

교과역량 콕!

5 게임 속 주인공(　)이 현재 위치에서 생명(　)을 얻으려면 조종 버튼 ⬅을 2번, ⬇을 3번 눌러야 합니다. 현재 위치에서 동전(　)을 얻으려면 조종 버튼을 어떻게 눌러야 하는지 쓰세요.

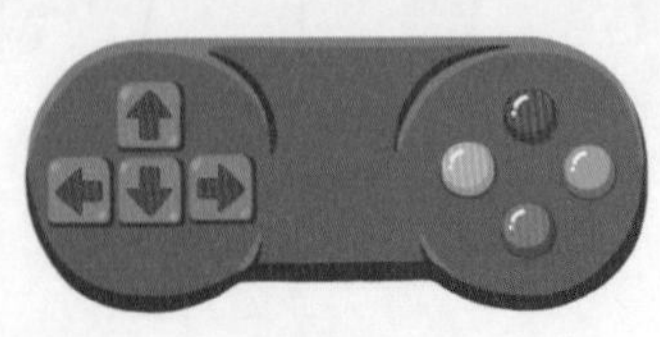

조종 버튼 ➡을 □번,

⬆을 □번 눌러야 합니다.

개념책 112쪽 ● 정답 51쪽

[1~6] 막대그래프를 보고 가로, 세로, 눈금 한 칸이 나타내는 것을 알아보세요.

1 학생별 지난달에 읽은 책 수

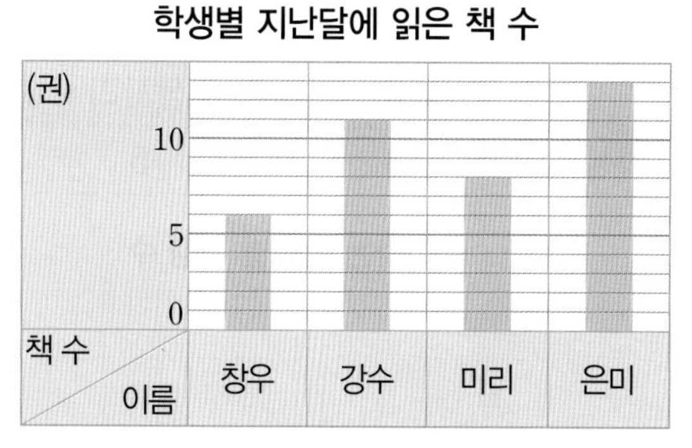

가로 (　　　　　　　　　　)
세로 (　　　　　　　　　　)
눈금 한 칸 (　　　　　　　　　　)

2 좋아하는 간식별 학생 수

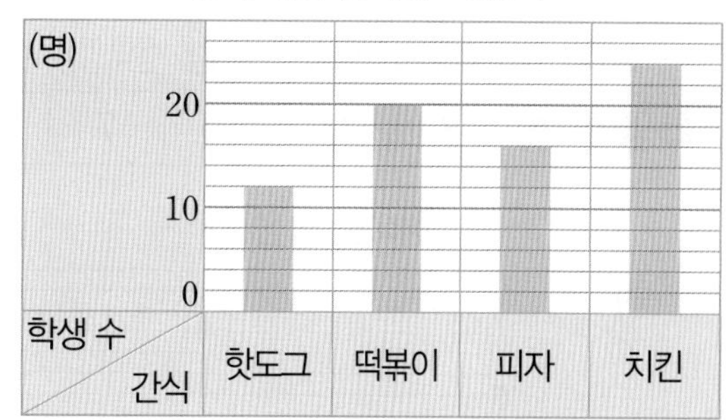

가로 (　　　　　　　　　　)
세로 (　　　　　　　　　　)
눈금 한 칸 (　　　　　　　　　　)

3 요일별 도서관에 방문한 학생 수

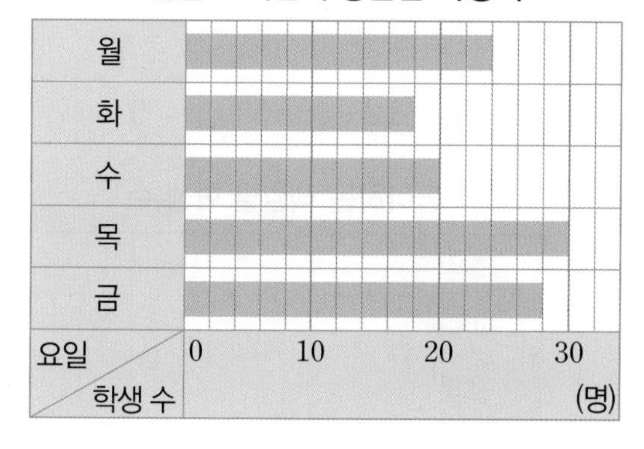

가로 (　　　　　　　　　　)
세로 (　　　　　　　　　　)
눈금 한 칸 (　　　　　　　　　　)

4 마을별 카페 수

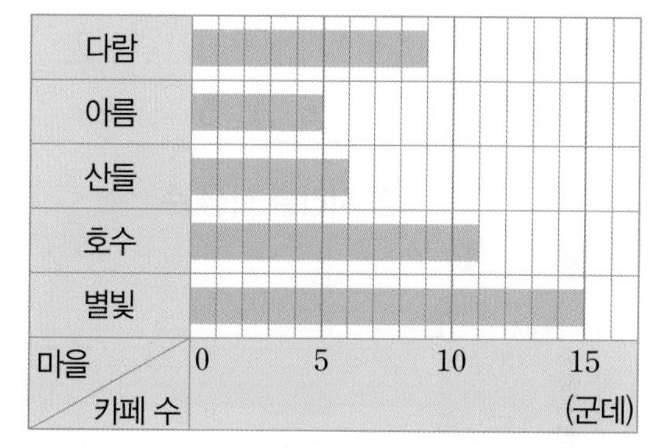

가로 (　　　　　　　　　　)
세로 (　　　　　　　　　　)
눈금 한 칸 (　　　　　　　　　　)

5 농촌 마을별 초등학생 수

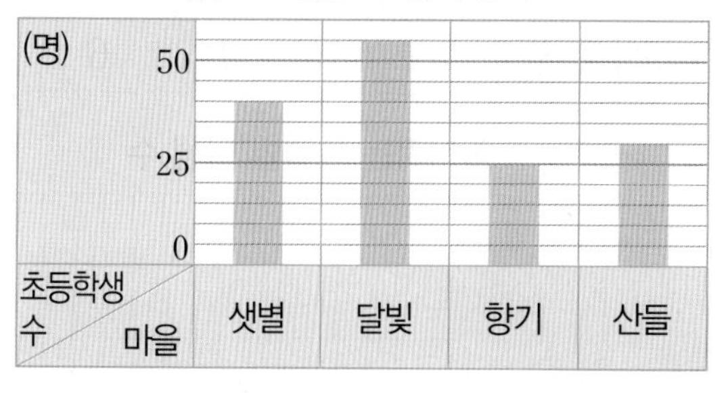

가로 (　　　　　　　　　　)
세로 (　　　　　　　　　　)
눈금 한 칸 (　　　　　　　　　　)

6 학생별 수학 시험 점수

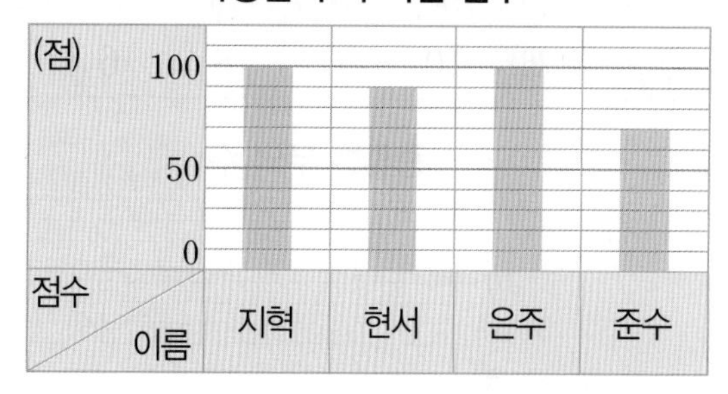

가로 (　　　　　　　　　　)
세로 (　　　　　　　　　　)
눈금 한 칸 (　　　　　　　　　　)

[1~6] **표를 보고 막대그래프로 나타내세요.**

1

취미별 학생 수

취미	영화	운동	게임	음악 감상	합계
학생 수(명)	8	9	10	7	34

취미별 학생 수

(명) 10, 5, 0

학생 수 / 취미: 영화, 운동, 게임, 음악 감상

2

좋아하는 곤충별 학생 수

곤충	나비	벌	잠자리	합계
학생 수(명)	13	6	5	24

좋아하는 곤충별 학생 수

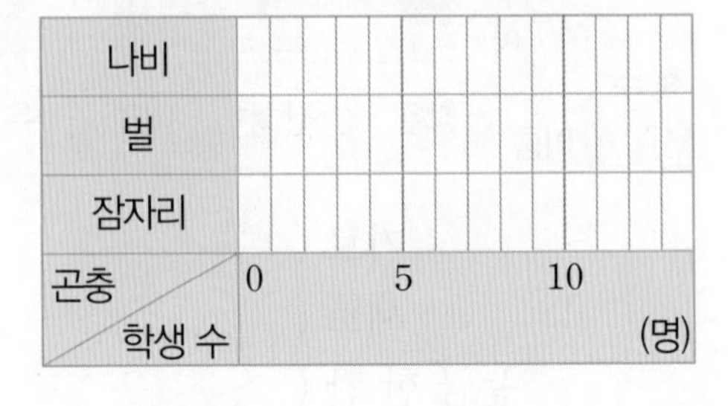

3

학습 시간별 학생 수

학습 시간	30분	1시간	2시간	3시간	합계
학생 수(명)	7	6	5	8	26

학습 시간별 학생 수

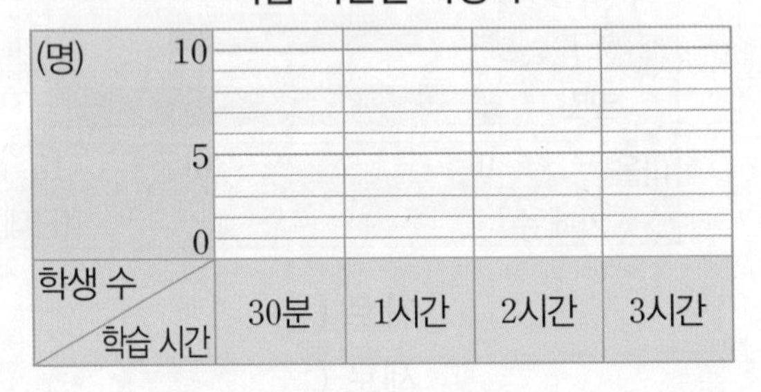

4

좋아하는 색깔별 학생 수

색깔	빨강	파랑	초록	합계
학생 수(명)	12	5	9	26

좋아하는 색깔별 학생 수

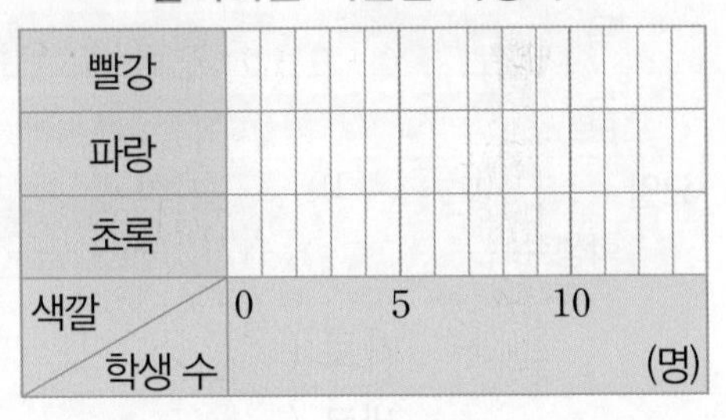

5

종류별 무늬 수

종류	◆	♥	▲	●	합계
무늬 수(개)	10	6	8	6	30

종류별 무늬 수

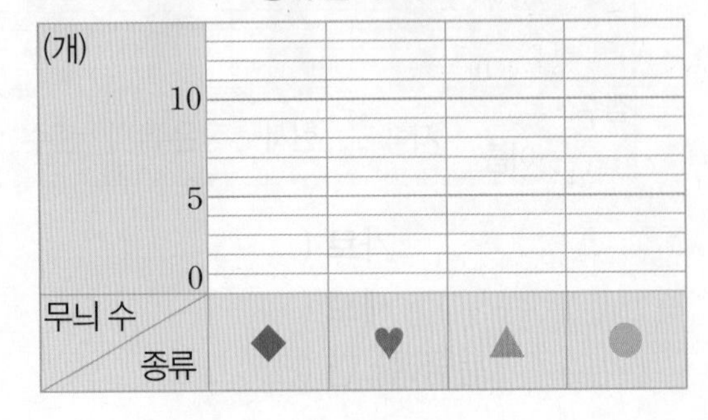

6

좋아하는 계절별 학생 수

계절	봄	여름	가을	겨울	합계
학생 수(명)	8	10	12	6	36

좋아하는 계절별 학생 수

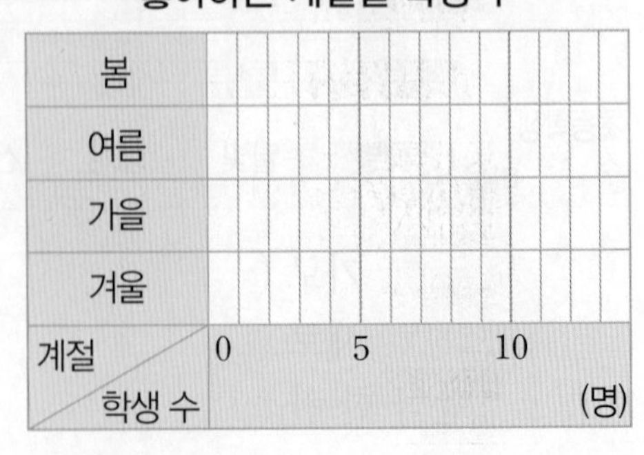

3. 막대그래프 해석하기

개념책 116쪽 ● 정답 51쪽

[1~4] 막대그래프를 보고 ☐ 안에 알맞은 나라를 써넣으세요.

가고 싶은 지역별 학생 수

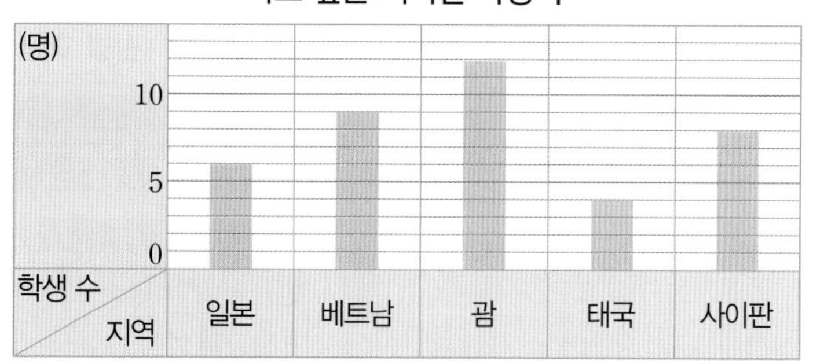

1 가장 많은 학생이 가고 싶은 지역은 ☐입니다.

2 가장 적은 학생이 가고 싶은 지역은 ☐입니다.

3 9명의 학생이 가고 싶은 지역은 ☐입니다.

4 가고 싶은 학생 수가 태국의 2배인 지역은 ☐입니다.

[5~8] 막대그래프를 보고 ☐ 안에 알맞은 수를 써넣으세요.

월별 배달 음식을 주문해 먹은 횟수

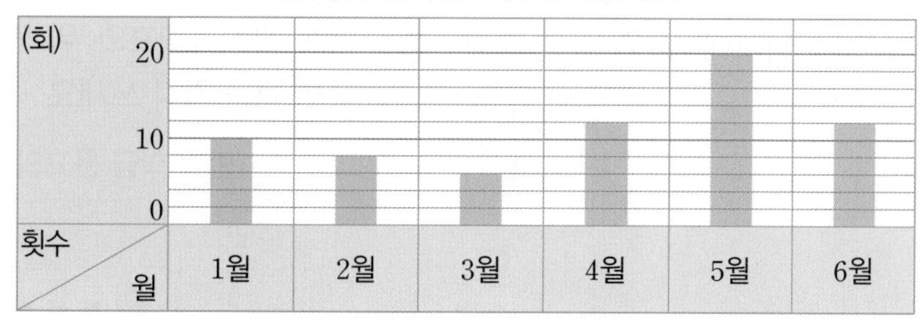

5 배달 음식을 가장 많이 주문해 먹은 달은 ☐월입니다.

6 배달 음식을 가장 적게 주문해 먹은 달은 ☐월입니다.

7 배달 음식을 주문해 먹은 횟수가 같은 두 달은 ☐월과 ☐월입니다.

8 2월은 1월보다 배달 음식을 주문해 먹은 횟수가 ☐회 더 적습니다.

개념책 120쪽 ● 정답 51쪽

1 □ 안에 알맞은 말을 써넣으세요.

> 조사한 자료의 수량을 막대 모양으로 나타낸 그래프를 □라고 합니다.

[2~3] 수진이네 반 학생들이 좋아하는 색깔을 조사하여 나타낸 막대그래프입니다. 물음에 답하세요.

좋아하는 색깔별 학생 수

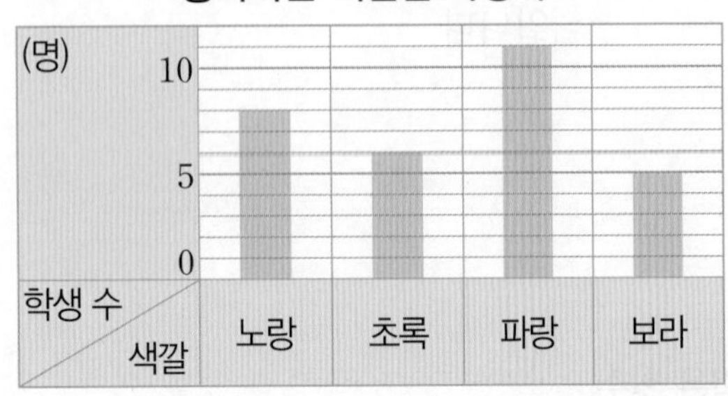

2 가로와 세로는 각각 무엇을 나타내나요?

가로 (　　　　　　)
세로 (　　　　　　)

3 막대의 길이는 무엇을 나타내나요?

(　　　　　　)

[4~6] 현승이네 학교 4학년의 반별 학급 문고의 책 수를 조사하여 나타낸 막대그래프입니다. 물음에 답하세요.

반별 학급 문고의 책 수

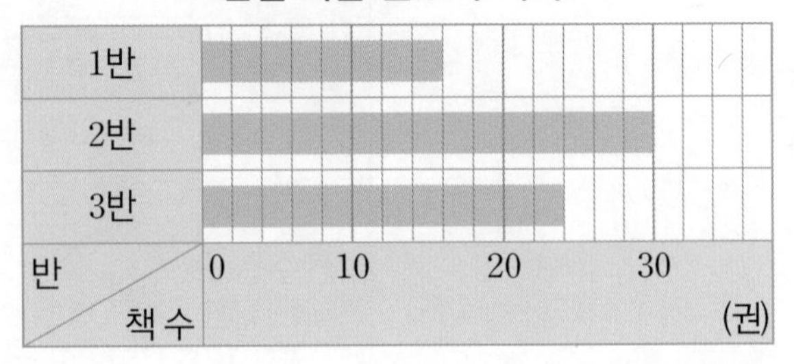

4 가로 눈금 한 칸은 몇 권을 나타내나요?

(　　　　　　)

5 3반 학급 문고의 책 수는 몇 권인가요?

(　　　　　　)

교과역량 콕!

6 아래 그림그래프와 위 막대그래프의 같은 점과 다른 점을 각각 쓰세요.

반별 학급 문고의 책 수

반	책 수
1반	
2반	
3반	

10권
1권

같은 점

다른 점

2. 막대그래프로 어떻게 나타낼까요

개념책 121쪽 ● 정답 52쪽

[1~4] 연경이네 반 학생들이 배우고 싶은 악기를 조사하여 나타낸 표입니다. 표를 보고 막대그래프로 나타내려고 합니다. 물음에 답하세요.

배우고 싶은 악기별 학생 수

악기	드럼	첼로	플루트	피아노	합계
학생 수(명)	11	3	6	7	27

1 가로에 악기를 나타낸다면 세로에는 무엇을 나타내어야 할까요?

( )

2 세로 눈금 한 칸이 학생 1명을 나타낸다면 드럼을 배우고 싶은 학생 수는 몇 칸으로 나타내어야 할까요?

( )

3 표를 보고 막대그래프로 나타내세요.

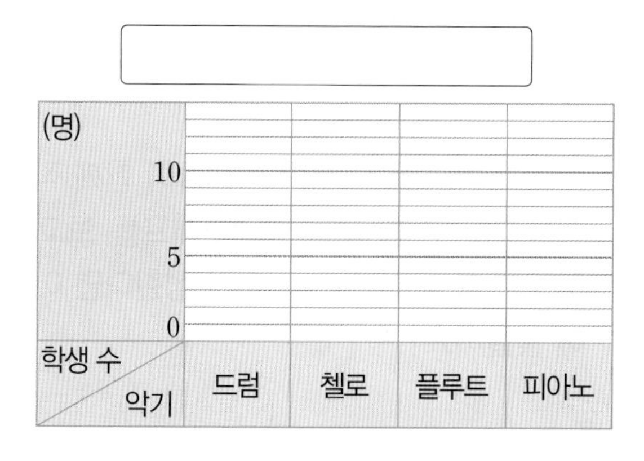

4 3의 그래프에서 가로와 세로를 바꾸어 막대그래프로 나타내세요.

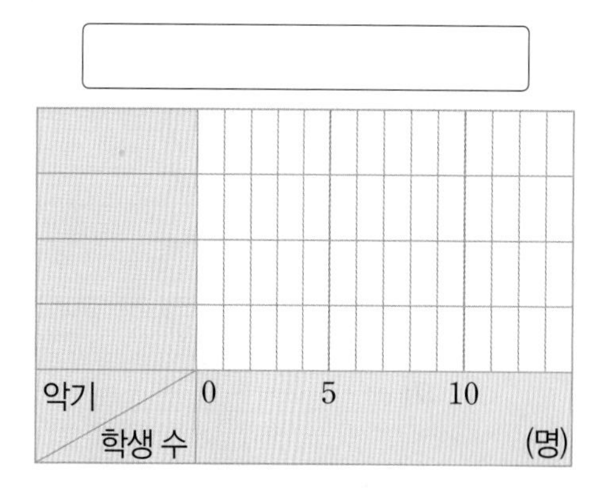

교과역량 콕!

5 지혜네 반 학생들이 좋아하는 과일을 조사하여 나타낸 표입니다. 표를 보고 세로 한 칸의 크기를 정하여 막대그래프로 나타내세요.

좋아하는 과일별 학생 수

과일	사과	귤	딸기	망고	합계
학생 수(명)	4	8	6	10	28

좋아하는 과일별 학생 수

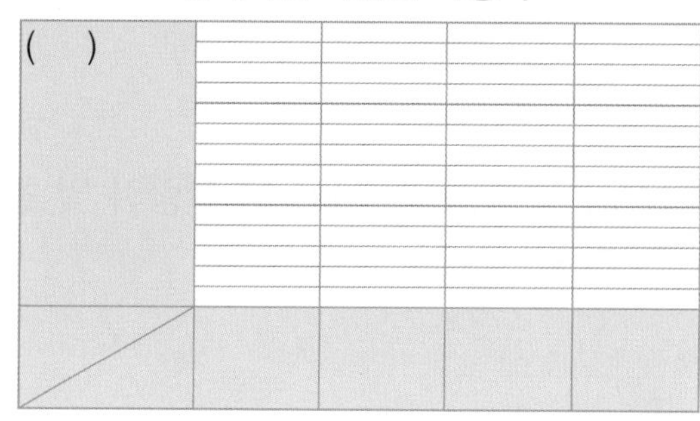

개념책 122쪽 ● 정답 52쪽

[1~4] 농산물별 100 g당 열량을 조사하여 나타낸 막대그래프입니다. 물음에 답하세요.

농산물별 100 g당 열량

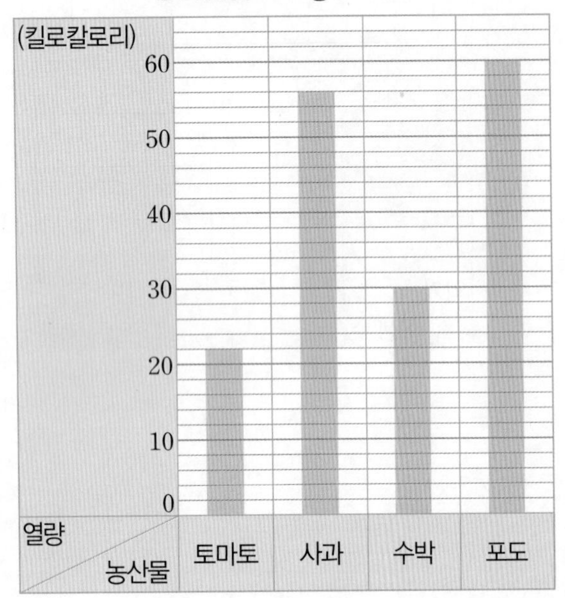

1 수박의 100 g당 열량은 몇 킬로칼로리인가요?

( )

2 100 g당 열량이 가장 높은 농산물부터 차례로 쓰세요.

( )

3 포도는 사과보다 100 g당 열량이 몇 킬로칼로리 더 높은가요?

( )

4 100 g당 열량이 포도의 반인 농산물은 무엇인가요?

( )

[5~7] 지수네 반과 윤지네 반 학생들의 장래 희망 직업을 조사하여 나타낸 막대그래프입니다. 물음에 답하세요.

지수네 반 학생들의 장래 희망 직업별 학생 수

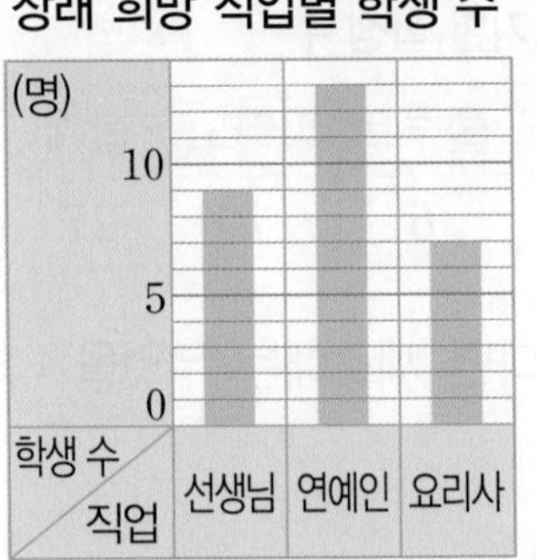

윤지네 반 학생들의 장래 희망 직업별 학생 수

(명)
10
5
0
학생 수
직업
선생님
연예인
요리사

5 지수네 반과 윤지네 반에서 가장 많은 학생들의 장래 희망인 직업은 각각 무엇인가요?

지수네 반 ( )

윤지네 반 ( )

교과역량 콕!

6 막대그래프를 보고 알 수 있는 내용으로 이야기를 만들었습니다. □ 안에 알맞은 수나 말을 써넣으세요.

> 요리사가 장래 희망인 학생은 지수네 반에 □명, 윤지네 반에 □명으로 □네 반에서 더 인기 있는 직업입니다.

교과역량 콕!

7 지수네 반과 윤지네 반 학생들이 함께 직업 체험전을 가려고 합니다. 막대그래프를 보고 학생들이 체험할 직업을 한 가지만 정한다면 어느 직업이 좋을까요?

( )

개념책 123쪽 ● 정답 52쪽

[1~5] **어느 지역의 미술관 3곳의 월별 방문객 수를 조사하여 나타낸 자료입니다. 물음에 답하세요.**

가 미술관	나 미술관	다 미술관
5월: 10만 명	5월: 8만 명	5월: 12만 명
6월: 11만 명	6월: 10만 명	6월: 9만 명
7월: 9만 명	7월: 7만 명	7월: 10만 명

1 자료를 보고 몇 월의 방문객 수를 알아보고 싶은지 정해 보세요.

( )

2 1에서 정한 월의 방문객 수를 자료에서 찾아 표로 나타내세요.

미술관별 ☐월의 방문객 수

미술관	가	나	다	합계
방문객 수 (만 명)				

3 2의 표를 보고 막대그래프로 나타내세요.

미술관별 ☐월의 방문객 수

(만 명) 10, 5, 0
방문객 수 / 미술관: 가, 나, 다

4 3의 막대그래프를 보고 알 수 있는 내용을 2가지 쓰세요.

교과역량 콕!

5 지나는 2의 표와 3의 막대그래프를 보고 이 지역의 미술관 방문객에 대한 방송 대본을 써 보았습니다. ☐ 안에 알맞은 수나 말을 써넣으세요.

> 안녕하세요? 우리 지역 미술관에 대한 소식을 전해 드리겠습니다.
> 지난 ☐월 한 달 동안 미술관 3곳의 방문객 수는 모두 ☐만 명입니다. 그중에서 가장 많은 방문객이 방문한 미술관은 ☐만 명이 방문한 ☐ 미술관입니다.
> 이번 주말에 가족과 함께 미술관 관람을 해 보는 건 어떨까요?

1. 수의 배열에서 규칙 찾기

개념책 132쪽 ● 정답 53쪽

[1~4] 규칙을 찾아 □ 안에 알맞은 수를 써넣으세요.

105	115	125	135	145
205	215	225	235	245
305	315	325	335	345
405	415	425	435	445
505	515	525	535	545

1 → 방향은 105에서 시작하여 오른쪽으로 □씩 커집니다.

2 ↓ 방향은 105에서 시작하여 아래쪽으로 □씩 커집니다.

3 ▒으로 색칠된 칸은 105에서 시작하여 ↘ 방향으로 □씩 커집니다.

4 ▒으로 색칠된 칸은 135에서 시작하여 ↙ 방향으로 □씩 커집니다.

[5~8] 규칙을 찾아 빈칸에 알맞은 수를 써넣으세요.

5 3 — 9 — □ — 81 — 243 — □

6 1 — 5 — 25 — □ — □ — 3125

7 224 — 112 — 56 — □ — 14 — □

8 2048 — 512 — □ — 32 — □ — 2

6단원 기초력 더하기 2. 규칙을 찾아 수나 식으로 나타내기

개념책 134쪽 ● 정답 53쪽

[1~4] 모양의 배열에서 규칙을 찾아 다섯째에 알맞은 모양을 그리고, 수나 식으로 나타내세요.

1

첫째 둘째 셋째 넷째 다섯째

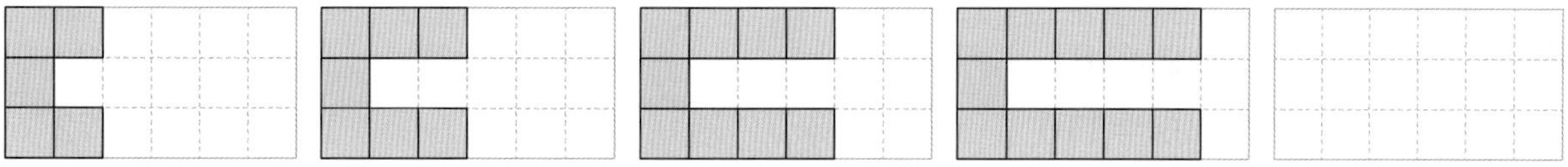

5개 7개 9개 □개 □개

2

첫째 둘째 셋째 넷째 다섯째

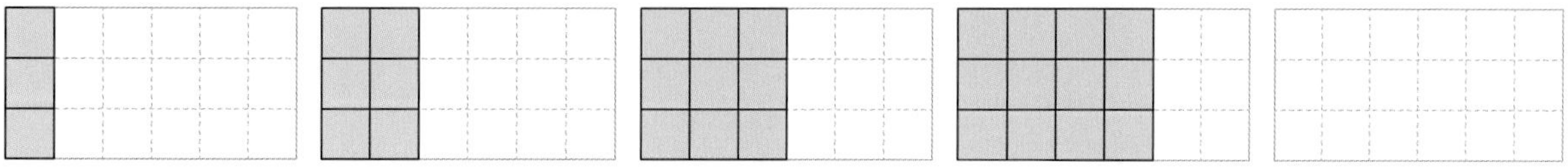

3개 6개 □개 □개 □개

3

첫째 둘째 셋째 넷째 다섯째

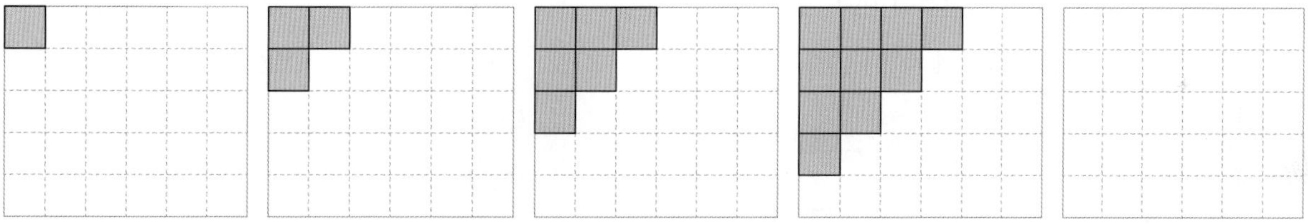

순서	첫째	둘째	셋째	넷째	다섯째
식	1	1+2	1+2+3		

4

첫째 둘째 셋째 넷째 다섯째

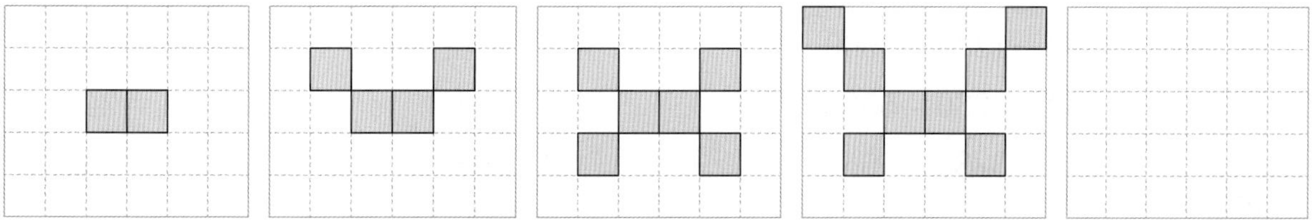

순서	첫째	둘째	셋째	넷째	다섯째
식	2	2+2	2+2+2		

개념책 140쪽 ● 정답 53쪽

[1~6] 계산식의 배열에서 규칙을 찾아 빈칸에 알맞은 식을 써넣으세요.

1

순서	덧셈식
첫째	$1+9=10$
둘째	$11+99=110$
셋째	$111+999=1110$
넷째	$1111+9999=11110$
다섯째	

2

순서	곱셈식
첫째	$109\times8=872$
둘째	$1009\times8=8072$
셋째	$10009\times8=80072$
넷째	$100009\times8=800072$
다섯째	

3

순서	뺄셈식
첫째	$12-1=11$
둘째	$123-12=111$
셋째	$1234-123=1111$
넷째	$12345-1234=11111$
다섯째	
여섯째	

4

순서	나눗셈식
첫째	$189\div9=21$
둘째	$2889\div9=321$
셋째	$38889\div9=4321$
넷째	$488889\div9=54321$
다섯째	
여섯째	

5

순서	덧셈식
첫째	$3330+1230=4560$
둘째	$3330+2230=5560$
셋째	$3330+3230=6560$
넷째	
다섯째	$3330+5230=8560$
여섯째	

6

순서	곱셈식
첫째	$121\times11=1331$
둘째	$222\times11=2442$
셋째	$323\times11=3553$
넷째	
다섯째	$525\times11=5775$
여섯째	

4. 등호(=)를 사용하여 나타내기

개념책 142쪽 ● 정답 53쪽

[1~4] 옳은 식에 ○표, 옳지 않은 식에 ×표 하세요.

1

$16+28=15+27$	
$94=94$	
$65-32=66-33$	

2

$30+7=37+0$	
$5+8+12=13+12$	
$50-50=70-30$	

3

$13\times6=26\times3$	
$8\times27=72\times9$	
$2\times9\times40=18\times40$	

4

$11\times36=44\times12$	
$81\times2=81+81$	
$60\div30=20\div10$	

[5~16] 크기가 같은 식이 되도록 □ 안에 알맞은 수를 써넣으세요.

5 $23+45=43+\square$

6 $10+77=\square+70$

7 $45+\square=50+31$

8 $68-19=69-\square$

9 $52-34=\square-32$

10 $97-\square=93-40$

11 $84\times11=11\times\square$

12 $36\times26=\square\times13$

13 $40\times\square=10\times60$

14 $16\div2=48\div\square$

15 $77\div7=\square\div1$

16 $32\div\square=64\div16$

개념책 136쪽 ● 정답 53쪽

[1~4] **수의 배열을 보고 물음에 답하세요.**

2222	3222	4222	5222	6222
2223	3223	4223	5223	6223
2224	3224	4224	5224	6224
2225	3225	4225	5225	6225
2226	3226		5226	6226

1 ↓ 방향의 규칙을 찾아 쓰세요.

2222부터 시작하여 아래쪽으로 □씩 커집니다.

2 → 방향의 규칙을 찾아 쓰세요.

2222부터 시작하여 오른쪽으로 □씩 커집니다.

3 색칠된 칸의 규칙을 찾아 쓰세요.

2222부터 시작하여 ↘ 방향으로 □씩 커집니다.

4 위에 주어진 수의 배열에서 빈칸에 알맞은 수를 써넣으세요.

5 수의 배열에서 규칙을 찾아 빈칸에 알맞은 수를 써넣으세요.

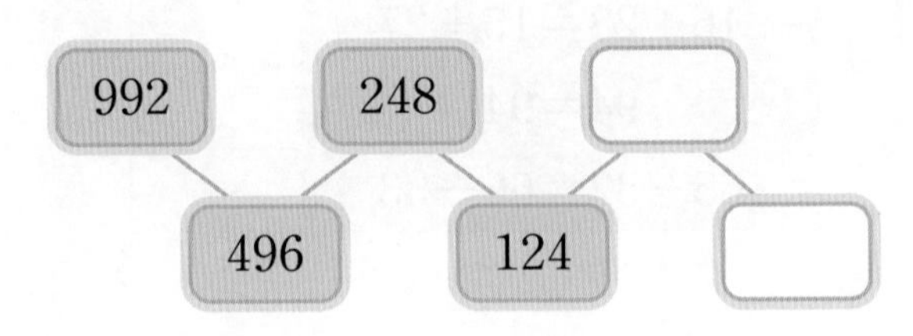

교과역량 콕!

6 수의 배열에서 규칙을 찾아 ★에 알맞은 수를 구하세요.

701	711	721	731
703	713	723	
705	715		
707			
			★

( )

교과역량 콕!

7 나만의 규칙이 있는 수의 배열을 완성하고, 어떤 규칙인지 쓰세요.

10 - □ - □ - □ - □

규칙

개념책 137쪽 ● 정답 54쪽

1 모양의 배열에서 규칙을 찾아 □ 안에 알맞은 수를 써넣으세요.

규칙 ♥가 □개씩 늘어납니다.

[2~3] 모형( )으로 만든 모양의 배열을 보고 물음에 답하세요.

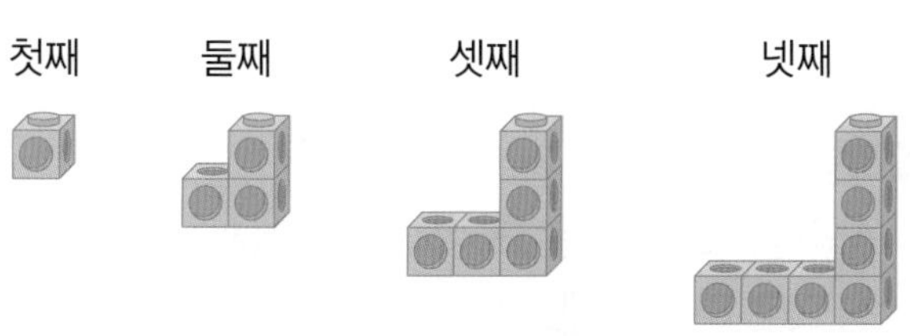

2 모양의 배열에서 규칙을 찾아 쓰세요.

규칙 ______________________

____

3 을 □와 같이 간단히 나타내어 다섯째에 알맞은 모양을 그리고, □이 몇 개인지 구하세요.

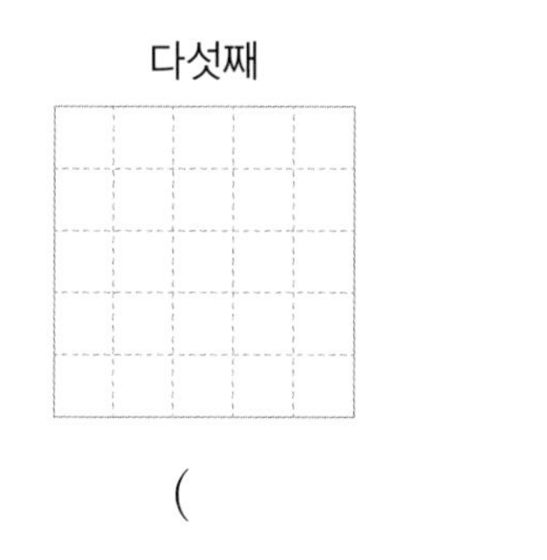

(　　　　　　　　)

[4~5] 바둑돌(●)로 만든 모양의 배열을 보고 물음에 답하세요.

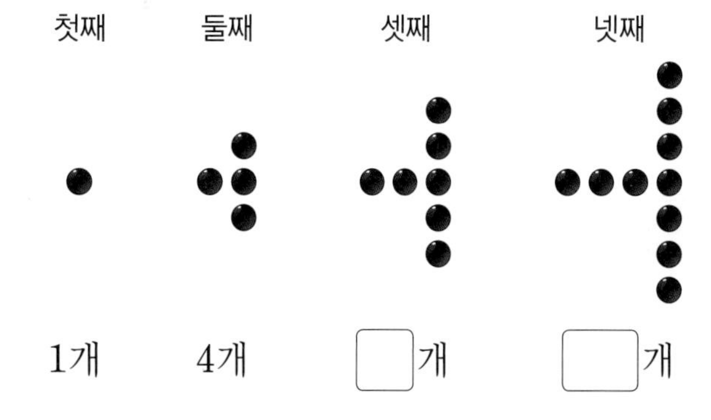

1개　4개　□개　□개

4 위의 □ 안에 바둑돌의 수를 써넣으세요.

교과역량 콕!

5 다섯째에 알맞은 모양에서 바둑돌은 몇 개일까요?

(　　　　　　　　)

교과역량 콕!

6 사각형으로 만든 모양의 배열에서 규칙을 찾아 다섯째에 알맞은 모양을 그리고, □ 안에 사각형의 수를 써넣으세요.

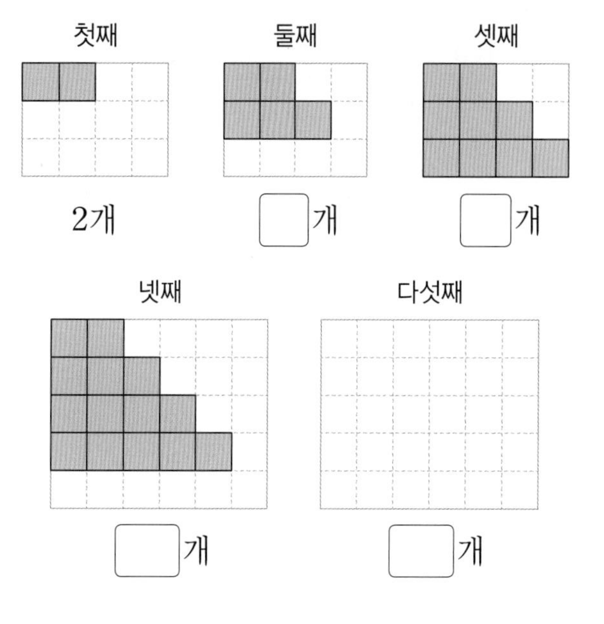

2개　□개　□개

□개　□개

개념책 137쪽 ● 정답 54쪽

[1~3] 사각형(□)으로 만든 모양의 배열을 보고 물음에 답하세요.

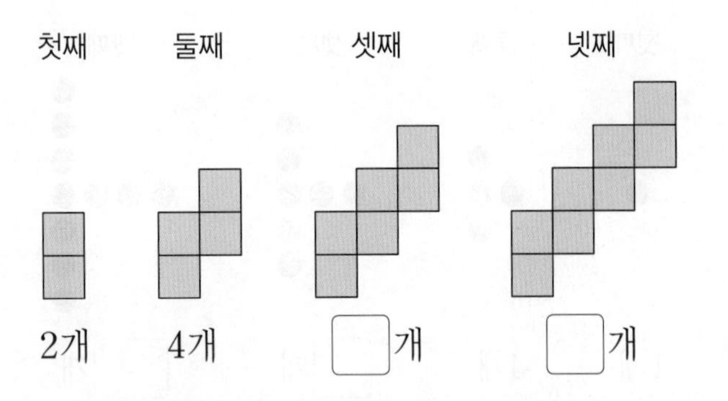

1 위 그림의 □ 안에 사각형의 수를 써넣고, 규칙을 찾아 다섯째에 알맞은 모양을 그려 보세요.

다섯째

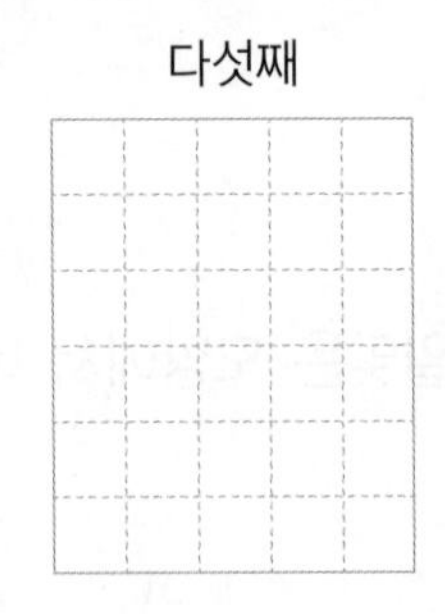

2 사각형으로 만든 모양의 배열에서 규칙을 찾아 식으로 나타내세요.

순서	식
첫째	2
둘째	$2+2$
셋째	
넷째	

3 다섯째에 알맞은 모양에서 사각형은 몇 개일까요?

( )

[4~6] 삼각형(▽)으로 만든 모양의 배열을 보고 물음에 답하세요.

첫째 둘째 셋째 넷째

1개 4개 □개 □개

4 위 그림의 □ 안에 삼각형의 수를 써넣고, 다섯째에 알맞은 모양에서 삼각형은 몇 개인지 구하세요.

( )

교과역량 콕!

5 삼각형으로 만든 모양의 배열에서 규칙을 찾아 식으로 나타내세요.

순서	식
첫째	1
둘째	$1+3$
셋째	
넷째	
다섯째	

교과역량 콕!

6 수연이가 모양을 보고 삼각형의 수를 식으로 나타낸 것입니다. 수연이가 본 모양은 몇째인가요?

$1+3+5+7+9+11+13$

( )

4. 계산식의 배열에서 어떻게 규칙을 찾을까요

개념책 144쪽 ● 정답 54쪽

1 홀수와 홀수의 덧셈식에서 규칙을 찾아 알맞은 말에 ○표 하세요.

3 + 9 = 12
7 + 11 = 18
11 + 13 = 24
13 + 15 = 28

규칙 홀수와 홀수를 더하면
(짝수 , 홀수)가 됩니다.

2 홀수와 짝수의 곱셈식에서 규칙을 찾아 알맞은 말에 ○표 하세요.

3 × 2 = 6
5 × 4 = 20
5 × 6 = 30
9 × 8 = 72

규칙 홀수와 짝수를 곱하면
(짝수 , 홀수)가 됩니다.

3 뺄셈식의 배열에서 규칙을 찾아 □ 안에 알맞은 뺄셈식을 써넣으세요.

868 − 427 = 441
858 − 427 = 431
848 − 427 = 421
□
828 − 427 = 401

4 덧셈식의 배열에서 규칙을 찾아 다섯째 빈칸에 알맞은 덧셈식을 써넣으세요.

순서	덧셈식
첫째	12 + 21 = 33
둘째	123 + 321 = 444
셋째	1234 + 4321 = 5555
넷째	12345 + 54321 = 66666
다섯째	

[5~6] 뺄셈식의 배열을 보고 물음에 답하세요.

순서	뺄셈식
첫째	111 − 10 = 101
둘째	212 − 11 = 201
셋째	313 − 12 = 301
넷째	414 − 13 = 401

교과역량 콕!

5 뺄셈식의 배열에서 규칙을 찾아 쓰세요.

규칙

교과역량 콕!

6 규칙에 따라 계산 결과가 701이 되는 뺄셈식을 쓰세요.

식

개념책 144쪽 ● 정답 55쪽

1 곱셈식의 배열에서 규칙을 찾아 다섯째 빈칸에 알맞은 곱셈식을 써넣으세요.

순서	곱셈식
첫째	$6\times101=606$
둘째	$6\times1001=6006$
셋째	$6\times10001=60006$
넷째	$6\times100001=600006$
다섯째	

[2~3] **덧셈식의 배열을 보고 물음에 답하세요.**

$1+11=12$
$12+111=123$
$123+1111=1234$
$1234+11111=12345$

2 규칙에 따라 계산 결과가 123456이 되는 덧셈식을 쓰세요.

식

3 규칙에 따라 $12345678+111111111$의 계산 결과를 구하세요.

(　　　　　　　　)

[4~5] **나눗셈식의 배열을 보고 물음에 답하세요.**

순서	나눗셈식
첫째	$45\div9=5$
둘째	$4455\div99=45$
셋째	$444555\div999=445$
넷째	$44445555\div9999=4445$
다섯째	

4 규칙에 따라 다섯째 빈칸에 알맞은 나눗셈식을 써넣으세요.

교과역량 콕!

5 규칙에 따라 계산 결과가 444445가 되는 나눗셈식을 쓰세요.

식

교과역량 콕!

6 곱셈식의 배열에서 규칙을 찾아 다섯째 빈칸에 알맞은 곱셈식을 써넣고, 어떤 규칙인지 쓰세요.

순서	곱셈식
첫째	$9\times9=81$
둘째	$99\times9=891$
셋째	$999\times9=8991$
넷째	$9999\times9=89991$
다섯째	

규칙 곱해지는 수와 계산 결과에 있는 ☐가 1개씩 늘어납니다.

6. 크기가 같은 두 양을 등호(=)를 사용하여 어떻게 나타낼까요(1)

개념책 146쪽 • 정답 55쪽

1 □ 안에 알맞은 수를 써넣으세요.

$16+8=20+■$

20은 16보다 4만큼 더 큰 수이므로 ■에 알맞은 수는 8보다 4만큼 더 작은 수인 □입니다.

2 식이 옳으면 ○표, 옳지 않으면 ×표 하세요.

식	
$84+3=77+10$	
$33+25=58+1$	
$27=27$	
$14+11=11+15$	

3 크기가 같은 것끼리 이어 보세요.

(1) $62+3+9$ • • $49+0$

(2) $41+8$ • • $65+9$

(3) $70-35$ • • $35-0$

4 □ 안에 알맞은 수를 써넣으세요.

(1) $51+13+4=51+$□

(2) $7+89=$□$+7$

교과역량 콕!

5 준호는 계산을 하지 않고 두 식의 계산 결과가 같다고 말했습니다. 준호의 말이 옳은지 알아보세요.

$49+31$ $50+30$

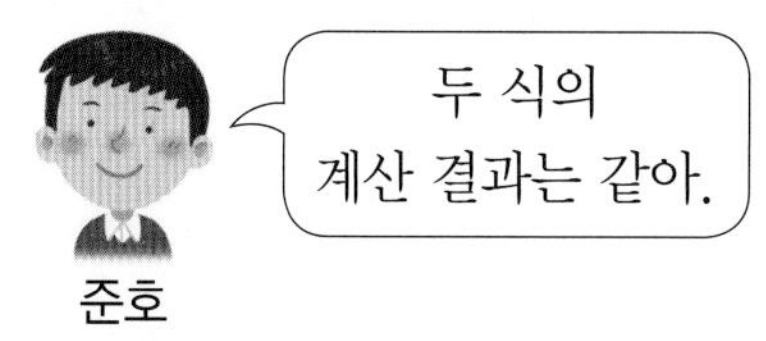

50은 49보다 □만큼 더 큰 수이고,

30은 31보다 □만큼 더 작은 수이므로

준호의 말은 (옳습니다 , 옳지 않습니다).

교과역량 콕!

6 $12+54$와 크기가 같은 덧셈식을 3개 완성하려고 합니다. □ 안에 알맞은 수를 써넣으세요.

$12+54=$□$+$□

$12+54=$□$+$□

$12+54=$□$+$□

개념책 146쪽 ● 정답 55쪽

1 □ 안에 알맞은 수를 써넣으세요.

$14\times9=7\times$▲

7은 14를 2로 나눈 수이므로 ▲는 9에 2를 곱한 수인 □입니다.

2 식이 옳으면 ○표, 옳지 않으면 ×표 하세요.

$32\times5=16\times10$ (　　)

$30\times7=210\times0$ (　　)

$15\div3=45\div1$ (　　)

$54\div9=6\div1$ (　　)

3 크기가 같은 양끼리 이어 보세요.

(1) $2\times8\times11$ •　　• 67×13

(2) 49×20 •　　• 980×1

(3) 13×67 •　　• 16×11

4 □ 안에 알맞은 수를 써넣으세요.

(1) $82\times25=41\times$□

(2) □$\times33=93\times11$

교과역량 콕!

5 □ 안에 알맞은 수를 써넣고, 그 이유를 쓰세요.

연서

74×39와 계산 결과가 같은 식은 39×□야.

이유

6 운동회에 필요한 빨간색 공과 파란색 공을 같은 개수만큼 준비하려고 합니다. 빨간색 공을 한 상자에 8개씩 100상자를 준비했습니다. 파란색 공이 한 상자에 4개씩이라면 몇 상자를 준비해야 할까요?

(　　　　　　　　)

큐브 개념

기본 강화책 | 초등 수학 4·1

엄마표 학습 큐브

엄마표 학습, 큐브로 시작!

큡챌린지

수학은 큡

큡챌린지란?

큐브로 6주간 매주 자녀와
학습한 내용을 기록하고,
같은 목표를 가진 엄마들과 소통하며
함께 성장할 수 있는
엄마표 학습단입니다.

학습 태도 변화

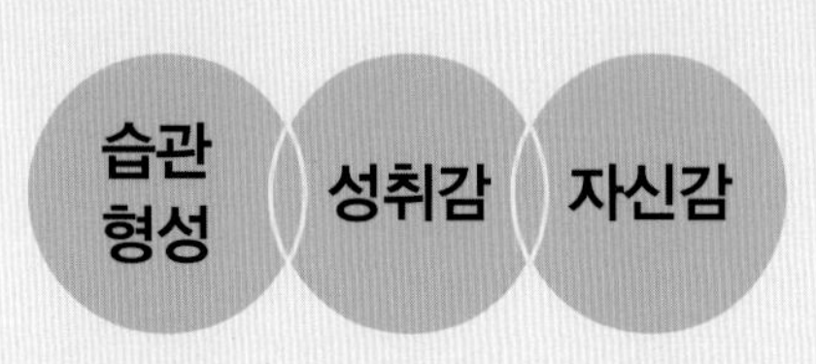

학습단 참여 후 우리 아이는
"꾸준히 학습하는 습관이 잡혔어요."
"성취감이 높아졌어요."
"수학에 자신감이 생겼어요."

큡챌린지 이런 점이 좋아요

학습 지속률

10명 중 8.3명

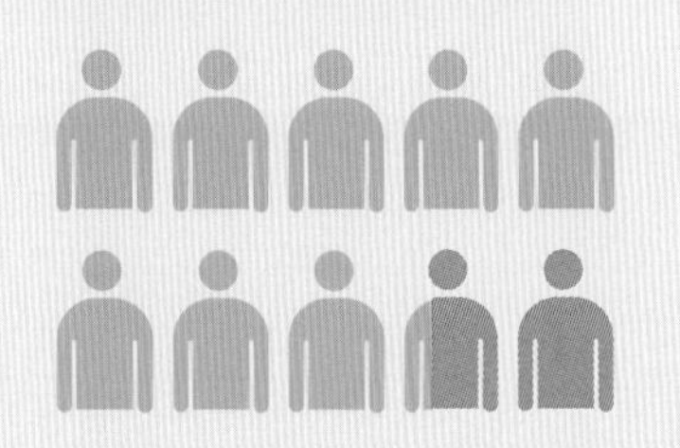

학습 스케줄

매일 4쪽씩 학습!

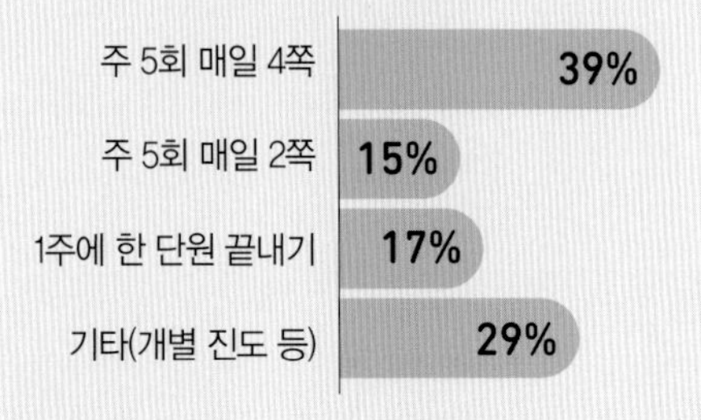

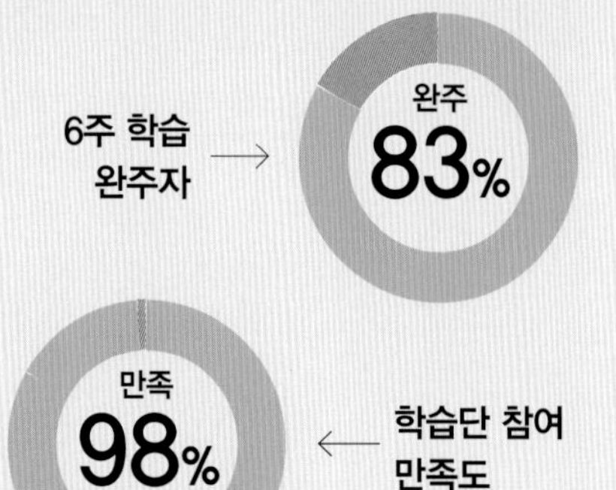

학습 참여자 2명 중 1명은

6주 간 1권 끝!

큐브 개념

초등 수학

4·1

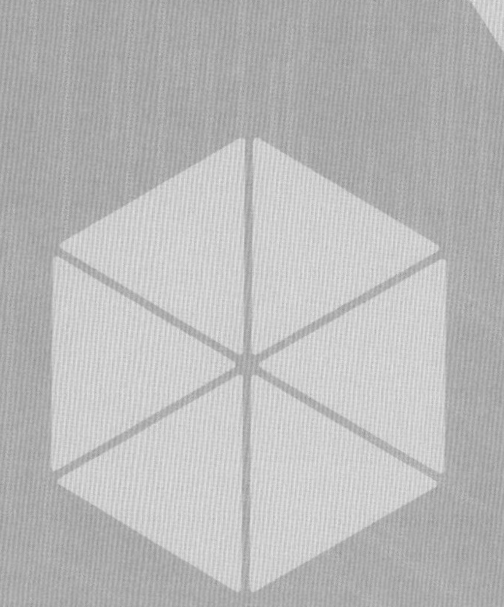

모바일 쉽고 편리한 빠른 정답

정답 및 풀이

ㅏ출판

정답 및 풀이

차례

초등 수학 **4·1**

모바일 빠른 정답

QR코드를 찍으면 **정답 및 풀이**를 쉽고 빠르게 확인할 수 있습니다.

개념책 정답 및 풀이

모바일 빠른 정답
QR코드를 찍으면 정답 및 풀이를 쉽고 빠르게 확인할 수 있습니다.

1 큰 수

008쪽 1STEP 교과서 개념 잡기

1 (1) 72418, 칠만 (2) 2000, 10 / 2000, 10
2 100, 10000
3 (1) 10000 (2) 10
4 (1) 팔만 육천사백이십구 (2) 38605
5 (1) 10 (2) 100
6 (1) 61394 (2) 2, 5, 6, 4

3 (1) 9900에 100을 더하면 10000이 됩니다.
(2) 9990에 10을 더하면 10000이 되므로 10000은 9990보다 10만큼 더 큰 수입니다.

4 (1) 86429 ➔ 팔만 육천사백이십구
(2) 30000(삼만)+8000(팔천)+600(육백)+5(오)=38605
주의 (2) 읽지 않은 자리는 숫자 0을 써야 합니다.

5 (1) 1000이 10개이면 10000이므로 1000원짜리 지폐가 10장이면 10000원입니다.
(2) 100이 100개이면 10000이므로 100원짜리 동전이 100개이면 10000원입니다.

6 (1) 60000+1000+300+90+4=61394
(2) 25640=20000+5000+600+40

010쪽 1STEP 교과서 개념 잡기

1 (1) 6523만 / 육천오백이십삼만
(2) 60000000, 200000
2 (1) • — •
(2) • — •
(3) • — •
3 ( )( )(○)
4 (1) 140000 (2) 72060000
5 (1) 2000000 (2) 800000

1 65230000
- 6 → 천만의 자리 숫자, 6000 0000
- 5 → 백만의 자리 숫자, 500 0000
- 2 → 십만의 자리 숫자, 20 0000
- 3 → 만의 자리 숫자, 3 0000

2 (1) 10000이 10개인 수 ➔ 100000(10만) (0이 5개)
(2) 10000이 100개인 수 ➔ 1000000(100만) (0이 6개)
(3) 10000이 1000개인 수 ➔ 10000000(1000만) (0이 7개)

3 502 0000 ➔ 502만 ➔ 오백이만

4 (1) 십사만 ➔ 14만 ➔ 140000
(2) 칠천이백육만 ➔ 7206만 ➔ 72060000

5 (1) 4213 0000
→ 백만의 자리 숫자, 200 0000
(2) 9587 0000
→ 십만의 자리 숫자, 80 0000

012쪽 2STEP 수학익힘 문제 잡기

01 (1) 9998, 10000 (2) 10000
02 예 1000 1000 1000 1000 1000 1000 / 1000 1000 1000 1000 1000 1000
03 45870
04 16320
05 (1) 20 (2) 30
06 (1) 1000, 300, 60, 7
(2) 90000, 8000, 200, 50
07 이만
08 3000원
09 ㉢
10 (1) 5, 7 (2) 백만, 9000000
11 6개
12 ㉡
13 국제시장

개념책 1 단원

01 (1) 9996부터 1씩 커집니다.
9996 - 9997 - 9998 - 9999 - 10000
(2) 9600부터 100씩 커집니다.
9600 - 9700 - 9800 - 9900 - 10000

02 10000은 1000이 10개인 수이므로 10개만큼 색칠합니다.

03 • 80519 → 500
• 50842 → 50000
• 45870 → 5000

04 10000이 1개, 1000이 6개, 100이 3개, 10이 2개
→ 16320

05 (1) 9980에서 10씩 2번 뛰어 세면 10000입니다.
20
(2) 9970에서 10씩 3번 뛰어 세면 10000입니다.
30

06 ■▲●♥★
=■0000+▲000+●00+♥0+★

07 20000 → 이만

08 1000원짜리 지폐 7장은 7000원입니다.
10000은 7000보다 3000만큼 더 큰 수이므로 10000원이 되려면 3000원을 더 모아야 합니다.

09 ㉠ 1000만 ㉡ 1000만 ㉢ 100만
→ 나타내는 수가 나머지와 다른 것은 ㉢입니다.

10 59760000
→ 천만의 자리 숫자, 50000000
→ 백만의 자리 숫자, 9000000
→ 십만의 자리 숫자, 700000
→ 만의 자리 숫자, 60000

11 팔천사만 → 80040000
따라서 0은 6개입니다.

12 ㉠ 50724952 → 700000
㉡ 70432535 → 70000000
㉢ 7600824 → 7000000
따라서 숫자 7이 나타내는 값이 가장 큰 것은 ㉡입니다.

13 만의 자리 숫자가 6인 영화는 극한직업과 국제시장이고, 이 중 백만의 자리 숫자가 4인 영화는 국제시장입니다.

014쪽 1STEP 교과서 개념 잡기

1 2459, 이천사백오십구조 /
2000000000000000, 9000000000000
2 (1) 1억 (2) 1조
3 1, 3, 2, 4 / 칠천백팔십삼조 이천오백사십구억
4 10억, 100억, 1000억, 1조
5 2 / 8000000000

1

2	4	5	9	0	0	0	0	0	0	0	0	0	0	0	0
천	백	십	일	천	백	십	일	천	백	십	일	천	백	십	일
			조				억				만				일

2 (1) 1000만이 10개인 수 → 100000000 또는 1억
(2) 1000억이 10개인 수
→ 1000000000000 또는 1조

3 7183254900000000
→ 7183조 2549억
→ 칠천백팔십삼조 이천오백사십구억

4 1억이 10개 → 10억
10억이 10개 → 100억
100억이 10개 → 1000억
1000억이 10개 → 1조

5 5204168300000000
→ 백조의 자리 숫자, 200000000000000
→ 십억의 자리 숫자, 8000000000

016쪽 1STEP 교과서 개념 잡기

1 (1) 77000, 97000 (2) 2268억, 2278억
(3) 1689조, 1789조
2 675만, 685만
3 4710억, 6710억
4 10조
5 105억 350만, 107억 350만
6 (위에서부터) 353억, 452억, 552억

1 (1) 만의 자리 수가 1씩 커집니다.
(2) 십억의 자리 수가 1씩 커집니다.
(3) 백조의 자리 수가 1씩 커집니다.

2 10만씩 뛰어 세면 십만의 자리 수가 1씩 커집니다.

3 1000억씩 뛰어 센 것이므로 천억의 자리 수가 1씩 커집니다.

4 십조의 자리 수가 1씩 커졌으므로 10조씩 뛰어 세었습니다.

5 2억씩 뛰어 세면 억의 자리 수가 2씩 커집니다.

6 • 오른쪽으로 1억씩 뛰어 세기:
350억 - 351억 - 352억 - **353억**
• 아래쪽으로 100억씩 뛰어 세기:
252억 - 352억 - **452억** - **552억**

018쪽 1STEP 교과서 개념 잡기

1 $>$
2 $<$
3 $<$
4 (1) 5200000, 5230000, 5250000, 5270000, 5300000
(2) $<$
5 (1) $<$ (2) $>$ (3) $>$ (4) $<$
6 (1) 71243245에 ○표
(2) '203억 1834만'에 ○표

1 자리 수가 많은 쪽이 더 큽니다.
→ $\underset{8자리 수}{\underline{51720000}} > \underset{7자리 수}{\underline{6850000}}$

2 백만의 자리 수가 같으므로 십만의 자리 수를 비교합니다.
→ $4170000 < 4290000$ ($1 < 2$)

3 두 수의 자리 수가 6자리 수로 같으므로 높은 자리의 수가 큰 쪽이 더 큰 수입니다.
→ $271800 < 329300$ ($2 < 3$)

4 (2) 수직선에서 오른쪽에 있을수록 더 큰 수입니다.
→ $5230000 < 5270000$

5 (1) $\underset{6자리 수}{\underline{493038}} < \underset{7자리 수}{\underline{2368012}}$
(2) $28765439 > 27867234$ ($8 > 7$)
(3) $13450000 > 13290000$ ($4 > 2$)
(4) 315억 5892만 $<$ 316억 83만 ($5 < 6$)

6 (1) $\underset{8자리 수}{\underline{71243245}} > \underset{7자리 수}{\underline{9656423}}$
(2) 26억 7039만 (10자리 수) $<$ 203억 1834만 (11자리 수)

020쪽 2STEP 수학익힘 문제 잡기

01 10000, 10000
02 940조 5000만 / 구백사십조 오천만
03 민재
04 50000000000000 / 500000000
05 ㉡, ㉢
06 6043090200780000
(또는 6043조 902억 78만)

07 주원
08 (위에서부터) 600억 2340만, 610억 2340만, 620억 2340만
09 ㉠
10 십만, 3, 30
11 (1) 3328만, 3428만, 3628만
(2) 6782억, 7182억, 7382억
12 750만, 1000만 / 1000만 그루
13 8496조
14

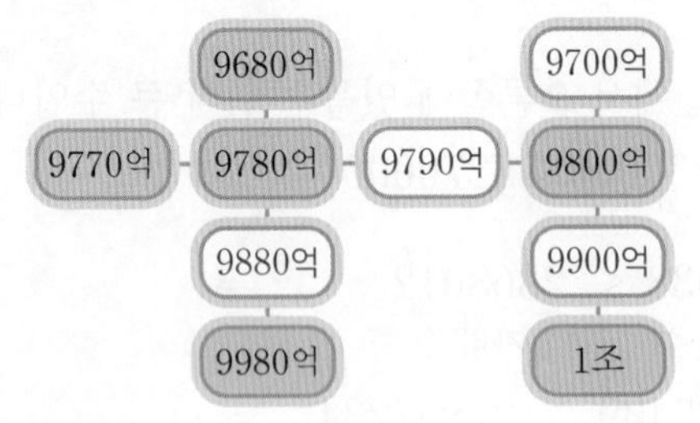

15 233만
16 (1) 36만, 40만 (2) 3개월
17 93754, <, 717860
18 3762495에 ○표
19 ㉡
20 옷장
21 연서
22 (○)
( )
23 서울, 도쿄, 베이징
24 51342

01 1|0000 → 1|0000|0000 → 1|0000|0000|0000
1만 1억 1조
0이 4개씩 늘어나므로 수가 10000배가 될 때마다 수의 단위가 만, 억, 조로 바뀝니다.

02 억 단위의 네 자리는 숫자가 모두 0이므로 읽지 않습니다.
940|0000|5000|0000
조 억 만
→ 940조 5000만
→ 구백사십조 오천만

03 15조는 0을 12개 씁니다. → 15|0000|0000|0000

04 450|6135|0000|0000
조 억 만 일
㉠ 십조의 자리: 50|0000|0000|0000
㉡ 억의 자리: 5|0000|0000

05 ㉠ 1조는 9000억보다 1000억만큼 더 큰 수입니다.
㉣ 1만의 100배는 100만입니다.

06 조가 6043개 → 6043|0000|0000|0000
억이 902개 → 902|0000|0000
만이 78개 → 78|0000
6043|0902|0078|0000

07 4702|9583|0000|0000
• 선우: 숫자 4는 천조의 자리 숫자입니다.
• 기현: 백억의 자리 숫자는 5입니다.
• 주원: 숫자 8은 십억의 자리 숫자이므로 80억(8000000000)을 나타냅니다.

08 10억씩 뛰어 세면 십억의 자리 수가 1씩 커집니다.

09 ㉠ 십만의 자리 수가 1씩 커지므로 100000씩 뛰어 센 것입니다.
㉡ 만의 자리 수가 1씩 커지므로 10000씩 뛰어 센 것입니다.

10 십만의 자리 수가 3씩 커졌으므로 30만씩 뛰어 센 것입니다.

11 (1) 100만씩 뛰어 센 규칙입니다.
(2) 200억씩 뛰어 센 규칙입니다.

12 매년 나무를 250만 그루씩 심었으므로 250만씩 뛰어 세면 4년 동안 심은 나무는 모두 1000만 그루입니다.
주의 문제를 잘못 생각하여 250만, 500만, 750만, 1000만 그루를 모두 더하지 않도록 주의합니다.

13 8546조 - 8536조 - 8526조 - 8516조 - 8506조 - 8496조

14 • → 방향: 10억씩 뛰어 센 규칙입니다.
• ↓ 방향: 100억씩 뛰어 센 규칙입니다.

15 어떤 수에서 10만씩 2번 뛰어 세어서 253만이 되었으므로 253만에서 10만씩 2번 거꾸로 뛰어 세면 어떤 수가 됩니다.
→ 253만 - 243만 - 233만

16 4만씩 뛰어 세면 만의 자리 수가 4씩 커집니다.
28만 - 32만 - 36만 - 40만이므로 3개월이 더 걸립니다.

17 93754 < 717860
5자리 수 6자리 수

18 851659와 901247은 6자리 수이고,
3762495는 7자리 수이므로
3762495가 가장 큰 수입니다.

19 ㉠ 374862459＞373826546

20 237000＜259000
따라서 더 비싼 가구는 옷장입니다.

21 백만의 자리 수를 비교하면 2＜3이므로 가장 큰 수는 3390820입니다.
➔ 2524200 ＞2017040
따라서 가장 작은 수를 말한 사람은 연서입니다.

22 72억 1540만 ➔ 72 1540 0000(10자리 수)
701 4589 0000(11자리 수)
72 0083 6247(10자리 수)
➔ 701 4589 0000＞72 1540 0000＞72 0083 6247
(○)

23 • 베이징: 이천백팔십구만 ➔ 2189 0000(8자리 수)
• 도쿄: 1413만 ➔ 1413 0000(8자리 수)
• 서울: 938 6705(7자리 수)
7자리 수인 9386705(서울)가 가장 작고,
21890000(베이징)＞14130000(도쿄)이므로
인구가 적은 도시부터 차례로 쓰면 서울, 도쿄, 베이징입니다.

24 • 51000보다 크고 51400보다 작으므로 만의 자리 숫자는 5, 천의 자리 숫자는 1입니다.
• 백의 자리 숫자는 홀수이므로 3, 일의 자리 숫자는 2이므로 십의 자리 숫자는 남은 4입니다.
➔ 조건을 모두 만족하는 수: 51342

024쪽 3STEP 서술형 문제 잡기

※서술형 문제의 예시 답안입니다.

1 (1단계) 30000000, 30000
(2단계) 3, 1000
(답) 1000배

2 (1단계) ㉠은 억의 자리 숫자이므로 700000000을 나타내고, ㉡은 백만의 자리 숫자이므로 7000000을 나타냅니다. ▶ 3점
(2단계) ㉠이 나타내는 값은 ㉡이 나타내는 값보다 0이 2개 더 많으므로 100배입니다. ▶ 2점
(답) 100배

3 (1단계) '작을수록'에 ○표 (2단계) 12578
(답) 12578

4 (1단계) 수의 크기는 높은 자리 수가 클수록 더 커집니다. ▶ 2점
(2단계) 따라서 큰 수부터 차례로 놓아 다섯 자리 수를 만들면 96430입니다. ▶ 3점
(답) 96430

5 (1단계) <, 6 (2단계) 7, 8, 9
(답) 7, 8, 9

6 (1단계) 높은 자리 수부터 비교하면 3, 2, 1로 같고 십만의 자리 수가 4＜8이므로 백만의 자리 수인 ●는 5보다 커야 합니다. ▶ 3점
(2단계) 따라서 ●에 들어갈 수 있는 수는 6, 7, 8, 9입니다. ▶ 2점
(답) 6, 7, 8, 9

7 (1단계) 10억
(2단계) 280억, 290억, 300억, 310억, 320억

8 예 (1단계) 100억
(2단계) 285억, 385억, 485억, 585억, 685억

8 (채점 가이드) 정한 규칙에 맞게 뛰어 세기 하여 빈칸에 알맞은 수를 써넣었는지 확인합니다.

026쪽 1단원 마무리

01 10000 02 36285
03 100억, 1000억 04 삼천오십구만
05 671900000000(또는 6719억)
06 80000, 4000, 300, 60, 1

07 9
08 119900, 129900, 149900
09 <
10 300000000 / 30000
11 10만(또는 100000)
12 ④
13 3058123470000(또는 3조 581억 2347만) / 삼조 오백팔십일억 이천삼백사십칠만
14 2000원
15 5학년
16 13개
17 ㉠, ㉢, ㉡
18 9월

서술형 ※서술형 문제의 예시 답안입니다.

19 ❶ ㉠과 ㉡이 나타내는 값 각각 구하기 ▶ 3점
❷ ㉠이 나타내는 값은 ㉡이 나타내는 값의 몇 배인지 구하기 ▶ 2점

❶ ㉠은 억의 자리 숫자이므로 400000000을 나타내고, ㉡은 만의 자리 숫자이므로 40000을 나타냅니다.
❷ ㉠이 나타내는 값은 ㉡이 나타내는 값보다 0이 4개 더 많으므로 10000배입니다.
답 10000배

20 ❶ 수의 크기가 커지는 조건 쓰기 ▶ 2점
❷ 가장 큰 다섯 자리 수 구하기 ▶ 3점

❶ 수의 크기는 높은 자리 수가 클수록 더 커집니다.
❷ 따라서 큰 수부터 차례로 놓아 다섯 자리 수를 만들면 87541입니다.
답 87541

01 1000이 10개이면 10000입니다.

02 30000+6000+200+80+5=36285

03 • 9900억에 100억을 더하면 1조가 되므로 1조는 9900억보다 100억만큼 더 큰 수입니다.
• 9000억에 1000억을 더하면 1조가 되므로 1조는 9000억보다 1000억만큼 더 큰 수입니다.

04 3059|0000 → 삼천오십구만

05 육천칠백십구억 → 6719억 → 671900000000

06 84361
→ 만의 자리 숫자: 8 → 80000
→ 천의 자리 숫자: 4 → 4000
→ 백의 자리 숫자: 3 → 300
→ 십의 자리 숫자: 6 → 60
→ 일의 자리 숫자: 1 → 1

07 4892|5410
→ 십만의 자리 숫자

08 10000씩 뛰어 세면 만의 자리 수가 1씩 커집니다.

09 47억 2954만 < 420억 134만
(10자리 수) (11자리 수)

10 ㉠ 억의 자리 숫자 3 → 300000000
㉡ 만의 자리 숫자 3 → 30000

11 십만의 자리 수가 1씩 커졌으므로 10만씩 뛰어 센 것입니다.

12 ④ • 1억의 1000배 → 1000억
• 1억의 10000배 → 1조

13 조가 3개, 억이 581개, 만이 2347개인 수
→ 3조 581억 2347만
→ 3|0581|2347|0000
→ 삼조 오백팔십일억 이천삼백사십칠만

14 1000원짜리 지폐 8장은 8000원입니다.
10000원이 되려면 2000원을 더 모아야 합니다.

15 527250 < 591690
2<9
→ 5학년이 더 많이 모았습니다.

16 칠천이백조 팔천만 → 7200조 8000만
→ 7200|0000|8000|0000
→ 0의 개수: 13개

17 ㉠ 53|2094|8512(10자리 수)
㉡ 5|1429|0000(9자리 수)
㉢ 5|1930|0705(9자리 수)
→ 큰 수부터 차례로 기호를 쓰면 ㉠, ㉢, ㉡입니다.

18

5월	6월	7월	8월	9월
120만	140만	160만	180만	200만

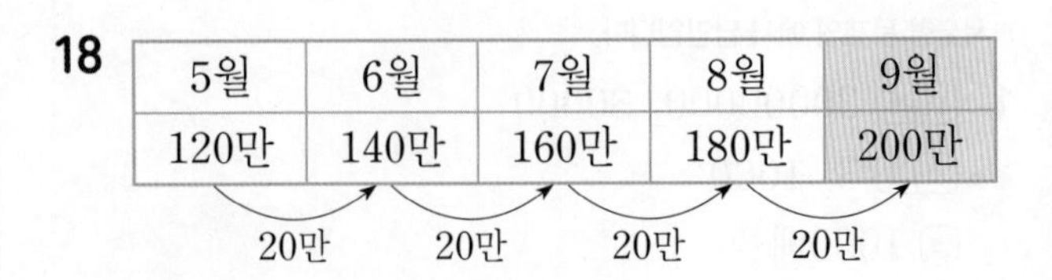

2 각도

032쪽 1STEP 교과서 개념 잡기

1 '클수록'에 ○표 / 가, 가
2 2, 3 / 나
3 (1) ( )(○) (2) (○)( )
4 ( )(○)( )
5 미나 6 다, 나

1 가위가 더 많이 벌어진 것을 찾으면 가이므로 각의 크기가 더 큰 것은 가입니다.

2 주어진 단위로 각각 재어 보면 2번<3번이므로 각의 크기가 더 큰 각은 나입니다.

3 두 변이 벌어진 정도가 더 큰 각을 찾습니다.

4 입이 벌어져 만들어진 각의 크기가 가장 큰 것을 찾습니다.

5 두 변이 벌어진 정도를 비교하면 더 작은 각은 가입니다.
따라서 각의 크기를 바르게 비교한 사람은 미나입니다.

6 두 변이 벌어진 정도가 큰 것부터 차례로 쓰면 다, 가, 나입니다.

034쪽 1STEP 교과서 개념 잡기

1 '안쪽'에 ○표, 50 / '바깥쪽'에 ○표, 110
2 1 3 ( )(○)( )
4 (1) 40 (2) 150 5 (1) 80 (2) 120

1 • 각의 한 변이 안쪽 눈금 0에 맞추어져 있으므로 안쪽 눈금을 읽으면 50°입니다.
• 각의 한 변이 바깥쪽 눈금 0에 맞추어져 있으므로 바깥쪽 눈금을 읽으면 110°입니다.

2 각도기의 작은 눈금 한 칸은 직각의 크기를 똑같이 90으로 나눈 것 중 하나이므로 1°를 나타냅니다.

3 각도기의 중심을 각의 꼭짓점에 맞추고 각도기의 밑금을 각의 한 변에 맞춘 것을 찾습니다.

4 (1) 각의 한 변이 바깥쪽 눈금 0에 맞추어져 있으므로 바깥쪽 눈금을 읽으면 40°입니다.
(2) 각의 한 변이 안쪽 눈금 0에 맞추어져 있으므로 안쪽 눈금을 읽으면 150°입니다.

5 각도기의 중심을 각의 꼭짓점에 맞추고 각도기의 밑금을 각의 한 변에 맞추어 각도를 잽니다.
참고 각의 변이 짧아서 각도기의 눈금을 읽기 어려운 경우에는 각의 변을 더 길게 늘여서 각도를 잽니다.

036쪽 1STEP 교과서 개념 잡기

1 (1) 예각 (2) 둔각
2 다, 마 / 나 / 가, 라
3 (1) '예각'에 ○표 (2) '둔각'에 ○표
4 (1) (2) (3)
5 (왼쪽에서부터) 둔, 예, 둔, 예
6 둔각

1 (1) 0°보다 크고 직각보다 작은 각 → 예각
(2) 직각보다 크고 180°보다 작은 각 → 둔각

2 • 예각: 각도가 0°보다 크고 직각보다 작은 각
→ 다, 마
• 직각: 나
• 둔각: 각도가 직각보다 크고 180°보다 작은 각
→ 가, 라

3 (1) 0°보다 크고 직각보다 작습니다. → 예각
(2) 직각보다 크고 180°보다 작습니다. → 둔각

4 (1) 0°보다 크고 직각보다 작은 각 → 예각
(2) 0°보다 크고 직각보다 작은 각 → 예각
(3) 직각보다 크고 180°보다 작은 각 → 둔각

5 0°보다 크고 직각보다 작은 각에는 '예', 직각보다 크고 180°보다 작은 각에는 '둔'을 써넣습니다.

6 준호가 그린 각은 모두 각도가 직각보다 크고 180°보다 작습니다. ➔ 둔각

038쪽 1STEP 교과서 개념 잡기

1 (1) 예 110, 110 (2) 예 50, 50
2 ( )( )(○)
3 예 140
4 (1) 예 45 (2) 예 85
5 예

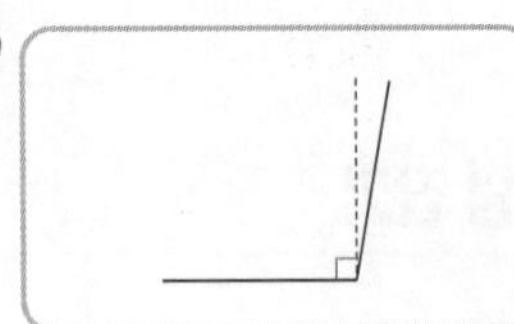

6 (1) 예 30, 30 (2) 예 160, 160

1 (1) 삼각자의 90°보다 조금 커 보이므로 약 110°로 어림할 수 있습니다.
(2) 삼각자의 60°보다 조금 작아 보이므로 약 50°로 어림할 수 있습니다.

2 90°에 가장 가까워 보이는 것을 찾습니다.

3 120°와 160°의 중간 크기로 보이므로 약 140°로 어림할 수 있습니다.

4 (1) 삼각자의 45°와 비슷해 보이므로 약 45°로 어림합니다.
(2) 삼각자의 90°보다 조금 작아 보이므로 약 85°로 어림합니다.

5 빨간색 점선이 90°이므로 90°보다 조금 크게 각도를 어림하여 그려 봅니다.

6 (1) 삼각자의 30°와 비슷해 보이므로 약 30°로 어림합니다.
(2) 180°보다 조금 작아 보이므로 약 160°로 어림합니다.

040쪽 2STEP 수학익힘 문제 잡기

01 규민 02 나
03 가
04 2, 1, 3
05 ㉡
06 '큽니다'에 ○표 / '작습니다'에 ○표
07 (1) ○ (2) ×
08 ㉠
09 180
10 65, 55 / 가
11 (위쪽에서부터) 95, 120
12 (1) 90 (2) 155
13 둔각 14 ㉡
15 50°, 35°
16 예

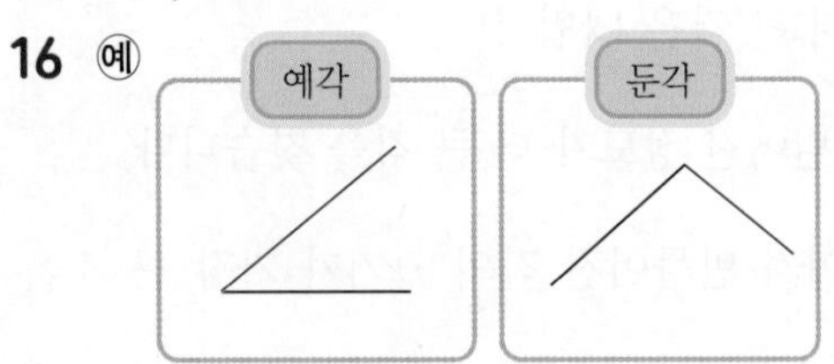

17 2개
18 둔, 직, 예, 예, 둔
19 2, 2, 4
20 ( )( )(○)
21 예 85, 85
22 예 / 예 60, 60
23 (왼쪽에서부터) 예 155, 155 / 예 30, 30
24 / 예 130, 130
25 50, 주경

01 변의 길이와 관계없이 두 변이 벌어진 정도가 클수록 큰 각입니다.
➔ 잘못 말한 사람은 규민입니다.

02 각의 크기는 변의 길이와 관계없이 두 변 사이가 많이 벌어질수록 더 큰 각입니다.
→ 나가 가보다 더 큰 각입니다.
주의 변의 길이가 길다고 해서 가를 더 큰 각으로 생각하지 않도록 합니다.

03 • 가: 크기가 같은 각을 5개 이어 붙였습니다.
• 나: 크기가 같은 각을 7개 이어 붙였습니다.
→ 이어 붙인 각의 수가 적을수록 더 작은 각이므로 더 작은 각은 가입니다.

04 한 각을 투명 종이에 그린 다음, 다른 각의 꼭짓점과 한 변을 맞추어 두 변의 벌어진 정도를 비교합니다.

05 각의 크기가 가장 큰 것은 가이고, 가장 작은 것은 나입니다.
→ 각의 크기를 바르게 비교한 것은 ㉡입니다.

06 각의 크기가 클수록 주어진 단위로 여러 번 재야 합니다.
가와 나의 잰 횟수를 비교하면 가 > 나이므로 가는 나보다 크고, 나와 다의 잰 횟수를 비교하면 나 < 다이므로 나는 다보다 작습니다.

07 (1) 각도기의 작은 눈금 한 칸의 크기: 1°
(2) 각의 한 변이 안쪽 눈금 0에 맞추어져 있으면 안쪽 눈금을 읽고, 바깥쪽 눈금 0에 맞추어져 있으면 바깥쪽 눈금을 읽습니다.

08 ㉠ 각의 한 변이 바깥쪽 눈금 0에 맞추어져 있으므로 바깥쪽 눈금을 읽으면 130°입니다.
㉡ 각의 한 변이 안쪽 눈금 0에 맞추어져 있으므로 안쪽 눈금을 읽으면 75°입니다.
→ 각도를 잘못 잰 것은 ㉠입니다.

09 각도기의 중심을 각의 꼭짓점에 맞추고, 각도기의 밑금을 각의 한 변에 맞추어 각도를 잽니다.
참고 180°가 되면 각의 두 변이 곧은 선으로 이어집니다.

10 각도를 재어 보면 가는 65°, 나는 55°입니다.
→ $65^\circ > 55^\circ$이므로 더 큰 각은 가입니다.

11 각도기의 중심을 각의 꼭짓점에 맞추고, 각도기의 밑금을 각의 한 변에 맞추어 각도를 잽니다.

12 그림에서 표시된 곳의 각도를 잽니다.

13 직각보다 크고 180°보다 작은 각이므로 둔각입니다.

14 둔각: 직각보다 크고 180°보다 작은 각 → ㉡

15 예각: 0°보다 크고 직각보다 작은 각 → 50°, 35°

16 • 예각: 0°보다 크고 직각보다 작은 각이 되도록 주어진 선분의 한쪽 끝 점에서 시작하는 선분을 긋습니다.
• 둔각: 직각보다 크고 180°보다 작은 각이 되도록 주어진 선분의 한쪽 끝 점에서 시작하는 선분을 긋습니다.

17 사각형에서 둔각은 2개입니다.

18 • 0°보다 크고 직각보다 작은 각 → '예'
• 90°인 각 → '직'
• 직각보다 크고 180°보다 작은 각 → '둔'

19 • 예각: 나, 라 → 2개
• 직각: 다, 마 → 2개
• 둔각: 가, 바, 사, 아 → 4개

20 직각은 90°이므로 90°에 가장 가까워 보이는 것을 찾습니다.

21 직각보다 조금 작아 보이므로 85°로 어림할 수 있습니다.

22 모눈의 삼각형에서 한 각이 삼각자의 60°와 비슷해 보이므로 어림한 각도는 약 60°입니다.
채점 가이드 그린 각에 따라 여러 가지 답이 나올 수 있습니다. 그린 각과 잰 각도가 서로 일치하는지 확인합니다.

23 채점 가이드 어림한 각도와 실제로 잰 각도가 서로 다를 수도 있지만 실제 각도와의 차이가 30°보다 큰 경우에는 다시 어림해 보도록 합니다.

24 알고 있는 각도와 비교하여 어림할 수 있습니다.
120°보다 조금 커 보이므로 약 130°로 어림합니다.

25 주어진 각도: 50°
→ 어림한 각도가 각도기로 잰 각도에 가까울수록 잘 어림한 것이므로 더 정확하게 어림한 사람은 주경입니다.

044쪽 1STEP 교과서 개념 잡기

1 90, 90
2 80, 80
3 (1) 105 (2) 85
4 (1) 75 (2) 170 (3) 55 (4) 130
5 (1) 270 (2) 360
6 (1) 140, 70 (2) 140, 70, 70

1 자연수의 덧셈과 같은 방법으로 계산합니다.
$60+30=90$ → $60°+30°=90°$

2 자연수의 뺄셈과 같은 방법으로 계산합니다.
$130-50=80$ → $130°-50°=80°$

3 (1) $20+85=105$ → $20°+85°=105°$
(2) $125-40=85$ → $125°-40°=85°$

4 (1) $40+35=75$ → $40°+35°=75°$
(2) $110+60=170$ → $110°+60°=170°$
(3) $95-40=55$ → $95°-40°=55°$
(4) $145-15=130$ → $145°-15°=130°$

5 (1) $90°+90°+90°=270°$
(2) $90°+90°+90°+90°=360°$

6 (1) 각의 두 변이 벌어진 정도를 비교합니다.
→ 가장 큰 각도: 140°, 가장 작은 각도: 70°
(2) (가장 큰 각도)−(가장 작은 각도)
$=140°-70°=70°$

046쪽 1STEP 교과서 개념 잡기

1 50° / 50, 180
2 180
3 (1) 180 (2) 180
4 =
5 30
6 '없습니다'에 ○표

1 (삼각형의 세 각의 크기의 합)
=㉠+㉡+㉢
$=60°+70°+50°=180°$

2 삼각형을 잘라 세 각을 붙이면 한 직선 위에 놓이므로 삼각형의 세 각의 크기의 합은 180°입니다.
중요 삼각형의 모양과 크기가 달라도 모든 삼각형의 세 각의 크기의 합은 항상 180°입니다.

3 삼각형의 세 각의 크기의 합은 항상 180°입니다.

4 (왼쪽 삼각형의 세 각의 크기의 합)
$=45°+90°+45°=180°$
(오른쪽 삼각형의 세 각의 크기의 합)
$=55°+40°+85°=180°$
→ 180° ㊁ 180°

5 삼각형의 세 각의 크기의 합은 180°임을 이용합니다. → ㉠$=180°-80°-70°=30°$

6 $50°+100°+20°=170°$
→ 삼각형의 세 각의 크기의 합은 180°이므로 리아는 삼각형을 그릴 수 없습니다.

048쪽 1STEP 교과서 개념 잡기

1 70° / 70, 130, 360
2 360
3 (1) 360 (2) 360
4 360
5 ×
6 100

1 (사각형의 네 각의 크기의 합)
=㉠+㉡+㉢+㉣
$=40°+120°+70°+130°=360°$

2 사각형을 잘라 네 각을 붙이면 한 바퀴가 채워지므로 사각형의 네 각의 크기의 합은 360°입니다.
중요 사각형의 모양과 크기가 달라도 모든 사각형의 네 각의 크기의 합은 항상 360°입니다.

3 사각형의 네 각의 크기의 합은 항상 360°입니다.

4 손수건의 네 각은 모두 직각입니다.
$90\times4=360$
→ (네 각의 크기의 합)$=90°\times4=360°$

5 사각형의 모양과 크기가 달라도 모든 사각형의 네 각의 크기의 합은 항상 360°입니다.

6 사각형의 네 각의 크기의 합은 360°임을 이용합니다.
→ ㉠$=360^\circ-110^\circ-80^\circ-70^\circ=100^\circ$

050쪽 2STEP 수학익힘 문제 잡기

01 40, 60, 100
02 70, 40 / 30°
03 125°
04 105°
05 150°, 90°
06 155°
07 (1) (2) (3)
08 ㉣
09 (1) 65 (2) 150
10 50
11 100, 30, 50, 180
12 준호
13 35°
14 (1) 50 (2) 45
15 110°
16 ㉡
17 (1) 45 (2) 60
18 60°
19 90, 80, 85, 105, 360
20 2, 360
21 (1) 85 (2) 120
22 205°
23 규민
24 540
25 15°
26 110

01 참고 $60^\circ+40^\circ=100^\circ$으로 계산해도 됩니다.

02 두 각도를 재어 보면 각각 70°, 40°입니다.
→ $70^\circ-40^\circ=30^\circ$

03 $90^\circ+35^\circ=125^\circ$

04 각도를 재어 보면 왼쪽 바퀴에 표시된 각도는 60°, 오른쪽 바퀴에 표시된 각도는 45°입니다.
→ $60^\circ+45^\circ=105^\circ$

05 각도의 합: $120^\circ+30^\circ=150^\circ$
각도의 차: $120^\circ-30^\circ=90^\circ$

06 가장 큰 각: 125°, 가장 작은 각: 30°
→ $125^\circ+30^\circ=155^\circ$

07 (1) $20^\circ+70^\circ=90^\circ$ → 직각
(2) $55^\circ+45^\circ=100^\circ$ → 둔각
(3) $120^\circ-65^\circ=55^\circ$ → 예각

08 ㉠ $90^\circ+40^\circ=130^\circ$
㉡ $150^\circ-30^\circ=120^\circ$
㉢ $39^\circ+74^\circ=113^\circ$
㉣ $162^\circ-18^\circ=144^\circ$
→ ㉣ $144^\circ>$ ㉠ $130^\circ>$ ㉡ $120^\circ>$ ㉢ 113°

09 (1) $75^\circ+\square=140^\circ$
→ $\square=140^\circ-75^\circ=65^\circ$
(2) $\square-55^\circ=95^\circ$
→ $\square=95^\circ+55^\circ=150^\circ$

10 직선을 이루는 각은 180°입니다.
$40^\circ+\square+90^\circ=180^\circ$이므로
$\square=180^\circ-40^\circ-90^\circ=50^\circ$입니다.

11 삼각형의 세 각의 크기는 ㉠ 100°, ㉡ 30°, ㉢ 50°입니다.
→ $100^\circ+30^\circ+50^\circ=180^\circ$

12 삼각형의 모양과 크기에 상관없이 삼각형의 세 각의 크기의 합은 항상 180°입니다.

13 세 꼭짓점이 맞닿게 접으면 직선을 이루므로
$65^\circ+80^\circ+$㉠$=180^\circ$입니다.
→ ㉠$=180^\circ-65^\circ-80^\circ=35^\circ$

14 삼각형의 세 각의 크기의 합이 180°임을 이용합니다.
(1) $\square=180^\circ-40^\circ-90^\circ=50^\circ$
(2) $\square=180^\circ-25^\circ-110^\circ=45^\circ$

15 삼각형의 세 각의 크기의 합이 180°임을 이용합니다.
→ ㉠+㉡$=180^\circ-70^\circ=110^\circ$

16 삼각형의 세 각의 크기의 합은 180°입니다.
㉠ $15^\circ+120^\circ+45^\circ=180^\circ$
㉡ $90^\circ+35^\circ+65^\circ=190^\circ(\times)$
㉢ $50^\circ+70^\circ+60^\circ=180^\circ$

17 삼각형의 세 각의 크기의 합은 180°입니다.
(1) □=180°−60°−75°=45°
(2) □=180°−15°−105°=60°

18 세 각의 크기가 모두 같으므로 ㉠×3=180°입니다.
→ ㉠=180°÷3=60°
참고 각도의 나눗셈(곱셈)은 자연수의 나눗셈(곱셈)과 같은 방법으로 계산합니다.

19 사각형의 네 각의 크기는 ㉠ 90°, ㉡ 80°, ㉢ 85°, ㉣ 105°입니다.
→ 90°+80°+85°+105°=360°

20 사각형을 삼각형 2개로 나누었습니다.
(사각형의 네 각의 크기의 합)
=(삼각형의 세 각의 크기의 합)×2
=180°×2=360°

21 사각형의 네 각의 크기의 합이 360°임을 이용합니다.
(1) □=360°−75°−120°−80°=85°
(2) □=360°−70°−90°−80°=120°

22 사각형의 네 각의 크기의 합이 360°임을 이용합니다.
→ ㉠+㉡=360°−60°−95°=205°

23 네 각의 크기의 합이 360°가 아닌 것을 찾습니다.
규민: 40°+120°+80°+110°=350°(×)
주경: 60°+110°+75°+115°=360°

24 삼각형의 세 각의 크기의 합은 180°이고, 사각형의 네 각의 크기의 합은 360°입니다.
→ 180°+360°=540°

25 ㉠=360°−55°−110°−100°=95°
㉡=180°−50°−50°=80°
→ ㉠−㉡=95°−80°=15°

26
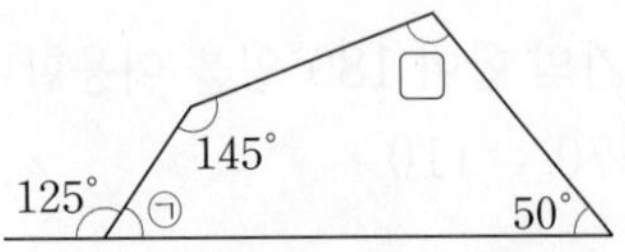

직선을 이루는 각은 180°입니다.
→ ㉠=180°−125°=55°
사각형의 네 각의 크기의 합은 360°입니다.
→ □=360°−145°−55°−50°=110°

054쪽 3STEP 서술형 문제 잡기

※서술형 문제의 예시 답안입니다.

1 이유 '바깥쪽'에 ○표, '안쪽'에 ○표
바르게 잰 각 60°

2 이유 각도기의 안쪽 눈금을 읽어야 하는데 바깥쪽 눈금을 읽었습니다. ▶3점
바르게 잰 각 140° ▶2점

3 1단계 ㉢, ㉣
2단계 ㉡, ㉢
3단계 6
답 6개

4 1단계 작은 각 2개로 이루어진 둔각은 ㉡+㉢, ㉢+㉣입니다. ▶2점
2단계 작은 각 3개로 이루어진 둔각은 ㉠+㉡+㉢, ㉡+㉢+㉣입니다. ▶2점
3단계 따라서 크고 작은 둔각은 모두 4개입니다. ▶1점
답 4개

5 1단계 130
2단계 130, 50
답 50°

6 1단계 삼각형의 세 각의 크기의 합은 180°이므로 ㉡=180°−100°−45°=35°입니다. ▶3점
2단계 ㉠과 ㉡이 직선을 이루고 있으므로 ㉠=180°−35°=145°입니다. ▶2점
답 145°

7 1단계 45, 30
2단계 45, 30, 75
답 75°

8 예

예 1단계 45, 60
2단계 45, 60, 105
답 105°

8 채점 가이드 30°, 60°, 90° 중 하나와 45°, 90° 중 하나를 고른 후 두 각도의 합을 바르게 구했는지 확인합니다.
아래와 같이 각도의 합을 구할 수 있습니다.
예 30°+45°=75°, 30°+90°=120°, 60°+45°=105°, 60°+90°=150°, 90°+45°=135°, 90°+90°=180°

056쪽 2단원 마무리

01 (○)(　)
02 150
03 60
04 80, 180
05 (1), (2), (3) 선 잇기
06 50
07 예 40, 40
08 ㉡
09 360
10 가, 다
11 90°, 50°
12 예

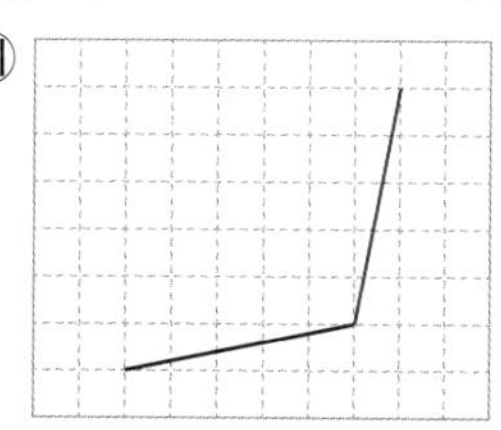

13 민주
14 ㉠
15 75
16 125°
17 65 / 민수
18 75°

서술형 ※서술형 문제의 예시 답안입니다.

19
❶ 작은 각 1개로 이루어진 예각 찾기 ▶ 2점
❷ 작은 각 2개로 이루어진 예각 찾기 ▶ 2점
❸ 크고 작은 예각은 모두 몇 개인지 구하기 ▶ 1점

❶ 작은 각 1개로 이루어진 예각은 ㉠, ㉡, ㉢, ㉣입니다.
❷ 작은 각 2개로 이루어진 예각은 ㉡+㉢입니다.
❸ 따라서 크고 작은 예각은 모두 5개입니다.
답 5개

20
❶ ㉡의 각도 구하기 ▶ 3점
❷ ㉠의 각도 구하기 ▶ 2점

❶ 사각형의 네 각의 크기의 합은 360°이므로 ㉡$=360°-75°-100°-120°=65°$입니다.
❷ ㉠과 ㉡이 직선을 이루고 있으므로 ㉠$=180°-65°=115°$입니다.
답 115°

01 두 변이 벌어진 정도가 더 큰 각을 찾습니다.

02 각의 한 변이 바깥쪽 눈금 0에 맞추어져 있으므로 바깥쪽 눈금을 읽으면 150°입니다.

03 $40+20=60$ → $40°+20°=60°$

04 $70°+30°+80°=180°$

05 (1) 직각보다 크고 180°보다 작은 각: 둔각
(2) 0°보다 크고 직각보다 작은 각: 예각
(3) 90°인 각: 직각

06 각도기의 중심을 각의 꼭짓점에 맞추고, 각도기의 밑금을 각의 한 변에 맞추어 각도를 잽니다.

07 삼각자의 30°보다 조금 커 보이므로 약 40°로 어림합니다.

08 변의 길이와 관계없이 각의 두 변이 가장 많이 벌어진 것을 찾으면 ㉡입니다.

09 사각형의 모양과 크기에 상관없이 사각형의 네 각의 크기의 합은 항상 360°입니다.

10 가: 예각, 나: 둔각, 다: 예각, 라: 둔각

11 각도의 합: $70°+20°=90°$
각도의 차: $70°-20°=50°$

12 직각보다 크고 180°보다 작은 각이 되도록 주어진 선분의 한쪽 끝 점에서 시작하는 선분을 긋습니다.

13 삼각형의 세 각의 크기의 합은 180°입니다.
민주: $110°+15°+45°=170°$(×)
선우: $55°+100°+25°=180°$

14 ㉠ $90°+35°=125°$
㉡ $140°-45°=95°$
㉢ $72°+43°=115°$
→ $125°>115°>95°$이므로 계산 결과가 가장 큰 것은 ㉠입니다.

15 사각형의 네 각의 크기의 합은 360°입니다.
→ □$=360°-70°-120°-95°=75°$

16 삼각형의 세 각의 크기의 합이 180°임을 이용합니다.
→ ㉠+㉡$=180°-55°=125°$

17 각도기를 이용하여 주어진 각의 크기를 재어 보면 65°입니다.
85°와 80° 중에서 65°에 더 가까운 것은 80°이므로 민수가 어림을 더 잘했습니다.

18 직선을 이루는 각의 크기는 180°입니다.
$30°+75°+$㉠$=180°$
→ ㉠$=180°-30°-75°=75°$

개념책 2 단원

3 곱셈과 나눗셈

062쪽 1STEP 교과서 개념 잡기

1 826, 8260 / 826, 8260
2 615, 6150
3 (위에서부터) 8, 5, 2 / 8, 5, 2, 0 / 8520
4 (1) 507, 5070 (2) 824, 8240
5 (1) 24640 (2) 36000 (3) 30700
6 (1) 8750 (2) 32800

1 413×20은 413×2의 값에 0을 1개 붙입니다.

2 $123\times5=615$이므로 $123\times50=6150$입니다.

3 $426\times2=852$ ➔ $426\times20=8520$

4 (1) $169\times3=507$ (10배↓, ↓10배) $169\times30=5070$
(2) $412\times2=824$ (10배↓, ↓10배) $412\times20=8240$

5 (1) $352\times7=2464$ ➔ $352\times70=24640$
(2) $400\times9=3600$ ➔ $400\times90=36000$
(3) $614\times5=3070$ ➔ $614\times50=30700$
참고 (2) 400×90을 계산할 때 $4\times9=36$에 0을 3개 붙여서 계산할 수도 있습니다.

6 (1)
$$\begin{array}{r} 175 \\ \times\ \ 50 \\ \hline 8750 \end{array}$$
(2)
$$\begin{array}{r} 820 \\ \times\ \ 40 \\ \hline 32800 \end{array}$$

064쪽 1STEP 교과서 개념 잡기

1 1235 / 1235, 7410 / 1235, 741, 8645
2 (위에서부터) 2340, 351 / 2340, 351, 2691
3 (1) 660, 7920, 8580 (2) 1666, 11900, 13566
4 (왼쪽에서부터) 588, 1960, 2548 / 588 / 1960
5 (1) 19448 (2) 37674 (3) 12926
6 (1) 6840 (2) 58630

1 $247\times5=1235$, $247\times30=7410$
➔ $247\times35=1235+7410=8645$

2 $117\times20=2340$, $117\times3=351$
➔ $117\times23=2340+351=2691$

3 (1) 65를 5와 60으로 나누어서 곱한 뒤 더합니다.
(2) 57을 7과 50으로 나누어서 곱한 뒤 더합니다.

4 13을 3과 10으로 나누어서 곱한 뒤 더합니다.
$196\times3=588$, $196\times10=1960$
➔ $196\times13=588+1960=2548$

5 (1)
$$\begin{array}{r} 374 \\ \times\ \ 52 \\ \hline 748 \\ 1870\ \\ \hline 19448 \end{array}$$
(2)
$$\begin{array}{r} 819 \\ \times\ \ 46 \\ \hline 4914 \\ 3276\ \\ \hline 37674 \end{array}$$
(3)
$$\begin{array}{r} 562 \\ \times\ \ 23 \\ \hline 1686 \\ 1124\ \\ \hline 12926 \end{array}$$

6 (1)
$$\begin{array}{r} 360 \\ \times\ \ 19 \\ \hline 3240 \\ 360\ \\ \hline 6840 \end{array}$$
(2)
$$\begin{array}{r} 715 \\ \times\ \ 82 \\ \hline 1430 \\ 5720\ \\ \hline 58630 \end{array}$$

066쪽 1STEP 교과서 개념 잡기

1 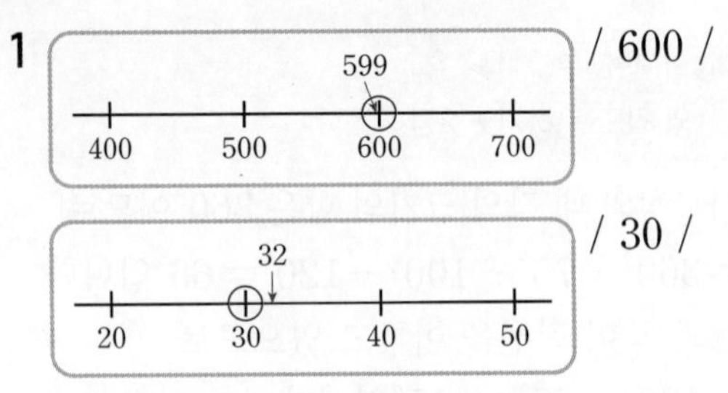

/ 600 / / 30 /
600, 30, 18000 / 18000
2 (1) 4000에 ○표 (2) 12000에 ○표
3 800, 50, 800, 50, 40000, 40000
4 (1) 200 (2) 200, 6000 / 6000

1 • 599는 600에 가까우므로 어림하면 약 600입니다.
• 32는 30에 가까우므로 어림하면 약 30입니다.
➔ $600\times30=18000$이므로 초콜릿값은 약 18000원입니다.

2 (1) 199는 약 200으로 어림할 수 있습니다.
➜ 어림셈: $200 \times 20 = 4000$
(2) 392는 약 400, 31은 약 30으로 어림할 수 있습니다. ➜ 어림셈: $400 \times 30 = 12000$

3 801은 800에 가까우므로 약 800으로, 48은 50에 가까우므로 약 50으로 어림할 수 있습니다.
따라서 $800 \times 50 = 40000$이므로 약 40000으로 어림할 수 있습니다.

4 (2) $200 \times 30 = 6000$이므로 비누의 무게는 약 6000 g입니다.

068쪽 2STEP 수학익힘 문제 잡기

01 10, 1492, 10, 14920
02 24000, 3200, 280, 27480
03 (1) • (2) • (3) • (선 잇기)
04 ㉣
05 리아
06 15000원
07

19000	18220	20640
22330	23900	24600
30450	31000	33420

08 5
09 (1) 5250 (2) 22386
10 (위에서부터) 27456, 12441
11 15444
12 ( )(○)
13
$$\begin{array}{r} 619 \\ \times \ \ 34 \\ \hline 2476 \\ 1857\ \\ \hline 21046 \end{array}$$
14 ( )(×)( )
15 3, 1, 2
16 $335 \times 14 = 4690$ / 4690 mL
17 3192번
18 4820쪽
19 (1) 9, 8, 6 / 2, 3 (2) 22678
20 300, 90, 27000 / 2392, 2392, 26312
21 예 400, 70, 28000 / 28000
22 예 약 9000개
23 30000, '작아야'에 ○표, '잘못'에 ○표
24 >
25 성아

01 $373 \times 40 = 373 \times 4 \times 10$
$= 1492 \times 10$
$= 14920$

02 687을 600, 80, 7로 나누어서 곱한 뒤 더합니다.
➜ $24000 + 3200 + 280 = 27480$

03 (1) $509 \times 7 = 3563$ ➜ $509 \times 70 = 35630$
(2) $426 \times 6 = 2556$ ➜ $426 \times 60 = 25560$
(3) $813 \times 4 = 3252$ ➜ $813 \times 40 = 32520$

04
$$\begin{array}{rrrrr} & 5 & 3 & 7 \\ \times & & 4 & 0 \\ \hline 2 & 1 & 4 & 8 & 0 \\ \uparrow & \uparrow & \uparrow & \uparrow & \uparrow \\ ㉠ & ㉡ & ㉢ & ㉣ & ㉤ \end{array}$$

05 $762 \times 5 = 3810$ ➜ $762 \times 50 = 38100$
따라서 계산을 바르게 한 사람은 리아입니다.

06 (저금통에 들어 있는 돈)
$= 500 \times$(동전 수)
$= 500 \times 30 = 15000$(원)

07 $820 \times 30 = 24600$
$911 \times 20 = 18220$
$435 \times 70 = 30450$

08 $163 \times \square$의 일의 자리 숫자가 5이므로 $3 \times 5 = 15$에서 $\square$ 안에 알맞은 수는 5입니다.

09 (1)
$$\begin{array}{r} 150 \\ \times \ \ 35 \\ \hline 750 \\ 450\ \\ \hline 5250 \end{array}$$
(2)
$$\begin{array}{r} 287 \\ \times \ \ 78 \\ \hline 2296 \\ 2009\ \\ \hline 22386 \end{array}$$

10
$$\begin{array}{r} 429 \\ \times \ \ 64 \\ \hline 1716 \\ 2574\ \\ \hline 27456 \end{array} \qquad \begin{array}{r} 429 \\ \times \ \ 29 \\ \hline 3861 \\ 858\ \\ \hline 12441 \end{array}$$

11 $351 > 194 > 44$
➜ $351 \times 44 = 15444$

12 $742 \times 17 = 12614$, $583 \times 25 = 14575$
➜ $12614 < 14575$

13 619×30=18570인데 자리를 잘못 맞추어 계산했습니다.

14
$$\begin{array}{r} 512 \\ \times\ 16 \\ \hline 3072 \\ 512 \\ \hline 8192 \end{array} \quad \begin{array}{r} 446 \\ \times\ 21 \\ \hline 446 \\ 892 \\ \hline 9366 \end{array} \quad \begin{array}{r} 128 \\ \times\ 64 \\ \hline 512 \\ 768 \\ \hline 8192 \end{array}$$

15 • 184×60=11040
• 315×65=20475
• 747×26=19422
➔ 20475>19422>11040

16 (전체 주스의 양)
=(주스 한 병의 양)×(주스병 수)
=335×14=4690 (mL)

17 일주일은 7일이므로 2주일은 14일입니다.
(2주일 동안 한 줄넘기 횟수)
=228×14=3192(번)

18 • 선주: 130×14=1820(쪽)
• 은호: 150×20=3000(쪽)
➔ 1820+3000=4820(쪽)

19 (1) • 만들 수 있는 가장 큰 세 자리 수: 986
(1) • 만들 수 있는 가장 작은 두 자리 수: 23
(2) 986×23=22678

20 299는 약 300, 88은 약 90이므로
어림셈으로 계산하면 300×90=27000입니다.
➔ 실제 계산: 299×88=26312

21 402는 약 400, 71은 약 70이므로
어림셈으로 구하면 400×70=28000
➔ 약 28000개입니다.

22 296은 약 300으로, 32는 약 30으로 어림하면 300×30=9000이므로 콩은 약 9000개라고 어림할 수 있습니다.

23 498보다 큰 500과 59보다 큰 60으로 어림하여 구한 값이 30000이므로 498×59의 실제 계산 결과는 30000보다 작아야 합니다.

24 504×31 ➔ 어림셈: 500×30=15000
597×19 ➔ 어림셈: 600×20=12000
15000>12000이므로 504×31이 597×19보다 클 것으로 어림할 수 있습니다.

25 통조림 22개의 실제 무게: 310×22=6820 (g)
따라서 약 6000 g으로 어림한 성아가 실제 무게에 더 가깝게 어림했습니다.

072쪽 1STEP 교과서 개념 잡기

1
$$\begin{array}{r} 3 \\ 21\overline{)65} \\ 63 \\ \hline 2 \end{array}$$
/ 3, 2 / 3, 63, 63, 2

2 6

3 (1) 3, 48, 0 / 3, 0 (2) 4, 88, 7 / 4, 7

4 (1) 3 (2) 3…4 (3) 5…6

5
$$\begin{array}{r} 5 \\ 14\overline{)75} \\ 70 \\ \hline 5 \end{array}$$
/ 14×5=70, 70+5=75

6 (1) 3, 2 (2) 4, 0

2 일 모형 90개를 15개씩 묶으면 모두 6묶음입니다.
➔ 90÷15=6

3 (1) 16과 곱한 값이 48인 것을 찾으면 16×3=48이므로 몫은 3, 나머지는 0입니다.
(2) 22와 곱한 값이 95보다 작으면서 95에 가장 가까운 수를 찾으면 22×4=88이므로 몫은 4, 나머지는 7입니다.

4 (1)
$$\begin{array}{r} 3 \\ 32\overline{)96} \\ 96 \\ \hline 0 \end{array}$$
(2)
$$\begin{array}{r} 3 \\ 11\overline{)37} \\ 33 \\ \hline 4 \end{array}$$
(3)
$$\begin{array}{r} 5 \\ 15\overline{)81} \\ 75 \\ \hline 6 \end{array}$$

6 (1)
$$\begin{array}{r} 3 \\ 20\overline{)62} \\ 60 \\ \hline 2 \end{array}$$
(2)
$$\begin{array}{r} 4 \\ 19\overline{)76} \\ 76 \\ \hline 0 \end{array}$$

074쪽 1STEP 교과서 개념 잡기

1 $\begin{array}{r} 5 \\ 23\overline{)121} \\ 115 \\ \hline 6 \end{array}$ / 5, 6 / 5, 115, 115, 6

2 3

3 (1) 7, 630, 5 / 7, 5
(2) 9, 468, 19 / 9, 19

4 (1) 9 (2) 4…24 (3) 5…4

5 (1) 8 / 31×8=248
(2) 6, 10 / 40×6=240, 240+10=250

6 ( )(○)

2 십 모형 15개를 5개씩 묶으면 모두 3묶음입니다.
➜ 150÷50=3

4 (1) $\begin{array}{r} 9 \\ 16\overline{)144} \\ 144 \\ \hline 0 \end{array}$ (2) $\begin{array}{r} 4 \\ 43\overline{)196} \\ 172 \\ \hline 24 \end{array}$ (3) $\begin{array}{r} 5 \\ 64\overline{)324} \\ 320 \\ \hline 4 \end{array}$

5 (1) 나머지가 없으므로 나누는 수와 몫의 곱이 나누어지는 수가 되는지 확인합니다.
(2) 나누는 수와 몫의 곱에 나머지를 더해서 나누어지는 수가 되는지 확인합니다.

6 주경: 나머지가 나누는 수보다 크므로 몫을 더 크게 해야 합니다.
➜ 계산을 바르게 한 사람은 준호입니다.

076쪽 1STEP 교과서 개념 잡기

1 $\begin{array}{r} 1 \\ 19\overline{)355} \\ 190 \\ \hline 165 \end{array}$ ➜ $\begin{array}{r} 18 \\ 19\overline{)355} \\ 19 \\ \hline 165 \\ 152 \\ \hline 13 \end{array}$ ➜ $\begin{array}{r} 18 \\ 19\overline{)355} \\ 19 \\ \hline 165 \\ 152 \\ \hline 13 \end{array}$

/ 18, 13 / 18, 342, 342, 13

2 20, 30

3 (1) $\begin{array}{rl} 26 & \\ 13\overline{)338} & \\ 260 & \leftarrow 13\times20 \\ \hline 78 & \\ 78 & \leftarrow 13\times6 \\ \hline 0 & \end{array}$ (2) $\begin{array}{rl} 31 & \\ 24\overline{)757} & \\ 720 & \leftarrow 24\times30 \\ \hline 37 & \\ 24 & \leftarrow 24\times1 \\ \hline 13 & \end{array}$

4 (1) 25 (2) 12…36 (3) 14…28

5 $\begin{array}{r} 17 \\ 41\overline{)733} \\ 41 \\ \hline 323 \\ 287 \\ \hline 36 \end{array}$

/ 17, 36 / 17, 697, 697, 36, 733

6 (1) 21, 4 (2) 18, 26

4 (1) $\begin{array}{r} 25 \\ 29\overline{)725} \\ 58 \\ \hline 145 \\ 145 \\ \hline 0 \end{array}$ (2) $\begin{array}{r} 12 \\ 48\overline{)612} \\ 48 \\ \hline 132 \\ 96 \\ \hline 36 \end{array}$ (3) $\begin{array}{r} 14 \\ 65\overline{)938} \\ 65 \\ \hline 288 \\ 260 \\ \hline 28 \end{array}$

6 (1) $\begin{array}{r} 21 \\ 15\overline{)319} \\ 30 \\ \hline 19 \\ 15 \\ \hline 4 \end{array}$ (2) $\begin{array}{r} 18 \\ 37\overline{)692} \\ 37 \\ \hline 322 \\ 296 \\ \hline 26 \end{array}$

078쪽 1STEP 교과서 개념 잡기

1 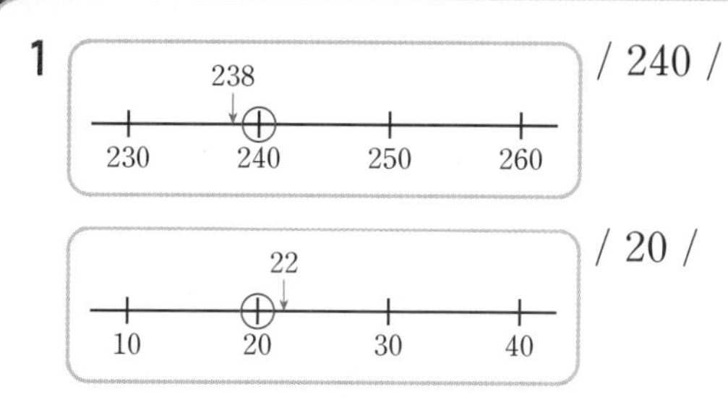

/ 240 /

/ 20 /

240, 20, 12 / 12

2 (1) 40에 색칠 (2) 20에 색칠

3 800, 40, 800, 40, 20, 20

4 (1) 200 (2) 200, 10 / 10

개념책
3 단원

1 • 238은 240에 가까우므로 어림하면 약 240입니다.
• 22는 20에 가까우므로 어림하면 약 20입니다.
➔ 240÷20=12이므로 필요한 연필꽂이는 약 12개입니다.

2 (1) 798은 약 800으로 어림할 수 있습니다.
➔ 어림셈: 800÷20=40
(2) 599는 약 600, 32는 약 30으로 어림할 수 있습니다. ➔ 어림셈: 600÷30=20

3 792는 800에 가까우므로 약 800으로, 41은 40에 가까우므로 약 40으로 어림할 수 있습니다.
따라서 800÷40=20이므로 약 20으로 어림할 수 있습니다.

4 (1) 205는 약 200으로 어림할 수 있습니다.
(2) 200÷20=10이므로 과자를 약 10번 구워야 합니다.

080쪽 2STEP 수학익힘 문제 잡기

01 (1) 2 (2) 5···3

02 (위에서부터) 6, 3 / 3, 12

03 ㉡

04 $\begin{array}{r} 4 \\ 23\overline{)96} \\ 92 \\ \hline 4 \end{array}$, $\begin{array}{r} 3 \\ 17\overline{)57} \\ 51 \\ \hline 6 \end{array}$ / ( )(○)

05 64÷12에 색칠

06 84÷12=7 / 7대

07 4, 7 / 3, 7

08 (1) 8 (2) 6···20

09 6, 36

10

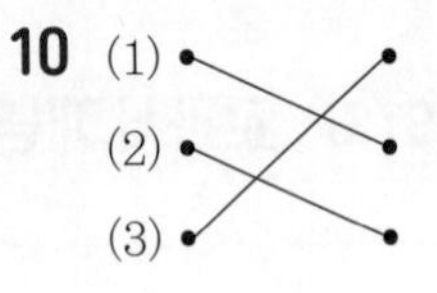

11 <

12

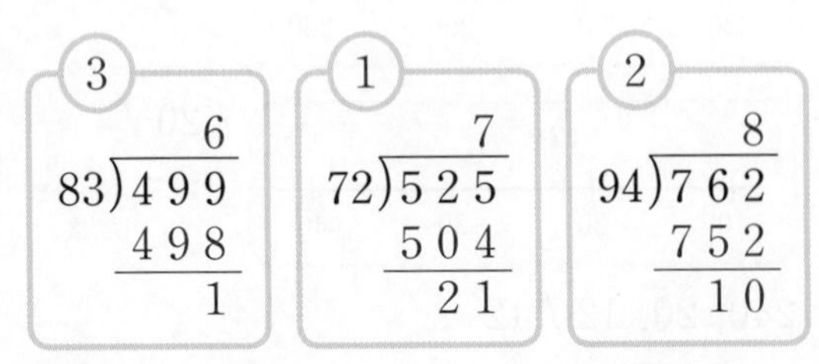

13 9줄

14 (1) 236, 45, 5, 11 (2) 11명

15 (위에서부터) 11, 3 / 22, 10 / 25, 19

16 42, 51에 ○표

17 $\begin{array}{r} 16 \\ 18\overline{)288} \\ 18 \\ \hline 108 \\ 108 \\ \hline 0 \end{array}$

18 21자루

19 춘, 하, 추, 동

20 540÷12=45 / 45 m

21 341

22 234÷14=16···10 / 17일

23 $\begin{array}{r} 10 \\ 20\overline{)200} \\ 200 \\ \hline 0 \end{array}$ / $\begin{array}{r} 9 \\ 20\overline{)194} \\ 180 \\ \hline 14 \end{array}$

24 ( )(○)
(○)( )

25 20 / 800, 20

26 예 400, 20, 20 / '부족합니다'에 ○표

01 (1) $\begin{array}{r} 2 \\ 37\overline{)74} \\ 74 \\ \hline 0 \end{array}$ (2) $\begin{array}{r} 5 \\ 18\overline{)93} \\ 90 \\ \hline 3 \end{array}$

02 (1) $\begin{array}{r} 6 \\ 16\overline{)99} \\ 96 \\ \hline 3 \end{array}$ (2) $\begin{array}{r} 3 \\ 29\overline{)99} \\ 87 \\ \hline 12 \end{array}$

03 70÷23=3···1
㉠ 81÷39=2···3 ㉡ 53÷17=3···2
➔ 70÷23과 몫이 같은 것은 ㉡입니다.

04 • 96÷23=4···4
• 57÷17=3···6
➔ 4<6

05 • 78÷26=3
• 82÷19=4···6
• 64÷12=5···4
➔ 5>4>3

06 (필요한 케이블카 수)
=(사람 수)÷(한 대에 타는 사람 수)
=84÷12=7(대)

07 • 현우: 67÷15=4···7
➔ 귤은 4상자가 되고, 7개가 남습니다.
• 연서: 67÷20=3···7
➔ 귤은 3상자가 되고, 7개가 남습니다.

08 (1)
```
     8
30)240
   240
     0
```
(2)
```
     6
27)182
   162
    20
```

09 456＞70이므로 456÷70을 계산합니다.
➔ 456÷70=6…36

10 (1) 217÷31=7
(2) 210÷26=8…2
(3) 273÷44=6…9

11 520÷65=8, 477÷53=9 ➔ 8＜9

12 499÷83=6…1, 525÷72=7…21,
762÷94=8…10
➔ 21＞10＞1

13 (의자 줄 수)
=(전체 의자 수)÷(한 줄에 놓는 의자 수)
=360÷40=9(줄)

14 (2) 45명씩 버스 5대에 타고, 마지막 버스에는 나머지 11명이 타게 됩니다.

15
```
    11        22        25
26)289    28)626    33)844
   26        56        66
    29        66       184
    26        56       165
     3        10        19
```

16 나머지는 나누는 수 42보다 작아야 하므로 42, 51은 나머지가 될 수 없습니다.

17 나머지가 나누는 수 18과 같으므로 몫을 더 크게 해야 합니다.

18 (한 명에게 줄 수 있는 연필 수)
=(전체 연필 수)÷(학생 수)
=294÷14=21(자루)

19 • 742÷89=8…30 ➔ 춘
• 742÷63=11…49 ➔ 하
• 742÷51=14…28 ➔ 추
• 742÷29=25…17 ➔ 동

20 (나무와 나무 사이의 간격)
=(호수의 둘레)÷(심어져 있는 나무 수)
=540÷12=45(m)

21 16×21=336, 336+5=341
➔ □=341

22 234÷14=16…10이므로 16일을 읽고, 남은 10쪽까지 읽으려면 모두 16+1=17(일)이 걸립니다.

23 194는 약 200입니다. ➔ 어림셈: 200÷20=10
194는 200보다 작으므로 실제 몫은 어림셈으로 구한 몫인 10보다 작아야 합니다.
➔ 실제 계산: 194÷20=9…14

24 • 376÷47 ➔ 37＜47 ➔ 몫이 한 자리 수
• 180÷15 ➔ 18＞15 ➔ 몫이 두 자리 수
• 624÷26 ➔ 62＞26 ➔ 몫이 두 자리 수
• 192÷32 ➔ 19＜32 ➔ 몫이 한 자리 수

25 799보다 큰 800으로 어림하여 어림셈으로 구한 값이 20이므로 799÷40의 계산 결과는 20보다 작아야 합니다.

26 415는 400보다 크므로 오이를 한 상자에 20개씩 담을 때 필요한 상자는 20개보다 많아야 합니다. 따라서 상자 20개는 부족합니다.

084쪽 3STEP 서술형 문제 잡기

※서술형 문제의 예시 답안입니다.

1 (1단계)
```
    32
26)850
   78
    70
    52
    18
```
(2단계) 26

2 (1단계) ▶ 2점
```
    16
24)384
   24
   144
   144
     0
```
(2단계) 나머지 24가 나누는 수 24와 같으므로 몫을 더 크게 바꾸어 계산해야 합니다. ▶ 3점

3 (1단계) 24, 17
(2단계) 24, 504, 504, 17, 521, 521
(답) 521

4 (1단계) (어떤 수)÷26=33…15입니다. ▶ 2점
(2단계) 계산을 확인하면 26×33=858, 858+15=873이므로 어떤 수는 873입니다. ▶ 3점
(답) 873

5 (1단계) 14, 1568, 11, 1485
(2단계) 1568, 1485, 3053
(답) 3053개

6 (1단계) 감은 138×21=2898(개), 배는 124×19=2356(개)입니다. ▶ 3점
(2단계) 따라서 감과 배는 모두 2898+2356=5254(개)입니다. ▶ 2점
(답) 5254개

7 (1단계) 예 20봉지에 들어 있는 사탕은 모두 몇 개 일까요?
(2단계) 3060
(답) 3060개

8 (1단계) 예 구슬 420개로 팔찌를 몇 개까지 만들 수 있을까요?
(2단계) 12
(답) 12개

7 (채점 가이드) 153씩 20묶음이 되는 상황으로 문제를 만들고, 153×20=3060에 맞게 답을 썼는지 확인합니다.

8 (채점 가이드) 420을 똑같이 35로 나누는 상황을 만들고, 420÷35=12에 맞게 답을 썼는지 확인합니다.

086쪽 3단원 마무리

01 1715, 17150 02 20480, 21504
03 6, 240, 8 04 3, 78, 6
05 6422

06
```
      2 3
19)4 4 2
   3 8
     6 2
     5 7
       5
```
/ 23, 437, 437, 5, 442

07 18240
08 >
09
```
     5 7 6
  ×    3 9
   5 1 8 4
 1 7 2 8
 2 2 4 6 4
```
10 예 200, 30, 6000 / 6000
11 5600원 12 32상자
13 ㉡ 14 ③
15 43, 7, 19 / 7, 19 16 미나
17 5개
18 8, 7, 5, 2, 4 / 21000

서술형 ※서술형 문제의 예시 답안입니다.

19 ❶ 어떤 수를 14로 나눈 식 쓰기 ▶ 2점
❷ 어떤 수 구하기 ▶ 3점

❶ (어떤 수)÷14=6…12입니다.
❷ 계산을 확인하면 14×6=84, 84+12=96이므로 어떤 수는 96입니다.
(답) 96

20 ❶ 색종이와 도화지의 수 각각 구하기 ▶ 3점
❷ 색종이와 도화지는 모두 몇 장인지 구하기 ▶ 2점

❶ 색종이는 128×15=1920(장), 도화지는 106×22=2332(장)입니다.
❷ 색종이와 도화지는 모두 1920+2332=4252(장)입니다.
(답) 4252장

03 40에 몇을 곱해야 곱이 248보다 작으면서 나머지가 40보다 작은지 알아봅니다.

05
```
     2 4 7
  ×    2 6
   1 4 8 2
   4 9 4
   6 4 2 2
```

06 나누는 수와 몫의 곱에 나머지를 더해서 나누어지는 수가 되는지 확인합니다.

07 $304 \times 6 = 1824$ ➔ $304 \times 60 = 18240$

08 • $650 \div 80 = 8 \cdots 10$
• $468 \div 65 = 7 \cdots 13$ ➔ $8 > 7$

09 $576 \times 30 = 17280$인데 자리를 잘못 맞추어 계산했습니다.

10 202는 약 200, 29는 약 30으로 어림할 수 있습니다.
➔ $200 \times 30 = 6000$이므로 색연필은 약 6000자루라고 어림할 수 있습니다.

11 (은수가 산 사탕값)
=(사탕 한 개의 값)×(사탕 수)
$= 350 \times 16 = 5600$(원)

12 (담을 수 있는 상자 수)
=(전체 복숭아 수)÷(한 상자에 담는 복숭아 수)
$= 768 \div 24 = 32$(상자)

13 ㉠ $170 \times 55 = 9350$
㉡ $195 \times 48 = 9360$
㉢ $184 \times 39 = 7176$
➔ ㉡ $9360 >$ ㉠ $9350 >$ ㉢ 7176

14 ① $242 \div 40 = 6 \cdots 2$
② $585 \div 20 = 29 \cdots 5$
③ $529 \div 22 = 24 \cdots 1$
④ $464 \div 10 = 46 \cdots 4$
⑤ $127 \div 11 = 11 \cdots 6$

15 • 포장할 수 있는 선물 수: $320 \div 43$의 몫
• 남는 끈의 길이: $320 \div 43$의 나머지

16 $502 \div 19 = 26 \cdots 8$이므로 만들 수 있는 꽃다발은 26다발입니다. 따라서 실제에 더 가깝게 어림한 사람은 미나입니다.

17 $140 \div 15 = 9 \cdots 5$
15개씩 9일 동안 외우고 마지막 날에는 나머지 5개를 외워야 합니다.

18 $8 > 7 > 5 > 4 > 2$이므로 만들 수 있는 가장 큰 세 자리 수는 875이고, 만들 수 있는 가장 작은 두 자리 수는 24입니다. ➔ $875 \times 24 = 21000$

4 평면도형의 이동

092쪽 1STEP 교과서 개념 잡기

1 '변하지 않습니다'에 ○표, '바뀝니다'에 ○표
2 (　)(○)(　)
3 (1) 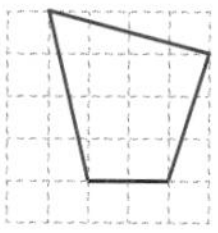 (2) 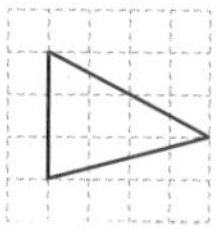 (3) 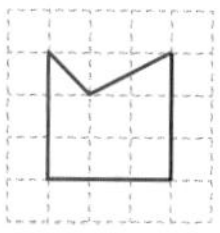
4 (1) (2) (3)

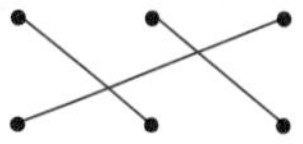

1 도형을 어느 방향으로 밀어도 모양이나 크기는 변하지 않고 위치만 바뀝니다.

2 도형을 오른쪽으로 밀어도 모양은 변하지 않으므로 〈보기〉와 모양이 같은 것을 찾습니다.

3 도형을 위쪽 또는 아래쪽으로 밀어도 모양은 변하지 않습니다.

4 도형을 밀면 모양은 변하지 않으므로 같은 모양끼리 이어 봅니다.

094쪽 1STEP 교과서 개념 잡기

1 왼 / 위
2 (　)(　)(○)
3 (1) 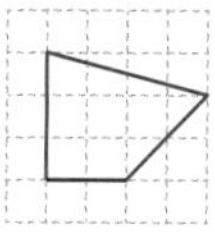 (2)  (3) 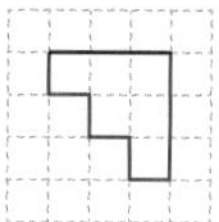
4 (1) '오른쪽'에 ○표 (2) '아래쪽'에 ○표

1 도형을 뒤집으면 도형의 방향이 바뀝니다.
- 왼쪽 또는 오른쪽으로 뒤집기: 왼쪽 ↔ 오른쪽으로 방향이 바뀝니다.
- 위쪽 또는 아래쪽으로 뒤집기: 위쪽 ↔ 아래쪽으로 방향이 바뀝니다.

2 도형을 왼쪽으로 뒤집으면 도형의 왼쪽과 오른쪽이 서로 바뀝니다.

3 도형을 위쪽 또는 아래쪽으로 뒤집으면 도형의 위쪽과 아래쪽이 서로 바뀝니다.

4 (1) 조각의 왼쪽과 오른쪽이 서로 바뀌었으므로 오른쪽으로 뒤집었습니다.
(2) 조각의 위쪽과 아래쪽이 서로 바뀌었으므로 아래쪽으로 뒤집었습니다.

096쪽 1STEP 교과서 개념 잡기

1 아래쪽, 위쪽
2 (○)(　)(　)
3 (1) (2)
4 (1) 90° 90°
(2) '다릅니다'에 ○표

1 • 도형을 시계 반대 방향으로 180°만큼 돌리면 도형의 위쪽 부분이 아래쪽으로 이동합니다.
• 도형을 시계 반대 방향으로 360°만큼 돌리면 도형의 위쪽 부분이 다시 위쪽으로 이동해서 처음 도형과 같습니다.

2 도형을 시계 방향으로 180°만큼 돌리면 도형의 위쪽 부분이 아래쪽으로 이동합니다.

3 (1) 도형을 시계 방향으로 270°만큼 돌리면 도형의 위쪽 부분이 왼쪽으로 이동합니다.
(2) 도형을 시계 반대 방향으로 180°만큼 돌리면 도형의 위쪽 부분이 아래쪽으로 이동합니다.

참고 (1) 시계 방향으로 270°만큼 돌린 것은 시계 반대 방향으로 90°만큼 돌린 것과 같습니다.

4 도형의 위쪽 부분이 이동한 방향이 서로 다릅니다.
- 시계 반대 방향으로 90°만큼 돌리기: 위쪽 → 왼쪽
- 시계 방향으로 90°만큼 돌리기: 위쪽 → 오른쪽

098쪽 1STEP 교과서 개념 잡기

1 (1) 5 (2) 6, 2
2 (1)
(2)
3 (○)(　)　**4** (1) ㉰ (2) ㉮

1 점이 이동한 방향은 '왼쪽, 오른쪽, 위쪽, 아래쪽'으로, 점이 이동한 거리는 '몇 칸'으로 나타낼 수 있습니다.

2 (1) 구슬을 → 방향으로 1칸 이동한 곳에 표시합니다.
(2) 구슬을 ↑ 방향으로 4칸 이동한 곳에 표시합니다.

3 공깃돌을 도착점으로 이동하려면 왼쪽으로 7칸 이동해야 합니다.
한 칸은 1 cm이므로 왼쪽으로 7 cm 이동해야 합니다.

4 한 칸의 길이는 1 cm임을 이용합니다.

(1) 왼쪽으로 3칸 이동한 곳: ㉰

(2) 아래쪽으로 2칸 이동한 곳: ㉲

100쪽 2STEP 수학익힘 문제 잡기

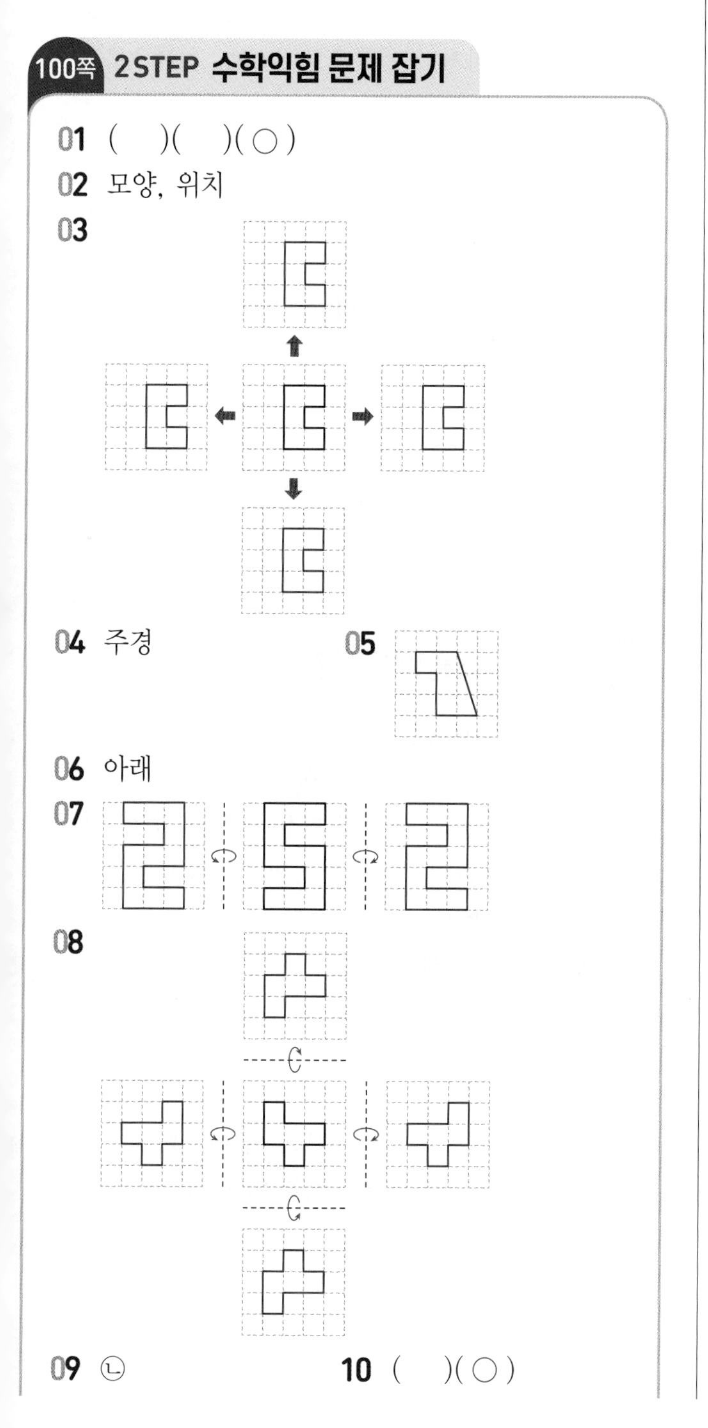

01 ( )( )(○)
02 모양, 위치
03
04 주경
05
06 아래
07
08
09 ㉡
10 ( )(○)

11 오른쪽(또는 왼쪽), 위쪽(또는 아래쪽)

12 가

13

14

15 다

16 나, 라

17

18

19 오른, 5

20

21 1 cm 1 cm

22 연서

23 (1) 5, 4 (2) 9 cm

01 조각을 위쪽으로 밀어도 모양은 변하지 않으므로 주어진 조각과 모양이 같은 것을 찾습니다.

02 도형을 밀었을 때의 모양은 처음 도형과 같습니다.

03 도형을 어느 방향으로 밀어도 모양은 변하지 않습니다.

04 조각을 어느 방향으로 밀어도 모양은 변하지 않고 위치만 변합니다. ➔ 바르게 설명한 사람: 주경

05 도형을 왼쪽으로 여러 번 밀어도 모양은 변하지 않고 위치만 변합니다.

06 빨간색 정사각형 모양을 완성하려면 가 조각을 아래쪽으로 밀어야 합니다.

개념책 4단원

07 도형을 왼쪽으로 뒤집었을 때와 오른쪽으로 뒤집었을 때의 도형은 서로 같습니다.

08 • 위쪽 또는 아래쪽으로 뒤집기:
위쪽 ↔ 아래쪽으로 방향이 바뀝니다.
• 왼쪽 또는 오른쪽으로 뒤집기:
왼쪽 ↔ 오른쪽으로 방향이 바뀝니다.

09 ㉠ 조각을 위쪽 또는 아래쪽으로 뒤집은 모양
㉢ 조각을 왼쪽 또는 오른쪽으로 뒤집은 모양
➔ 조각을 뒤집었을 때 나올 수 없는 모양: ㉡

10 참고 캐나다 국기는 왼쪽 또는 오른쪽으로 뒤집었을 때에는 처음 모양과 같고, 위쪽 또는 아래쪽으로 뒤집었을 때에는 처음 모양과 다릅니다.

11 칠교판의 빈 곳과 같은 모양이 되려면 가는 오른쪽, 나는 위쪽으로 뒤집어야 합니다.

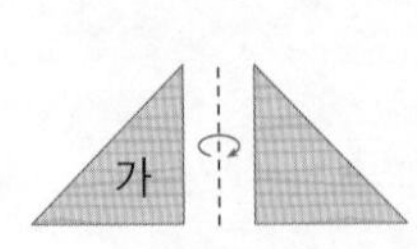

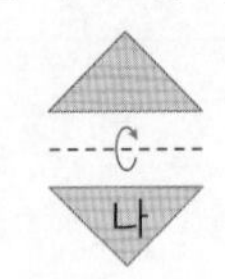

12 카드를 왼쪽으로 뒤집은 모양은 다음과 같습니다.

다

따라서 왼쪽으로 뒤집었을 때 가장 작은 수가 되는 것은 가입니다.

13 • 시계 방향으로 180°만큼 돌리기: 위쪽 → 아래쪽
• 시계 방향으로 270°만큼 돌리기: 위쪽 → 왼쪽

14 • 시계 반대 방향으로 90°만큼 돌리기: 위쪽 → 왼쪽
• 시계 반대 방향으로 270°만큼 돌리기: 위쪽 → 오른쪽

15

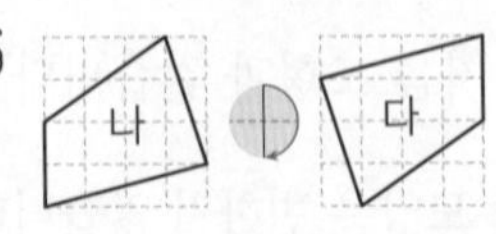

16 도형의 위쪽이 왼쪽으로 이동했으므로 ? 에 알맞은 것은 또는 입니다.
참고 (시계 반대 방향으로 90°만큼 돌리기)
=(시계 방향으로 270°만큼 돌리기)

17 시계 방향으로 직각의 3배만큼 돌리기:
주의 시계 방향으로 돌려야 하는데 시계 반대 방향으로 돌리지 않도록 주의합니다.

18 돌리기 전의 도형은 주어진 도형을 시계 반대 방향으로 90°만큼 돌린 것( )과 같습니다.

19 점을 ㉮로 이동하려면 오른쪽으로 5칸 이동해야 합니다.

20 바둑돌이 놓인 위치에서 ↓ 방향으로 3칸 이동한 곳에 색칠합니다.

21 한 칸이 1 cm이므로 쌓기나무를 왼쪽으로 6칸 이동한 후 다시 아래쪽으로 2칸 이동한 곳에 표시합니다.

22 ★을 ㉠으로 이동하려면 위쪽으로 1 cm, 왼쪽으로 8 cm 이동하거나 왼쪽으로 8 cm, 위쪽으로 1 cm 이동해야 합니다.
연서는 이동하는 방향을 잘못 말했습니다.

23 (1) 처음 위치에서 ㉮로 이동: 오른쪽으로 5 cm
㉮에서 ㉯로 이동: 아래쪽으로 4 cm
(2) (이동한 거리)$=5+4=9$ (cm)

104쪽 3STEP 서술형 문제 잡기

※서술형 문제의 예시 답안입니다.

1 방법1 아래(또는 위) 방법2 180

2 방법1 도형을 오른쪽으로 뒤집은 것입니다. ▶ 2점
방법2 도형을 시계 반대 방향으로 90°만큼 돌린 것입니다. ▶ 3점

3 1단계 '뒤집은'에 ○표
2단계 ㉠
답 ㉠

4 1단계 도장을 찍었을 때 나타나는 모양은 새겨진 모양을 왼쪽으로 뒤집은 모양입니다. ▶ 3점
2단계 따라서 도장을 찍었을 때 나타나는 모양은 ㉡입니다. ▶ 2점
답 ㉡

5 1단계 62, 85 2단계 62, 85, 147
답 147

6 (1단계) 가와 나를 시계 방향으로 180°만큼 돌렸을 때 만들어지는 두 수는 15와 90입니다. ▶ 3점
(2단계) 따라서 두 수의 차는 $90-15=75$입니다. ▶ 2점

㉰ 75

7 (1단계) '오른쪽'에 ○표, 3, '위쪽'에 ○표, 3
(2단계)

8 (1단계) ㉮ '왼쪽'에 ○표, 1, '위쪽'에 ○표, 4
(2단계)

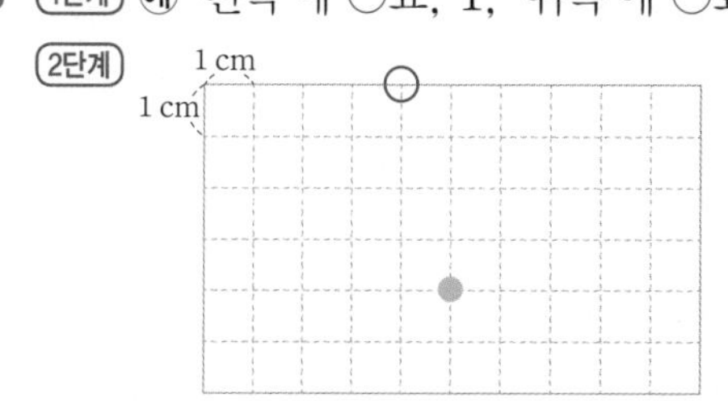

1 (참고) 도형을 시계 반대 방향으로 180°만큼 돌린 것으로 설명할 수도 있습니다.

2 (채점 가이드) 도형을 왼쪽으로 뒤집거나 시계 방향으로 270°만큼 돌린 것으로 설명할 수도 있습니다.

4 (채점 가이드) 도장을 찍었을 때 나타나는 모양은 새겨진 모양을 뒤집은 모양이라는 내용이 있으면 정답입니다. 어느 쪽으로 뒤집어도 상관없습니다.

8 (채점 가이드) 정한 방법에 맞게 이동한 곳을 나타냈는지 확인합니다.

106쪽 4단원 마무리

01 ( )(○)

02

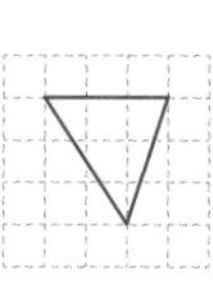

03

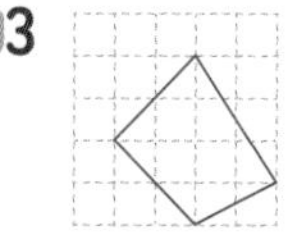

04

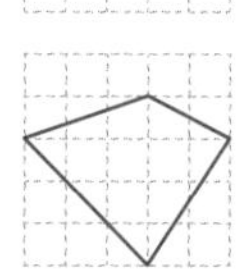

05

06

07

08

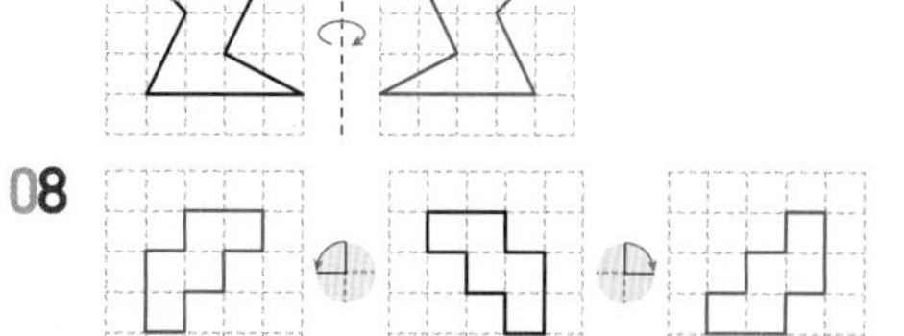

09 '뒤집으면'에 ○표

10 나

11 뭉

12 오른, 7

13 180

14 ④

15 나, 180

16

17 8 cm

18 나, 다, 가

서술형 ※서술형 문제의 예시 답안입니다.

19
❶ 뒤집기를 이용한 방법 설명하기 ▶ 2점
❷ 돌리기를 이용한 방법 설명하기 ▶ 3점

❶ 도형을 오른쪽으로 뒤집은 것입니다.
❷ 도형을 시계 방향으로 180°만큼 돌린 것입니다.

20
❶ 만들어지는 두 수 구하기 ▶ 3점
❷ 두 수의 합 구하기 ▶ 2점

❶ 가와 나를 시계 방향으로 180°만큼 돌렸을 때 만들어지는 두 수는 59와 12입니다.
❷ 따라서 두 수의 합은 $59+12=71$입니다.
㉰ 71

01 도형을 아래쪽으로 밀어도 모양은 변하지 않습니다.

02 도형을 오른쪽으로 밀어도 모양은 변하지 않고 위치만 바뀝니다.

03 도형을 왼쪽으로 뒤집으면 도형의 왼쪽과 오른쪽이 서로 바뀝니다.

04 도형을 시계 방향으로 270°만큼 돌리면 도형의 위쪽 부분이 왼쪽으로 이동합니다.

05 도형을 시계 반대 방향으로 180°만큼 돌리면 도형의 위쪽 부분이 아래쪽으로 이동합니다.

06 점을 왼쪽으로 4칸 이동한 곳에 표시합니다.

07 • 도형을 위쪽으로 뒤집으면 도형의 위쪽과 아래쪽이 서로 바뀝니다.
• 도형을 오른쪽으로 뒤집으면 도형의 왼쪽과 오른쪽이 서로 바뀝니다.

08 • 시계 방향으로 90°만큼 돌리기: 위쪽 → 오른쪽
• 시계 반대 방향으로 90°만큼 돌리기: 위쪽 → 왼쪽

09 오른쪽과 왼쪽이 서로 바뀌었으므로 오른쪽 또는 왼쪽으로 뒤집은 것입니다.

10 도형을 시계 방향으로 180°만큼 돌리면 도형의 위쪽 부분이 아래쪽으로 이동합니다.

11 뭉
옴

12 구슬을 ㉮로 이동하려면 어느 쪽으로 몇 칸 이동해야 하는지 세어 봅니다.

13 도형의 위쪽이 아래쪽으로 이동했습니다.
➔ 시계 방향으로 180°만큼 돌리기

14 ④

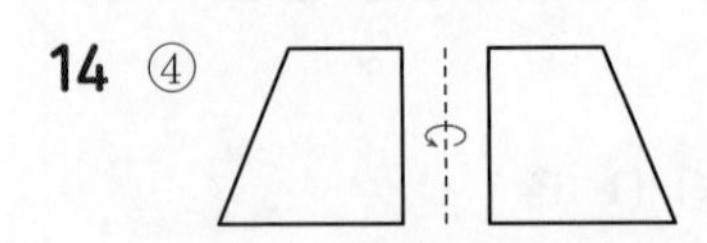

16 도형을 같은 방향으로 2번 뒤집을 때마다 처음 도형과 같아집니다.
➔ (오른쪽으로 5번 뒤집기)
=(오른쪽으로 1번 뒤집기)

17 (이동한 거리)$=2+6=8$ (cm)

18 주어진 수 카드를 위쪽으로 뒤집으면 다음과 같습니다.

$8>6>5$이므로 만들어지는 수가 가장 큰 것부터 차례로 기호를 쓰면 나, 다, 가입니다.

5 막대그래프

112쪽 1STEP 교과서 개념 잡기

1 취미, 학생 수 / 학생 수 / 5, 1
2 (1) 막대그래프
(2) ㉠ 학급 문고에 있는 종류별 책 수
(3) 1권
3 (1) '표'에 ○표 (2) '막대그래프'에 ○표

1 • 그래프에서 가로는 취미, 세로는 학생 수를 나타냅니다.
• 막대의 길이는 취미별 학생 수를 나타냅니다.
• 세로 눈금 5칸이 5명을 나타내므로 세로 눈금 한 칸은 $5 \div 5=1$(명)을 나타냅니다.

2 (2) 막대의 길이는 학급 문고에 있는 종류별 책 수를 나타냅니다.
(3) 가로 눈금 5칸이 5권을 나타내므로 가로 눈금 한 칸은 $5 \div 5=1$(권)을 나타냅니다.
채점 가이드 (2) '책 수'를 포함하여 썼으면 정답입니다.

3 (1) 표는 자료의 수의 합계를 한눈에 알아보기 쉽습니다.
(2) 막대그래프는 막대의 길이로 자료의 많고 적음을 한눈에 비교하기 쉽습니다.

114쪽 1STEP 교과서 개념 잡기

1 1 / 3, 6, 7 /

체육 시간에 하고 싶은 활동별 학생 수

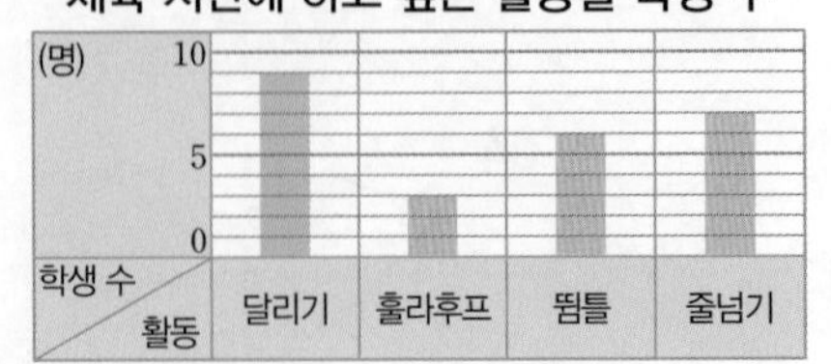

2 좋아하는 간식별 학생 수

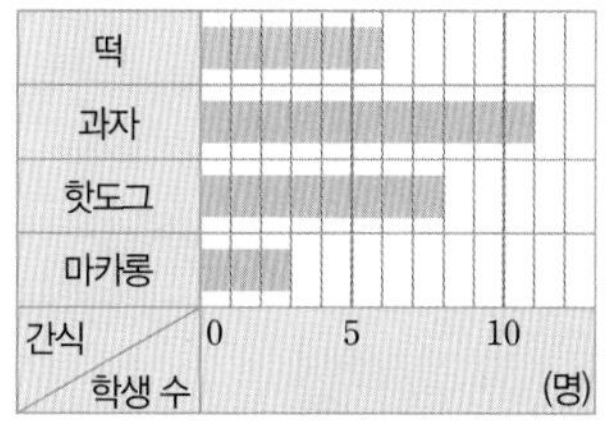

3 (1) 꽃 수 (2) 3칸

(3) 화단에 있는 종류별 꽃 수

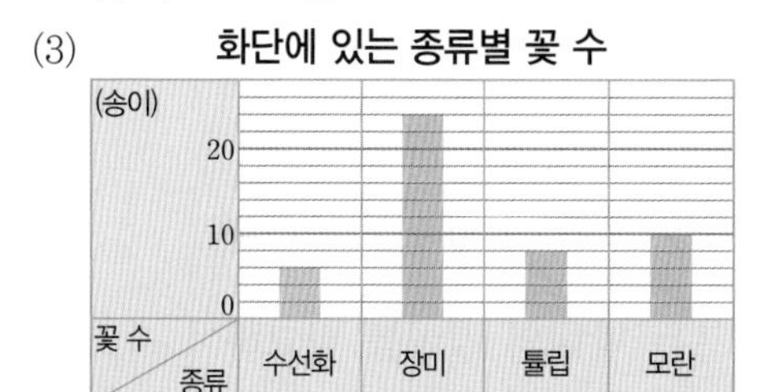

1 참고 표를 보고 막대그래프로 나타낼 때 제목은 처음에 써도 되고 마지막에 써도 됩니다.

2 가로 눈금 한 칸: 1명
➔ 막대의 길이: 과자 11칸, 핫도그 8칸, 마카롱 3칸
참고 학생 수를 가로에 나타내면 막대도 가로로 그립니다.

3 (2) 세로 눈금 한 칸: 2송이
➔ 수선화는 6송이이므로 $6\div2=3$(칸)
(3) 장미: $24\div2=12$(칸), 튤립: $8\div2=4$(칸),
모란: $10\div2=5$(칸)

116쪽 1STEP 교과서 개념 잡기

1 5, 옷, 게임기, 책
2 (1) 7명, 4명 (2) 배구
3 (1) 30개, 80개 (2) 나 가게

1
- 눈금 한 칸: 1명 ➔ 자전거: 눈금 5칸이므로 5명
- 막대의 길이가 눈금 3칸인 선물: 옷
- 막대의 길이가 가장 긴 선물: 게임기
- 막대의 길이가 가장 짧은 선물: 책

2 (1) 눈금 한 칸: 1명
➔ 농구: 눈금 7칸이므로 7명
야구: 눈금 4칸이므로 4명
(2) 피구를 좋아하는 학생 수: 3명
➔ $3\times2=6$(명)의 학생이 좋아하는 운동: 배구

3 (1) 세로 눈금 한 칸은 10개를 나타냅니다.
가 가게의 초코아이스크림: 3칸 ➔ 30개
나 가게의 초코아이스크림: 8칸 ➔ 80개
(2) 30개<80개이므로 초코아이스크림은 나 가게에서 더 많이 팔렸습니다.

118쪽 1STEP 교과서 개념 잡기

1 3, 5 /

혈액형별 학생 수

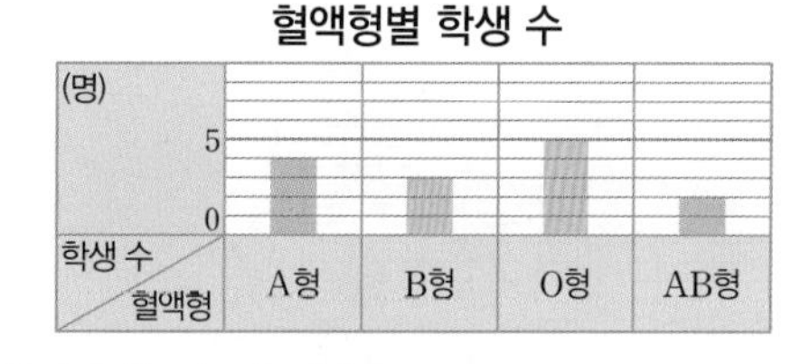

2 (1) 8, 4, 6, 10

(2) 예 좋아하는 색깔별 학생 수

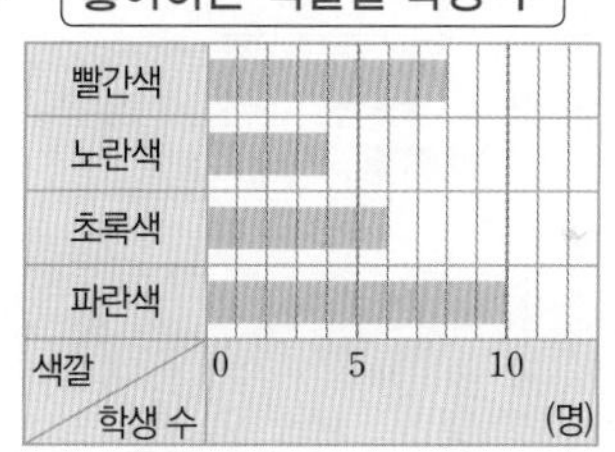

(3) 파란색, 빨간색, 초록색, 노란색
(4) '많은'에 ○표, 파란

1 자료의 수를 세어 표의 빈칸에 알맞은 수를 써넣고, 그래프에 알맞은 길이의 막대를 그립니다.

2 (1) 색깔별 수를 세어 표의 빈칸을 채우고, 합계가 맞는지 확인합니다.
➔ (합계)$=8+4+6+10=28$
(2) 막대그래프의 가로 눈금 한 칸은 1명입니다.
➔ 빨간색: 8칸, 노란색: 4칸, 초록색: 6칸,
파란색: 10칸으로 막대를 그립니다.
(3) 막대의 길이가 긴 것부터 차례로 쓰면 파란색, 빨간색, 초록색, 노란색입니다.
(4) 단체 티셔츠이므로 가장 많은 학생들이 좋아하는 색깔로 맞추면 좋을 것 같습니다.

120쪽 2STEP 수학익힘 문제 잡기

01 사람 수, 요일 **02** 20명

03 막대그래프 **04** ㉡

05 5명 **06** 동물

07 11칸

08 예 좋아하는 동물별 학생 수

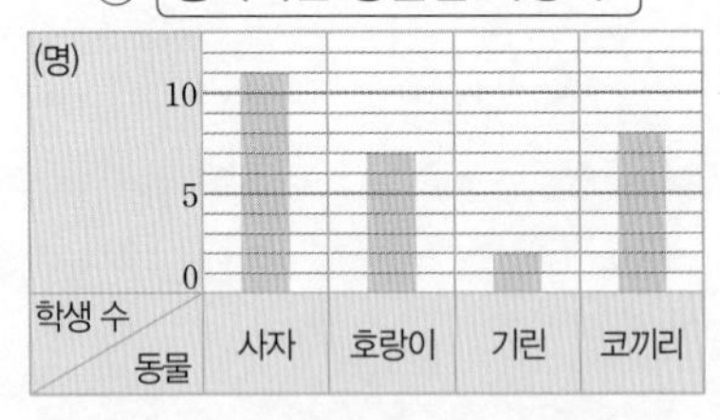

09 80 kg

10 예 재활용품별 수거량

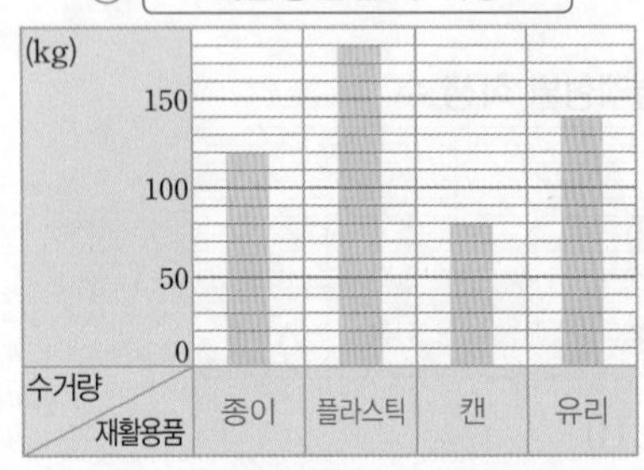

11 예 재활용품별 수거량

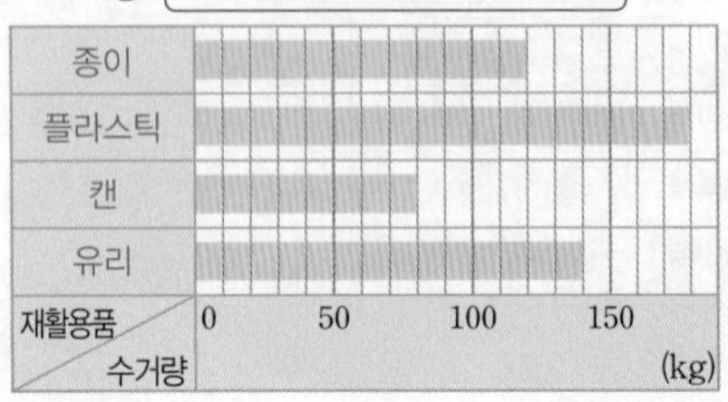

12 5개

13 크림빵

14 피자빵

15 20개

16 공원, 복지관

17 15명

18 미나, 4

19 3, 6, 2, 4, 15

20 예 주말에 가고 싶은 장소별 학생 수

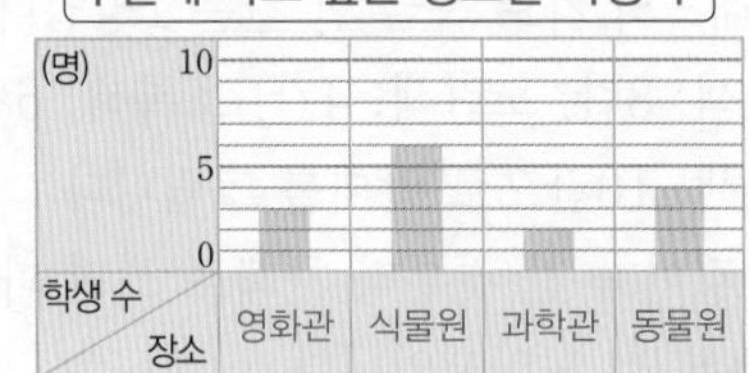

21 ㉡

22 4, 5, 7, 10, 26

23 예 좋아하는 미술 활동별 학생 수

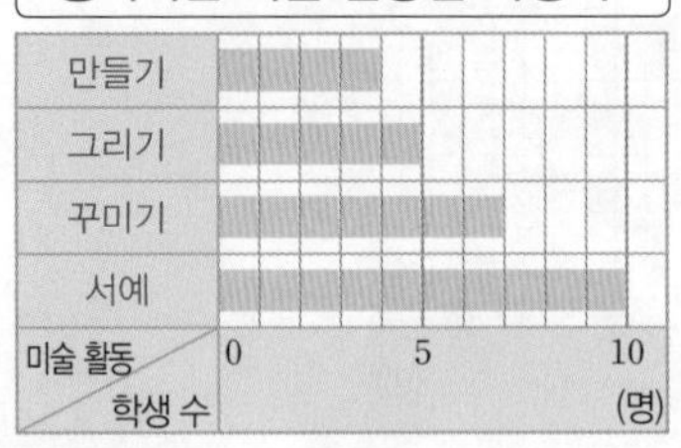

24 10, 서예

02 가로 눈금 5칸: 100명
→ 가로 눈금 한 칸: $100 \div 5 = 20$(명)

03 막대그래프는 막대의 길이를 비교하여 자료의 많고 적음을 한눈에 알기 쉽습니다.

04 ㉡ 학생 수를 그림그래프는 그림으로, 막대그래프는 막대로 나타냈습니다.

05 세로 눈금 2칸: 10명
→ 세로 눈금 한 칸: $10 \div 2 = 5$(명)

07 사자를 좋아하는 학생 수: 11명 → 11칸

08 세로 눈금 한 칸: 1명
→ 막대의 길이: 사자 11칸, 호랑이 7칸, 기린 2칸, 코끼리 8칸

09 수거량을 모두 더한 합계가 520이므로 520에서 캔을 제외한 나머지 재활용품 수거량을 뺍니다.
(캔 수거량)$=520-120-180-140=80$ (kg)

10 세로 눈금 5칸: 50 kg
→ 세로 눈금 한 칸: $50 \div 5 = 10$ (kg)
→ 막대의 길이: 종이 12칸, 플라스틱 18칸, 캔 8칸, 유리 14칸

채점 가이드 막대의 순서가 표와 달라도 재활용품별 수거량에 맞게 막대를 그렸으면 정답입니다.

11 세로에 재활용품을 나타내고 가로 눈금 한 칸을 10 kg으로 하여 막대를 그립니다.

12 세로 눈금 5칸: 25개
→ 세로 눈금 한 칸: $25 \div 5 = 5$(개)

13 막대의 길이가 가장 긴 빵은 크림빵입니다.

14 막대의 길이가 25개를 나타내는 눈금보다 짧은 것을 찾으면 피자빵입니다.

15 크림빵 판매량: 55개, 단팥빵 판매량: 35개
→ 크림빵 판매량은 단팥빵 판매량보다
55−35=20(개) 더 많습니다.
다른 풀이 눈금 한 칸은 빵 5개를 나타내고, 크림빵의 막대가 단팥빵의 막대보다 4칸 더 깁니다.
→ 5×4=20(개)

16 막대의 길이가 가장 긴 장소를 찾습니다.
→ 미나네 반: 공원, 지효네 반: 복지관

17 미나네 반: 7명, 지효네 반: 8명
→ 7+8=15(명)

18 미나네 반: 9명, 지효네 반: 5명
→ 미나네 반이 9−5=4(명) 더 많습니다.

19 영화관, 식물원, 과학관, 동물원으로 구분하여 겹치거나 빠뜨리는 것 없이 수를 세어 봅니다.
→ 합계: 3+6+2+4=15(명)

21 ㉡ 영화관에 가고 싶은 학생은 동물원에 가고 싶은 학생보다 적습니다.

22 합계: 4+5+7+10=26(명)

24 막대의 길이가 가장 긴 활동: 서예(10명)

124쪽 3STEP 서술형 문제 잡기

※서술형 문제의 예시 답안입니다.

1 (1단계) 과학 (2단계) 사회

2 (1단계) 가장 많은 학생들이 좋아하는 반찬은 불고기입니다. ▶2점
(2단계) 가장 적은 학생들이 좋아하는 반찬은 김치입니다. ▶3점

3 (1단계) 4 (2단계) 4, 8, 8, 과학
(답) 과학

4 (1단계) 김치를 좋아하는 학생은 3명입니다. ▶2점
(2단계) 3×3=9(명)이므로 9명이 좋아하는 반찬은 불고기입니다. ▶3점
(답) 불고기

5 (1단계) 6, 8, 3 (2단계) 6, 8, 3, 5
(답) 5명

6 (1단계) 여행하고 싶은 나라별 학생 수는 미국 7명, 중국 2명, 일본 5명입니다. ▶3점
(2단계) 따라서 영국을 여행하고 싶은 학생 수는 21−7−2−5=7(명)입니다. ▶2점
(답) 7명

7 나라별 은메달 수

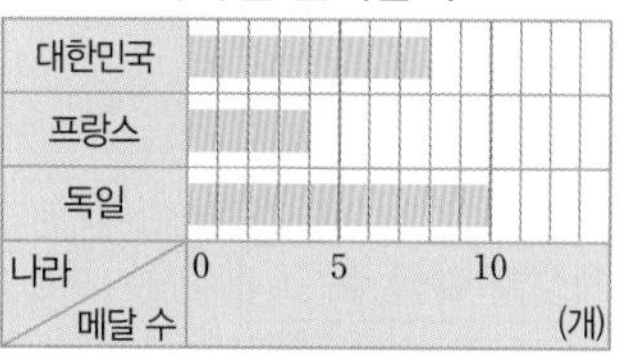

8 예 나라별 금 메달 수

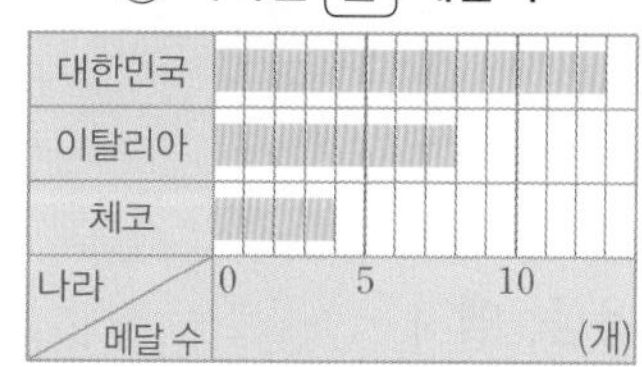

8 채점 가이드 고른 메달이 무엇인지 제목에 나타내고, 그 메달 수에 맞게 막대를 바르게 그렸는지 확인합니다.

126쪽 5단원 마무리

01 학용품, 판매량 **02** 예 학용품별 판매량

03 1개 **04** 지우개

05 음료

06 좋아하는 음료별 학생 수

07 예 좋아하는 음료별 학생 수

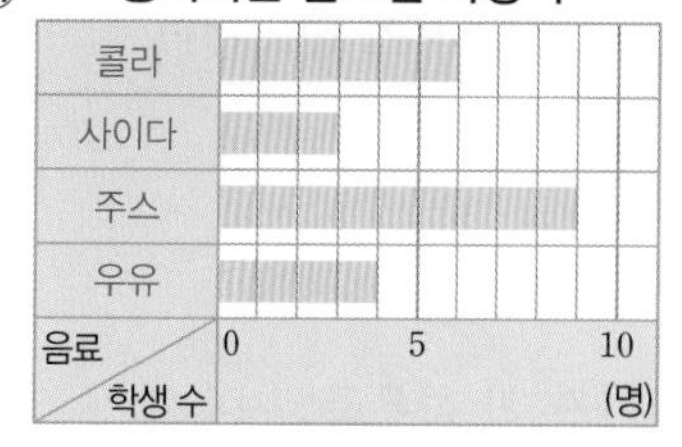

08 표 **09** 7명

10 소음

11 대기 오염, 토양 오염

12 6명

13 6, 10, 4, 5, 25

14 예 좋아하는 계절별 학생 수

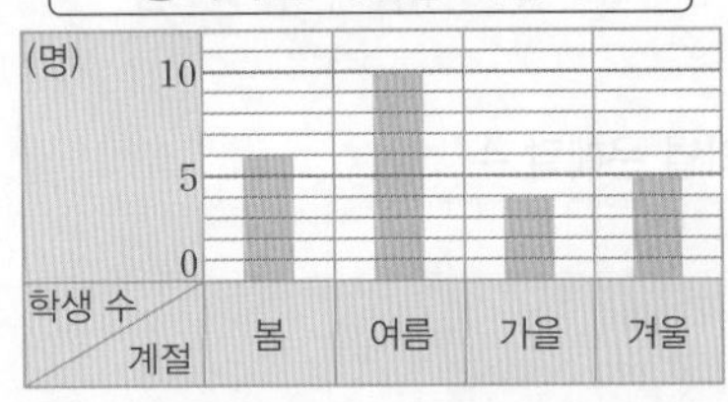

15 예 좋아하는 계절별 학생 수

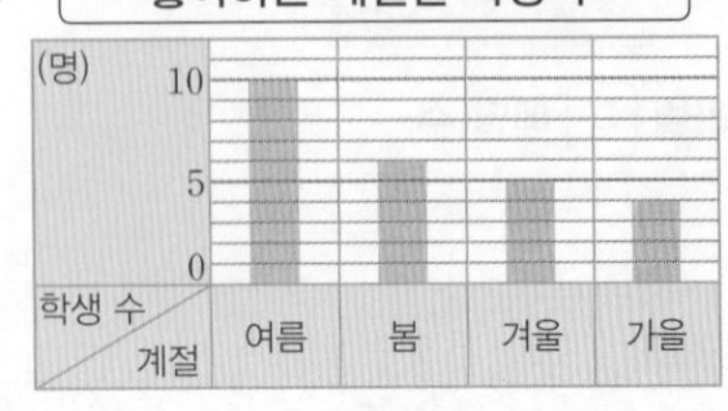

16 공예품, 엽서, 학용품, 액자

17 ㉢

18 액자

서술형 ※서술형 문제의 예시 답안입니다.

19

❶ 알 수 있는 내용 한 가지 쓰기 ▶ 2점
❷ 알 수 있는 다른 내용 한 가지 쓰기 ▶ 3점

❶ 가장 많은 학생들이 좋아하는 과일은 딸기입니다.
❷ 가장 적은 학생들이 좋아하는 과일은 복숭아입니다.

20

❶ 영어, 중국어, 스페인어를 배우고 싶은 학생 수 각각 구하기 ▶ 3점
❷ 일어를 배우고 싶은 학생 수 구하기 ▶ 2점

❶ 배우고 싶은 외국어별 학생 수는 영어 8명, 중국어 4명, 스페인어 5명입니다.
❷ 따라서 일어를 배우고 싶은 학생 수는 $24-8-4-5=7$(명)입니다.

02 가로와 세로가 나타내는 것, 제목 등을 보고 막대의 길이가 나타내는 것을 알 수 있습니다.

03 세로 눈금 5칸: 5개
→ 세로 눈금 한 칸: $5\div5=1$(개)

04 막대의 길이가 가장 긴 학용품: 지우개

05 세로에 학생 수를 나타내면 가로에는 음료를 나타내야 합니다.

06 세로 눈금 한 칸: 1명
→ 막대의 길이: 콜라 6칸, 사이다 3칸, 주스 9칸, 우유 4칸

07 세로에 음료를 나타내고 가로 눈금 한 칸을 1명으로 하여 막대를 그립니다.

08 표에는 합계를 나타내므로 전체 학생 수를 알기 쉽습니다.

09 세로 눈금 한 칸: 1명
토양 오염: 7칸 → 7명

10 막대의 길이가 가장 짧은 환경 문제: 소음

11 막대의 길이가 수질 오염보다 긴 환경 문제: 대기 오염, 토양 오염

12 대기 오염: 12명, 수질 오염: 6명 → $12-6=6$(명)
다른 풀이 눈금 한 칸은 1명을 나타내고, 대기 오염의 막대가 수질 오염의 막대보다 눈금 6칸 더 깁니다.
→ 6명

13 계절별로 학생 수를 세어 봅니다.
→ 합계: $6+10+4+5=25$(명)

14 눈금이 세로로 되어 있으므로 막대가 세로로 된 막대그래프를 그리려면 가로에 계절, 세로에 학생 수를 나타냅니다.
→ 세로 눈금 한 칸: 1명
→ 막대의 길이: 봄 6칸, 여름 10칸, 가을 4칸, 겨울 5칸

15 막대의 길이가 긴 것부터 차례로 그립니다.
→ 여름, 봄, 겨울, 가을

16 막대의 길이가 긴 것부터 차례로 씁니다.
→ 공예품, 엽서, 학용품, 액자

17 ㉢ 눈금 한 칸이 100개이므로 학용품 판매량은 액자 판매량보다 200개 더 많습니다.
주의 막대그래프에 나타낸 판매량의 단위가 '백 개'인 것에 주의합니다.

18 작년에 가장 적게 팔린 기념품은 막대의 길이가 가장 짧은 액자입니다.

6 규칙 찾기

132쪽 1STEP 교과서 개념 잡기

1 10 / 100
2 4 / 384
3 (1) 5 (2) 2
4 (1) 3700 (2) 96 (3) 25, 5
5 (1) 100, 1 (2) 204

1 규칙1 210, 220, 230, 240, 250 ➔ 10씩 커집니다.
규칙2 120, 220, 320, 420 ➔ 100씩 커집니다.

2 $6\times4=24$ ➔ $24\times4=96$ ➔ $96\times4=384$

3 (1) $100-5=95$ ➔ $95-5=90$ ➔ $90-5=85$
➔ $85-5=80$이므로 5씩 빼는 규칙입니다.
(2) $256\div2=128$ ➔ $128\div2=64$ ➔ $64\div2=32$
➔ $32\div2=16$이므로 2로 나누는 규칙입니다.

4 (1) 3300, 3400, 3500, 3600, 3700
+100 +100 +100 +100
(2) 12, 24, 48, 96, 192
×2 ×2 ×2 ×2
(3) 3125, 625, 125, 25, 5
÷5 ÷5 ÷5 ÷5

5 (1) • ↑ 방향: 101, 201, 301로 100씩 커집니다.
• → 방향: 101, 102, 103, 104로 1씩 커집니다.
(2) ↑ 방향으로 100씩 커지므로 편지를 받은 곳은 104, 204, 304에서 204호입니다.

134쪽 1STEP 교과서 개념 잡기

1 (위에서부터) 7, 9 / 2, 2, 2 / 2 / 2, 11
2 (1) 5, 8, 11 / 3 (2) 8, 12, 16 / 4
3 (1) (2) 9, 16, 25 / 4, 4, 5, 5

1 모양의 배열에서 사각형의 수를 세어 규칙을 수로 나타냅니다.

2 (1) 모형이 오른쪽으로 3개씩 늘어납니다.
(2) 정사각형의 한 변에 놓인 모형이 각각 1개씩 늘어나므로 모두 4개씩 늘어납니다.

3 (1) 다섯째에는 가로 5줄, 세로 5줄로 이루어진 모양을 그립니다.

136쪽 2STEP 수학익힘 문제 잡기

01 (위에서부터) 835, 605, 525
02 100
03 3210, 1100
04 (위에서부터) 128, 64, 512
05 (위에서부터) 6, 12 / 4, 7, 10, 16, 19, 22
06 466
07 1, 4
08 4B / 9D
09 5 / 2, 3
10 1, 3, 6, 10 / 3, 4
11 2 / 2, 3 / 2, 3, 4
12 15개
13 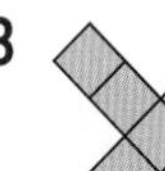
14 1, 5, 9, 13 / 4
15 4, 4, 4, 4, 17
16 5, 7
17 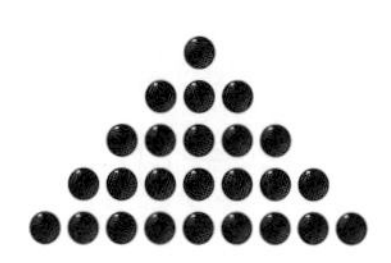
18 $1+3+5+7$ / $1+3+5+7+9$
19 4×4 / 5×4
20 / 28개
21 여덟째
22 19개
23 6개 / 10개
24 19개

개념책 6 단원

01 • 가로줄은 오른쪽으로 10씩 커집니다.
• 세로줄은 아래쪽으로 100씩 작아집니다.

02 4210, 4310, 4410, 4510, 4610
+100 +100 +100 +100

03 3210, 4310, 5410, 6510, 7610
+1100 +1100 +1100 +1100

04 4부터 시작하여 수가 2배로 커지는 규칙입니다.
• 둘째 줄: ← 방향으로 $32 \times 2 = 64$, $64 \times 2 = 128$
• 셋째 줄: → 방향으로 $256 \times 2 = 512$

05 • ↙ 방향으로 1씩 커지는 규칙:
1, 2, 3, 4 / 5, 6, 7 / 8, 9, 10
• → 방향으로 3씩 커지는 규칙:
3, 6, 9, 12, 15 / 4, 7, 10, 13, 16, 19, 22

06 가로줄은 오른쪽으로 2씩 커집니다.
➔ 462, 464, 466, 468
+2 +2 +2

다른 풀이 세로줄은 아래쪽으로 200씩 커집니다.
➔ 66, 266, 466
+200 +200

07 두 수를 더한 결과에서 일의 자리 숫자를 쓰는 규칙입니다.
• $14 + 1407 = 142\underline{1}$ ➔ 1
• $15 + 1409 = 142\underline{4}$ ➔ 4

08 • → 방향으로 보면 알파벳은 바뀌지 않고 수만 1씩 커지는 규칙이므로 ■는 4B입니다.
• ↓ 방향으로 보면 알파벳은 A, B, C, D 순서로 바뀌고 수는 바뀌지 않는 규칙이므로 ●는 9D입니다.

09 → 방향으로 놓인 세 수의 합은 가운데 수에 3을 곱한 것과 같습니다.

10 1, 3, 6, 10
+2 +3 +4

11 늘어나는 사각형의 수에 맞게 덧셈식으로 나타냅니다.

12 아래쪽으로 늘어나는 사각형의 수가 1개씩 많아지는 규칙입니다.
➔ 다섯째: $1+2+3+4+5=15$(개)

13 사각형이 ↖, ↗, ↙, ↘ 방향으로 각각 1개씩 늘어나는 규칙입니다.

14 ↖, ↗, ↙, ↘ 방향으로 각각 1개씩 늘어나므로 모두 4개씩 늘어납니다.

15

순서	사각형의 수(개)
첫째	1
둘째	$1+4=5$
셋째	$1+4+4=9$
넷째	$1+4+4+4=13$
다섯째	$1+4+4+4+4=17$

17 넷째보다 바둑돌이 아래쪽으로 9개 늘어납니다.

19

순서	△의 배열	식
첫째	2개씩 4줄	2×4
둘째	3개씩 4줄	3×4
셋째	4개씩 4줄	4×4
넷째	5개씩 4줄	5×4

20 규칙에 따라 다음에 올 △의 수를 알아봅니다.
• 다섯째: △이 6개씩 4줄 ➔ $6 \times 4 = 24$(개)
• 여섯째: △이 7개씩 4줄 ➔ $7 \times 4 = 28$(개)

주의 문제를 잘못 읽고 다섯째에 알맞은 모양을 그리지 않도록 주의합니다.

21 9×4는 9개씩 4줄이고 $9-1=8$이므로 주어진 식은 여덟째에 놓인 모양입니다.

참고 삼각형의 수가 ■×4일 때의 순서: (■−1)째

22 성냥개비의 수가 1개부터 시작하여 3개씩 늘어나는 규칙입니다.
➔ 일곱째: $1+3+3+3+3+3+3=19$(개)

23 • 빨간색 구슬은 1개부터 시작하여 1개씩 늘어납니다.
➔ 여섯째: $1+1+1+1+1+1=6$(개)
• 파란색 구슬은 0개부터 시작하여 2개씩 늘어납니다.
➔ 여섯째: $0+2+2+2+2+2=10$(개)

24 빨간색 구슬은 1개씩, 파란색 구슬은 2개씩 늘어나므로 전체 구슬은 3개씩 늘어납니다.
• 여섯째: (빨간색 구슬)+(파란색 구슬)
$=6+10=16$(개)
• 일곱째: $16+3=19$(개)

140쪽 1STEP 교과서 개념 잡기

1 420 / 20　　2 54321 / 1, 1
3 (1) '짝수'에 ○표 (2) '홀수'에 ○표
4 (1) 4 (2) 5, 6, 7, 8, 26
5 (1) $22222 \times 9 = 199998$
(2) $277775 \div 5 = 55555$

1 빼지는 수가 작아지거나 빼는 수가 커지면 차가 작아집니다. 빼지는 수가 10씩 작아지고, 빼는 수가 10씩 커지므로 차는 $10+10=20$씩 작아집니다.

2 • 나누어지는 수: 189, 2889, 38889, ...로 가장 높은 자리의 수는 8의 개수에 따라 1씩 커집니다.
• 계산 결과: 21, 321, 4321, ...에서 가장 높은 자리의 수가 2, 3, 4, ...로 1씩 커집니다.

3 (1) 짝수와 짝수를 더하면 둘씩 짝을 지을 때 남는 수가 없으므로 짝수입니다.
(2) 홀수와 짝수를 더하면 둘씩 짝을 지을 때 하나가 남으므로 홀수입니다.

4 (2) 넷째 덧셈식에서 더하는 네 수가 각각 1씩 커진 덧셈식을 씁니다. ➔ $5+6+7+8=26$

5 (1) 곱해지는 수에서 2가 1개씩 늘어나면 계산 결과는 9가 1개씩 늘어납니다.
(2) 나누어지는 수에서 7이 1개씩 늘어나면 계산 결과는 5가 1개씩 늘어납니다.

142쪽 1STEP 교과서 개념 잡기

1 8, 3 / 8, 3　　2 8, 20
3 (1) (위에서부터) 33, 3, 3
(2) (위에서부터) 2, 28, 7
4 (1) ○, ×, ○ (2) ×, ○, ○
5

$8+5=7+7$	$24+32=25+30$	$51+19=19+51$
$6\times9=18\times3$	$3\times20=1\times60$	$2\times44=4\times11$

1 검은 바둑돌과 흰 바둑돌의 수를 세어 합이 같은 두 덧셈식을 등호로 나타냅니다.
➔ $7+7=6+8$, $7+7=3+11$

2 은행잎은 10개씩 4묶음, 5개씩 8묶음, 2개씩 20묶음으로 나타낼 수 있습니다.
$10\times4=5\times8$ (10 ÷2 → 5, 4 ×2 → 8)　$2\times20=10\times4$ (2 ×5 → 10, 20 ÷5 → 4)

3 (1) 더해지는 수가 커진만큼 더하는 수가 작아지면 합은 같습니다.
$30+3=33$, $6-3=3$ ➔ $30+6=33+3$
(2) 곱해지는 수를 7로 나누고, 곱하는 수를 7배하면 곱은 같습니다.
$14\div7=2$, $4\times7=28$ ➔ $14\times4=2\times28$

4 (1)

$12+3=15$, $7-3=4$ ➔ $12+7=15+4$	○
$23-3=20$, $11+3=14$ ➔ $23+11=20+14$	×
$48+20=68$, $20-20=0$ ➔ $48+20=68+0$	○

(2)

$11\times2=22$, $8\div2=4$ ➔ $11\times8=22\times4$	×
$3\times3=9$, $12\div3=4$ ➔ $3\times12=9\times4$	○
$50\div5=10$, $7\times5=35$ ➔ $50\times7=10\times35$	○

5 $8-1=7$, $5+1=6$ ➔ $8+5=7+6$
$24+1=25$, $32-1=31$ ➔ $24+32=25+31$
$2\times2=4$, $44\div2=22$ ➔ $2\times44=4\times22$

144쪽 2STEP 수학익힘 문제 잡기

01 가　　02 $7690-300=7390$
03 $660\div20=33$　　04 짝수
05 9, 9　　06 미나
07 $888888+333333=1222221$

개념책 6 단원

08 9, 1111111101
09 $123456789 \times 63 = 7777777707$
10 87654321
11 333335
12 일곱째
13 (1) 13 (2) 38 (3) 15
14 (1) 8 (2) 81 (3) 20
15 '큰'에 ○표, 40
16 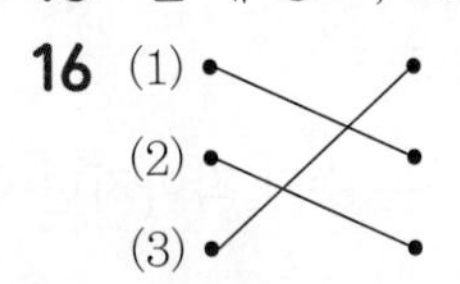
17 규민
18 ㉠, ㉡, ㉣
19 예 20, 60 / 40, 40 / 25, 55
20 42, 82
21 4개
22 ㉡
23 8줄

01 • 가 다음에 올 계산식: $11 \times 44 = 484$ (○)
• 나 다음에 올 계산식: $40 \times 11 = 440$

02 1000씩 커지는 수에서 똑같이 300을 빼면 차도 1000씩 커집니다.

03 220의 2배, 3배, 4배인 수를 20으로 나누면 계산 결과는 11의 2배, 3배, 4배가 됩니다.

04 짝수와 홀수를 곱한 식의 계산 결과가 모두 짝수입니다. → (짝수)×(홀수)=(짝수)

05 • 곱해지는 수: 9, 99, 999, 9999로 9가 1개씩 늘어납니다.
• 계산 결과: 63, 693, 6993, 69993으로 9가 1개씩 늘어납니다.

06 • 준호: $150+128=278$
$250+228=478$
$350+328=678$
• 미나: $300+214=514$
$310+224=534$
$320+234=554$
준호가 만든 덧셈식은 백의 자리 수가 1씩 커지는 규칙이므로 설명에 맞는 덧셈식을 만든 사람은 미나입니다.

07 계산식에서 8, 3, 2가 1개씩 늘어납니다.
• 다섯째: $88888+33333=122221$
• 여섯째: $888888+333333=1222221$

08 123456789에 9, 18, 27, 36, ...과 같이 9씩 커지는 수를 곱하면 계산 결과는 1111111101씩 커집니다.

09 계산 결과가 7777777707이 되는 곱셈식은 일곱째 계산식이므로 $123456789 \times \underbrace{63}_{9\times 7} = 7777777707$입니다.

10 빼는 수와 계산 결과는 각 자리 숫자의 순서를 거꾸로 나열한 것과 같습니다.
→ $99999999-12345678=87654321$

11 곱하는 수에는 곱해지는 수(333333)보다 3을 1개 더 적게 쓰고 일의 자리에 5를 씁니다.
참고 곱해지는 수에 있는 3이 ■개이면 계산 결과에 있는 1과 5도 각각 ■개입니다.

12 숫자 6은 나누어지는 수와 몫에 모두 0개, 2개, 4개, 6개, ...와 같이 2개씩 늘어납니다.
• 다섯째 나눗셈식: 8개
• 여섯째 나눗셈식: 10개
• 일곱째 나눗셈식: 12개

13 (1) $46+17=50+13$ (46 → 50: +4, 17 → 13: −4)
(2) $38+25=33+30$ (38 → 33: −5, 25 → 30: +5)
(3) $14+9+6=14+15$
참고 세 수의 덧셈에서 두 수를 먼저 더해도 계산 결과는 같습니다.
예 $14+9+6=23+6=14+15=20+9$

14 (1) $22 \times 8 = 11 \times 16$ (22 → 11: ÷2, 8 → 16: ×2)
(2) $9 \times 54 = 81 \times 6$ (9 → 81: ×9, 54 → 6: ÷9)
(3) $4 \times 7 \times 5 = 20 \times 7$
참고 세 수의 곱셈에서 두 수를 먼저 곱해도 계산 결과는 같습니다.
예 $4 \times 7 \times 5 = 28 \times 5 = 4 \times 35 = 20 \times 7$

15 차가 같으려면 빼는 수가 커진만큼 빼지는 수도 커져야 합니다.
$38-13=40-15$ (38 → 40: +2, 13 → 15: +2)

16 나누어지는 수의 크기가 반으로 줄었을 때 나눗셈의 몫이 같으려면 나누는 수의 크기도 반으로 줄어야 합니다.

(1) $42 \div 6 = 21 \div 3$

(2) $90 \div 10 = 45 \div 5$

(3) $86 \div 2 = 43 \div 1$

17 • 연서: 4×32가 ●와 16의 곱과 같아야 하므로 잘못 이야기했습니다.

• 주경: 32를 2로 나누었으면 4에는 2를 곱해야 양쪽의 곱이 같아집니다.

따라서 바르게 이야기한 친구는 규민입니다.

18 ㉠ $42+3=45$, $51-3=48$

➔ $42+51=45+48$(○)

㉡ $33+1=34$, $19+1=20$

➔ $33-19=34-20$(○)

㉢ $19 \times 2=38$, $24 \div 2=12$

➔ $19 \times 24=38 \times 12$

㉣ $30 \times 2=60$, $10 \times 2=20$

➔ $30 \div 10=60 \div 20$(○)

19 다양한 덧셈식을 만들 수 있습니다.

예 $23+57=20+60$ (23 → 20: -3, 57 → 60: $+3$)

$23+57=40+40$ (23 → 40: $+17$, 57 → 40: -17)

$23+57=25+55$ (23 → 25: $+2$, 57 → 55: -2)

20 $38+2=40$, $44-2=42$

➔ $38+44=40+42=82$

21 7×90과 크기가 같은 곱셈식은 다음과 같으므로 모두 4개입니다.

• $7 \div 7=1$, $90 \times 7=630$ ➔ $7 \times 90=1 \times 630$

• $7 \times 5=35$, $90 \div 5=18$ ➔ $7 \times 90=35 \times 18$

• $7 \times 2=14$, $90 \div 2=45$ ➔ $7 \times 90=14 \times 45$

• $7 \times 3=21$, $90 \div 3=30$ ➔ $7 \times 90=21 \times 30$

22 ㉠ $5-1=4$ ➔ □$=29-1=28$

㉡ $32 \div 2=16$ ➔ □$=21 \times 2=42$

㉢ $55-10=45$ ➔ □$=13+10=23$

$42>28>23$이므로 □ 안에 알맞은 수가 가장 큰 것은 ㉡입니다.

23 노란색 튤립을 □줄 심는다고 하면

(빨간색 튤립 수)$=10 \times 4$,

(노란색 튤립 수)$=5 \times$□입니다.

$10 \times 4=5 \times$□에서 $10 \div 2=5$이므로

□$=4 \times 2=8$입니다.

따라서 노란색 튤립은 8줄을 심어야 합니다.

148쪽 3STEP 서술형 문제 잡기

※서술형 문제의 예시 답안입니다.

1 (1단계) 100, '커집니다'에 ○표

(2단계) 10, '작아집니다'에 ○표

2 (1단계) 850부터 시작하여 → 방향으로 10씩 작아집니다. ▶2점

(2단계) 850부터 시작하여 ↓ 방향으로 1000씩 커집니다. ▶3점

3 (1단계) 3, 1, 5

(2단계) 1111155556

(답) 1111155556

4 (1단계) 곱하는 두 수에서 7과 9가 1개씩 늘어나면 계산 결과는 7과 2가 1개씩 늘어납니다. ▶3점

(2단계) 따라서 ㉠에 알맞은 수는 7777622223입니다. ▶2점

(답) 7777622223

5 (1단계) 9, 12, 3

(2단계) 3, 3, 3, 3, 3, 18

(답) 18개

6 (1단계) ◆는 1개, 3개, 5개, 7개, ...로 2개씩 늘어납니다. ▶2점

(2단계) 따라서 일곱째에 놓이는 ◆는

$1+2+2+2+2+2+2=13$(개)입니다. ▶3점

(답) 13개

7 (1단계) 42, 19

(2단계) 42, 19, 예 43, 18

8 예 (1단계) 28, 53

(2단계) 28, 53, 예 30, 51

8 (채점 가이드) 28, 31, 53, 47 중 두 수를 골라 카드의 빈 곳에 써넣었는지 확인합니다. □ 안에 써넣은 두 수의 합이 수 카드에서 고른 두 수의 합과 같으면 정답입니다.

개념책 6단원

150쪽 6단원 마무리

01 1씩　　02 100씩
03 303　　04 351
05 (위에서부터) 18, 3
06 3
07 1+3, 1+3+3+3
08 13개
09 6070, 6171, 6272에 색칠
10 나　　11 라
12 50+21에 ○표
13 13, 111111
14 8547×78=666666
15 80 / 44
16 2개
17
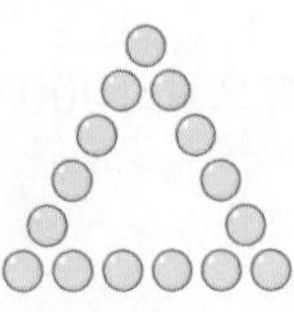
18 24개

서술형 ※서술형 문제의 예시 답안입니다.

19
❶ 수 배열표에서 규칙을 한 가지 찾아 쓰기 ▶ 2점
❷ ❶과 다른 규칙을 한 가지 찾아 쓰기 ▶ 3점

❶ 2800부터 시작하여 → 방향으로 1000씩 커집니다.
❷ 2800부터 시작하여 ↓ 방향으로 10씩 작아집니다.

20
❶ 나눗셈식의 배열에서 규칙 찾기 ▶ 3점
❷ ㉠에 알맞은 수 구하기 ▶ 2점

❶ 나누어지는 수에서 9가 1개씩 늘어나면 계산 결과는 3이 1개씩 늘어납니다.
❷ 따라서 ㉠에 알맞은 수는 199998입니다.
답 199998

01 100, 101, 102, 103, 104 → 1씩 커집니다.

02 400, 300, 200, 100 → 100씩 작아집니다.

03 300부터 시작하여 오른쪽으로 1씩 커집니다.
→ 300, 301, 302, 303, 304
다른 풀이 403부터 시작하여 위쪽으로 100씩 작아집니다. → 403, 303, 203, 103

04 3씩 곱하는 규칙이므로 빈칸에 들어갈 알맞은 수는 117×3=351입니다.

05 37+3=40, 15+3=18 → 37−15=40−18

06 1개, 4개, 7개, 10개
+3개 +3개 +3개

08 다섯째: 1+3+3+3+3=13(개)

09 • 가로줄은 오른쪽으로 100씩 커집니다.
• 세로줄은 아래쪽으로 1씩 커집니다.
• ↘ 방향으로 101씩 커집니다.
→ 6070부터 ↘ 방향으로 색칠합니다.

10 빼지는 수는 같고 빼는 수는 111씩 커지는 뺄셈식을 찾으면 나입니다.

11 나눗셈식 중에서 찾습니다.
• 다 다음에 올 계산식: 484÷11=44
• 라 다음에 올 계산식: 220÷10=22 (○)

12 72+0, 57+15, 42+30, 70+2는 합이 72로 모두 같습니다. 50+21은 71로 다른 식보다 1만큼 더 작습니다.

13 8547에 13, 26, 39, 52, ...와 같이 13씩 커지는 수를 곱하면 계산 결과는 111111씩 커집니다.

14 계산 결과가 666666이 되는 곱셈식은 여섯째 계산식이므로 8547×78=666666입니다. (78 = 13×6)

15 40×22=80×11 (×2, ÷2)　(2) 40×22=20×44 (÷2, ×2)

16 ㉠ 27+2=29, 4−2=2 → 27+4=29+2
㉡ 35−5=30, 10+5=15
→ 35+10=30+15(×)
㉢ 26÷2=13, 7×2=14 → 26×7=13×14
㉣ 54÷9=6, 9×9=81 → 54×9=6×81(×)
따라서 식이 잘못된 것은 ㉡, ㉣로 모두 2개입니다.

17 구슬이 삼각형 모양으로 놓이면서 한 변에 놓인 구슬이 2개, 3개, 4개, ...로 늘어나는 규칙입니다.

18

순서	첫째	둘째	셋째	넷째
식	1×3	2×3	3×3	4×3

→ 여덟째에 올 구슬의 수: 8×3=24(개)

154쪽 1~6단원 총정리

01 1000, 1

02 ( )(○)

03 80

04 1690, 6760, 8450

05 ㉢

06 2

07 6

08 1명

09 코딩

10 요리, 독서

11 521930700000000(또는 521조 9307억), 오백이십일조 구천삼백칠억

12 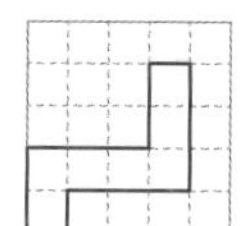

13 12221

14

15 ㉡

16 95

17 ㉢, ㉠, ㉡

18 1000배

19 35, 36

20 7 /

가고 싶은 산별 학생 수

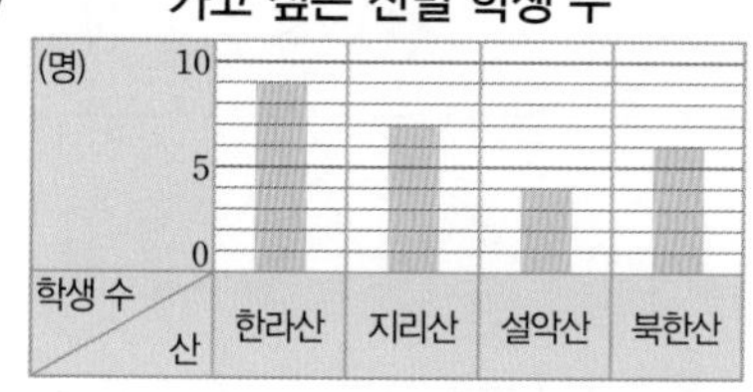

21 58, 11

22 47

23 9대

24 155°

25 일곱째

06 960÷2=480, 480÷2=240, 240÷2=120, 120÷2=60

11 조가 521개, 억이 9307개인 수
➔ 521조 9307억
➔ 521930700000000
➔ 오백이십일조 구천삼백칠억

13 더하는 두 수에서 9와 2가 각각 1개씩 늘어날 때마다 계산 결과에 있는 2의 개수가 1개씩 늘어납니다.

14 한 칸이 1 cm이므로 바둑돌을 왼쪽으로 6칸 이동한 후 다시 아래쪽으로 4칸 이동한 곳에 표시합니다.

15 ㉠ 428×60=25680 ㉡ 329×83=27307
㉢ 510×49=24990
➔ 27307>25680>24990이므로 곱이 가장 큰 것은 ㉡입니다.

16 사각형의 네 각의 크기의 합은 360°입니다.
➔ □=360°−90°−55°−120°=95°

17 ㉠ 322000000(9자리 수)
㉡ 82675000(8자리 수)
㉢ 1026000000000(13자리 수)
자리 수가 많을수록 큰 수이므로 ㉢>㉠>㉡입니다.

18 ㉠: 천만의 자리 숫자 ➔ 60000000
㉡: 만의 자리 숫자 ➔ 60000
㉠이 나타내는 수는 ㉡이 나타내는 수보다 0이 3개 더 많으므로 1000배입니다.

19 ╳ 방향으로 놓인 두 수끼리의 합이 서로 같습니다.

20 지리산: 26−9−4−6=7(명)
세로 눈금 한 칸은 1명을 나타내므로 막대의 길이가 한라산 9칸, 지리산 7칸, 설악산 4칸, 북한산 6칸이 되도록 그립니다.

21 7>6>5>3>1이므로 만들 수 있는 가장 큰 세 자리 수는 765이고, 가장 작은 두 자리 수는 13입니다.
➔ 765÷13=58…11

22 덧셈식 카드를 시계 방향으로 180°만큼 돌렸을 때 만들어지는 식은 19+28입니다. ➔ 19+28=47

23 378÷45=8…18
➔ 45명씩 8대에 타고 남은 18명도 타야 하므로 버스는 모두 8+1=9(대) 필요합니다.

24 삼각형의 세 각의 크기의 합은 180°이므로 나머지 한 각의 크기는 180°−110°−45°=25°입니다.
➔ 직선을 이루는 각의 크기는 180°이므로 ㉠=180°−25°=155°입니다.

25 모형이 1개부터 시작하여 2개, 3개, 4개, ... 늘어납니다.
• 다섯째: 1+2+3+4+5=15(개)
• 여섯째: 1+2+3+4+5+6=21(개)
• 일곱째: 1+2+3+4+5+6+7=28(개)

개념책 6단원

기본 강화책 정답 및 풀이

1 큰 수

기초력 더하기

01쪽 1. 만 / 다섯 자리 수

1 2000　2 300
3 40　4 3000
5 100　6 6000, 900, 70, 2
7 10000, 7000, 800, 40, 6
8 70000, 9000, 200, 80, 6
9 20000, 5000, 400, 30, 9
10 80000, 1000, 600, 80, 3

02쪽 2. 십만, 백만, 천만

1 100000　2 300000
3 2000000　4 5000000
5 8000000　6 10000000
7 70000000　8 60
9 10000　10 9000
11 100000　12 60000
13 7000000　14 20000000
15 400000　16 90000

03쪽 3. 억과 조

1 100　2 1000억
3 83　4 270
5 8065　6 1049
7 453억　8 75조
9 2670억　10 3426조
11 1000만　12 5억, 500억
13 30억, 300억　14 2000억, 2조
15 60조, 600조　16 2억, 2조

04쪽 4. 뛰어 세기

1 68000, 88000, 98000
2 630000, 660000
3 295000, 305000, 325000
4 970만, 980만, 1000만
5 2414억, 2514억, 2714억
6 4700억, 4800억, 5100억
7 81억 5만, 91억 5만, 111억 5만
8 17조, 19조, 20조
9 4496조, 4499조, 4500조
10 20조 25억, 25조 25억, 35조 25억

05쪽 5. 수의 크기 비교

1 <　2 <　3 >　4 <
5 >　6 <　7 >　8 >
9 >　10 >　11 <　12 <
13 >　14 >　15 <　16 <

수학익힘 다잡기

06쪽 1. 만을 알아볼까요

1 10000, 만
2 예

3 1, 10, 100
4 (1) 9980, 9990 (2) 9700, 10000
5 3000원
6 ㉡ / 예 10000은 100이 100개인 수입니다. 100이 10개인 수는 1000입니다.

2 10000은 1000이 10개인 수이므로 10개를 색칠합니다.

3 10000은 9999보다 1만큼, 9990보다 10만큼, 9900보다 100만큼 더 큰 수입니다.

4 (1) 9960부터 10씩 커집니다.
(2) 9600부터 100씩 커지고 9900보다 100만큼 더 큰 수는 10000입니다.

5 10000은 7000보다 3000만큼 더 큰 수이므로 7000원에서 3000원을 더 모으면 10000원이 됩니다.

6 채점 가이드 '10000은 1000이 10개인 수입니다.'라고 답할 수도 있습니다.

07쪽 **2. 다섯 자리 수를 알아볼까요**

1 (1) 54236 (2) 7, 1, 8, 5, 9
2 60000, 300, 7
3 (1) 이만 칠천사백삼십 (2) 36092
4 (○)(   )
5 4 / 2 / 3, 100, 10
6 46700, 사만 육천칠백

2 64357에서
6은 만의 자리 숫자이므로 60000을,
3은 백의 자리 숫자이므로 300을,
7은 일의 자리 숫자이므로 7을 나타냅니다.

3 (1) 숫자가 0인 자리는 숫자와 자릿값을 읽지 않습니다.
(2) 수로 나타낼 때 읽지 않은 자리에는 숫자 0을 씁니다.

4 • 26514 → 6000 • 89675 → 600
→ 6000 > 600

6 10000원짜리 4장, 1000원짜리 6장, 100원짜리 7개
→ 46700원
쓰기 46700, 읽기 사만 육천칠백

08쪽 **3. 십만, 백만, 천만을 알아볼까요**

1 100000(또는 10만), 1000000(또는 100만), 10000000(또는 1000만)
2 70000000, 300000
3 (1) 6130000 (2) 이천칠백팔십이만
(3) 79350000 (4) 오천사백구만
4 70000000(또는 7000만), 700000(또는 70만)
5 주경
6 예 98754210

2 74360000은 70000000, 4000000, 300000, 60000의 합으로 나타낼 수 있습니다.

3 (4) 숫자가 0인 자리는 숫자와 자릿값을 읽지 않습니다.

4 • 7248|0000
→ 천만의 자리, 70000000
• 5471|0000
→ 십만의 자리, 700000

5 도율이와 미나가 말하는 수: 35004000
주경이가 말하는 수: 30504000

6 채점 가이드 십만의 자리 숫자가 7이 되도록 여덟 자리 수를 만들고, 수 카드의 수 8개를 모두 사용하였는지 확인합니다.
주의 천만의 자리에는 0이 올 수 없습니다.

09쪽 **4. 억과 조를 알아볼까요**

1 1000000(또는 100만)
2 60000000000, 800000000
3 9120375400000000(또는 9120조 3754억)
구천백이십조 삼천칠백오십사억
4 (○)
(   )
5 768억 1250만
6 (위에서부터) 2조 5천억, 3200000000000 / 2023년

1 9900만에서 100만만큼 뛰어 세면 1억입니다.

2 4 6 0 8 0 0 0 0 0 0 0 0
→ 천억의 자리, 4000 0000 0000
→ 백억의 자리, 600 0000 0000
→ 십억의 자리, 0
→ 억의 자리, 8 0000 0000

4 숫자 7은 천조의 자리 숫자입니다.

5 기사에 나타낸 큰 수: 53억 4600만
같은 방법으로 76812500000을 나타내면
768억 1250만입니다.

6 2조 3천억, 2조 5천억에서 숫자 2는 2조를 나타내고, 3조 2천억에서 숫자 2는 2천억을 나타냅니다.

10쪽 5. 뛰어 세기를 어떻게 할까요

1 백만, 1000000
2 5억 60만, 5억 100만
3 4377만, 4397만 / 10만
4 (위에서부터) 251조, 253조 / 262조 / 270조, 272조 / 281조, 283조
5 예 10만 / (왼쪽에서부터) 3500000, 3600000, 3700000, 3800000
6 9개월

1 백만의 자리 수가 1씩 커집니다.
4350000 - 5350000 - 6350000 - 7350000 - 8350000 - 9350000

2 십만의 자리 수가 2씩 커집니다.
주의 5억 80만 다음의 수를 6억으로 잘못 생각하지 않도록 주의합니다.

3 십만의 자리 수가 1씩 커지므로 10만씩 뛰어 세었습니다.

4 • → 방향: 1조씩 뛰어 세는 규칙입니다.
• ↓ 방향: 10조씩 뛰어 세는 규칙입니다.

5 채점 가이드 정한 규칙과 뛰어 센 수의 변화가 서로 맞는지 확인합니다.

6 20만씩 뛰어 세어 180만을 만들어 봅니다.

11쪽 6. 수의 크기를 어떻게 비교할까요

1 (1) < (2) >
2 6700억<7조
4020억>4200억
3 '큽니다' ○표
4 ㉡
5 세탁기
6 (1) 7 (2) 8 (3) 예 731285

1 (1) 75629 < 213587 (5자리 수, 6자리 수)

(2) 375조 600억 > 372조 4850억 (5>2)

2 4020억 < 4200억 (0<2)

4 4조 700억은 13자리 수이고, 3952140000과 4800000000은 10자리 수입니다.
→ 3952140000<4800000000

5 638500>607000>594000이므로 가격이 가장 비싼 물건은 638500원인 세탁기입니다.

6 (1) 70만보다 크고 80만보다 작으므로 십만의 자리 숫자는 7이 되어야 합니다.
(2) 십만의 자리 숫자가 7이므로 십의 자리 수는 7보다 1만큼 더 큰 8입니다.
(3) 십만의 자리 숫자가 7, 만의 자리 숫자가 3, 십의 자리 숫자가 8이 되도록 여섯 자리 수를 만듭니다.
채점 가이드 73□□8□인 여섯 자리 수를 만들었는지 확인합니다.

2 각도

기초력 더하기

12쪽 1. 각의 크기 비교 / 각의 크기 재기

1 (　)(○)(　)　2 (○)(　)(　)
3 (○)(　)(　)　4 (　)(　)(○)
5 60　6 40　7 90
8 115　9 130　10 145

13쪽 2. 예각과 둔각

1 예각　2 둔각　3 예각
4 예각　5 둔각　6 둔각
7 예
8 예
9 예
10 예

14쪽 3. 각도 어림하고 재기

1 예 50, 50　2 예 30, 30
3 예 110, 110　4 예 150, 150
5 예 75, 75　6 예 90, 90
7 예 145, 145　8 예 25, 25
9 예 60, 60　10 예 130, 130

15쪽 4. 각도의 합

1 110　2 155
3 80　4 140
5 80　6 90　7 115
8 100　9 155　10 150
11 201　12 225　13 181
14 250　15 193　16 135

16쪽 5. 각도의 차

1 30　2 50
3 45　4 105
5 50　6 25　7 50
8 55　9 40　10 30
11 47　12 68　13 50
14 55　15 22　16 48

17쪽 6. 삼각형의 세 각의 크기의 합 / 사각형의 네 각의 크기의 합

1 70　2 110　3 40
4 25　5 60　6 30
7 130　8 85　9 110
10 115　11 80　12 65

1 $60^\circ+50^\circ+\square=180^\circ$
➔ $\square=180^\circ-60^\circ-50^\circ=70^\circ$

2 $35^\circ+\square+35^\circ=180^\circ$
➔ $\square=180^\circ-35^\circ-35^\circ=110^\circ$

3 $90^\circ+\square+50^\circ=180^\circ$
➔ $\square=180^\circ-90^\circ-50^\circ=40^\circ$

4 $\square+125^\circ+30^\circ=180^\circ$
➔ $\square=180^\circ-125^\circ-30^\circ=25^\circ$

5 $60^\circ+60^\circ+\square=180^\circ$
➔ $\square=180^\circ-60^\circ-60^\circ=60^\circ$

6 $45^\circ+105^\circ+\square=180^\circ$
➔ $\square=180^\circ-45^\circ-105^\circ=30^\circ$

7 $130^\circ+50^\circ+\square+50^\circ=360^\circ$
→ $\square=360^\circ-130^\circ-50^\circ-50^\circ=130^\circ$

8 $\square+105^\circ+90^\circ+80^\circ=360^\circ$
→ $\square=360^\circ-105^\circ-90^\circ-80^\circ=85^\circ$

9 $65^\circ+115^\circ+\square+70^\circ=360^\circ$
→ $\square=360^\circ-65^\circ-115^\circ-70^\circ=110^\circ$

10 $90^\circ+90^\circ+65^\circ+\square=360^\circ$
→ $\square=360^\circ-90^\circ-90^\circ-65^\circ=115^\circ$

11 $\square+100^\circ+110^\circ+70^\circ=360^\circ$
→ $\square=360^\circ-100^\circ-110^\circ-70^\circ=80^\circ$

12 $135^\circ+\square+75^\circ+85^\circ=360^\circ$
→ $\square=360^\circ-135^\circ-75^\circ-85^\circ=65^\circ$

수학익힘 다잡기

18쪽 1. 각의 크기를 어떻게 비교할까요

1 (○)( ) **2** '작습니다'에 ○표
3 3, 1, 2 **4** 나, 가
5 나, 다 **6** 지호

1 두 변 사이가 더 많이 벌어진 각이 더 큰 각입니다.

2 가가 나보다 두 변 사이가 더 적게 벌어졌으므로 각의 크기가 더 작습니다.

3 두 변 사이가 적게 벌어진 각부터 차례로 1, 2, 3을 씁니다.

4 가: 주어진 단위로 5번, 나: 주어진 단위로 6번
→ 나가 가보다 더 큽니다.

5 주어진 각보다 더 많이 벌어진 각은 나, 다입니다.

6 지붕의 각의 크기가 가장 큰 집은 다, 가장 작은 집은 나입니다.

19쪽 2. 각의 크기를 어떻게 잴까요

1 (1) 각도 (2) 1도 (3) 90
2 (1) 60 (2) 110 (3) 25
3 45 / 115
4 105
5 예 각도기의 안쪽 눈금을 읽어야 하는데 바깥쪽 눈금을 읽어서 잘못 재었습니다.

2 (1) 안쪽 눈금을 읽으면 각도는 60°입니다.
(2) 바깥쪽 눈금을 읽으면 각도는 110°입니다.
(3) 바깥쪽 눈금을 읽으면 각도는 25°입니다.

3 각도기의 중심을 각의 꼭짓점에, 각도기의 밑금을 각의 한 변에 맞추고 각의 나머지 변이 가리키는 각도기의 눈금을 읽습니다.

4 그림에 표시된 각의 크기를 재어 봅니다.

5 각의 한 변이 각도기의 안쪽 눈금 0에 맞춰져 있으므로 나머지 변과 만나는 안쪽 눈금을 읽어야 합니다.

20쪽 3. 예각, 둔각은 무엇일까요

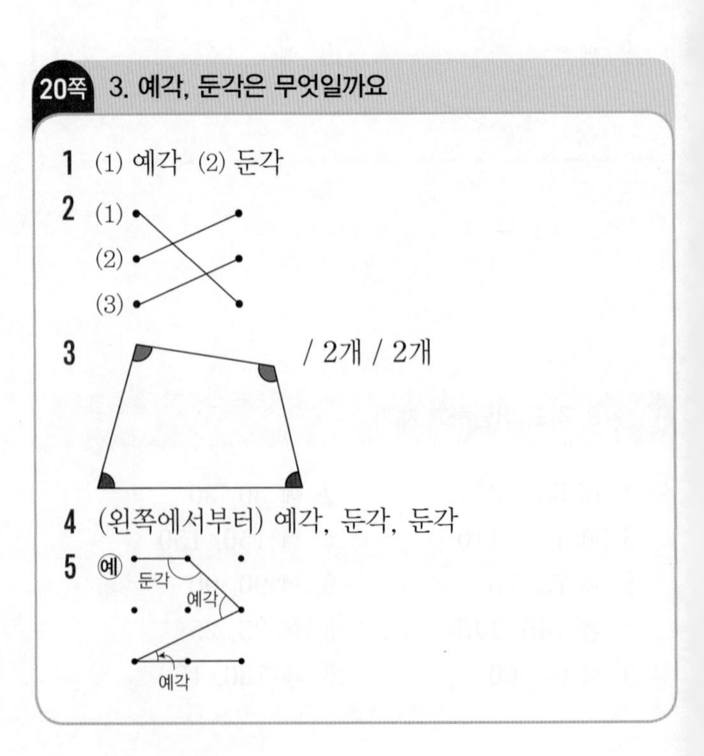

1 (1) 예각 (2) 둔각
2 (1)
(2)
(3)
3 / 2개 / 2개
4 (왼쪽에서부터) 예각, 둔각, 둔각
5 예
둔각
예각
예각

1 (1) $0^\circ <$ 예각 $< 90^\circ$
(2) $90^\circ <$ 둔각 $< 180^\circ$

2 (1) 90°: 직각
(2) 0°보다 크고 직각보다 작은 각: 예각
(3) 직각보다 크고 180°보다 작은 각: 둔각

3 사각형에서 위쪽의 두 각은 둔각, 아래쪽의 두 각은 예각입니다.

4 표시된 각도가 0°보다 크고 직각보다 작으면 '예각', 직각보다 크고 180°보다 작으면 '둔각'을 씁니다.

6 패턴에서 만들어진 예각 또는 둔각을 찾아 표시합니다.
채점 가이드 그린 패턴에서 예각만 있거나 둔각만 있을 수도 있습니다. 직각이 있는 경우에는 예각도 둔각도 아니므로 아무 표시도 하지 않습니다.

21쪽 4. 각도를 어떻게 어림하고 잴까요

1 예 85, 85
2 (1) 예 60, 60 (2) 예 110, 110
3 예 140, 140
4 130 / 도율
5 예 / 예 120, 120

2 알고 있는 각도와 비교하여 어림합니다.

4 어림한 각도가 각도기로 잰 각도에 가까울수록 더 정확하게 어림한 것입니다.

5 자를 이용하여 각을 그리고, 그린 각도를 어림한 후 각도기로 재어 확인합니다.
채점 가이드 60°, 120°, 180° 등 다양한 크기의 각을 그릴 수 있습니다. 그린 각과 잰 각도가 일치하는지 확인합니다.

22쪽 5. 각도의 합과 차를 어떻게 구할까요

1 20, 80, 100 2 120, 45, 75
3 (1) 138 (2) 150 (3) 45 (4) 110
4 90° 5 135°
6 55

1 자연수의 덧셈과 같은 방법으로 계산합니다.
$20+80=100 \rightarrow 20^\circ+80^\circ=100^\circ$

2 자연수의 뺄셈과 같은 방법으로 계산합니다.
$120-45=75 \rightarrow 120^\circ-45^\circ=75^\circ$

3 각도의 합은 자연수의 덧셈, 각도의 차는 자연수의 뺄셈과 같은 방법으로 계산합니다.

4 각도기로 각도를 각각 재어 보면 160°, 70°입니다.
$\rightarrow 160^\circ-70^\circ=90^\circ$

5 가장 큰 각도: 95°, 가장 작은 각도: 40°
$\rightarrow 95^\circ+40^\circ=135^\circ$

6 직선을 이루는 각의 크기는 180°입니다.
$\rightarrow \square=180^\circ-35^\circ-90^\circ=55^\circ$

23쪽 6. 삼각형의 세 각의 크기의 합은 얼마일까요

1 65, 75, 40, 180 2 180°
3 (1) 95 (2) 75 4 85°
5 지호 6 연서

1 ㉠$=65^\circ$, ㉡$=75^\circ$, ㉢$=40^\circ$
$\rightarrow$ ㉠+㉡+㉢$=65^\circ+75^\circ+40^\circ=180^\circ$

2 삼각형의 세 꼭짓점이 한 점에 모이도록 이어 붙여 직선이 되었으므로 180°입니다.

3 삼각형의 세 각의 크기의 합은 180°입니다.
(1) $\square=180^\circ-40^\circ-45^\circ=95^\circ$
(2) $\square=180^\circ-45^\circ-60^\circ=75^\circ$

4 삼각형의 세 각의 크기의 합은 180°이므로
㉠+㉡$=180^\circ-95^\circ=85^\circ$입니다.

5 세 사람이 잰 삼각형의 세 각의 크기의 합이 180°가 되는지 확인합니다.
성민: 50°+60°+70°=180°
지호: 90°+80°+20°=190° → 잘못 쟀습니다.
하준: 55°+35°+90°=180°

6 삼각형의 모양과 크기에 상관없이 삼각형의 세 각의 크기의 합은 항상 180°입니다.

24쪽 7. 사각형의 네 각의 크기의 합은 얼마일까요

1 예 95, 80, 95, 90, 360
2 360°
3 (1) 70 (2) 105
4 215°
5 180, 180, 180, 360
6 예 네 각의 크기의 합이 360°가 아니므로 네 각의 크기를 잘못 잰 것입니다.

1 사각형의 네 각의 크기를 각도기로 재어 보면 95°, 80°, 95°, 90°입니다.
→ 95°+80°+95°+90°=360°

2 사각형의 네 꼭짓점이 한 점에 모이도록 이어 붙여 평면이 되었으므로 360°입니다.

3 사각형의 네 각의 크기의 합은 360°입니다.
(1) □=360°−95°−110°−85°=70°
(2) □=360°−80°−100°−75°=105°

4 사각형의 네 각의 크기의 합은 360°이므로 ㉠+㉡=360°−90°−55°=215°입니다.

5 사각형의 네 각의 크기의 합은 삼각형의 세 각의 크기의 합을 두 번 더한 것과 같습니다.

6 95°+40°+130°+90°=355°

3 곱셈과 나눗셈

기초력 더하기

25쪽 1. (세 자리 수)×(몇십)

1 45000 2 9600 3 8500
4 9000 5 20880 6 13150
7 19230 8 25500 9 18200
10 25200 11 56800 12 64400
13 17760 14 45360 15 23760
16 19880 17 68580 18 30780

26쪽 2. (세 자리 수)×(몇십몇)

1 17408 2 27848 3 25542
4 15600 5 58563 6 13510
7 13152 8 14444 9 36330
10 11008 11 23912 12 46190
13 47796 14 47925 15 27244
16 9126 17 30492 18 29645

27쪽 3. (두 자리 수)÷(두 자리 수)

1 5 2 3…1 3 3
4 5…10 5 4…4 6 3…11
7 2…9 8 2…16 9 5…4
10 5…3 11 2…8 12 2…21
13 3…3 14 6 15 2…10
16 5 17 2…11 18 1…26

28쪽 4. 몫이 한 자리 수인 (세 자리 수)÷(두 자리 수)

1 6	2 9…10	3 9…3
4 4	5 6…4	6 7…36
7 8…15	8 7…14	9 6…13
10 8	11 6…13	12 8…22
13 9	14 8…9	15 4…11

29쪽 5. 백의 자리에서 내림이 없고 몫이 두 자리 수인 (세 자리 수)÷(두 자리 수)

1 13	2 21	3 31
4 24	5 21…9	6 10…44
7 31…17	8 23…10	9 42…7
10 34	11 15	12 11
13 20…20	14 21…30	15 21…6

30쪽 6. 백의 자리에서 내림이 있고 몫이 두 자리 수인 (세 자리 수)÷(두 자리 수)

1 17	2 15	3 26
4 19	5 17	6 14…27
7 17…9	8 17…23	9 14…34
10 12	11 24	12 19
13 16…33	14 18…17	15 11…63

수학익힘 다잡기

31쪽 1. (세 자리 수)×(몇십)을 어떻게 계산할까요

1 2212, 22120

2 (1) 9200 (2) 14130

3 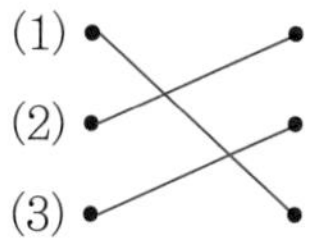

4 ㉢, ㉠, ㉡

5 950×50=47500 / 47500원

6 현우

1 (세 자리 수)×(몇십)은 (세 자리 수)×(몇)의 계산 결과에 0을 1개 붙입니다.

2 (1) $\begin{array}{r} 230 \\ \times\ \ 4 \\ \hline 920 \end{array} \rightarrow \begin{array}{r} 230 \\ \times\ 40 \\ \hline 9200 \end{array}$

(2) $\begin{array}{r} 471 \\ \times\ \ 3 \\ \hline 1413 \end{array} \rightarrow \begin{array}{r} 471 \\ \times\ 30 \\ \hline 14130 \end{array}$

3 (1) 533×70=37310
(2) 901×30=27030
(3) 482×60=28920

4 ㉠ $\begin{array}{r} 675 \\ \times\ 30 \\ \hline 20250 \end{array}$ ㉡ $\begin{array}{r} 810 \\ \times\ 20 \\ \hline 16200 \end{array}$ ㉢ $\begin{array}{r} 792 \\ \times\ 40 \\ \hline 31680 \end{array}$

계산 결과가 큰 것부터 차례로 쓰면
㉢ 31680, ㉠ 20250, ㉡ 16200입니다.

5 (아이스크림 50개의 가격)
=(아이스크림 1개의 가격)×50
=950×50=47500(원)

6 (현우가 마신 우유의 양)
=230×40=9200(mL)
(미나가 마신 우유의 양)
=425×20=8500(mL)
➔ 9200 mL>8500 mL이므로 현우가 우유를 더 많이 마셨습니다.

32쪽 2. (세 자리 수)×(몇십몇)을 어떻게 계산할까요

1 852, 12780, 13632

2 (1) 34425 (2) 65570

3 10045, 18368

4 <

5 370×21=7770 / 7770 m

6 (위에서부터) 4, 6, 8, 9, 3

7 24

2 (1)
$$\begin{array}{r} 765 \\ \times\ \ 45 \\ \hline 3825 \\ 3060 \\ \hline 34425 \end{array}$$
(2)
$$\begin{array}{r} 830 \\ \times\ \ 79 \\ \hline 7470 \\ 5810 \\ \hline 65570 \end{array}$$

3 • 287×35=10045 • 287×64=18368

4 • 196×48=9408 • 604×16=9664
➔ 9408<9664

5 1주는 7일이므로 3주는 21일입니다.
(연송이가 달린 거리)=370×21=7770(m)

6 일의 자리 계산 12□×5=□20에서
□×5=20이 되어야 하므로 124×5=620입니다.
124×5=620, 124×70=8680이므로
124×75=9300입니다.

7 409×24=9816, 409×25=10225
10000−9816=184, 10225−10000=225이므로 계산 결과가 10000에 가장 가까운 곱셈식은 409×24입니다.

33쪽 3. 곱셈의 어림셈을 어떻게 할까요

1 / 12000

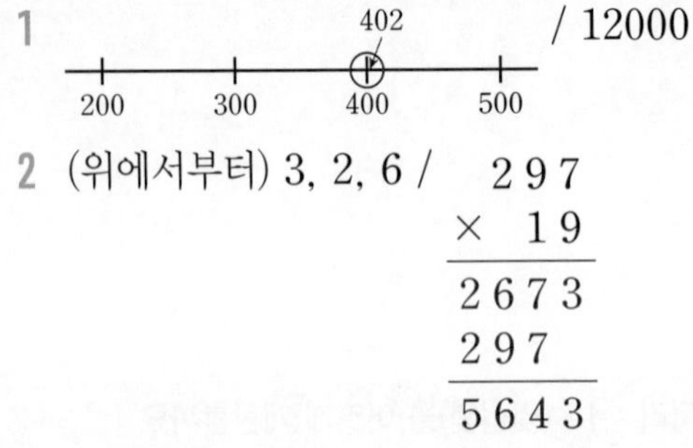

2 (위에서부터) 3, 2, 6 /
$$\begin{array}{r} 297 \\ \times\ \ 19 \\ \hline 2673 \\ 297 \\ \hline 5643 \end{array}$$

3 24000에 ○표 4 <

5 800, 40000, 40000

6 ㉠ 300, 60, 18000

1 402는 400에 가까우므로 402×30의 어림셈은 약 400×30=12000입니다.

2 297은 약 300이고, 19는 약 20이므로 어림셈으로 구하면 약 300×20=6000입니다.
실제로 계산하면 297×19=5643입니다.

3 599는 약 600이고, 38은 약 40이므로 어림셈으로 구하면 약 600×40=24000입니다.

4 798×19를 어림셈으로 구하기:
약 800×20=16000
701×31을 어림셈으로 구하기:
약 700×30=21000
➔ 798×19는 16000보다 작고, 701×31은 21000보다 크므로 798×19<701×31입니다.

5 796은 약 800이므로 796×50을 어림셈으로 구하면 약 800×50=40000입니다. 796은 800보다 작으므로 실제 계산 결과는 어림셈으로 구한 결과보다 작을 것입니다.

6 303은 약 300이고, 61은 약 60이므로 어림셈으로 구하면 약 300×60=18000입니다.

34쪽 4. (두 자리 수)÷(두 자리 수)를 어떻게 계산할까요

1 3

2 (1) 1…18 (2) 7

3 4 / 4, 64 / 64, 8
$$\begin{array}{r} 4 \\ 16\overline{)72} \\ 64 \\ \hline 8 \end{array}$$

4 (위에서부터) 2, 8

5 80÷25=3…5 / 3, 5

6 5회

1 십 모형 9개를 3개씩 묶으면 3묶음이 됩니다.

3 72÷16=4…8 ➔ 16×4=64, 64+8=72
나누는 수와 몫의 곱에 나머지를 더한 값이 나누어지는 수가 되므로 맞는 계산입니다.

4 96÷48=2, 96÷12=8

5 80÷25=3⋯5에서 몫은 상자의 수, 나머지는 남는 감자의 수가 됩니다.

6 98÷24=4⋯2이므로 4회 참여하면 2명이 남습니다. 모두가 참여하려면 5회 만에 체험을 마칠 수 있습니다.

35쪽 5. 몫이 한 자리 수인 (세 자리 수)÷(두 자리 수)를 어떻게 계산할까요

1 180, 210, 240 / 7
2 (1) 8⋯10 (2) 7⋯25
3 ㉠, ㉢, ㉡
4 112÷60=1⋯52 / 1시간 52분
5 예 목걸이 한 개를 만드는 데 구슬 36개가 필요합니다. 구슬 216개로 목걸이를 몇 개까지 만들 수 있을까요?
/ 6개
6 4

1 곱셈식의 결과가 210인 것은 30×7이므로 210÷30의 몫은 7입니다.

3 ㉠ 252÷29=8⋯20
㉡ 141÷24=5⋯21
㉢ 250÷33=7⋯19

4 1시간은 60분입니다.
112를 60으로 나누면 몫이 1이고 나머지가 52이므로 할머니 댁까지 1시간 52분 걸렸습니다.

5 (만들 수 있는 목걸이 수)=216÷36=6(개)
채점 가이드 구슬로 목걸이를 만드는 상황에 맞게 문제를 썼는지 확인합니다. 구슬이 216개이고 목걸이 한 개를 만드는 데 36개가 필요하다는 내용이 있으면 정답입니다.

6 □72는 50×9=450보다 크고 50×10=500보다 작아야 합니다.
따라서 □ 안에 들어갈 수 있는 수는 4입니다.

36쪽 6. 백의 자리에서 내림이 없고 몫이 두 자리 수인 (세 자리 수)÷(두 자리 수)를 어떻게 계산할까요

1 3, 2 / 9, 3 / 6, 2
2 (1) 17 (2) 42⋯12
3 33 4 <
5

```
      32
20)642
    60
     42
     40
      2
```

/ 예 나머지가 나누는 수보다 크므로 몫을 1만큼 더 크게 하여 계산해야 합니다.
6 리아 7 72, 2

4 • 903÷43=21 • 770÷35=22
➔ 21<22

5 채점 가이드 나머지는 나누는 수보다 작아야 하는 것을 알고 그에 알맞은 이유를 썼는지 확인합니다.

6 • 규민: 480÷16=30 • 리아: 350÷14=25
➔ 책을 다 읽는 데 규민이는 30일, 리아는 25일 걸립니다. 따라서 리아가 먼저 책을 다 읽게 됩니다.

7 (어떤 수)÷21=41⋯5이므로
21×41=861, 861+5=866에서
어떤 수는 866입니다.
따라서 바르게 계산하면 866÷12=72⋯2입니다.

37쪽 7. 백의 자리에서 내림이 있고 몫이 두 자리 수인 (세 자리 수)÷(두 자리 수)를 어떻게 계산할까요

1 2, 4, 8, 0 / 20, 4
2 (1) 23 (2) 16⋯13
3 (위에서부터) 17, 23 / 22, 12
4 37
5 250÷15=16⋯10 / 16, 10
6 3, 5, 5 7 7개

4 나머지는 나누는 수 38보다 작아야 하므로 38보다 작은 수 중에서 가장 큰 수는 37입니다.

5 250÷15=16⋯10에서 몫은 버터를 담은 그릇의 수, 나머지는 담지 않고 남은 버터의 양이 됩니다.

기본 강화책
3 단원

6 • 몫의 일의 자리: $37 \times 3 = 111$이므로 □=3
• 나누어지는 수: 8□6$-740=116$에서 □=5
• 나머지: □$=116-111=5$

7 $297 \div 16 = 18 \cdots 9$입니다. 나머지가 0이 되려면 강낭콩이 적어도 $16-9=7$(개) 더 필요합니다.

38쪽 8. 나눗셈의 어림셈을 어떻게 할까요

1 (수직선: 380, 390, 400, 410에 399 표시) / 400, 10

2 $60\overline{)600}$ = 10, 600, 나머지 0 / $60\overline{)587}$ = 9, 540, 나머지 47

3 4에 ○표

4 $427 \div 61$, $495 \div 55$에 ○표
$286 \div 22$, $240 \div 15$에 △표

5 20

6 예 800, 40 / '충분합니다'에 ○표

1 399는 400에 가까우므로 $399 \div 40$의 어림셈은 약 $400 \div 40 = 10$입니다.

2 587은 600보다 작으므로 실제 몫은 어림셈으로 구한 몫인 10보다 작게 생각할 수 있습니다.

3 203은 약 200이므로 어림셈으로 구하면 약 $200 \div 50 = 4$입니다.

4 나누는 수에 10을 곱한 수가 나누어지는 수와 같거나 작으면 몫이 두 자리 수입니다.
$286 > 22 \times 10 = 220$(△)
$427 < 61 \times 10 = 610$(○)
$495 < 55 \times 10 = 550$(○)
$240 > 15 \times 10 = 150$(△)

5 842는 800보다 크므로 약 $842 \div 40$의 몫은 $800 \div 40 = 20$보다 크거나 같습니다.

6 789는 약 800이므로 어림셈으로 구하면 몫은 40입니다. 789는 800보다 작으므로 책꽂이 40칸은 책을 모두 정리하는 데 충분합니다.

4 평면도형의 이동

기초력 더하기

39쪽 1. 평면도형 밀기

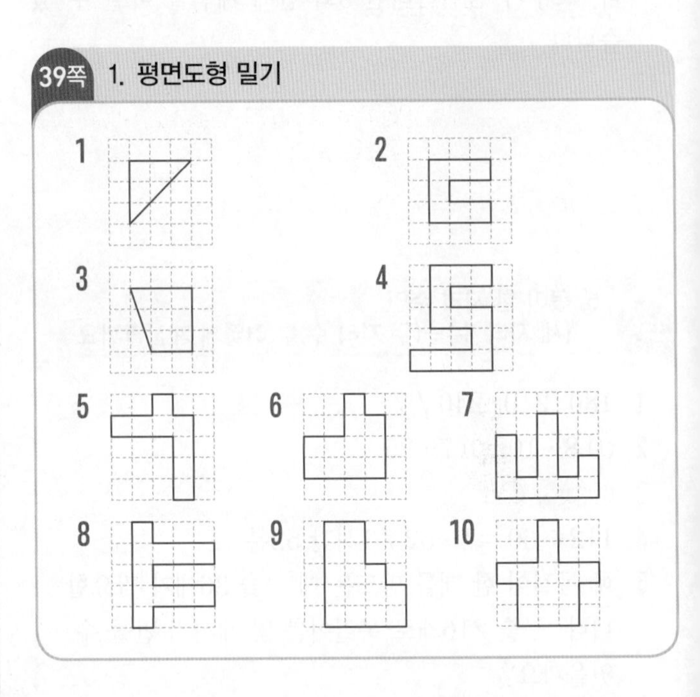

40쪽 2. 평면도형 뒤집기

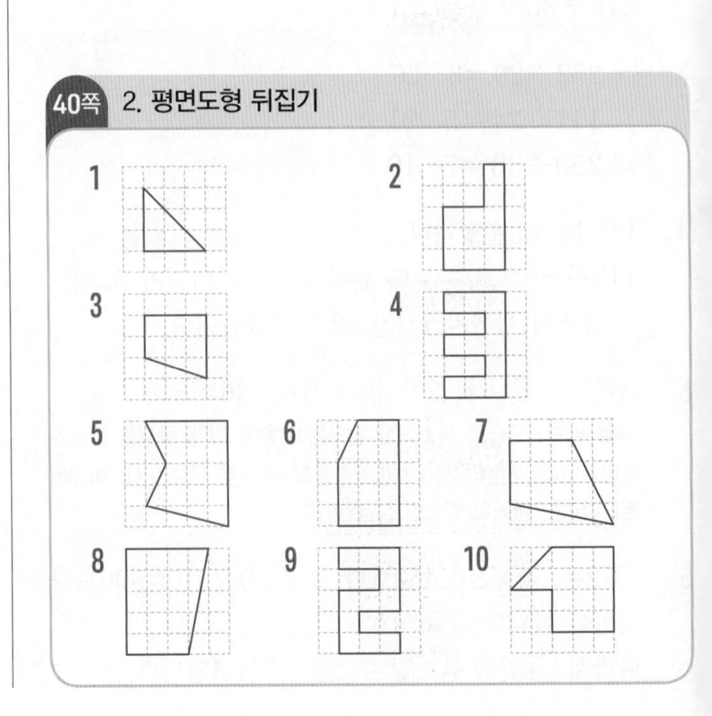

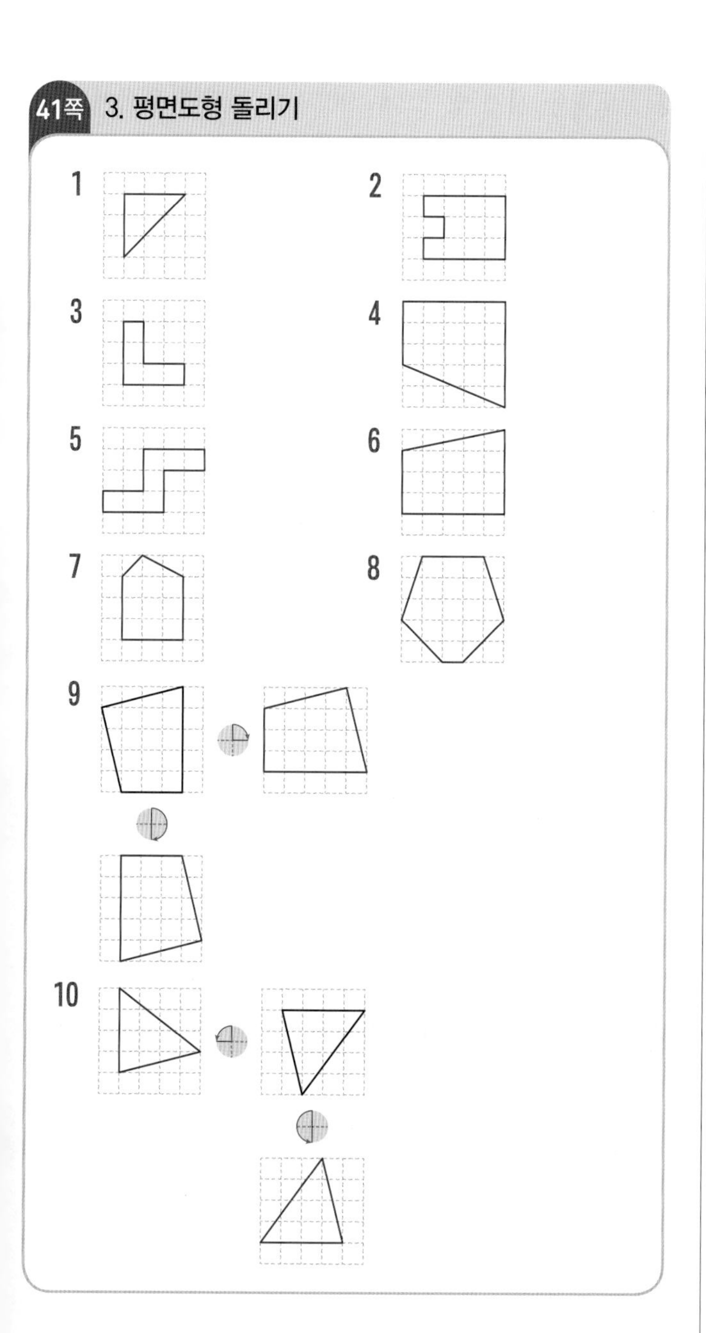

42쪽 4. 점의 이동

1

2

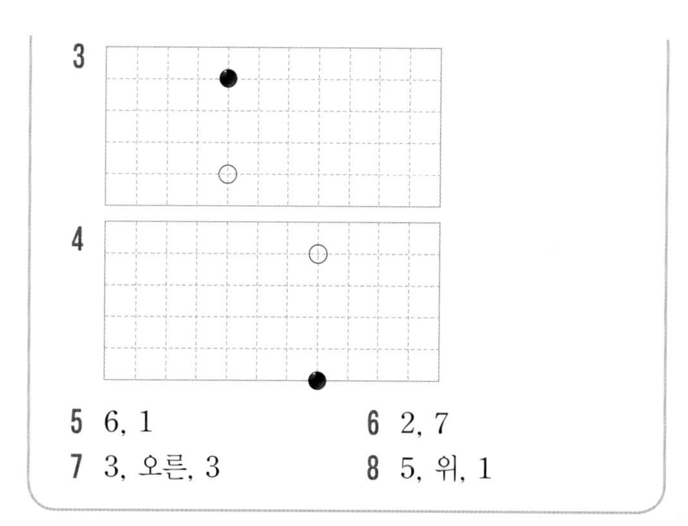

5 6, 1

6 2, 7

7 3, 오른, 3

8 5, 위, 1

수학익힘 다잡기

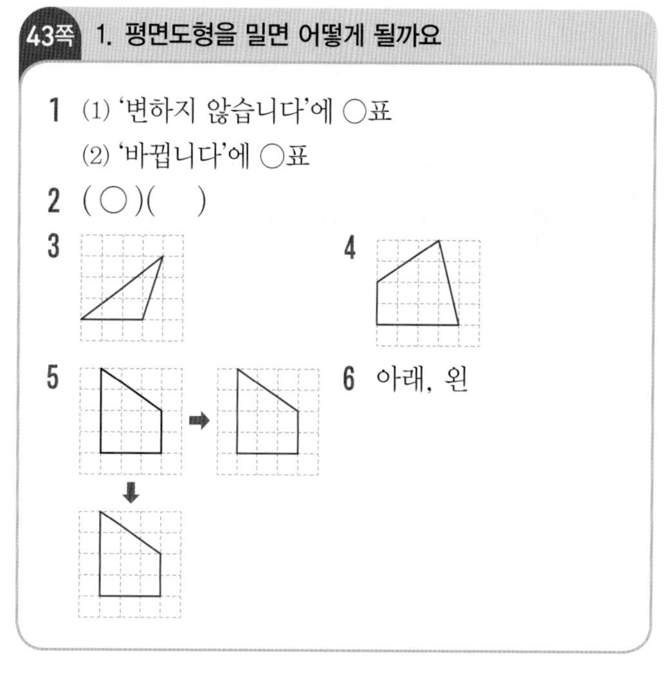

43쪽 1. 평면도형을 밀면 어떻게 될까요

1 (1) '변하지 않습니다'에 ○표

(2) '바뀝니다'에 ○표

2 (○)(   )

6 아래, 왼

3 도형을 밀었을 때의 모양은 변하지 않습니다.

6 조각 ㉠과 ㉡이 아래와 같이 되도록 각 조각을 밀어야 합니다.

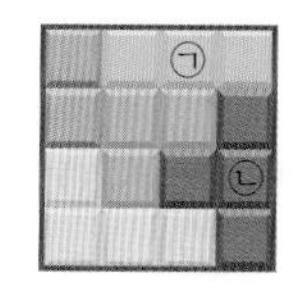

44쪽 2. 평면도형을 뒤집으면 어떻게 될까요

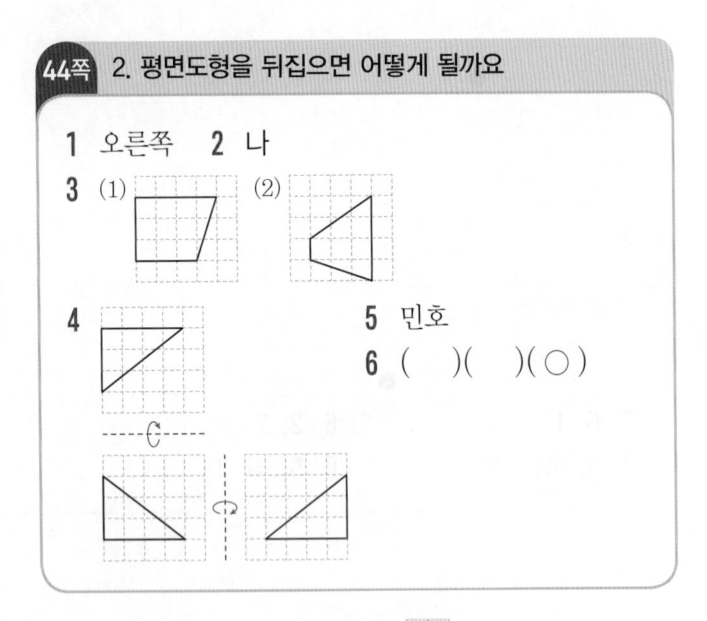

5 • 오른쪽으로 두 번 뒤집기:

• 위쪽으로 뒤집기: • 왼쪽으로 뒤집기:

➔ 위쪽으로 뒤집은 조각과 왼쪽으로 뒤집은 조각이 서로 다르므로 잘못 말한 친구는 민호입니다.

6 도장을 찍었을 때 나타나는 모양은 어느 한 방향으로 뒤집었을 때의 모양과 같습니다.

45쪽 3. 평면도형을 돌리면 어떻게 될까요

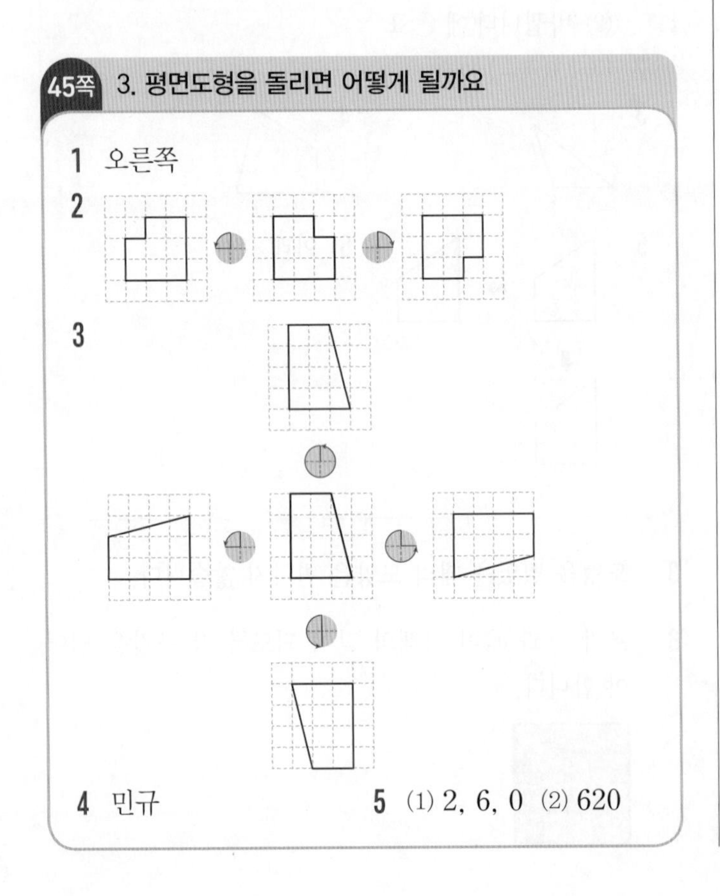

1 오른쪽
2
3
4 민규
5 (1) 2, 6, 0 (2) 620

2 도형을 시계 방향으로 90°만큼 돌리면 위쪽에 있는 변이 오른쪽으로 이동합니다.
도형을 시계 반대 방향으로 90°만큼 돌리면 위쪽에 있는 변이 왼쪽으로 이동합니다.

3 시계 반대 방향으로 90°만큼 돌릴 때마다 도형의 위쪽에 있는 변이 왼쪽 → 아래쪽 → 오른쪽 → 위쪽으로 이동합니다.

4 회전판은 90° 또는 270°만큼 움직였습니다.

5 (1) 2 2, 9 6, 0 0
(2) 2, 6, 0으로 만들 수 있는 가장 큰 세 자리 수는 620입니다.

46쪽 4. 점이 어떻게 이동할까요

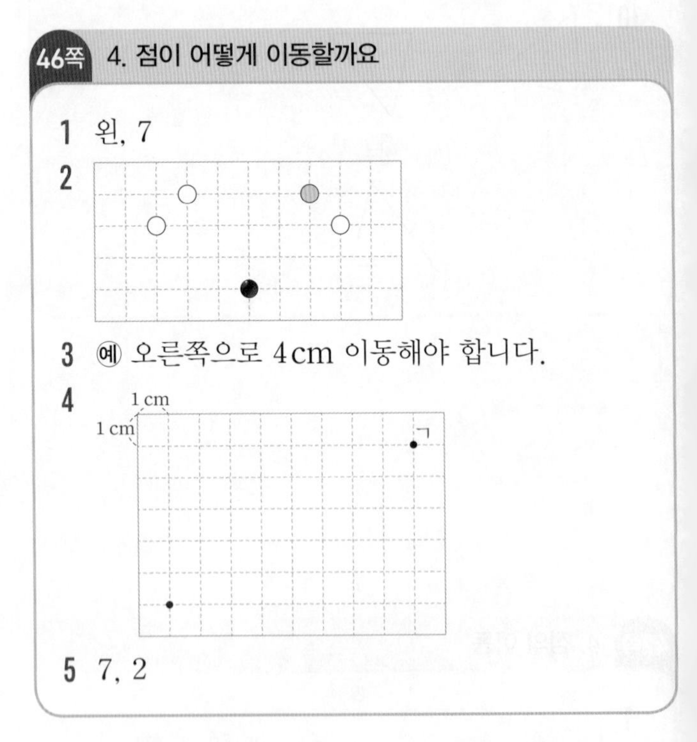

1 왼, 7
2
3 예 오른쪽으로 4 cm 이동해야 합니다.
4
1 cm
1 cm
ㄱ
5 7, 2

4 점 ㄱ을 ← 방향으로 8칸, ↓ 방향으로 5칸 이동한 곳에 점을 찍습니다.

5 주인공이 현재 위치에서 오른쪽으로 7칸, 위쪽으로 2칸 이동해야 합니다.

5 막대그래프

기초력 더하기

47쪽 1. 막대그래프 알아보기

1 이름, 책 수, 1권
2 간식, 학생 수, 2명
3 학생 수, 요일, 2명
4 카페 수, 마을, 1군데
5 마을, 초등학생 수, 5명
6 이름, 점수, 10점

48쪽 2. 막대그래프로 나타내기

1
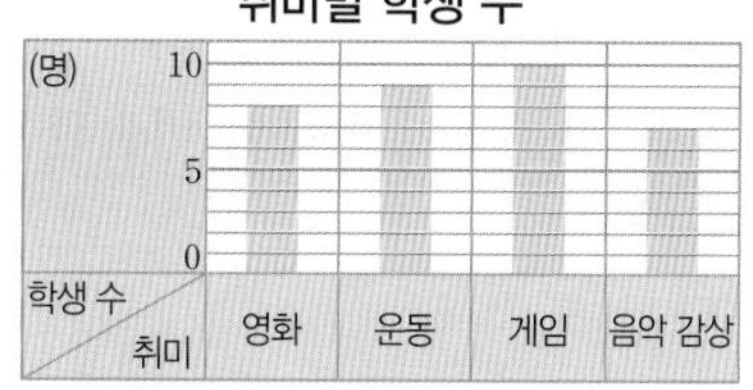

2
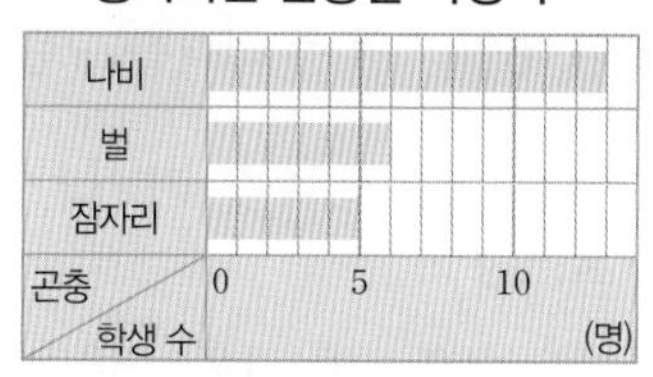

3

4
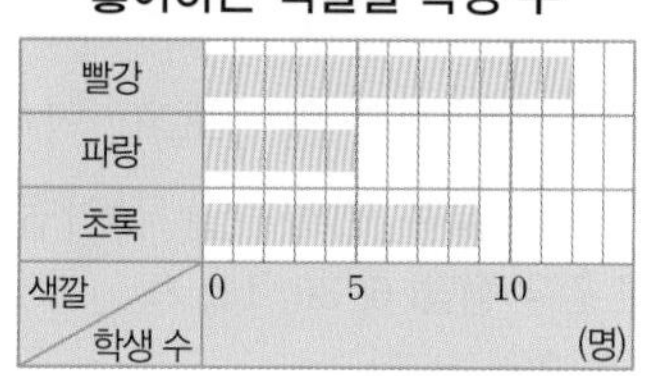

5
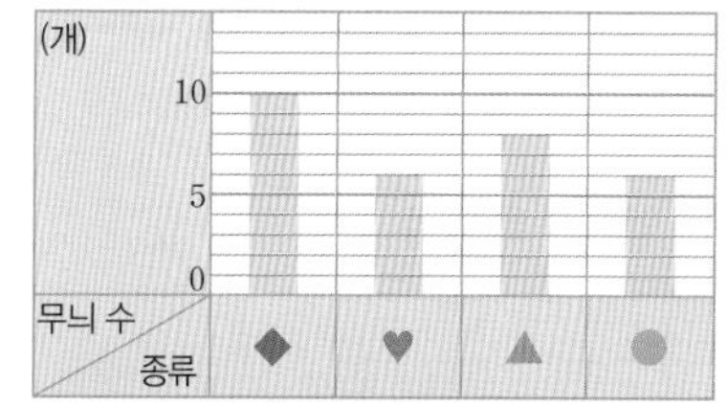

6
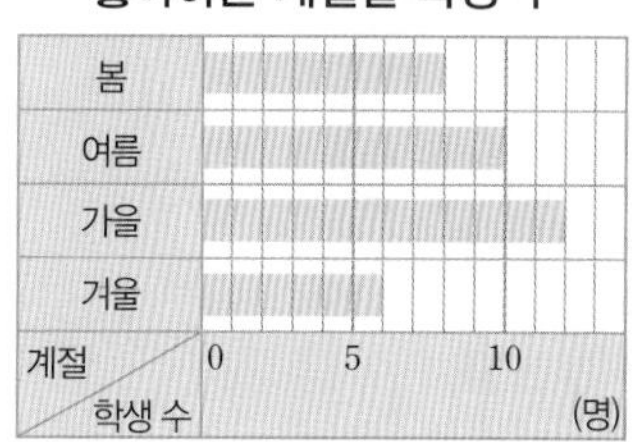

49쪽 3. 막대그래프 해석하기

1 괌
2 태국
3 베트남
4 사이판
5 5
6 3
7 4, 6
8 2

수학익힘 다잡기

50쪽 1. 막대그래프는 무엇일까요

1 막대그래프
2 색깔, 학생 수
3 예 좋아하는 색깔별 학생 수
4 2권
5 24권
6 예 자료의 수를 한눈에 비교하기 쉽습니다. / 책 수를 그림그래프는 그림으로, 막대그래프는 막대의 길이로 나타냈습니다.

4 가로 눈금 5칸이 10권을 나타내므로 한 칸은 $10 \div 5 = 2$(권)을 나타냅니다.

6 두 그래프 모두 수량을 비교하는 그래프입니다. 수량을 나타낸 방법이 그림과 막대로 서로 다릅니다.

기본 강화책
5 단원

51쪽 2. 막대그래프로 어떻게 나타낼까요

1 학생 수　　2 11칸

3 예 배우고 싶은 악기별 학생 수

4 예 배우고 싶은 악기별 학생 수

5 예 좋아하는 과일별 학생 수

2 드럼을 배우고 싶은 학생은 11명이므로 세로 눈금 11칸으로 나타내어야 합니다.

3 드럼은 11칸, 첼로는 3칸, 플루트는 6칸, 피아노는 7칸만큼 세로로 된 막대를 그립니다.

5 가로에는 과일, 세로에는 학생 수를 나타냅니다.
채점 가이드 세로 눈금 한 칸의 크기는 1명 또는 2명으로 나타낼 수 있습니다.

52쪽 3. 막대그래프를 어떻게 해석할까요

1 30 킬로칼로리
2 포도, 사과, 수박, 토마토
3 4 킬로칼로리　　4 수박
5 연예인, 연예인　　6 7, 11, 윤지
7 예 연예인

3 세로 눈금 한 칸은 2 킬로칼로리를 나타냅니다.
포도는 사과보다 막대의 길이가 2칸 더 길므로 100 g당 열량이 $2\times2=4$ (킬로칼로리) 더 높습니다.

4 포도의 열량: 60 킬로칼로리
열량이 $60\div2=30$ (킬로칼로리)인 농산물은 수박입니다.

7 가장 많은 학생들의 장래 희망 직업인 연예인을 체험하는 것이 좋을 것 같습니다.

53쪽 4. 어떻게 자료를 수집하여 막대그래프로 나타낼까요

1 예 5월　　2 예 5 / 10, 8, 12, 30

3 예 미술관별 5 월의 방문객 수

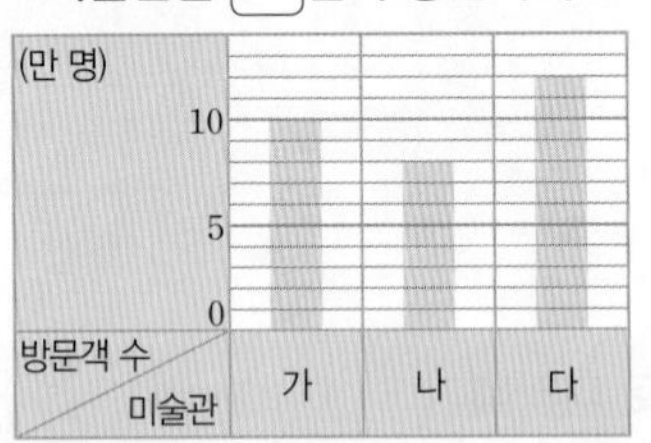

4 예 • 5월에 가장 많은 방문객이 방문한 미술관은 다 미술관입니다.
• 5월에 가장 적은 방문객이 방문한 미술관은 나 미술관입니다.

5 예 5, 30, 12, 다

1 주어진 자료에 있는 5월, 6월, 7월 중 하나를 고릅니다.

2 내가 고른 월에 해당하는 방문객 수를 가, 나, 다 미술관에서 각각 찾아 씁니다.
(5월의 방문객 수 합계)$=10+8+12=30$(만 명)
채점 가이드 • 6월을 고른 경우 합계: $11+10+9=30$(만 명)
• 7월을 고른 경우 합계: $9+7+10=26$(만 명)

3 미술관별 방문객 수에 맞게 막대를 그립니다.

4 채점 가이드 1에서 고른 월에 맞는 내용을 바르게 썼는지 확인합니다.

5 표를 보고 방문객의 수의 합계를 알아보고, 막대그래프에서 방문객 수가 가장 많은 미술관을 찾아봅니다.
채점 가이드 • 6월을 고른 경우 정답: 6, 30, 11, 가
• 7월을 고른 경우 정답: 7, 26, 10, 다

6 규칙 찾기

기초력 더하기

54쪽 1. 수의 배열에서 규칙 찾기

1 10　　2 100
3 110　　4 90
5 27, 729　　6 125, 625
7 28, 7　　8 128, 8

55쪽 2. 규칙을 찾아 수나 식으로 나타내기

1 / 11, 13
2 / 9, 12, 15
3 / 1+2+3+4, 1+2+3+4+5
4 / 2+2+2+2, 2+2+2+2+2

56쪽 3. 계산식의 배열에서 규칙 찾기

1 11111+99999=111110
2 1000009×8=8000072
3 123456−12345=111111, 1234567−123456=1111111
4 5888889÷9=654321, 68888889÷9=7654321
5 3330+4230=7560, 3330+6230=9560
6 424×11=4664, 626×11=6886

57쪽 4. 등호(=)를 사용하여 나타내기

1 ×, ○, ○　　2 ○, ○, ×
3 ○, ×, ○　　4 ×, ○, ○
5 25　　6 17　　7 36
8 20　　9 50　　10 44
11 84　　12 72　　13 15
14 6　　15 11　　16 8

수학익힘 다잡기

58쪽 1. 규칙을 찾아 어떻게 설명할까요

1 1　　2 1000
3 1001　　4 4226
5 (왼쪽에서부터) 62, 31
6 739
7 예 20, 40, 80, 160 /
예 2씩 곱하는 규칙입니다.

3 2222, 3223, 4224, 5225, 6226으로 수가 1001씩 커집니다.

4 → 방향으로 1000씩 커지므로 빈칸에 알맞은 수는 3226보다 1000 큰 수인 4226입니다.

5 2로 나누는 규칙입니다.

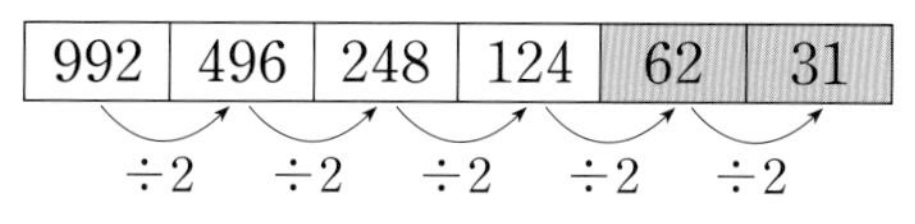

6 → 방향으로 10씩 커지고, ↓ 방향으로 2씩 커지는 규칙입니다.
★에 알맞은 수: 731부터 시작하여 ↓ 방향으로 2씩 4번 커지는 수
➔ 731+2+2+2+2=739

기본 강화책
6 단원

7 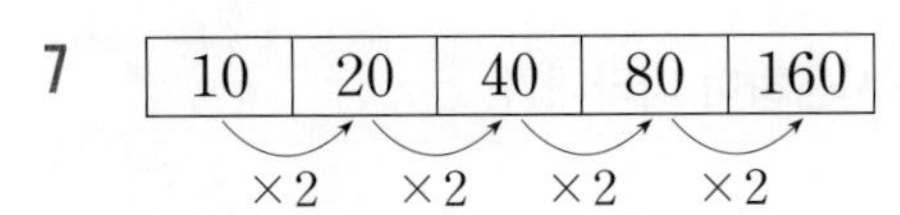

채점 가이드 빈칸에 써넣은 수와 규칙이 서로 맞는지 확인합니다.

59쪽 2. 규칙을 찾아 설명하고 어떻게 수로 나타낼까요

1 3
2 예 모형이 2개씩 늘어납니다.
3 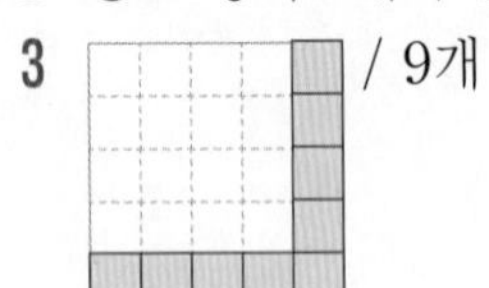 / 9개
4 7, 10
5 13개
6 5, 9, 14, 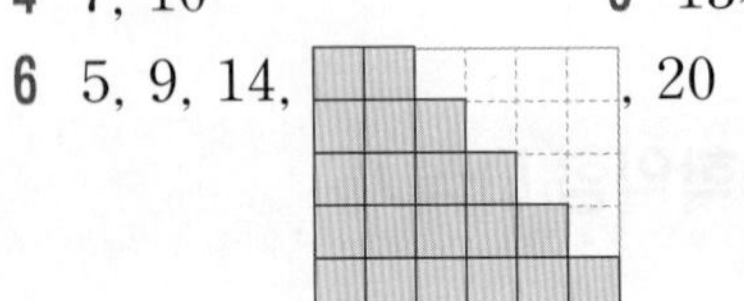, 20

3 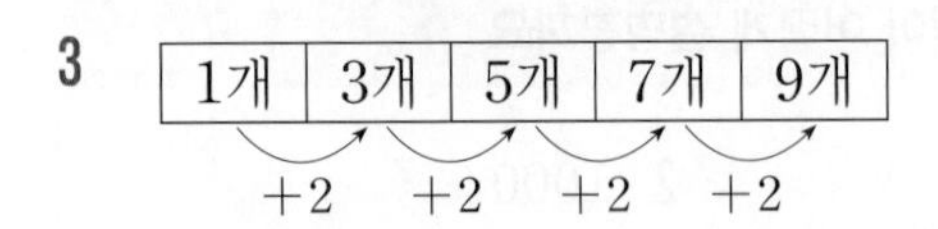

4 바둑돌이 위, 아래, 왼쪽으로 3개씩 늘어납니다.

5 다섯째 모양은 넷째 모양보다 바둑돌이 3개 더 늘어나므로 10+3=13(개)입니다.

6 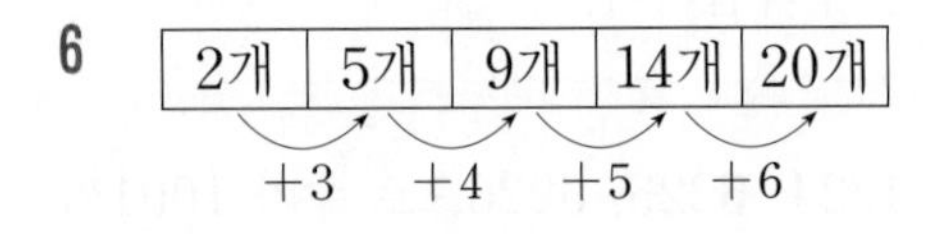

60쪽 3. 규칙을 찾아 어떻게 식으로 나타낼까요

1 6, 8 / 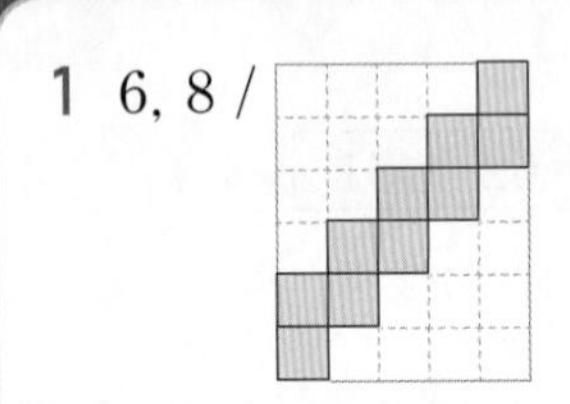
2 2+2+2, 2+2+2+2
3 10개
4 9, 16 / 25개
5 1+3+5, 1+3+5+7, 1+3+5+7+9
6 일곱째

1 넷째 모양의 오른쪽 위로 사각형을 2개 더 그립니다.

2 사각형이 늘어나는 수에 알맞게 식으로 나타냅니다.

3 다섯째: 2+2+2+2+2=10(개)

4 삼각형이 1개, 4개, 9개, 16개로 1개에서 시작하여 3개, 5개, 7개, ...로 늘어납니다.
따라서 다섯째에 알맞은 모양에서 삼각형은 넷째보다 9개 더 많은 16+9=25(개)입니다.

5 삼각형이 늘어나는 수에 알맞게 식으로 나타냅니다.

6 여섯째: 1+3+5+7+9+11
일곱째: 1+3+5+7+9+11+13

61쪽 4. 계산식의 배열에서 어떻게 규칙을 찾을까요

1 '짝수'에 ○표
2 '짝수'에 ○표
3 838−427=411
4 123456+654321=777777
5 예 101씩 커지는 수에서 1씩 커지는 수를 빼면 계산 결과가 100씩 커집니다.
6 717−16=701

1 (홀수)+(홀수)=(짝수)

2 (홀수)×(짝수)=(짝수)

3 10씩 작아지는 수에서 같은 수 427을 빼면 계산 결과는 10씩 작아집니다.

4 두 자리 수끼리의 합은 모든 자리의 숫자가 3인 두 자리 수이고, 세 자리 수끼리의 합은 모든 자리의 숫자가 4인 세 자리 수가 되는 규칙입니다.

5 빼지는 수와 빼는 수, 계산 결과에서 규칙을 찾아 씁니다.

6 계산 결과와 빼지는 수의 백의 자리 숫자는 7로 같고, 빼는 수의 일의 자리 수는 7보다 1 작은 6이 되어야 합니다. → 717−16=701

62쪽 5. 계산식의 배열에서 어떻게 계산 결과를 추측할까요

1 $6\times1000001=6000006$
2 $12345+111111=123456$
3 123456789
4 $4444455555\div99999=44445$
5 $444444555555\div999999=444445$
6 $99999\times9=899991$ / 9

1 6에 곱하는 수가 101, 1001, 10001, 100001로 가운데 0이 1개씩 늘어나면 계산 결과는 606, 6006, 60006, 600006으로 가운데 0이 1개씩 늘어납니다.

2 계산 결과가 123456으로 여섯 자리 수입니다.
따라서 더해지는 수는 12345, 더하는 수는 1이 6개인 여섯 자리 수가 됩니다.

3 더하는 수가 1이 9개인 아홉 자리 수이므로 계산 결과는 아홉 자리 수인 123456789입니다.

4 나누어지는 수는 4와 5가 1개씩 늘어나고, 나누는 수는 9가 1개씩 늘어나면 계산 결과는 4가 1개씩 늘어나는 규칙입니다.

5 나누어지는 수에 있는 4의 개수가 계산 결과에 있는 4의 개수보다 1개 더 많도록 식을 씁니다.

6 9, 99, 999, 9999로 9가 1개씩 늘어나는 수에 9를 곱했습니다.
계산 결과도 81, 891, 8991, 89991로 가운데 9가 1개씩 늘어납니다.

63쪽 6. 크기가 같은 두 양을 등호(=)를 사용하여 어떻게 나타낼까요(1)

1 4
2 ○, ×, ○, ×
3 (1)–(2) 연결, (2)–(1) 연결, (3)–(3) 연결
4 (1) 17 (2) 89
5 1, 1, '옳습니다'에 ○표
6 예 10, 56 / 15, 51 / 11, 55

3 (1) $62+3+9=65+9$
→ 앞의 두 수를 먼저 더해도 계산 결과는 같습니다.
(2) $41+8=49+0$
→ 어떤 수에 0을 더하면 어떤 수입니다.
(3) $70-35=35-0$
→ 어떤 수에서 0을 빼면 어떤 수입니다.

5 $49+31=49+1+30=50+30$

6 12가 커진만큼 54가 작아지도록 또는 12가 작아진 만큼 54가 커지도록 덧셈식을 완성합니다.

64쪽 7. 크기가 같은 두 양을 등호(=)를 사용하여 어떻게 나타낼까요(2)

1 18
2 (○)(×)
(×)(○)
3 (1)–(3) 연결, (2)–(2) 연결, (3)–(1) 연결
4 (1) 50 (2) 31
5 74 / 예 곱하는 두 수의 순서를 바꾸어도 계산 결과는 같습니다.
6 200상자

3 (1) $2\times8\times11=16\times11$
→ 앞의 두 수를 먼저 곱해도 계산 결과는 같습니다.
(2) $49\times20=980\times1$
→ 어떤 수에 1을 곱하면 어떤 수입니다.
(3) $13\times67=67\times13$
→ 곱하는 두 수의 순서를 바꾸어도 계산 결과는 같습니다.

4 (1) $82\div2=41$이므로 $\square=25\times2=50$
(2) $11\times3=33$이므로 $\square=93\div3=31$

6 빨간색 공의 수는 8×100이고, 파란색 공을 □상자라고 하면 $8\times100=4\times\square$입니다.
$8\div2=4$이므로 $\square=100\times2=200$
→ 파란색 공이 한 상자에 4개씩이라면 200상자를 준비해야 합니다.

MEMO

큐브 개념

정답 및 풀이 | 초등 수학 4·1

연산 | 전 단원 연산을 다잡는 기본서

개념 | 교과서 개념을 다잡는 기본서

유형 | 모든 유형을 다잡는 기본서

시작만 했을 뿐인데 완북했어요!

시작만 했을 뿐인데 그 끝은 완북으로! 학습할 땐 힘들었지만 큐브 연산으로 기초를 튼튼하게 다지면서 새 학기 때 수학의 자신감은 덤으로 뿜뿜할 수 있을 듯 해요^^

초1중2민지사랑민찬

아이 스스로 얻은 성취감이 커서 너무 좋습니다!

아이가 방학 중에 개념 공부를 마치고 수학이 세상에서 제일 싫었다가 이제는 좋아졌다고 하네요. 아이 스스로 얻은 성취감이 커서 너무 좋습니다. 자칭 수포자 아이와 함께 이렇게 쉽게 마친 것도 믿어지지 않네요.

초5 초3 유유

결과는 대성공! 공부 습관과 함께 자신감 얻었어요!

겨울방학 동안 공부 습관 잡아주고 싶었는데 결과는 대성공이었습니다. 다른 친구들과 함께한다는 느낌 때문인지 아이가 책임감을 느끼고 참여하는 것 같더라고요. 덕분에 공부 습관과 함께 수학 자신감을 얻었어요.

스리마미

엄마표 학습에 동영상 강의가 도움이 되었어요!

동영상 강의가 있어서 설명을 듣고 개념 정리 문제를 풀어보니 보다 쉽게 이해할 수 있었어요. 엄마표로 진행하는 거라 엄마인 저도 막히는 부분이 있었는데 동영상 강의가 많은 도움이 되었네요.

3학년 칭칭맘

자세한 개념 설명 덕분에 부담없이 할 수 있어요!

처음에는 할 수 있을까 욕심을 너무 부리는 건 아닌가 신경 쓰였는데, 선행용, 예습용으로 하기에 입문하기 좋은 난이도와 자세한 개념 설명 덕분에 아이가 부담없이 할 수 있었던 거 같아요~

초5워킹맘

심리적으로 수학과 가까워진 거 같아서 만족해요!

아이는 처음 배우는 개념을 정독한 후 문제를 풀다 보니 부담감 없이 할 수 있었던 것 같아요. 매일 아이가 제일 먼저 공부하는 책이 큐브였어요. 그만큼 심리적으로 수학과 가까워진 거 같아서 만족스러워요.

초2 산들바람

수학 개념을 제대로 잡을 수 있어요!

처음에는 어려웠던 개념들도 차분히 문제를 풀어보면서 자신감을 얻은 거 같아서 아이도 엄마도 즐거웠답니다. 6주 동안 큐브 개념으로 4학년 1학기 수학 개념을 제대로 잡을 수 있어서 너무 뿌듯했어요.

초4초6 너굴사랑